改訂2版

第③種から第②種へ

電験2種電気数学

●紙田 公=著

電気書院

まえがき

　本書は第3種に合格し第2種を受験しようとする人のために，電験第2種の問題を解くのに必要な数学，および第2種の参考書を読むのに必要な数学について説明した．要するに電験第2種を受験するのに，これだけ勉強しておけば十分であろう，という内容にしたつもりです．

　第2種の数学というと，まず微分積分が必要である．ということで恐れをなす人も多いかも知れません．しかし，恐れるには足りません．本当に一番大切なのは，本書の中間あたりの章で，この辺をしっかり身につければ十分です．

　初めのほうの「数と式」「方程式」のあたりは，おそらくよくご存知でしょうが，一応整理する意味も含めて記述した．あとのほうの「偏微分方程式」「ベクトル解析」などは，第2種にはあまり必要ないかも知れないが，紹介するようなつもりで記述した．その中間の章の中には，是非熟読し計算練習をして身につけていただきたいものと，他の参考書を読むときの理解を助けるものとがある．その辺は区別して読まれたほうが能率的であるが，大切なところは練習問題を入れるようにした．

　電験の受験指導をしていると，公式どおりの問題ならば驚くほどむずかしい問題を解けるが，少しひねった問題だとごくやさしい問題が解けない，ということを見掛ける．これは基礎的なことがよく理解されていないためでしょう．数学を勉強しても応用がきかなければなんにもならない．応用がきくようにするには，基礎的なことつまり最初のやさしいことをよく考えて，本質的なことを理解することが大切だと思います．

　公式どおりの問題が解けるだけでは駄目である．しかし最初は公式どおりの問題を解くことから始めなければならない．そのような問題を解くことによって実力がつき，やがて応用もきくようになります．とにかく，本を読むだけでは実力はつきません．必ず鉛筆を持って計算の練習をするようにしていただきたい．また，本を読むときも，鉛筆と紙を近くにおいて，本に書いてあることが本当なのかと，疑いの眼をもって計算し，ご自分で確かめていただきたい．また，ご自分でグラフや図形を書くということも，理解を深めるために役立つ

でしょう．

　本書では，なるべく見開いた 2 頁の中である程度まとまったことが分かるように工夫して記述した．また，まとめはなるべく簡潔に枠の中に記述するなど読みやすいように配慮したつもりです．しかし，限られた紙数の中での説明なので，説明が十分でない点もあるかと思われます．よく考えて理解して戴きたいと思いますが，また，理解しにくい点はご遠慮なくご質問下さい．なおまた，私に気が付かない誤りや不備な点もあるかと思われますので，ご指摘いただければ幸いと思います．

　他の科目のご勉強のときも，公式その他必要なことは一応書いたつもりですので，ご活用下さい．電験合格を祈念いたしております．

昭和 60 年 6 月

紙田　公

改訂2版発行にあたって

　本書の著者である紙田公先生は，2006年1月，おしまれつつも他界されました．

　紙田先生は，東京電灯（現東京電力）入社後，東電学園で教鞭を執られ，その後，電気書院通信電気学校で多くの電験受験者を指導され，確かで深い知識と，受験者の立場に立ったわかりやすい数々の解説書は，多くの受験者に今なお愛読されています．

　本書もそうした解説書の一つで，今現在も多くの方々にお買い求めいただいておりますが，発行当時の印刷技術では修正も思うようにならず，また，印刷のたびに少しずつ劣化していく状態でしたので，今回，全てディジタル化することにいたしました．これに伴い，図記号を現在の規格に合わせて修正し，従来より活字を大きく，読みやすくいたしました．したがって，前書きにあります「なるべく見開いた2頁の中で」とはいかなくなりましたことをお断りしておきます．

　紙田先生がご存命であれば，何らかの加筆修正もあったかもしれませんが，数学書であることを考えると，変更はせずとも皆様のお役に立つこととは間違いありません．

　最後になりましたが，本書の発行を快くご了解いただきました紙田先生の奥様をはじめとするご遺族の方々に，厚く御礼申し上げます．

2013年10月

電気書院　編集部

目　　次

電気と数学 ··· 1

1　数と式

1・1　数の種類 ·· 3
1・2　数学の数と物理的な量 ·· 4
1・3　有効数字 ·· 6
1・4　式と計算 ·· 7
1・5　数列と級数 ·· 10

2　方程式

2・1　方程式の解き方と種類 ·· 17
2・2　連立方程式 ·· 19
2・3　2次方程式 ·· 21
2・4　高次方程式 ·· 22
2・5　分数方程式 ·· 23
2．6　無理方程式 ·· 23
2・7　対称な形の方程式 ·· 24
2・8　不等式 ·· 25
2・9　解けない方程式を解く(数値計算) ··· 26

3　関　数

3・1　関　数 ·· 31
3・2　2次関数 ·· 34
3・3　分数関数 ·· 35
3・4　指数関数 ·· 36
3・5　対数関数 ·· 37
3・6　三角関数(円関数) ·· 39

4　複素数と記号法

4・1　複素数の四つの表示法 ·· 49
4・2　代数における複素数 ·· 49
4・3　極形式表示による複素数 ·· 52

4・4	複素数の指数関数と，それによる複素数の表示	54
4・5	交流理論における記号法	56

5　図形と複素ベクトルの軌跡

5・1	図形と数式との結びつき	65
5・2	2点間の距離と内分・外分点の座標	66
5・3	直線の方程式	68
5・4	2直線の平行と直交	70
5・5	円の方程式	70
5・6	だ円(楕円・長円)・双曲線・放物線	73
5・7	ベクトル軌跡	74
5・8	ベクトル軌跡の性質と逆図形	77

6　行列式と行列

6・1	行列式	85
6・2	行列式の展開	86
6・3	行列式の性質	88
6・4	行列式による連立1次方程式の解法	89
6・5	行列(マトリクス)	90
6・6	逆行列と連立1次方程式	94
6・7	逆行列の求め方	96
6・8	4端子回路と行列	97
6・9	対称座標法と行列	101

7　微分法

7・1	微分法	111
7・2	微分係数と導関数	113
7・3	極限値と微分法	121
7・4	いろいろな微分法	129
7・5	関数の極大・極小	137
7・6	関数の級数展開と近似値の計算	140
7・7	偏微分法	144

9　積分法

8・1	微分と定積分・不定積分のあらまし	153
8・2	不定積分	158

8・3 いろいろな関数の積分法 163
8・4 定積分 169
8・5 定積分の応用 176
8・6 多重積分・線積分・面積分 184

9　微分方程式と過渡現象

9・1 微分方程式とはどういうものか 191
9・2 微分方程式の作り方と初期条件 193
9・3 微分方程式の種類と名称 199
9・4 定数係数線形微分方程式（同次形） 200
9・5 定数係数線形微分方程式（非同次形） 210
9・6 変数分離形微分方程式 217

10　ラプラス変換

10・1 ラプラス変換とはどういうものか 221
10・2 おもな関数のラプラス変換 223
10・3 ラプラス変換の定理 226
10・4 逆変換の求め方 230
10・5 微分方程式の解法 234
10・6 補助回路による過渡現象の解法 238
10・7 伝達関数と応答 240

11　フーリエ級数

11・1 ひずみ波形とフーリエ級数 249
11・2 フーリエ係数の求め方 251
11・3 波形の種類によるフーリエ級数の特徴 254

12　双曲線関数

12・1 双曲線関数の定義 259
12・2 双曲線関数の公式 261
12・3 逆双曲線関数 262
12・4 複素変数の双曲線関数 266
12・5 分布定数回路の交流電圧・電流 267

13　進行波と偏微分方程式

13・1 進行波 271

13・2 進行波の微分方程式 ··· 273
13・3 進行波計算のポイント ··· 279

14 ベクトル解析とはどういうものか

14・1 スカラ量とベクトル量 ··· 283
14・2 ベクトルの加減算 ··· 284
14・3 ベクトルのスカラ積とベクトル積 ·· 284
14・4 ベクトルの微分・積分 ··· 286
14.5 スカラ場とベクトル場 ··· 287
14・6 ベクトルの線積分と電位 ··· 288
14・7 面積分 ··· 289
14・8 勾配(gradient) ·· 290
14・9 発散(divergence) ·· 291
14・10 回転(rotation または curl) ··· 292

付　　録

付1 展開公式 ··· 295
付2 比　　例 ··· 295
付3 幾　　何 ··· 296
付4 三角法 ··· 298
付5 微分法，おもな関数の導関数 ·· 299
付6 基本的な関数の不定積分 ·· 300
付7 ラプラス変換の公式 ··· 302
付8 双曲線関数の公式 ·· 303

解　　答 ··· 306
チャレンジ問題 ··· 371
チャレンジ問題解答 ··· 385

数 学 記 号

記号	意味	記号	意味
$=$	等しい	${}_n\Pi_r$	重複順列
$\neq$	等しくない		
$\fallingdotseq$ $\approx$	ほとんど等しい	${}_nC_r$, $\binom{n}{r}$	二項係数,組合せ
$>$	より大きい	$f(x)$, $g(x)$	x の関数
$<$	より小さい	$f(x, y)$	x, y の関数
$\geqq$	より大きいか等しい	e^x, $\exp x$	指数関数
$\equiv$	常に等しい	$\log x$, $\log_e x$	$\Big\}$ 自然対数関数
$\propto$	比例する	$\ln x$	
∞	相似である	$\log_{10} x$	常用対数
$A \Rightarrow B$	命題 AB について,A が真ならば B も真.B は A の必要条件.A は B の十分条件	$|\ |$	行列式
$A \Leftrightarrow B$	$A \Rightarrow B$,かつ $B \Rightarrow A$ である.A と B とは同値	$[\ ]$,$[\ ]$	行列
		$\sin$ など	三角関数(円関数)
$n!$, $\lfloor n$	階乗 $(1 \times 2 \times \cdots n)$,$0! \equiv 1$	$\sin^{-1}$,$\arcsin$	逆三角関数
$\sum_{k=1}^{n}$	総和	$\sinh$	双曲線関数
		$\sinh^{-1}$	逆双曲線関数
$\lim_{x \to a}$	極限	$\dfrac{dy}{dx}$,y'	$\Big\}$ 導関数 $\Big($ 2次は $\dfrac{d^2 y}{dx^2}$,
$\angle \theta$	角 θ	$f'(x)$,$(\ )'$	y'' など $\Big)$
$|a|$	a の絶対値	$\boldsymbol{A}$, $\boldsymbol{B}$, $\boldsymbol{a}$, $\boldsymbol{b}$	ベクトル
$+0$	正の値の 0 に近づく極限	$\boldsymbol{a} /\!/ \boldsymbol{b}$	ベクトル $\boldsymbol{ab}$ が平行
-0	負の値の 0 に近づく極限	$\boldsymbol{a} \perp \boldsymbol{b}$	ベクトル $\boldsymbol{ab}$ が垂直
∞	無限大	(本書で特に)	
π	円周率	$\dot{Z}$, $\bar{Z}$	複素数,共役複素数
e(本書 ε)	自然対数の底	$\arg \dot{Z}$	$\dot{Z}$ の偏角
i(本書 j)	虚数単位	$\text{Re}\dot{Z}$	$\dot{Z}$ の実部
${}_nP_r$	n 個から r 個をとる順列	$\text{Im}\dot{Z}$	$\dot{Z}$ の虚部

電気と数学

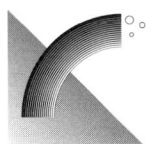

電気や物理的な現象は，キレイな数式で表されることが多い．例えば，二つの電荷の間に働く力は，

$$F = \frac{Q_1 Q_2}{4\pi\varepsilon_0 r^2} \,[\text{N}] \qquad ①$$

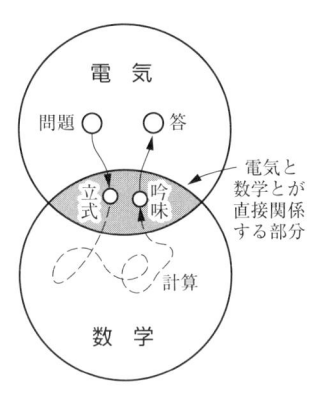

という式で表される．現象があまりにも数式どおりになるので，現象が数式で組立てられているように感じる．しかし，それは錯覚である．端的にいえば，**電気と数学とは別なもの**である．

数学のうち現象とピッタリ合うところは数学を使うが，合わないところは捨てなければならない．

数学というものは便利なものである．例えば「つる・かめ合せて7匹，足の数は合計22である．つる・かめそれぞれ何匹か」という問題ならば，

$$x + y = 7, \qquad 4x + 2y = 22 \qquad ②$$

という式を立て，この方程式を解けばよい．代数を知らない人にとっては大変な難問だったに違いない．この問題を解いて，つるは-2匹などという答が出たら，数学の使い方を間違っている．抵抗の値が$-R\,[\Omega]$などという答が出たら，それは捨てなければならない．それは電気の現象と数学と合っていない部分である．

②式のような式を立てるところが電気と数学の接点で，式を立ててしまえば，**あとの計算は数学の領域**である．-2匹とか$-R\,[\Omega]$とかいうものはこの世の中にはない．見方によっては，世の中にはマイナスの量とか，ましてや虚数の量などというものはない．しかし，数学では負の数とか虚数という数を堂々と使っている．数学とはそういうものである．②式のような式を立てたあとの計算は数学の領域だから，数学が教えるままに，世の中にない負の数と

か虚数とかを使って計算するのである．そして，その答が出たら，電気の現象に合っているかどうか吟味して，正しければ電気の答になるのである．

①式や②式で表したことを普通の言葉で表したら，非常に煩雑である．数式で表すと簡潔である．この意味で**数式は一種の言葉**のようなものである．電気の現象を数式で表すのは，日本のしきたりを英語やドイツ語などの外国語で説明するのと似たところがある．数学を正しく知り，正しく使わないと大きな間違いのもとになる．しかし，数式は言葉だ，と割切ってしまえば，気安く付合えるというものである．

数学を正しく知るためには，理屈の筋道を正しくたどり，それを積み重ねていくことが大切であろう．数学には公理・定義・法則・公式・定理などがある．**公理**とは理屈抜きに，例えば「2点はただ1本の直線を決定する」などという判断である．**定義**は「$\sqrt{-1}$ を虚数単位**という**」というように，**取り決め**あるいは**約束**することである．公理や定義を出発点として，法則・公式・定理が導かれる．定義や定理などの区別をハッキリ認識し，定義などから定理などを導く筋道を知ることが，理屈の筋道を正しく知るということで，数学はそれを積み重ねたものである．

本書は純粋な数学の本ではない．ところどころ電気の例を引きながら説明していきたい．そのほうが読者に分かりやすいし，数学を電気に使う使い方も知っていただくためである．しかし，本来は数学は電気や物理から離れた抽象的なものである．その純粋に抽象的な数学をしっかり身につけていただきたい．

ギリシャ文字

文字		名称	文字		名称	文字		名称
A	α	アルファ	I	ι	イオタ	P	ρ	ロー
B	β	ベータ	K	κ	カッパ	Σ	σ	シグマ
Γ	γ	ガンマ	Λ	λ	ラムダ	T	τ	タウ
Δ	∂, δ	デルタ	M	μ	ミュー	Υ	υ	ウプシロン
E	ε	イプシロン	N	ν	ニュー	Φ	φ, ϕ	ファイ
Z	ζ	ジータ	Ξ	ξ	グザイ	X	χ	カイ
H	η	イータ	O	o	オミクロン	Ψ	ψ	プサイ
Θ	θ	シータ	Π	π	パイ	Ω	ω	オメガ

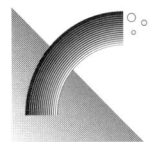

1 数と式

1・1 数の種類

数（すう）には次の種類がある．

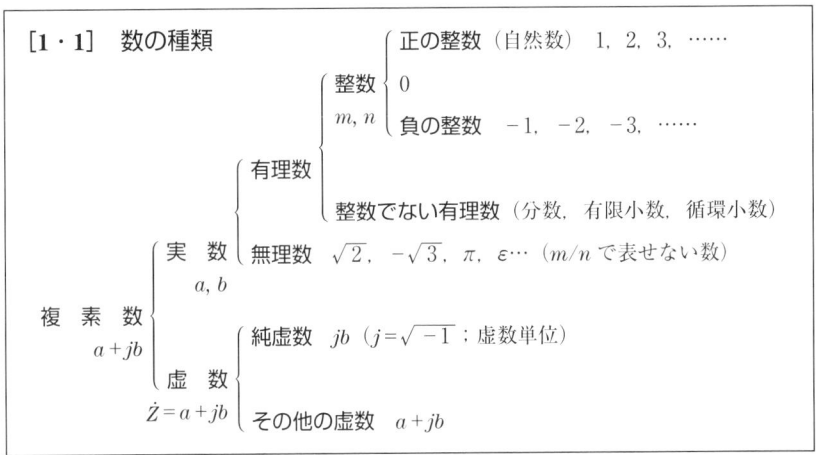

[1・1] 数の種類

複素数 $a+jb$ { 実数 a, b { 有理数 { 整数 m, n { 正の整数（自然数） 1, 2, 3, ……
0
負の整数 −1, −2, −3, ……
整数でない有理数（分数, 有限小数, 循環小数）
無理数 $\sqrt{2}$, $-\sqrt{3}$, π, ε…（m/n で表せない数） } 虚数 $\dot{Z}=a+jb$ { 純虚数 jb（$j=\sqrt{-1}$；虚数単位）
その他の虚数 $a+jb$

　上表のように，実数および虚数のすべてを合せたものを複素数，といっている．数にはこのようにいろいろな種類があるが，これ以外の数はないといわれている．

　複素数，といった場合に，狭い意味では上表の虚数を指すことがある．むしろそのほうが多いであろう．本書でもそのようないい方をする．

　実数は a, b, c などで表し，実数の未知数や変数は x, y, z などで表すことが多い．虚数単位は，普通の数学では imaginary の i で表すが，電気屋は j を使っている．また，自然対数の底 2.7182818…… は，普通は e であるが，こ

　大きい数の呼び方；10^4 倍ごとに，万，億，兆，京，垓，秭，穣，溝，澗，正，載，極，恒河沙，阿僧祇，那由多，不可思議，無量，大数……だそうです．

こでは ε を使うことにする．上表の虚数（狭い意味の複素数）は，なるべく $\dot{z}$ のようにドットを付けて表すようにしたいが，普通の数学ではドットを付けないことが多い．

1・2 数学の数と物理的な量

電気その他物理的な量には，本来マイナスいくらとか，j いくらといった量はない．あんパンを $j5$ 個食べた，などというのはナンセンスである．しかし，現象を数式で表して計算をする段になったら，前項で述べたとおり，数学の領域だから恐れずに⊖や j を使わなければならない．

ところで，上に述べた以外のやり方で⊖や j を使うことがある．例えば，「0℃より低い温度を⊖で表す」と**約束**（定義）をして「今朝は -2℃だ」などといったり，「90°進んだ電圧・電流ベクトルを j で表す」などと**約束**して j を使う場合である．

一般に，±は**性質**が**反対**の量を表すのに用いられる．性質が反対の電荷を⊕電荷と⊖電荷とで表し，電子は⊖の電荷を持つなどと表すのがその例である．もっとも，電子の電荷を⊕としておけば都合がよかったのであるが，今となっては仕方がない．やたらに**基準**を変えると混乱するからである．

力・起電力・電圧・電流など**方向**を持つ量も±で表される．ある方向を⊕と約束すれば，つまり⊕の**基準**を決めれば，反対の方向の量は⊖で表される．

第 **1・1** 図(a)の ab 間の電圧は，

$$V_{ab} = 5 - 3 = 2 \,[\mathrm{V}] \qquad (1・1)$$

と計算して 2V である．

次に，3V の起電力の⊕の基準の方向を(b)図の矢印のように決めれば，その起電力は -3V である，ということになる．そして ab 間の電圧は，

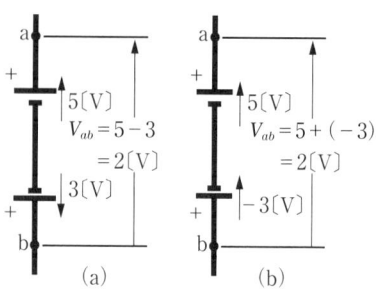

第 **1・1** 図

$$V_{ab} = 5 + (-3) = 2 \text{ [V]} \qquad (1 \cdot 2)$$

となって，(1・1) 式と同じ結果になる．

第 1・1 図(b)の起電力および電圧の矢印は，いずれも正の基準方向である．

これに対して，(a)図の 5V および 3V の矢印は，起電力の**実際の方向**とも見られるし（電池の横の＋は実際の方向である），正の基準方向とも見られる．しかし，(a)図の V_{ab} の矢印はあくまでも正の基準方向である．ここで大切なことは次のとおりである．

[1・2] 正の基準方向（正方向）

1) 実際の方向と正の基準方向との区別を明らかにすること．
2) 実際の方向が正の基準方向と反対であったら，その量を ⊖ で表すこと．
3) 第 1・1 図(b)のように，正の基準方向が合っていれば，実際の方向がどうであっても和をとること（(a)図は逆に差をとる）．

増減の量も ± で表される．増減とは，変化する量があって，ある時刻の量が次の時刻までにいくら変化したかというような**変化量**である．そして，常識的には増加量を ⊕ で，減少量を ⊖ で表す．

第 1・2 図で，x という量が 3 から 7 に変化したとしたら，そのときの増加量 Δx は 4 である．しかし，7 から 3 に変化したときの増加量は，

$$\Delta x = -4$$

である．減少量が -4 ではない（からに注意）．

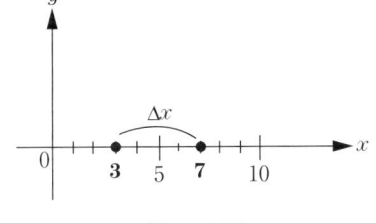

第 1・2 図

物理的な量に対しては**ディメンション（次元）**が考えられる．面積 3.3 [m²] ＋ 鉄 10 [kg] というような計算はできない．次元が違うからである．面積はどんな形でも長さ×長さという次元を持っている．これを面積の次元は $[L]^2$ だ，と表す．鉄 10 [kg] というのは質量で $[M]$ の次元である．電気の

＊ Δx；デルタ x と読む．$\Delta \times x$ ではない．Δx で一つの変化量（増加量）を表す．

計算で $I_1R + I_2$ などという式が出てきたら，それはどこか間違っている．I_1R は〔電圧〕の次元であり，I_2 は〔電流〕の次元であって足し算はできないからである．これに対して，数学で扱う数は次元を考えない抽象的な量である．

> **[1・3] ディメンション（次元）**
> 物理的な量はディメンション（次元）を持っている．式の各項のディメンションが違ったときは，計算に誤りがある．（実験式ではそうでないこともある）

1・3 有効数字

例えば，物の長さを測ったとき，125 cm，2.35 m，0.0421 m，3.75×10^3 m などという値を得たとする．これらの値はどれも**有効数字3桁**である，といわれる．つまり，有効数字というのは，位取りの0に関係なく意味のある数字が3桁ということである．**電験の答は有効数字3桁くらい**が適当なところであろう．やたらに桁数を多くしても，実際に測定できる値はそれほど精度が高くないからである．かといって，2桁では幾分淋しい感じがする．

例えば，2.35 m という数の最後の5は小数点以下3位の数を四捨五入したと考えられる．したがって，有効数字3桁の答を出すための計算は，少なくとも**有効数字4桁**以上する必要がある．

いま，例えば $\dfrac{1}{3} + \dfrac{5}{7} = 0.33 + 0.714286 \fallingdotseq 1.04$（正しくは1.05）と計算したとすると，0.33 というのは有効桁数が少な過ぎて，答に誤差が出る．一方，0.714286 の最後の286 は答には関係がない無駄な数字である．したがって，**加減算は最後の桁を揃えて計算**すべきである．また，乗除算は，例えば，

$3.142 \times 223.344 = 701.746848 \fallingdotseq 702$

$3.142 \times 223.3 = 701.6086 \fallingdotseq 702$

となって同じ答を得る．したがって，**乗除算は有効桁数を揃えて計算**すべきである．

---

*有効数字や近似値についてはもっと厳密な説明があるが，ここでは省略する．

1・4　式と計算

式には [1・4] のような種類がある．

(1) 整式の計算

整式 A, B, C について，次の法則が成り立つ．

a. 交換法則　　$A+B=B+A$ 　　　　　　　　　　　　　(1・3)

　　　　　　　　$AB=BA$ 　　　　　　　　　　　　　　　(1・4)

b. 結合法則　　$(A+B)+C=A+(B+C)$ 　　　　　　　　(1・5)

　　　　　　　　$(AB)C=A(BC)$ 　　　　　　　　　　　　(1・6)

c. 分配法則　　$A(B+C)=AB+AC$ 　　　　　　　　　(1・7)

　　　　　　　　$(A+B)C=AC+BC$ 　　　　　　　　　　(1・8)

[1・4] 式の種類

代数式
- 有理式
  - 整式
    - 単項式　3, a, $\overset{\text{係数}}{-4x^3y^2}$（5次の単項式）
    - 多項式　$3-a$, $x^3-3xy+4y^2$（3次の多項式）
  - 分数式　$\dfrac{5}{2x-1}$, $\dfrac{x^2-3x+4}{x^2+1}$
- 無理式　$\sqrt{x+1}$, $\sqrt[3]{(x+a)^2}+a$, $\dfrac{x+3}{\sqrt{x+1}+\sqrt{y-1}}$　（根号の中に文字を含む式）

完全平方式　$x^2+10x+25\,(=(x+5)^2)$（整式の平方に直すことができる式）

対称式　$a+b$, ab, $a^3+b^3+6ab-8$（二つの文字を入れ換えても同じ式になる式）

交代式　$a-b$, a^2-b^2（二つの文字を入れ換えると符号だけ変わる式）

関係式
- 等式
  - 恒等式　$(a+b)^2=a^2+2ab+b^2$（文字にどんな数を入れても成り立つ等式）
  - 方程式　$x^2-5x+6=0$（文字がある特定の値のときだけ成り立つ等式）
- 不等式
  - 絶対不等式　$x^2\geqq0$（xの任意の実数値に対して成り立つ不等式）
  - 条件付き不等式　$3x>6$（この式の成立条件は $x>2$……不等式の解）

超越式　ほか

また，整式の展開には，(1・3)～(1・8) 式のほかに，次のような展開公式を用いる．このほかの展開公式については，巻末の付録・付1に列挙した．

簡単な展開公式

$$(a \pm b)^2 = a^2 \pm 2ab + b^2 \qquad (1 \cdot 9)$$

$$(a+b)(a-b) = a^2 - b^2 \qquad (1 \cdot 10)$$

$$(x+a)(x+b) = x^2 + (a+b)x + ab \qquad (1 \cdot 11)$$

展開公式の左辺と右辺とを入れ換えれば，**因数分解**の公式として使える．
m, n が自然数であるとき，次の**指数法則**が成り立つ．

[1・5] 指数法則 下式の m, n を**指数**，a を指数の**底**（てい）という．
 1) $a^m a^n = a^{m+n}$ 　　2) $(a^m)^n = a^{mn}$ 　　3) $(ab)^n = a^n b^n$

これらの指数法則は，あとで $a^0 = 1$ などと定義をすることによって，m, n が実数の場合，あるいは複素数であっても使えるようになる．

(1・9) (1・10) (1・11) 式は**恒等式**である．二つの式の文字に，どのような数を入れても同じ値になるとき，その二つの式は**恒等的に等しい**という．そして，(1・9) などのように，両辺が恒等的に等しいことを表す式を恒等式という．

いま，

$$ax^2 + bx + c = 0 \qquad (1 \cdot 12)$$

が恒等式ならば，係数 a, b, c についてどんなことがいえるか調べてみよう．

x の値がいくらでも両辺が等しいのだから，x を 1, 0, -1 とすると (1・12) 式は，

$$\begin{cases} a+b+c = 0 \\ c = 0 \\ a-b+c = 0 \end{cases}$$

この式を連立方程式として解くと，$a = b = c = 0$ が得られる．したがって，次の定理が成り立つ．

[1・6] 恒等式の定理(1)
$$ax^2 + bx + c = 0$$
が恒等式ならば，$a = b = c = 0$ である．
　逆に，$a = b = c = 0$ ならば，上の式は恒等式である．

この定理から，容易に次の定理が得られる．

1・4 式と計算

> **[1・7] 恒等式の定理(2)** (係数を求める**未定係数法**に使われる)
> $$ax^2 + bx + c = a'x^2 + b'x + c'$$
> の両辺が恒等的に等しいのは,
> $$a = a', \quad b = b', \quad c = c'$$
> のときであって,また,そのときだけに限られる.

(2) **有理式の計算** (有理式；[1・4] 参照)

A, B, C, D を整式として,分数の計算と同様に次の式が法則的に成り立つ.

$$\frac{A}{B} = \frac{AC}{BC} \qquad (1\cdot13)$$

$$\frac{A}{B} = \frac{A \div C}{B \div C} \qquad (1\cdot14)$$

$$\frac{A}{C} + \frac{B}{C} = \frac{A+B}{C} \qquad (1\cdot15)$$

$$\frac{A}{C} - \frac{B}{C} = \frac{A-B}{C} \qquad (1\cdot16)$$

$$\frac{A}{B} \times \frac{C}{D} = \frac{AC}{BD} \qquad (1\cdot17)$$

$$\frac{A}{B} \div \frac{C}{D} = \frac{A}{B} \times \frac{D}{C} = \frac{AD}{BC} \qquad (1\cdot18)$$

これらの計算では,いつも分母が0でないことが必要である.例えば,

$$y = \frac{1}{x}$$

という式で,x が -3, -2, -1, 0, 1, 2 ……と変化したことを考えると,その y の値は**第1・3図**のように変化する.この図で x が 0 のところを見ると,y は $-\infty$ なのか $+\infty$ なのか分からない.つまり計算不能なのである.それで,**分数式では0で割ってはいけない**ことになっている.

(1・13) 式を逆に書くと,

$$\frac{AC}{BC} = \frac{A}{B}$$

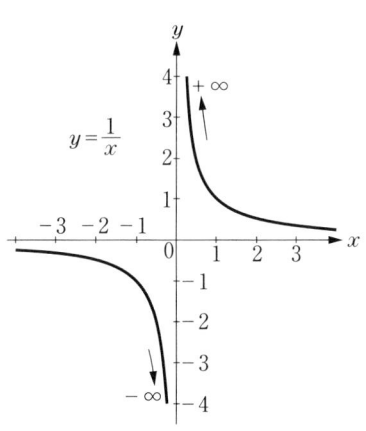

第 1・3 図

で，これは分母子を C で約したことになる．一般に数式の計算ではなるべく簡単な形に整理したほうが間違いが少ない．計算の途中では，**約せるものは早く約したほうが得**である．

問題 1・1 次の式を計算せよ．

(1) $\dfrac{x+8}{x^2+x-2} - \dfrac{x+4}{x^2+3x+2}$　　(2) $\dfrac{x^2-2x-3}{x^2-4} \div \dfrac{x^2-4x+3}{x^2+4x+4}$

(3) 無理式の計算

根号の中に文字を含む式を**無理式**という．平方根については次の式が成り立つ．

[1・8] 平方根についての定理

1) $a \geqq 0$, $b \geqq 0$ のとき $\sqrt{a}\,\sqrt{b} = \sqrt{ab}$

2) $a \geqq 0$, $b > 0$ のとき $\dfrac{\sqrt{a}}{\sqrt{b}} = \sqrt{\dfrac{a}{b}}$

3) 任意の実数 a に対して $\sqrt{a^2} = |a|$

分数式で分母に無理数や無理式を含む場合に，分母を整式に直すことを**分母の有理化**という．次の計算で分母の有理化が行える．a, b が正の数のとき，

$$\dfrac{\sqrt{a}}{\sqrt{b}} = \dfrac{\sqrt{a} \times \sqrt{b}}{\sqrt{b} \times \sqrt{b}} = \dfrac{\sqrt{ab}}{b} \tag{1・19}$$

$$\dfrac{c}{\sqrt{a}+\sqrt{b}} = \dfrac{c(\sqrt{a}-\sqrt{b})}{(\sqrt{a}+\sqrt{b})(\sqrt{a}-\sqrt{b})}$$

$$= \dfrac{c(\sqrt{a}-\sqrt{b})}{a-b} \quad (\text{ただし } a \neq b) \tag{1・20}$$

1・5　数列と級数

(1) 数列と等差数列の和

次の例のように，ある規則に従って並べられた数の列を**数列**という．

(a) 1, 3, 5, 7, 9, ……

(b) 9, 7, 5, 3, 1, ……

(c) 1, 2, 4, 8, 16, ……

(d) 3, 9, 27, 81, 243, ……
(e) $1^2, 2^2, 3^2, 4^2, 5^2,$ ……
(f) 1, -1, 1, -1, 1, ……

これらの数列のそれぞれの数を**項**といい，初めから順に**第1項**（初項），**第2項**，……，**第n項**，……という．第n項を**一般項**という．例えば，(e)の一般項はn^2である．

上の例で，(a)の各項の間の差はすべて2であり，(b)では-2である．このような数列を**等差数列**といい，各項間の差を**公差**という．

なお，(c)は各項ごとに2倍した数列，(d)は3倍した数列で，このような数列を**等比数列**といい，2，3のような一定の乗数を**公比**という．

最も簡単な等差数列の和については次の公式がある．

[1・9] 自然数列の和

$$1+2+3+\cdots\cdots+n=\frac{n(n+1)}{2}$$

証明 $S=1+2+3+\cdots\cdots+(n-1)+n$ ①

したがって，

$S=n+(n-1)+\cdots\cdots 3+2+1$ ②

① + ② $2S=(n+1)+(n+1)+\cdots\cdots+(n+1)$

$(n+1)$の項がn個あるから，

$2S=n(n+1)$

両辺を2で割り公式を得る．

また，一般の等差数列の和の公式は次のとおりである．

[1・10] 等差数列の和

1) 初項a，公差dの数列の和 $S_n=\dfrac{n\{2a+(n-1)d\}}{2}$

2) 初項a_1，第n項a_nのとき $S_n=\dfrac{n(a_1+a_n)}{2}$

証明
$$S_n = a + (a+d) + (a+2d) + \cdots\cdots + \{a+(n-1)d\}$$
$$= \underbrace{a+a+a+\cdots+a}_{n個} + \{1+2+\cdots\cdots+(n-1)\}d$$

したがって，公式 [1・9] で n を $n-1$ と置き換えた式を考え，
$$S_n = na + \frac{(n-1)nd}{2} = \frac{n\{2a+(n-1)d\}}{2} \quad (上記\ 1)式)$$

初項を $a = a_1$，第 n 項を a_n とすると，$a_n = a+(n-1)d$ であるから，上式の $\{\ \}$ の中は，
$$2a + (n-1)d = a_1 + a_n$$
したがって，上記の 2)式をうる．

(2) **等比数列の和**

前項の(c)は，初項 1，公比 2 の等比数列，(d)は初項 3，公比 3 の等比数列である．等比数列の和について，次の公式がある．

[1・11]　等比数列の和

初項 a，公比 r の等比数列の初項から第 n 項までの和は，

$r \neq 1$ のとき　$S_n = \dfrac{a(1-r^n)}{1-r} = \dfrac{a(r^n-1)}{r-1}$

$r = 1$ のとき　$S_n = a + a + \cdots\cdots + a = na$

証明
$$S_n = a + ar + ar^2 + ar^3 + \cdots\cdots + ar^{n-2} + ar^{n-1}$$
$$\therefore\ rS_n = ar + ar^2 + ar^3 + \cdots\cdots + ar^{n-2} + ar^{n-1} + ar^n$$

上の式から下の式を引けば，
$$S_n - rS_n = a - ar^n$$
$$\therefore\ (1-r)S_n = a(1-r^n)$$

したがって，$r \neq 1$ のときは両辺を $(1-r)$ で割って S_n が得られる．
$r=1$ のときは各項とも a であり，S_n は na になる．

(3) **無限数列**

項が無限に多い数列を**無限数列**という．次の例で，n を無限に大きくすると

1・5 数列と級数

き，一般項がどのように変化するか考えてみよう．

(a) 1, 1/2, 1/4, 1/8, ..., $1/2^{n-1}$, ...
(b) 1/2, 2/3, 3/4, 4/5, ..., $n/(n+1)$, ...
(c) 1, 3, 9, 27, ..., 3^{n-1}, ...
(d) 2, 0, −2, −4, ..., $4-2n$, ...
(e) 1, −1, 1, −1, ..., $(-1)^{n-1}$, ...

上の例によると，

(a) n を限りなく大きくすると一般項 $1/2^{n-1}$ は限りなく 0 に近づく．これを，数列の**極限値**が 0 に**収束**する，という．
(b) この数列も収束し，極限値は 1 である．
(c) n を限りなく大きくすると，一般項は無限に大きくなる．これを，数列は無限大に**発散**するという．
(d) 負の無限大に発散する．
(e) 収束も発散もしない．このような数列は，**振動**するという．

(4) 級　数

無限数列 $a_1, a_2, a_3, \ldots\ldots, a_n, \ldots\ldots$ を次のように和の形にした式を**無限級数**または単に**級数**という．

$$a_1 + a_2 + a_3 + \cdots\cdots + a_n + \cdots\cdots$$

級数の第 n 項までの和を S_n とし，$S_1, S_2, \ldots\ldots, S_n, \ldots\ldots$ という数列を考えて，この数列が収束するとき，**級数は収束**するといい，その極限値 S を**級数の和**という．

例えば，

$$1 + \frac{1}{2} + \frac{1}{2^2} + \cdots\cdots + \frac{1}{2^{n-1}} + \cdots\cdots \qquad (1\cdot21)$$

という級数の第 n 項までの和は [1・12] により，$a=1$, $r=1/2$ として，

$$S_n = \frac{a(1-r^n)}{1-r} = \frac{1(1-1/2^n)}{1-1/2} = 2\left(1 - \frac{1}{2^n}\right)$$

n を限りなく大きくすると，$1/2^n$ は限りなく 0 に近づくから，S_n の無限数列の極限値は 2 である．したがって，(1・21) の級数の和は，

$$1+\frac{1}{2}+\frac{1}{2^2}+\cdots\cdots+\frac{1}{2^{n-1}}+\cdots\cdots=2$$

と表される.

次式のような等比数列の級数を**無限等比級数**という.

$$a+ar+ar^2+\cdots\cdots+ar^{n-1}+\cdots\cdots$$

無限等比級数について，次の公式がある.

[1・12] 無限等比級数

初項 a ($\neq 0$), 公比 r の無限等比級数が収束するための必要十分条件*は $|r|<1$ であり，その和は次の式で求められる.

$$a+ar+ar^2+\cdots\cdots+ar^{n-1}+\cdots\cdots=\frac{a}{1-r}$$

説明 上式の第 n 項までの和は [1・10] により $S_n=\dfrac{a(1-r^n)}{1-r}$, $|r|<1$ ならば，$n\to\infty$ のとき $r^n\to 0$ になり，上式をうる（厳密な証明は省略した）.

----

* **必要十分条件**　収束する等比級数（A）と $|r|<1$ の等比級数（B）との関係には**第 1・4 図**(a)(b)(c)の三つの場合が考えられる．(a)図はある級数がBならばAの級数であり，この場合BをAの**十分条件**という．(b)図はある級数がAならばBの級数であり，この場合BをAの**必要条件**という．BがAの必要かつ十分条件である場合は(c)図のとおりで，この場合は，収束等比級数（A）と $|r|<1$ の等比級数（B）とはまったく同じものであり，この場合，AとBとは**同値**である，という.

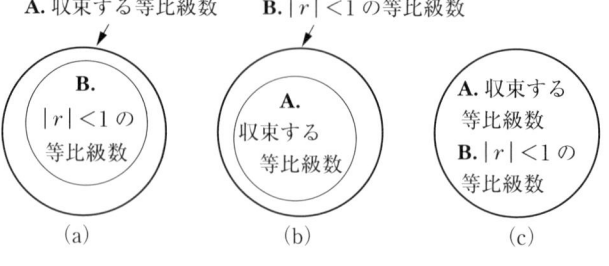

第 1・4 図

問題 1・2 第1・5図のようにグローブの中に光源がある場合，グローブ球内面の照度は，直射照度 E_x と反射による拡散照度 E_k との和である．球内面が完全拡散面ならば第1回の反射による拡散照度 E_1 およびそれ以後の E_2, E_3, …は，いずれも球内面のどこでも一定である．球内面反射率を ρ, 全光束を F_0, 内面積を S とすると，内面の任意の点で $E_1 = \dfrac{\rho F_0}{S}$ である．全部の拡散照度の和を求めよ．

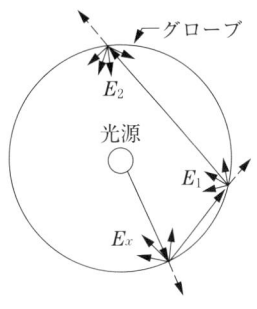

第1・5図

(5) **級数展開**

[1・12] により，次の級数の和が求められる．

$$1 + x + x^2 + x^3 + \cdots = \frac{1}{1-x} \quad (\text{ただし，}|x|<1)$$

また逆に次のように書くことができる．

$$\frac{1}{1-x} = 1 + x + x^2 + x^3 + \cdots \quad (\text{ただし，}|x|<1) \tag{1・22}$$

これは $1/(1-x)$ という x の関数が級数に展開できることを示す．級数展開の方法は，微分の章（p.144）で説明するが，次のような例がある．

$$\varepsilon^x = 1 + x + \frac{x^2}{2!} + \frac{x^3}{3!} + \frac{x^4}{4!} + \cdots \quad (|x|<\infty) \tag{1・23}$$

$$\sin x = x - \frac{x^3}{3!} + \frac{x^5}{5!} - \frac{x^7}{7!} + \cdots \quad (x\text{ はラジアン，}|x|<\infty) \tag{1・24}$$

$$\cos x = 1 - \frac{x^2}{2!} + \frac{x^4}{4!} - \frac{x^6}{6!} + \cdots \quad (\text{同 上}) \tag{1・25}$$

ここで ε（イプシロン）は微分の章で出てくる**自然対数の底**と呼ばれる定数で，2.7182818……と無限に続く無理数であり，数学では非常に大切な数である．なお普通の数学書では e で表している．

2！, 3！などは，2の**階乗**, 3の階乗と読む．|2, |3 と書くこともある．$n!$ は 1 から n まで掛け合せた数である．例えば，4！$=1 \times 2 \times 3 \times 4$ である．なお，0！$=1$ と定義している．(1・22)～(1・25) 式で，x が1よりごく小さ

いときは，2～3項まで計算することによって近似値が得られる．

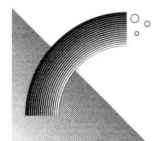

2 方程式

2・1 方程式の解き方と種類

方程式とは，[1・4]（p.7）に書いたように，文字がある特定の値のときだけ成り立つ等式である．その文字を**未知数**といい，方程式を成り立たせる（満足させる）未知数の値をその方程式の**根**または**解**という．また，根を求めることを方程式を**解く**という．

例えば，

$$3x + 2 = 14 \qquad ①$$

という方程式を解くには，次のようにする．

左辺の 2 を**移項**して， $3x = 14 - 2$ ②
右辺を**計算**して， $3x = 12$ ③
3 で**両辺を割る**と， $x = 4$ ……（解） ④

この式の変化を見ると，①式が成り立つ**ならば**，②式が成り立つ．つまり式で表せば，

$$(3x + 2 = 14) \Rightarrow (3x = 14 - 2)$$

以下同様に，

$$(3x = 14 - 2) \Rightarrow (3x = 12) \Rightarrow (x = 4) \qquad ⑤$$

と変化しているのである．また，逆も成り立つから，次のようにも表せる．

$$(3x + 2 = 14) \Leftrightarrow (3x = 14 - 2) \Leftrightarrow (3x = 12) \Leftrightarrow (x = 4) \qquad ⑥$$

つまり，①②③および④の式は，いずれも**同値**（p.14）であり，方程式を解くということは，⑤あるいは⑥の式の変化をすることである．（⇒，⇔は巻頭の数学記号参照）

また，

$$\begin{cases} x + y = 3 & ⑦ \\ y = 1 & ⑧ \end{cases}$$

という連立方程式を解くには，例えば，**両辺同士で引き算をして**，
$$x = 2$$ ⑨
とする．つまり，
$$\left.\begin{array}{r}x+y=3\\y=1\end{array}\right\} \Rightarrow (x=2)$$
という計算をする．ここでは，
$$(x=2) \Rightarrow \begin{cases} x+y=3\\ y=1 \end{cases}$$
ではないから，⑦⑧式と⑨式とは同値ではない．しかし，
$$\left.\begin{array}{rl}x+y=3 & ⑦\\y=1 & ⑧\end{array}\right\} \Leftrightarrow \begin{cases} x=2 & ⑨\\ y=1 & ⑩\end{cases}$$
ということはできるから，⑦⑧式の組と⑨⑩式との組は同値である．

このような等式の変形の方法をあげると，次のようである．

[2・1] 等式変形の方法（等式を成り立たせながら変形する方法）

1) 交換・結合・分配法則（p.7），展開公式（p.8）などの**公式や定理**によって正しく**計算**する．
2) 両辺に同じ数値あるいは式を**加・減・乗・除**する．ただし，0で割ってはならない．
3) **移項**する，あるいは両辺の**逆数**をとる（これは前項の応用である）．
4) 両辺を**開平**し，あるいは**自乗**する．
5) **二つの等式の両辺**で互いに加・減・乗・除する．あるいは**代入**する．
6) 両辺の**対数**をとる．

上記の方法は，すべてが前記の⑥式のような同値関係を保っているとはいえない．例えば，$x=1$ ①の両辺を自乗すると，$x^2=1$ ②．この式の根は $x=\pm 1$．したがって，$(x=1) \Rightarrow (x^2=1)$ は正しいが，$(x=1) \Leftrightarrow (x^2=1)$ は正しくない．

方程式には次のような種類がある．

(a) **整方程式**；両辺が未知数について整式であるもの（1次・2次・3次

など).
(b) **分数方程式**；未知数の分数式を含むもの.
(c) **無理方程式**；未知数の無理式を含むもの.
(d) **超越方程式**；対数方程式・指数方程式・三角方程式など.

また，未知数の個数によって，**1元・2元・3元**……**方程式**，二つ以上の未知数を同時に満足させるものとしての二つ以上の方程式である**連立方程式**がある.

2・2 連立方程式

次の連立方程式を解いてみよう.

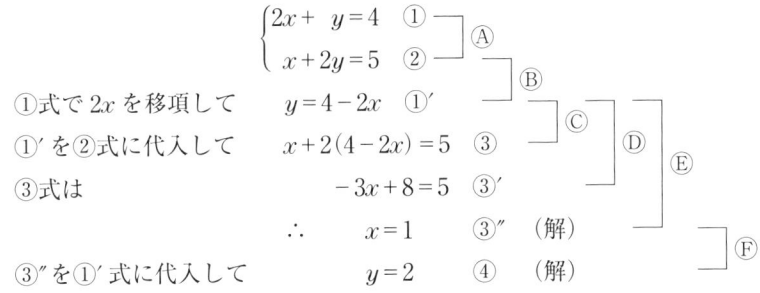

上の計算で①式と①′式とは同値である．したがって，①②式を一組として考えたⒶ式と，①′②式を一組としたⒷ式とは同値である．

③式はそれより上の3式のどれとも同値ではないが，③式に①′式を入れれば②式に戻るから，①′③式を組にしたⒸ式はⒷ式と同値であり，したがって，Ⓒ式はⒶ式とも同値である．

同じようにして，ⒶⒷⒸ……Ⓕのどの式も同値でまったく同じ内容を持っている．

このように2元連立方程式では，いつも2個の方程式を組とした式が同値の関係を保ちながら，解を得るのである．したがって，x, y 2個の解を得るには2個の方程式が必要であり，一般に，連立方程式で n 個の解を得るには n 個の連立方程式が必要である．

また，条件を求める問題でも，例えば「i_1, i_2 の絶対値が等しく，位相が $90°$ である条件を求めよ」というように，2個の条件を満足する条件は2個必

要である．一般に，n 個の条件（n 個の等式）と同値の条件は，どう整理・変形しても n 個の条件（n 個の等式）になる．

上にあげた例は**代入法**であるが，連立方程式を解くには，このほかに，**加減法**（辺々あい加・減して x や y の項を消去する方法）や**等置法**（例えば2個の式から x を求めて両式を等しいと置く方法），あるいは**行列式**による方法がある．

さて，
$$\begin{cases} 2x + y = 4 \\ 2x + y = 5 \end{cases}$$
という方程式は解けない．このようなとき解は**不能**であるという．また，
$$\begin{cases} 2x + y = 4 \\ 6x + 3y = 12 \end{cases}$$
という方程式の解は無数にあり，**不定**であるという．

[2・2] 連立方程式
$$\begin{cases} a\,x + b\,y = c & \text{①} \\ a'x + b'y = c' & \text{②} \end{cases}$$
は，

1) $\dfrac{a}{a'} \neq \dfrac{b}{b'}$ のとき解を持つ．

2) $\dfrac{a}{a'} = \dfrac{b}{b'} \neq \dfrac{c}{c'}$ のとき不能．

3) $\dfrac{a}{a'} = \dfrac{b}{b'} = \dfrac{c}{c'}$ のとき不定．

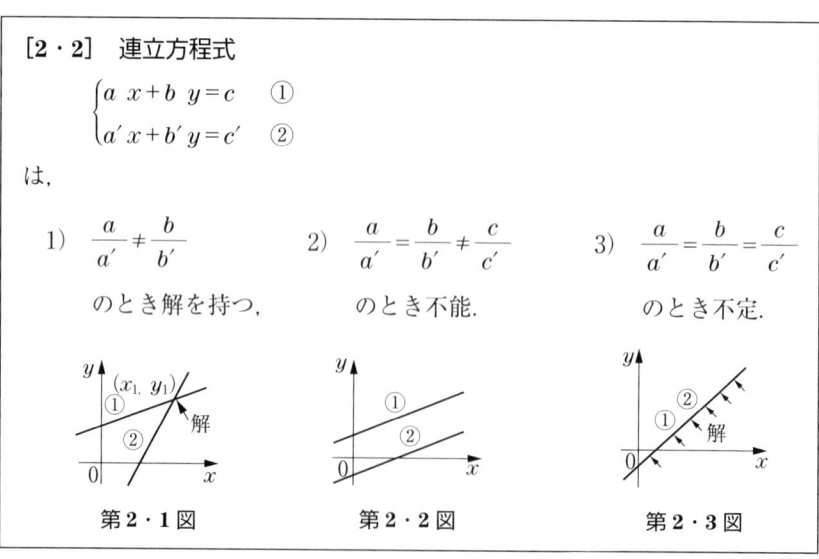

第2・1図　　第2・2図　　第2・3図

第2・1図の直線①の上の x, y の値は①式を満足し，直線②は同様に②式を満足する．したがって，交点の x_1, y_1 は①②両式をともに満足するから，x_1, y_1 は解である．第2・2図では不能，第2・3図では不定となる．要するに，n 個の解を得るには n 個の**独立**した方程式が必要だということであり，こ

のことは当たり前のようであるが，問題を解くため式を立てるときに，あわてて間違いを起こすことはよくあることである．

2元連立方程式で，第2・4図のように3個の方程式があるときは，原則として不能である．しかし，第2・5図のようなときは解が求まるから面白い．

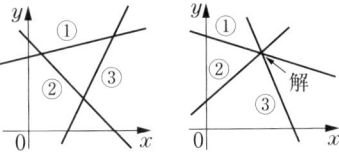

第2・4図　　第2・5図

2・3　2次方程式

2次方程式の解法は周知のとおりであるが，一応整理しておこう．解法には因数分解による方法と，公式による方法とがある．

因数分解による方法は次の原理によっている．

[2・3]　因数分解による2次方程式解法の原理
二つの数または式 A, B について，
$AB=0$ ならば $A=0$ または $B=0$ である．

2次方程式の解の公式は次のとおりである．②の式は x の係数が偶数のとき用いる．

[2・4]　2次方程式の解の公式
$ax^2+bx+c=0$ (a, b, c は実数, $a \neq 0$) の解は，
$$x = \frac{-b \pm \sqrt{b^2-4ac}}{2a} \qquad ①$$
$ax^2+2b'x+c=0$ の解は，
$$x = \frac{-b' \pm \sqrt{b'^2-ac}}{a} \qquad ②$$

2次方程式の解には次の種類がある．

[2・5]　判別式と2次方程式の解の種類
$ax^2+bx+c=0$ (a, b, c は実数, $a \neq 0$) について，

$$D = b^2 - 4ac$$
を判別式といい，
 $D>0$ ならば，異なる二つの実数解を持つ．
 $D=0$ ならば，一つの実数解（**二重解**，あるいは**重根**）を持つ．
 $D<0$ ならば，異なる二つの虚数解（虚根）を持つ．
 以上の逆も成り立つ．

2次方程式の解を用いて，次のように2次式を因数分解できる．

[2・6]　2次方程式の解による因数分解
 $ax^2 + bx + c = 0$ $(a \neq 0)$ の解を α, β とすれば，
 $$ax^2 + bx + c = a(x-\alpha)(x-\beta)$$
と因数分解できる．

2・4　高次方程式

3次以上の方程式を**高次方程式**という．n 次方程式は虚数解を含めれば n 個の解を持っている．3次および4次方程式は代数的に解けるが，ここでは割愛する．5次以上の方程式は代数的には解けない．しかし，**数値計算**（あとで述べる）によれば解くことができる．

ここでは，ごく簡単な例を一つあげよう．

例　2・1　$x^3 - 1 = 0$　を解け．

解　$x=1$ は一つの解である．したがって，$(x-1)f(x) = 0$*① と変形できる．一般に一つの解が分かれば①の形にできる．ここで，$f(x)$ は整式で，これを**因数定理**といっている．$x^3 - 1$ を $x-1$ で割って $f(x)$ が得られ，①式は次のようになる．

$$(x-1)(x^2 + x + 1) = 0\ （公式を知っていれば当たり前）$$
 [2・3] によって，$x-1=0$　または　$x^2 + x + 1 = 0$．
 第2式を公式 [2・4] で解いて，

---

*$f(x)$；x の関数を表す（後述）．

$x = 1$ または $x = -\dfrac{1}{2} \pm j\dfrac{\sqrt{3}}{2}$ 答

2・5 分数方程式

例 2・2 $\dfrac{x}{x+1} - \dfrac{3}{x-1} + \dfrac{6}{x^2-1} = 0$ ① を解け．

解 両辺に $x^2 - 1 = (x+1)(x-1)$ を掛けて分母を払うと，

$x^2 - 4x + 3 = 0$

因数分解して，

$(x-1)(x-3) = 0$

$x = 1$ は①式の分母を **0** にするから無意味である．したがってこれは捨て，

$x = 3$ 答

分数方程式は上の例のように，未知数についての分数式を含む方程式である．分数方程式の解き方は，分母を払うのが定石であるが，上の例のように無意味な答が出てくることがあるので，答を吟味する必要がある．

どうして，こんなことになるかは，第 2・6 図をじっくり眺めていただきたい．⇒は「ならば」（○○であれば，○○である）という印である．

(a) $A = 0 \Rightarrow AB = 0$

(b) $AB = 0 \Rightarrow \begin{cases} A = 0 \\ \text{または} \\ B = 0 \end{cases}$

第 2・6 図

2・6 無理方程式

例 2・3 $\sqrt{x+5} = x - 1$ ① を解け．

解 両辺を平方し整理すると，

$x^2 - 3x - 4 = 0$

因数分解すると，

$(x-4)(x+1) = 0$

∴ $x = 4, \ -1$

ここで，$x = 4$ は①式を満足するが，$x = -1$ は満足しないので捨てる．

$x = 4$ 答

この例のように，未知数についての無理式を含む方程式を**無理方程式**という．両辺を平方して解く．ここでも $x=-1$ のような元の方程式を満足しない解が現れた．これを**無縁解（無縁根）**という．無縁解が現れるのは，第 2・7 図のように，方程式 $A=B$ の両辺を平方すると，解として $A=B$ のほかに $A=-B$ も出るからである．つまり，$A=B$ と $A^2=B^2$ とは必ずしも同値ではない．

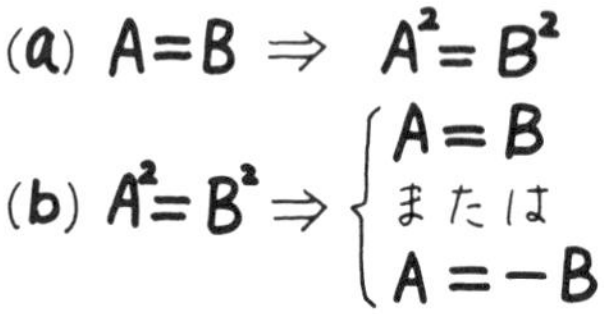

(a) $A=B \Rightarrow A^2=B^2$

(b) $A^2=B^2 \Rightarrow \begin{cases} A=B \\ \text{または} \\ A=-B \end{cases}$

第 2・7 図

2・7 対称な形の方程式

例 2・4 $\begin{cases} ax+by=c & ① \\ x+y=d & ② \end{cases}$ を解け．

解 ①②式で x と y を入れ換え，a と b とを入れ換えると全く同じ式になる．したがって，これを解いて，

$$x=\frac{c-bd}{a-b}$$ が得られれば，

$$y=\frac{c-ad}{b-a}$$ であることが分かる．

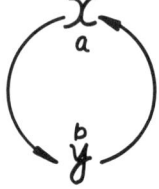

第 2・8 図

例 2・5 $\begin{cases} ax+by=c & ① \\ xy=0 & ② \end{cases}$ を解け．

解 ②式から，$x=0$ または $y=0$ である．$x=0$ のときは $y=c/b$，$y=0$ のときは $x=c/a$ であって，

答 $(x, y)=\left(0, \dfrac{c}{b}\right), \left(\dfrac{c}{a}, 0\right)$

と書ける．この場合は，答の第 1 の組と第 2 の組の間で，x の答と y の答，また a と b とが入れ換わることが分かる．

例 2・6 $\begin{cases} x+y=A & ① \\ y+z=B & ② \\ z+x=C & ③ \end{cases}$ を解け．

解 ①②③式で，$x \leftarrow y \leftarrow z \leftarrow x$，また $A \leftarrow B \leftarrow C \leftarrow A$ と入れ換えると，①式は

②式と同じになり，以下同様に，②式→③式，③式→①式となる．このような場合，①②③の三つの式全体として，x, y, z について対称であるといえる．したがって，計算により，

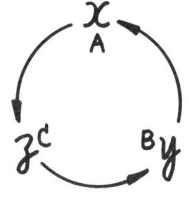

$$x = \frac{A-B+C}{2}$$

が得られれば，上と同じ入れ換えをして，

$$y = \frac{B-C+A}{2}, \quad z = \frac{C-A+B}{2}$$

が得られる．

第2・9図

三相交流回路では，たとえ不平衡回路であっても，式としては対称な形になるものも多く，文字の入れ換えで答が得られることが多い．ご存知の△→Ｙ換算の式は，

$$\dot{Z}_a = \frac{\dot{Z}_{ab}\dot{Z}_{ca}}{\dot{Z}_{ab}+\dot{Z}_{bc}+\dot{Z}_{ca}}, \quad \dot{Z}_b = \frac{\dot{Z}_{bc}\dot{Z}_{ab}}{\dot{Z}_{ab}+\dot{Z}_{bc}+\dot{Z}_{ca}}, \quad \dot{Z}_c = \frac{\dot{Z}_{ca}\dot{Z}_{bc}}{\dot{Z}_{ab}+\dot{Z}_{bc}+\dot{Z}_{ca}}$$

であって，abc, bca, cab と順序をくずさないで書くのがよい．

2・8 不等式

不等式の性質は次のとおりである．なお，虚数については大小関係は考えない．

[**2・7**]　**不等式の性質**　実数 a, b, c, d について，

1) $a>b \Leftrightarrow a-b>0$
   $a=b \Leftrightarrow a-b=0$ 　（移項）
   $a<b \Leftrightarrow a-b<0$

2) $a>b \Rightarrow a+c>b+c$, $a-c>b-c$ 　（両辺に同じ数を加減する）

3) $a>b$, $c>d \Rightarrow a+c>b+d$, $a-d>b-c$

4) $a>b$ のとき
   　　$c>0 \Rightarrow ac>bc$, $a/c>b/c$ 　（両辺を同じ数で乗除する）
   要注意　$\boldsymbol{c<0 \Rightarrow ac<bc, \ a/c<b/c}$

[2・7] で，1)から4)の第1式までは，不等号の向きを変えないで等式と同

じ計算ができるが，4)の第2式は不等号の向きが変わるので注意する．
　不等式には，絶対不等式と条件付き不等式とがある（[1・4]）．
　　　$x^2 \geq 0$，$x^2 + 10 > 0$

のように，x の任意の実数値について成り立つ不等式は**絶対不等式**で，等式のうちの恒等式に似たところがある．
　　　$2x > 8$

の式が成り立つのは，$x > 4$ のときだけで，$x \leq 4$ のときは成り立たない．このような不等式は**条件付き不等式**といい，等式のうちの方程式に似ている．

　例 2・7 $6x - 3 < 8x - 9$ を解け．
　解　移項して，
　　　$6x - 8x < -9 + 3$
　　　　$-2x < -6$
　両辺を -2 で割れば，[2・7] 4) により，不等号の向きが逆になるから，
　　　$x > 2$　答

2・9 解けない方程式を解く（数値計算）

　電験の試験では，数式の計算で解けない方程式を解かなければならない問題は出ないであろうが，本を読んでいて，解けない方程式が立っていて答が出ていると気持が悪いであろう．例えば，ウイーンの変位則を示す式を求めるのに，次のような計算をしている．
　　　$\varepsilon^x(x - 5) + 5 = 0$ から解は $x = 4.9651$ 　　　　　　　①

このような方程式も**数値計算**なら解ける．以下興味があれば読んでいただきたい．

　例 2・8 $2x = \cos x$ を解け．
　解　式を変形し，$x = (\cos x)/2$
　初めに適当な値，例えば $x = 1$ として $(\cos x)/2$ を計算する．（x：[rad]）
　　　その答　$x = 0.270151155$ を $(\cos x)/2$ に入れ計算する．
　　　　〃　　$x = 0.481865285$ を　　〃　　　　　〃
　これを15回くらい繰り返すと $(\cos x)/2$ の値は一定となり，その値 0.450183775 が答である．

2・9 解けない方程式を解く（数値計算）

この計算の過程を図示すると第 2・10 図のようになる．このような方法を**逐次計算法**といっている．

ところで①の方程式は，例 2・8 の方法でもできる（やってみて下さい）が，別の方法を紹介する．

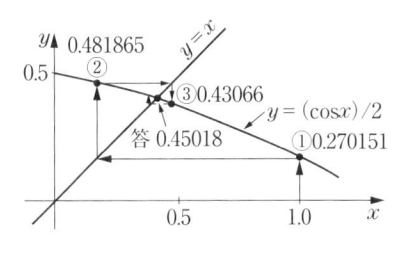

第 2・11 図のように，

$$y = f(x) = \varepsilon^x(x-5) + 5 \qquad ②$$

のグラフを描き，グラフと x 軸の交点を求めれば，その x の値が①式の解になる，と考える．x の値を求めるには，初めに適当な x の値を決め，その x での $f(x)$ の接線と x 軸との交点を求め，それを新しい x として，同じ操作を繰り返し，$f(x) \doteqdot 0$ になる X を求める．この方法を **Newton–Raphson 法**という．

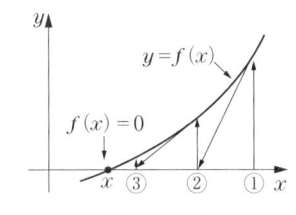

第 2・12 図から，

$$x_{k+1} = x_k - \frac{f(x_k)}{f'(x_k)} \qquad ③$$

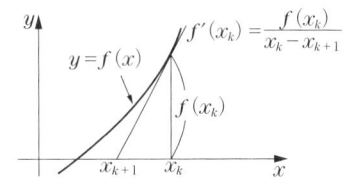

第 2・10 図

第 2・11 図

第 2・12 図

この $f'(x_k)$ は微分の章で説明するが，

$$f'(x) = \frac{\mathrm{d}f(x)}{\mathrm{d}x}$$

の k 番目の値という意味で，②式の場合は，次式のようになる．

$$f'(x) = \varepsilon^x(x-4) \qquad ④$$

要するに，②③④式から，

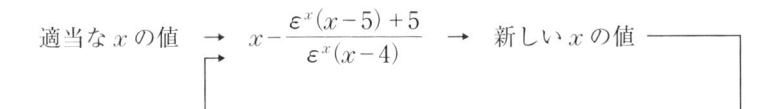

適当な x の値 → $x - \dfrac{\varepsilon^x(x-5) + 5}{\varepsilon^x(x-4)}$ → 新しい x の値

---

*$f(x)$：x の関数，$f'(x)$：$f(x)$ の導関数，ε；自然対数の底（p.3）

の計算を繰り返せば，15回くらいの繰り返しで，$x=4.96511$ が求まる．電卓でもできるが，パソコンならばごく簡単である．数値計算には，このほかいろいろな方法がある．

2 方程式・演習問題

2・1 次の式が恒等的に成り立つように，a, b, c の値を定めよ（これを**未定係数法**という）．

(1) $a(x+1)^2 + b(x+1) + c = 0$

(2) $x^2 + x + 1 = a(x-2)^2 + b(x-2) + c$

(3) $\dfrac{1}{(x-1)(x-2)} = \dfrac{a}{x-1} + \dfrac{b}{x-2}$ $\begin{pmatrix} \text{左辺の分数式を右辺の分数式の和の形に} \\ \text{することを}\textbf{部分分数}\text{に分解するという} \end{pmatrix}$

(4) $\dfrac{x}{(x+1)(x+2)} = \dfrac{a}{x+1} + \dfrac{b}{x+2}$

(5) $\dfrac{x^2+2x-2}{x^3+1} = \dfrac{a}{x+1} + \dfrac{bx+c}{x^2-x+1}$

2・2 次の方程式を解け．

(1) $x^3 = 1$

(2) $x^3 - 3x^2 + 2 = 0$

(3) $x^3 - 6x^2 + 11x - 6 = 0$

(4) $\dfrac{x-1}{x^2-1} + \dfrac{2}{x+1} + 3 = 0$

2・3 次の連立方程式を解け．

(1) $\begin{cases} 2x - y - 1 = 0 \\ xy = 3 \end{cases}$

(2) $\begin{cases} x^2 + 3xy - 4y^2 = 0 \\ x + y = 2 \end{cases}$

(3) $\begin{cases} y - x = 1 \\ x^2 + y^2 = 25 \end{cases}$

(4) $\begin{cases} x + y = 1 \\ x^2 + y^2 = 1 \end{cases}$

2・4 次の無理方程式を解け．

(1) $\sqrt{x+3} + 1 = 4$

(2) $\sqrt{x+1} = x - 1$

(3) $2x = \sqrt{18 - x^2} + 3$

(4) $\sqrt{2+x} + \sqrt{x-1} = 3$

2・5 次の不等式を解け.

(1) $5x < 2x + 9$

(2) $5x - 2 < 7x - 6$

(3) $4x - 5 \geqq -x + 5$

(4) $x - 5 > 20 - \dfrac{x}{4}$

2・6 次の連立不等式を解け.（二つの式を同時に満足する x の範囲を求める）

(1) $\begin{cases} x + 3 > 2x - 5 \\ 2x - 10 > 5 - 3x \end{cases}$

(2) $\begin{cases} 3 - x \geqq 2x - 9 \\ x - 3 > 5 - 3x \end{cases}$

2・7 次の不等式を解け.

(1) $x^2 - 4x + 3 < 0$（左辺を因数分解して考えよ）

(2) $x^2 - 2x - 3 > 0$

(3) $x^2 - 4x + 4 \leqq 0$

(4) $x^2 - 4x + 6 > 0$（左辺に完全平方の形を作れ）

2・8 3巻線変圧器のインピーダンスを同一基準容量の〔%〕または〔p.u〕で表すと，一次 (p)，二次 (s)，三次 (t) の各次間および各次それぞれのインピーダンス間には次の関係がある.

$\dot{Z}_{ps} = \dot{Z}_p + \dot{Z}_s$ ①　　$\dot{Z}_{st} = \dot{Z}_s + \dot{Z}_t$ ②　　$\dot{Z}_{tp} = \dot{Z}_t + \dot{Z}_p$ ③

$\dot{Z}_{ps}$，$\dot{Z}_{st}$，$\dot{Z}_{tp}$ の値を測定して得られたとして，各次それぞれのインピーダンス，$\dot{Z}_p$，$\dot{Z}_s$，$\dot{Z}_t$ を求めよ（これを3巻線変圧器の△―人換算という）.

2・9 △接続の抵抗 R_{ab}，R_{bc}，R_{ca} と等価な人接続の抵抗 R_a，R_b，R_c は，

$R_a = \dfrac{R_{ab} R_{ca}}{R_{ab} + R_{bc} + R_{ca}}$　①

$R_b = \dfrac{R_{bc} R_{ab}}{R_{ab} + R_{bc} + R_{ca}}$　②

$R_c = \dfrac{R_{ca} R_{bc}}{R_{ab} + R_{bc} + R_{ca}}$　③

によって求められる．この式から，人→△換算の式を求めよ．（上式は対称式であって，**対称式**では，$R_{ab}+R_{bc}+R_{ca}=S$，$R_{ab}R_{bc}R_{ca}=M$ のように**置き換**えると比較的容易に解けることが多い）

2・10 同形・同大で絶縁物の比誘電率が異なるコンデンサ C_1，C_2 が直列に接続され，それに直流電圧が加えられている．C_1，C_2 のそれぞれの端子電圧を V_1，V_2，比誘電率を ε_{s1}，ε_{s2} として，$V_1 > V_2$ とするためには，ε_{s1}，ε_{s2} の間にどのような関係が必要か．

2・11 空気の間隙が d〔m〕の平行板電極間に，間隙の 70〔%〕の厚さの絶縁物が入れてある．空気の絶縁耐力（電界の強さ）を E_r〔V/m〕として $0.5\,d\,E_r$〔V〕の電圧を加えた場合，空気部分で火花放電を起こさないためには，絶縁物の比誘電率 ε_s はどのような値でなければならないか．ただし，空気の絶縁耐力は間隙の大きさに無関係に一定であるとする．

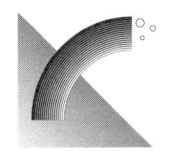

3 関 数

3・1 関 数

(1) 関 数

$$y = x^2 - 2x + 3 \qquad (3・1)$$

の式で，x の値を -1, 0, 1, 2, 3…… と変えると，y の値は 6, 3, 2, 3, 6…… と変わる．その様子をグラフにすると**第3・1図**のようになる．

このように，二つの変数 x, y について，x の値（あたい）が決まるごとに y の値が一つ決まるとき，y を **x の関数**という．また，x を**独立変数**，y を**従属変数**という．

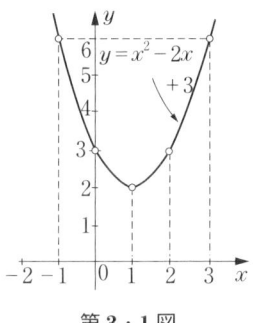

第3・1図

このような関数を表す場合，「y は x の関数 (function) である」と言葉でいう代わりに，次の関数記号で表す．

$$y = f(x), \quad あるいは \quad y = F(x), \quad 必要により \quad y = g(x) \quad など$$

交流の電圧や電流の瞬時値は e とか i とかで表すが，これらは時間の関数であり，特に時間の関数であることを明らかにしたいときは $e(t)$, $i(t)$ などと書く．また，三角関数 $\sin\theta$ は，この形で書けば $\sin(\theta)$ と書くべきところ（ ）を省略したものと考えることもできる．

(3・1) 式を $y = f(x) = x^2 - 2x + 3$ と表したとき，例えば $x = 3$ における y の値を $f(3)$ と書く．つまり，次の計算により，$f(3) = 6$ である．

$$f(3) = 3^2 - 2 \times 3 + 3 = 6$$

関数 $y = f(x)$ において，変数 x が変わることができる値の範囲を x の**変域**または関数 $f(x)$ の**定義域**といい，そのときの y の値の範囲を $f(x)$ の**値域**（ちいき）という．

(3・1) 式では，x はどのような実数でもよいから，x の変域は実数全体で

ある．また，(3・1) 式を変形すると $y=f(x)=(x-1)^2+2\geq 2$ となるから，この関数の値域は $f(x)\geq 2$ であり，第3・1図でも明らかである．

(2) **グラフの平行移動**

関数 $y=f(x)$ のグラフ上の任意の点 P(x, y) を，**第3・2図**のように座標が，
$$x' = x+p, \quad y' = y+q \quad (3・2)$$
の点 P′ に移す操作をグラフの**平行移動**という．

$y=f(x)$ に (3・2) 式を入れると，
$$y' - q = f(x' - p)$$
であるから，次のことがいえる．

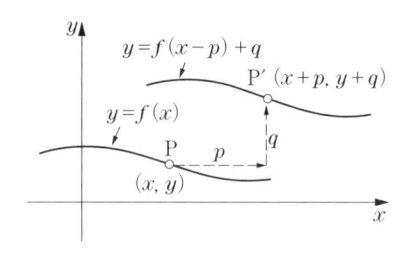

第3・2図

[3・1]　グラフの平行移動

関数 $y=f(x)$ のグラフを x 方向に p，y 方向に q 平行移動したグラフの関数は次式で与えられる．
$$y = f(x-p) + q \quad (y-q = f(x-p))$$

例えば，$y=x^2$ を平行移動すると，
$$y = (x-p)^2 + q$$
であり，第3・1図の $y=x^2-2x+3$ は，
$$y = (x-1)^2 + 2$$
と変形できるから，$y=x^2$ を x 方向に1，y 方向に2だけ平行移動したものである．

(3) **陽関数と陰関数**

[3・2]　陽関数と陰関数

x の関数 y が $y=f(x)$ で表されているとき陽関数といい，$f(x, y)=0$ で表されているとき陰関数という．

例えば，$x^2+y^2-4=0$ は陰関数の形である．
これを陽関数で表せば，
$$y = \sqrt{4-x^2}, \quad \text{または} \quad y = -\sqrt{4-x^2}$$

3・1 関 数

である.

(4) 偶関数と奇関数

$y=x^2$ のグラフは，第3・3図のように y 軸に対して対称である．y 軸に対して対称なグラフの関数は一般に次の式を満足する．

$$f(-x)=f(x)$$

また，$y=x^3$ のグラフは原点に対称であって，原点に対称なグラフは次の式を満足する．

$$f(-x)=-f(x)$$

このような関数について，次の定義がある．

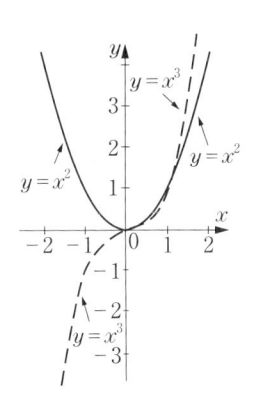

第3・3図

[3・3] 偶関数・奇関数

関数 $f(x)$ が $f(-x)=f(x)$ の性質を持つとき，その関数を**偶関数**といい，そのグラフは y 軸について対称である．

関数 $f(x)$ が $f(-x)=-f(x)$ の性質を持つとき，その関数を**奇関数**といい，そのグラフは原点について対称である．

$y=\cos x$ および $\sin x$ をグラフに描いてみると，$y=\cos x$ は偶関数，$y=\sin x$ は奇関数であることが分かる．

(5) 逆関数

$y=x^2$ の式で，***x*** と ***y*** とを入れ換え，それを解くと次のようになる．

$$x=y^2 \qquad (3・3)$$
$$y=\sqrt{x} \quad \text{または} \quad y=-\sqrt{x} \quad (x\geqq 0) \quad (3・4)$$

(3・4) 式の関数を $y=x^2$ の逆関数という．

(3・3) 式と (3・4) 式とは同値であるから，(3・4) 式のグラフは $x=y^2$ のグラフであり，第3・4図のように，この二つの関数のグラフは直線 $y=x$ について対称になる．一般に，逆

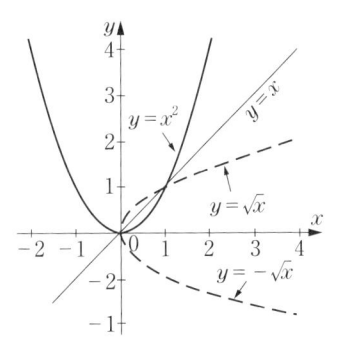

第3・4図

＊自然数 n について $y=x^n$ を n 次の巾（べき）関数という．

関数についてまとめると次のようである．

> **[3・4] 逆関数**
> 　$y=f(x)$ と，x と y を入れ換えた $x=f(y)$ とは互いに**逆関数**であるという．
> 　$x=f(y)$ を y について解いた式を $y=g(x)$ とすると，$y=f(x)$ と $y=g(x)$ とは互いに逆関数である．
> 　$y=f(x)$ の逆関数を $y=f^{-1}(x)$ とも書く．
> 　$y=f(x)$ のグラフと $y=f^{-1}(x)$ のグラフとは直線 $y=x$ について対称である．

3・2　2次関数

$y=x^2$ のグラフは第3・4図のようであり，$y=x^2-2x+3$ のグラフは第3・1図のように $y=x^2$ のグラフを平行移動したものであった．これらはいずれも2次関数のグラフである．**2次関数**は一般に次式で表される．

$$y=ax^2+bx+c \tag{3・5}$$

この式を変形すると次のようになる．

$$y=a\left\{x^2+\frac{b}{a}x+\left(\frac{b}{2a}\right)^2\right\}-\frac{b^2}{4a}+c$$

$$=a\left(x+\frac{b}{2a}\right)^2-\frac{b^2-4ac}{4a} \tag{3・6}$$

したがって，定理[3・1]と照し合せると，次のことがいえる．

> **[3・5] 2次関数**
> 　2次関数 $y=ax^2+bx+c$ $(a \neq 0)$ を変形すると，
>
> $$y=a\left(x+\frac{b}{2a}\right)^2-\frac{D}{4a} \quad \text{ただし，}D=b^2-4ac\text{（判別式 p.21〜22）}$$
>
> と表され，そのグラフは $y=ax^2$ のグラフを，
>
> 　　x 軸方向に　$-\dfrac{b}{2a}$，y 軸方向に　$-\dfrac{D}{4a}$

だけ平行移動したものであり，a と D の値によって，そのグラフは下図のようになる．これらの曲線を**放物線**という．

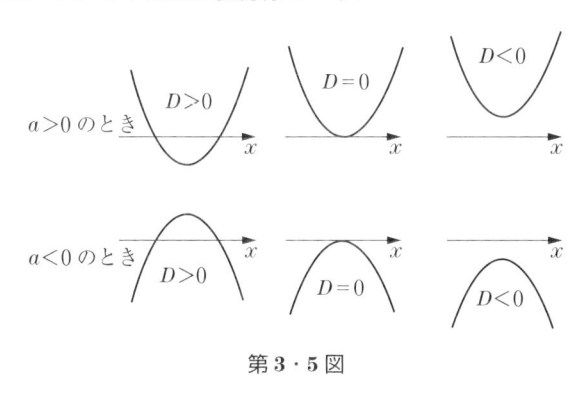

$a>0$ のとき　$D>0$　　$D=0$　　$D<0$

$a<0$ のとき　$D>0$　　$D=0$　　$D<0$

第 3・5 図

上図と方程式 $ax^2+bx+c=0$ の解との関係を考察するとよい．

3・3　分数関数

x の分数式で表された関数を x の**分数関数**という．最も簡単な分数関数

$$y=\frac{k}{x} \quad (k \neq 0,\ x \neq 0) \quad (3 \cdot 7)$$

のグラフは**第 3・6 図**のようである．このような形の曲線を**双曲線**という．

この関数は奇関数であるから原点について対称である．また，逆関数も (3・7) 式と同じであるから，(3・7) 式のグラフは直線 $y=x$ に対して対称である．

分母・分子とも 1 次式の分数関数の一般の形は，

$$y=\frac{ax+b}{bx+d} \quad (c \neq 0,\ ad-bc \neq 0) \qquad (3 \cdot 8)$$

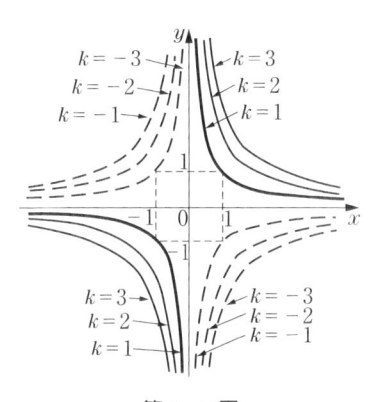

第 3・6 図

であるが，これを変形すると $y=\dfrac{k}{x-p}+q$ の形にすることができ，この関数のグラフは，(3・7) 式のグラフを平行移動して得られる．

3・4　指数関数

(1) 指数の拡張

[1・5] (p.8) にあげた指数法則は，指数が自然数であったが，これを有理数であっても成り立つようにできる．初めに次の定義をする．

> [3・6]　指数についての定義
> 1) $a^0=1$ （ただし，$a\neq 0$，0^0 は不定）
> 2) $a^{-n}=\dfrac{1}{a^n}$　$(a\neq 0)$
> $a^{\frac{1}{n}}=\sqrt[n]{a}$，$a^{\frac{m}{n}}=(\sqrt[n]{a})^m=\sqrt[n]{a^m}$
> （ただし，$a>0$，m，n は整数，$n>0$）

なお，$\sqrt[n]{a}$ の定義は次のとおりである．

　　n が偶数のとき，正の実数 a の n 乗根（$x^n=a$ の根）のうち正の実数

　　n が奇数のとき，任意の実数 a の n 乗根のうち実数

以上の定義のうえで，指数が無理数を除く実数，すなわち有理数であっても，次の指数法則が成り立つ．

> [3・7]　一般の指数法則
> $a>0$，$b>0$ で，r，s を有理数とするとき，
> 1) $a^r a^s = a^{r+s}$　　　　2) $(a^r)^s = a^{rs}$
> 3) $(ab)^r = a^r b^r$　　　　4) $a^0 = 1$
> 5) $a^{-r} = \dfrac{1}{a^r}$

(2) 指数関数

関数 $y=2^x$ のグラフは第 3・7 図のようになる．一般に，次の関数
　　$y=a^x$ （ただし，$a>0$，$a\neq 1$）

を a を底（てい）とする指数関数という．
このグラフから分かるように，指数関数には
次の性質がある．

1) 値域は正の数全体である．すなわち，
   y は負になることはない．
2) グラフは点 $(0, 1)$ を通る．
3) $a>1$ のときは増加関数，$0<a<1$ の
   ときは減少関数である．
4) グラフは x 軸を漸近（ぜんきん）線
   とする．

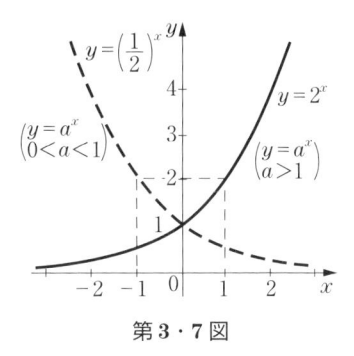

第 3・7 図

なお，微分や積分においては，底を ε（自然対数の底 $\varepsilon = 2.718\cdots\cdots$）とする
と便利であり，ほとんどの場合に次の指数関数を用いる．

$$y = \varepsilon^x = (2.718\cdots\cdots)^x$$

3・5 対数関数

(1) 対 数

a を正の数として，第 3・7 図から明らかなように，任意の正の数 M に対して，

$$a^r = M \tag{3・9}$$

であるような実数 r が存在する．このとき r を，

$$r = \log_a M \tag{3・10}$$

と表し，**a を底とする M の対数**という．また，M を対数 $\log_a M$ の**真数**とい
う．例えば，

$2^3 = 8$ であるから $3 = \log_2 8$

また，$2^{-2} = 0.25$ であるから $-2 = \log_2 0.25$

である．((3・10) 式は，a を何乗すると M になるか，という数が r である，
という式である)

問題 3・1 次の等式(1)～(3)を対数，(4)～(6)を指数の形に直せ．

(1) $6^2 = 36$ (2) $9^{\frac{1}{2}} = 3$ (3) $\varepsilon^0 = 1$

(4) $\log_3 81 = 4$ (5) $\log_{10} 0.001 = -3$ (6) $\log_\varepsilon \varepsilon = 1$

問題 3・2 次の式の x を求めよ．((3), (6)は電卓で計算すること)

(1)　$x = \log_2 16$　　(2)　$x = \log_{10} 0.1$　　(3)　$x = \log_e 16$
(4)　$\log_2 x = 3$　　(5)　$\log_4 x = 0.5$　　(6)　$\log_e x = 3$

対数には次の性質がある．

[3・8]　対数の性質

a, b を 1 でない正の数，M, N を正の数として，次の式が成り立つ．

1)　$\log_a 1 = 0$, $\log_a a = 1$

2)　$\log_a MN = \log_a M + \log_a N$

3)　$\log_a \dfrac{M}{N} = \log_a M - \log_a N$,　$\log_a \dfrac{1}{N} = -\log_a N$

4)　$\log_a M^p = p \log_a M$

5)　$\log_b M = \dfrac{\log_a M}{\log_a b}$　　（異なる底の対数への変換）

問題　3・3　[3・8] の 1)〜5) を証明せよ．

(2)　対数関数

a を 1 でない正の数とするとき，任意の正の数 x に対して，その対数

$$y = \log_a x \qquad (3 \cdot 11)$$

が一つだけ決まるから，y は x の関数であり，これを a を底とする**対数関数**という．

上式を指数の形に直すと，

$$a^y = x$$

x と y とを入れ換えると，指数関数 $y = a^x$ になるから，対数関数と指数関数とは互いに逆関数である．したがって，$y = \log_a x$ のグラフは $y = a^x$ のグラフと直線 $y = x$ に対して対称であって，$a > 1$ の場合，**第 3・8 図**のようになる．なお，$0 < a < 1$ の a を底とする対数関数もあるがあまり使われない．対数関数の性質は次のとおりである．

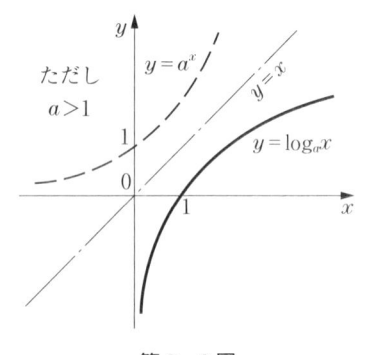

第 3・8 図

3・6 三角関数（円関数）

> **[3・9] 対数関数の性質**
> 1) 対数関数 $y = \log_a x$ ($a > 0$, $a \neq 1$) の定義域は $x > 0$ で x が負になることはない．値域（y の値）は実数全体である．
> 2) グラフは点 $(1, 0)$ および $(a, 1)$ を通る．($\log_a 1 = 0$, $\log_a a = 1$)
> 3) $a > 1$ のとき，$\log_a x$ は x の増加に伴って常に増加し，$x < 1$ のとき $\log_a x < 0$，$x > 1$ のとき $\log_a x > 0$ である．
> 4) $a > 1$ のとき，y 軸を漸近線とする．

例えば，235^5 とか $\sqrt[6]{365}$ とかの計算には，10 を底とする対数 $\log_{10} x$ を用いるのが便利で，これを**常用対数**という．理論的な計算に便利なのは定数 ε（$= 2.718\cdots$）を底とする対数 $\log_\varepsilon x$ で，これを**自然対数**という．自然対数は $\log_\varepsilon x$ と書くほか，$\ln x$ と書いたり，単に $\log x$ と書く．本書では，以下単に $\log x$ と書いたものは自然対数であるとする．数値の計算に常用対数が便利であるといったが，電卓を用いれば，自然対数でも手数は変わらない．

3・6 三角関数（円関数）

(1) 角度

日常，角度を測る単位としては，直角を $90°$ とする**六十分法**が用いられているが，理論的な計算には次の**弧度法**を用いる．

半径 r の円のある弧の長さを l とすると，$\dfrac{l}{r}$ は半径の大きさに関係なく中心角 θ によって決まるから，この値によって角度を表すことができ，$\theta = \dfrac{l}{r}$ で測った角度の単位を〔rad〕（ラジアン）とする．

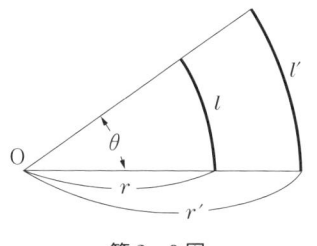

第 3・9 図

弧度法について次のことがいえる．

[3・10] 弧度法
1) $180° = \pi \,[\text{rad}] ≒ 3.1416\,[\text{rad}]$
2) 度で測った角 $A\,[°]$ と弧度法で測った角度 $\theta\,[\text{rad}]$ とは次の式で換算できる．
$$A = \frac{\theta}{\pi} \times 180°,\quad \theta = \frac{A}{180} \times \pi\,[\text{rad}]$$
3) 半径 r，中心角 $\theta\,[\text{rad}]$ の扇形の弧の長さ l，および面積 S は次式で求められる．
$$l = r\theta,\quad S = \frac{1}{2}r^2\theta$$

$\theta = \dfrac{\pi r}{r} = \pi\,[\text{rad}]$

第3・10図

問題 3・4 [3・10] の 3) を証明せよ．

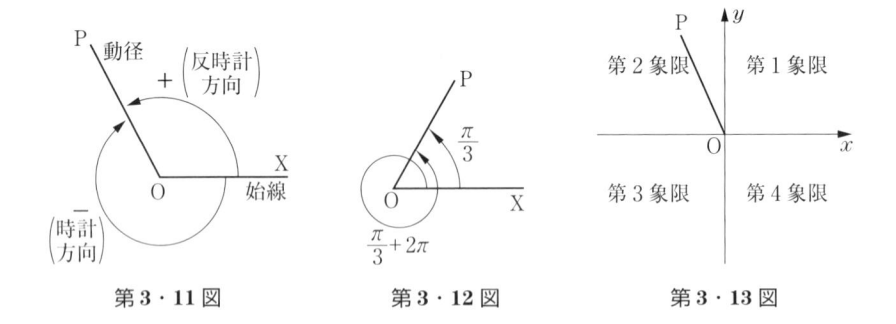

第3・11図　　第3・12図　　第3・13図

第3・11図のように，∠XOP は，動径 OP が始線 OX から回転してできたものと考えることができる．回転の向きによって，第3・11図のように正(+)の角と負(−)の角で表す．また，1回転するごとに $2\pi\,[\text{rad}]$ 増減する角を考える．例えば，

$$\frac{\pi}{3}\,[\text{rad}],\quad \frac{\pi}{3}+2\pi\,[\text{rad}],\quad \frac{\pi}{3}+2\pi\times 3\,[\text{rad}],\quad \frac{\pi}{3}-2\pi = -\frac{5}{3}\pi\,[\text{rad}]$$

などは，いずれも同じ動径を持つ角であり，これらを総称して**一般角**という．また，動径の属する**象限**によって，例えば**第3・13図**の ∠xOP を第2象限の角である，などという．

3·6 三角関数 (円関数)

問題 3·5 角度はどのようなディメンション (p.6) を持っているか.

問題 3·6 直径 D の円のごく小さい中心角 $\Delta\theta$ [rad] の張る弧の長さはいくらか. ($\Delta\theta$：p.5 参照)

問題 3·7 次の角を同じ動径を持つ $0<\theta\leq 2\pi$ の角に直し，また度は [rad] に，[rad] は度に直せ.

(1) $1\,000°$ (2) $-120°$ (3) $\dfrac{10}{3}\pi$ [rad]   (4) $-\dfrac{\pi}{3}$ [rad]

(2) 三角関数の定義

第3·14図のように，xy 平面上で長さ r の動径 OP を考え，P点の座標 x, y について，$\dfrac{y}{r}$, $\dfrac{x}{r}$, $\dfrac{y}{x}$ などの比をとると，これらの比は r には無関係な角 θ の関数になる．それで，角 θ の関数として次の三角関数を定義する．

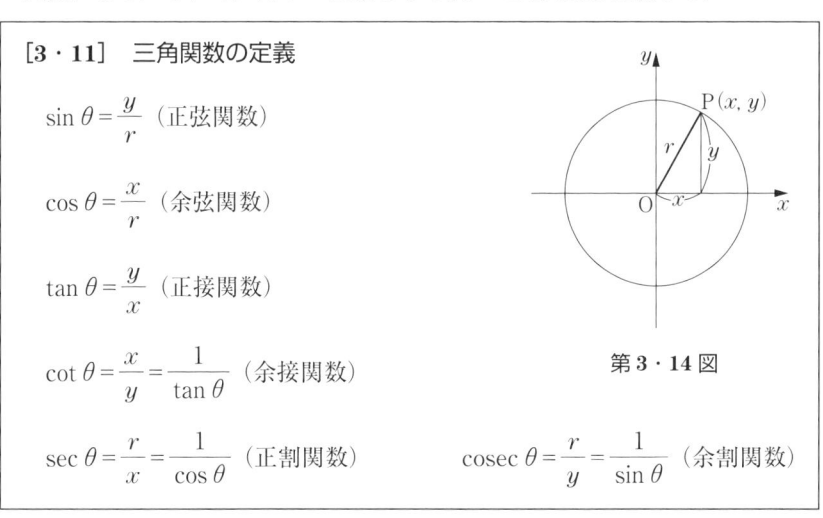

[3·11] 三角関数の定義

$\sin\theta = \dfrac{y}{r}$ （正弦関数）

$\cos\theta = \dfrac{x}{r}$ （余弦関数）

$\tan\theta = \dfrac{y}{x}$ （正接関数）

$\cot\theta = \dfrac{x}{y} = \dfrac{1}{\tan\theta}$ （余接関数）

$\sec\theta = \dfrac{r}{x} = \dfrac{1}{\cos\theta}$ （正割関数） $\operatorname{cosec}\theta = \dfrac{r}{y} = \dfrac{1}{\sin\theta}$ （余割関数）

第3·14図

これらの関数が r に無関係な θ の関数であるということは，例えば，$\cos 60°$ は r がいくらであっても，常に $\dfrac{x}{r} = \dfrac{1}{2} = 0.5$ である，というようなことである．また，θ の単位は度でも [rad] でもよいが，あとで述べる微積分などの場合は [rad] でないとまずい．

(3) 三角関数のグラフ

$\sin\theta = \dfrac{y}{r}$ において，r の大きさはいくらでもよいので，$r=1$ とすれば，$\sin\theta = y$ であり，$\sin\theta$ のグラフは第 3・15 図のようになる．

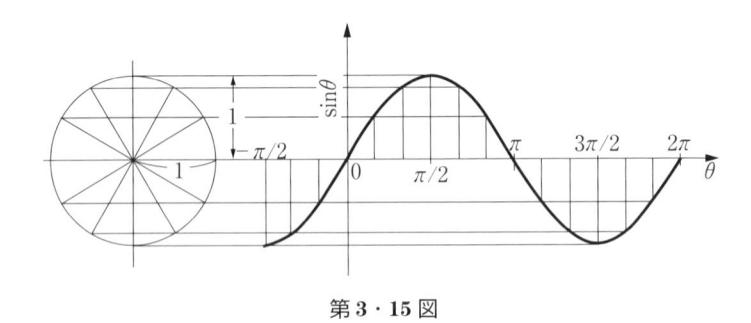

第 3・15 図

$\cos\theta$ のグラフも $\sin\theta$ と同様に考えられるが，また $\cos\theta = \sin\left(\theta + \dfrac{\pi}{2}\right)$ であるから，$\sin\theta$ のグラフを θ 方向に $-\pi/2$ 平行移動したもので，第 3・16 図のようになる．

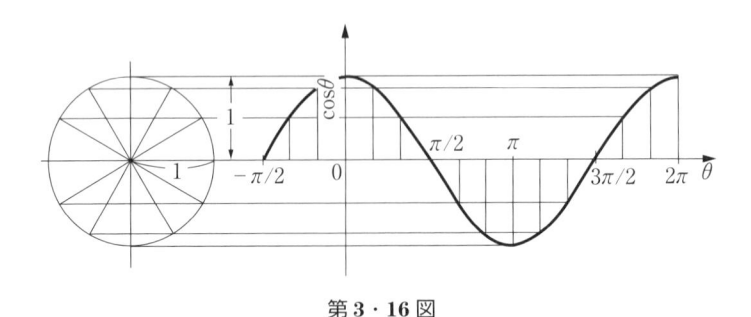

第 3・16 図

$\tan\theta = y/x$ のグラフは，$x=1$ に固定して考えれば，第 3・17 図のようになる．

これらのグラフを見ると，$\sin\theta$ および $\cos\theta$ は 1 より大きくなることはないこと，つまり，値域は $-1 \leqq y \leqq 1$ であること，$\tan\theta$ の値域は実数全体であることが分かる．

3・6 三角関数（円関数）

また，$\sin\theta$ の値は，任意の θ の値に対し，動径を 2π〔rad〕回転させた $\theta+2\pi$ の値は等しく，同じ $\sin\theta$ の値を周期 2π ごとに繰り返す．このような関数を**周期関数**という．

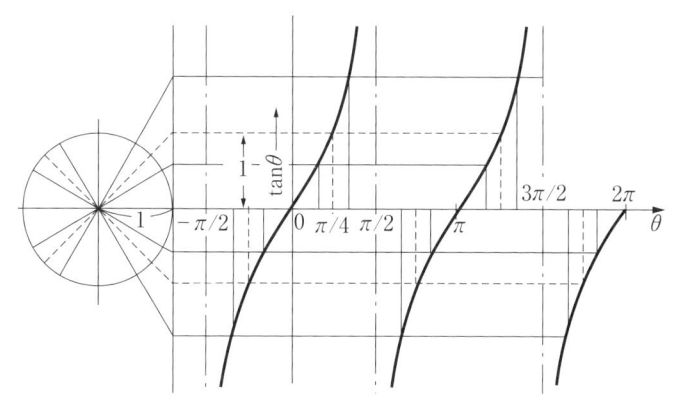

第 3・17 図

また，[3・3]（p.33）で述べた偶関数・奇関数の定義によれば，次のようにいうことができる．

[3・12] 三角関数の性質

1) $\sin\theta$，$\cos\theta$ は周期 2π，$\tan\theta$ は周期 π の**周期関数**であり，次式が成り立つ．

$$\sin(\theta+2n\pi)=\sin\theta, \quad \cos(\theta+2n\pi)=\cos\theta, \quad \tan(\theta+n\pi)=\tan\theta$$

2) $\sin\theta$ は**奇関数**，$\cos\theta$ は**偶関数**，$\tan\theta$ は**奇関数**である．

3) 角 θ の属する象限における各関数の値の符号は下表のとおりである．

象限＼関数	$\sin\theta$	$\cos\theta$	$\tan\theta$
I	+	+	+
II	+	−	−
III	−	−	+
IV	−	+	−

(4) 三角関数の関係

[3・11] (p.41) の定義から，次の三角関数の関係が得られる．

[3・13] 三角関数の関係

1) [3・11] の定義から次式が成り立つ．

$$\tan\theta = \frac{\sin\theta}{\cos\theta}$$

2) 第3・14図で常に $x^2+y^2=r^2$ であるから，次式が成り立つ．

$$\sin^2\theta + \cos^2\theta = 1, \quad \tan^2\theta + 1 = \frac{1}{\cos^2\theta}, \quad 1 + \frac{1}{\tan^2\theta} = \frac{1}{\sin^2\theta}$$

3) 角 θ の動径と角 $-\theta$ の動径とは x 軸に対して対称であるから，

$$\sin(-\theta) = -\sin\theta, \quad \cos(-\theta) = \cos\theta, \quad \tan(-\theta) = -\tan\theta$$

この式は，各関数が奇・偶関数であることを示している．

4) 角 θ の動径と角 $\pi-\theta$ の動径とは y 軸に対して対称であるから，

$$\sin(\pi-\theta) = \sin\theta, \quad \cos(\pi-\theta) = -\cos\theta, \quad \tan(\pi-\theta) = -\tan\theta$$

5) 角 θ の動径と角 $\theta+\pi$ の動径とは原点に対して対称であるから，

$$\sin(\theta+\pi) = -\sin\theta, \quad \cos(\theta+\pi) = -\cos\theta, \quad \tan(\theta+\pi) = \tan\theta$$

6) 同様に動径の位置を考えることにより，

$$\sin\left(\frac{\pi}{2}-\theta\right) = \cos\theta, \quad \cos\left(\frac{\pi}{2}-\theta\right) = \sin\theta, \quad \tan\left(\frac{\pi}{2}-\theta\right) = \frac{1}{\tan\theta}$$

7) 上式の θ に $-\theta$ を入れることにより，

$$\sin\left(\frac{\pi}{2}+\theta\right) = \cos\theta, \quad \cos\left(\frac{\pi}{2}+\theta\right) = -\sin\theta,$$

$$\tan\left(\frac{\pi}{2}+\theta\right) = -\frac{1}{\tan\theta}$$

---

3)〜7)の±符号の関係は，一応 θ を第1象限の角と考え，例えば $-\theta$ は第4象限の角であるから，[3・12] 3)の符号の関係から $\sin(-\theta) = -\sin\theta$ のように，$\sin\theta$ の前に－がつく，と考えてもよい．しかし，3)〜7)の関係は，θ がどの象限の角であっても成り立つ式である．

3・6 三角関数（円関数）

(5) 三角関数の定理

三角関数の定理や公式にはいろいろあるが，ここではごく基礎的なものだけをあげた．多くの公式は巻末の**付録・付4三角法**に列挙した．

1) 加法定理は，次章の複素数の指数関数で証明を考えていただきたい．他の公式は，この定理を基に証明できるものが多い．

[3・14] 三角関数の定理

1) **加法定理** 任意の角 α, β について
$$\sin(\alpha \pm \beta) = \sin\alpha\cos\beta \pm \cos\alpha\sin\beta$$
$$\cos(\alpha \pm \beta) = \cos\alpha\cos\beta \mp \sin\alpha\sin\beta$$

2) $a\sin\theta + b\cos\theta$ の形の式は，
$$a\sin\theta + b\cos\theta = r\sin(\theta + \alpha)$$
と表すことができる．ここで，
$$r = \sqrt{a^2 + b^2}$$
であり，α は次の式を満足する角である．
$$\tan\alpha = \frac{b}{a}$$

3) **2倍角の公式**
$$\sin 2\theta = 2\sin\theta\cos\theta$$
$$\cos 2\theta = \cos^2\theta - \sin^2\theta = 2\cos^2\theta - 1 = 1 - 2\sin^2\theta$$

4) **半角の公式**
$$\sin^2\frac{\theta}{2} = \frac{1-\cos\theta}{2}, \quad \cos^2\frac{\theta}{2} = \frac{1+\cos\theta}{2}$$

5) **積を和にする公式**（$\sin\alpha\cos\beta$，$\cos\alpha\cos\beta$ は省略した）
$$\sin\alpha\sin\beta = \frac{1}{2}\{\cos(\alpha-\beta) - \cos(\alpha+\beta)\}$$

6) **和を積にする公式**（$\sin\alpha - \sin\beta$，$\cos\alpha \pm \cos\beta$ は省略した）
$$\sin\alpha + \sin\beta = 2\sin\frac{\alpha+\beta}{2}\cos\frac{\alpha-\beta}{2}$$

問題 3・8 ［3・14］の 2)〜6)を証明せよ．

問題 3・9 下図(a)(b)(c)の三角形 ABC の面積 S は，いずれも次式で表されることを証明せよ．

$$S = \frac{1}{2} ab \sin C$$

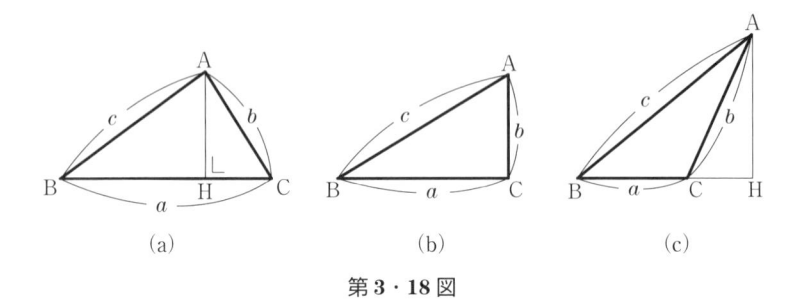

(a)　　　　　　(b)　　　　　　(c)

第 3・18 図

問題 3・10 三角形 ABC の外接円の半径を R とするとき，次式が成り立つことを証明せよ．

$$\frac{a}{\sin A} = \frac{b}{\sin B} = \frac{c}{\sin C} = 2R$$

（この式は**正弦定理**である）

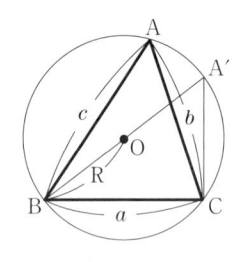

第 3・19 図

問題 3・11 第 3・18 図の(a)図の三角形で，次の式が成り立つことを証明せよ．

$$a^2 = b^2 + c^2 - 2bc \cos A$$

（この式は**余弦定理**である．初めに $a = b \cos C + c \cos B$ を求め，この式で，abc を入れ換えた式を並べて考えよ．なお，上の式の abc を入れ換えて，$b^2 = c^2 + a^2 - 2ca \cos B$，$c^2 = a^2 + b^2 - 2ab \cos C$ も成り立つ．また，$\cos A = \dfrac{b^2 + c^2 - a^2}{2bc}$ の形で使うこともある．また，これらの式は，第 3・18 図のどの三角形でも成り立つ）

問題 3・12

(1) 三角形で $B = 30°$，$c = \sqrt{3} - 1$，$a = 2$ のとき，辺 b の長さを求めよ．

(2) 三角形の各辺が $a = 2$，$b = \sqrt{2}$，$c = \sqrt{3} + 1$ であるとき，角 A を求めよ．

3・6 三角関数（円関数）

(6) 逆三角関数

x の関数 y が $y = f(x)$ で与えられたとき，x と y を入れ換えた $x = f(y)$ を y について解いたものを $y = f^{-1}(x)$ と表せば，これは $y = f(x)$ の逆関数である．（[3・4]（p.34））

三角関数の逆関数を逆三角関数という．例えば，$\sin\theta$ の θ を x に置き換えた $y = \sin x$ の逆関数は，$y = \sin^{-1} x$（ただし，$|x| \leq 1$）と表す．また，同じ内容のものを $y = \arcsin x$（**アーク・サイン** x）と書くこともある．

$\sin 60° = \sqrt{3}/2$ だから，$\sin^{-1}(\sqrt{3}/2) = 60°$ である．しかし，$\sqrt{3}/2$ の値をとる正弦関数は $\sin 60°$ だけでなく，$\sin 120°$，一般に $\sin\left(\dfrac{\pi}{3} \pm 2n\pi\right)$ および，$\sin\left(\dfrac{2}{3}\pi \pm 2n\pi\right)$ で無限にある．関数は，x に対してただ一つの y の値があるべきである（p.31）ので，普通 $y = \sin^{-1} x$ に対して，$-\dfrac{\pi}{2} \leq \sin^{-1} x \leq \dfrac{\pi}{2}$ の制限をつけ，この制限内の値を逆三角関数の**主値**という．主値であることを明示するために $\operatorname{Sin}^{-1} x$ などと書くことがある．

[3・15] 逆三角関数

$y = \sin x$ の逆関数は $y = \operatorname{Sin}^{-1} x$ $\left(\begin{array}{l}\text{ただし，}|x| \leq 1 \\ \text{主値は}\quad -\dfrac{\pi}{2} \leq \operatorname{Sin}^{-1} x \leq \dfrac{\pi}{2}\end{array}\right)$

$y = \cos x$ の逆関数は $y = \operatorname{Cos}^{-1} x$ $\left(\begin{array}{l}\text{ただし，}|x| \leq 1 \\ \text{主値は}\quad 0 \leq \operatorname{Cos}^{-1} x \leq \pi\end{array}\right)$

$y = \tan x$ の逆関数は $y = \operatorname{Tan}^{-1} x$ $\left(\begin{array}{l}\text{ただし，}-\infty < x < +\infty \\ \text{主値は}\quad -\dfrac{\pi}{2} \leq \operatorname{Tan}^{-1} x \leq \dfrac{\pi}{2}\end{array}\right)$

問題 3・13 角 B が直角な三角形 ABC において，角 A，B，C の対辺を a，b，c とするとき，角 A を三つの逆三角関数で表せ．

問題 3・14 $\sin(\operatorname{Sin}^{-1} x)$ の値はいくらか．

問題 3・15 $\operatorname{Sin}^{-1} x + \operatorname{Cos}^{-1} x$ の値はいくらか．

問題 3・16 次の式を証明せよ．ただし，$0 \leq x \leq 1$ とする．
$$\operatorname{Sin}^{-1} x = \operatorname{Cos}^{-1} \sqrt{1-x^2}$$

問題 3・14〜16 のヒント

　　坊さんのロバの話

　3人の息子を残して父親が死んだ．その遺言は「財産を，長男は1/2，次男は1/3，三男は1/9受取るように分けよ」ということであった．その財産はロバ17匹である．17は2でも3でも9でも割れないので3人は考えあぐんで思っていた．

　そこへ坊さんが通りかかって，3人の息子たちの話を聞いた．「よしよし，こうすればよい」坊さんは自分のロバを1匹ひいてきて，18匹にした．そして長男に1/2の9匹，次男に1/3の6匹，三男に1/9の2匹を分け与えて，残った1匹をひいて帰っていった．

　　＊　　　　＊　　　　＊　　　　＊　　　　＊

　数学でも余計なものをチョイと借りて返すと便利なことがある．
　$ax^2 + bx + c = 0$ を因数分解で解く．

左辺を a でくくって，$a\left(x^2 + \dfrac{b}{a}x + \dfrac{c}{a}\right) = 0$

$\left(\dfrac{b}{2a}\right)^2$ を借りて返す．$a\left\{x^2 + \dfrac{b}{a}x + \left(\dfrac{b}{2a}\right)^2 + \dfrac{c}{a} - \left(\dfrac{b}{2a}\right)^2\right\} = 0$

｛　｝の中を2乗の形にする．

$$a\left\{\left(x + \dfrac{b}{2a}\right)^2 - \left(\dfrac{\sqrt{b^2-4ac}}{2a}\right)^2\right\} = 0$$

$A^2 - B^2 = (A+B)(A-B)$ により，

$$a\left(x + \dfrac{b+\sqrt{b^2-4ac}}{2a}\right)\left(x + \dfrac{b-\sqrt{b^2-4ac}}{2a}\right) = 0$$

　　＊　　　　＊　　　　＊　　　　＊　　　　＊

問題 3・14〜16 のヒントは，y とか y_1，y_2 といった文字を一時借用する．

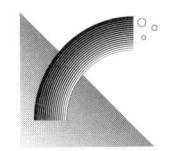

4 複素数と記号法

4・1 複素数の四つの表示法

交流計算では，ベクトルを複素数で表すが，複素数の表示方法には次の4種類がある．

[4・1] 複素数の表示法
1) ① 代数関数表示（直交座標表示） $a+jb$
2) 極形式表示 ② 三角関数表示 $r(\cos\theta + j\sin\theta)$
　　　　　　　 ③ 極座標表示 $r\angle\theta$
3) ④ 指数関数表示 $r\varepsilon^{j\theta}$

上記の表示方法の名称には，著書によって幾分の違いがある．虚数単位の j は，数学書では i を用いるが，電気の場合は電流との混同を避けるため j を用いる．本書では j を用いることにした．また，3) の ε は自然対数の底であり，数学書では e を用いるが，電圧との混同を避けるため ε を用いることとした．

一つの複素数は①～④のどの表示方法でも表示できる．種々の計算に当たっては，この四つの表示法の最も適した方法を選んで使うのが賢明なやり方である．一般に複素数の乗除算は指数関数によるのが便利である．極座標表示 $r\angle\theta$ はあまり数学的ではないが，最もシンプルであり，表記には便利である．

4・2 代数における複素数

2次方程式 $x^2+x+1=0$ の解を公式で求めると，

$$x = \frac{-1 \pm \sqrt{1^2 - 4\times1\times1}}{2\times1} = \frac{-1 \pm \sqrt{-3}}{2}$$

となる．$\sqrt{-3}$ は自乗して -3 になる値であって，実数の範囲内にはその値はない．どんな場合でも方程式の解を得よう，というのが数学のたてまえであ

り，このような方程式も解けるようにするために $j=\sqrt{-1}$ で定義したのが虚数単位である．ここで $j^2=-1$ で定義すると，$j=\pm\sqrt{-1}$ ということになり面倒なことになる．*1

次に，この虚数単位を含む数——複素数について整理しておこう．

[4・2] 代数における複素数（代数関数表示あるいは直交座標表示）*2

1) $\sqrt{-1}$ を j で表し，**虚数単位**という．
   $j=\sqrt{-1}$ から，$j^2=-1$, $j^3=-j$, $j^4=1$, $j^5=j$,
   $$\frac{1}{j}=-j, \quad \frac{1}{j^2}=-1, \quad \frac{1}{j^3}=j, \quad \frac{1}{j^4}=1 \quad \text{である．}$$

2) a, b を実数として，$a+jb$ を**複素数**といい，$b \neq 0$ の複素数を**虚数**という．また，jb を**純虚数**という．

3) 複素数 $a+jb$ で，a を**実部**（実数部分），b を**虚部**（虚数部分）といい，実部を $\mathrm{R}(a+jb)$，あるいは $\mathfrak{R}(a+jb)$ で表し，虚部を $\mathrm{I}(a+jb)$，あるいは $\mathfrak{I}(a+jb)$ で表す．

4) $\sqrt{a^2+b^2}$ を複素数 $a+jb$ および $a-jb$ の**絶対値**といい，$|a+jb|$, $|a-jb|$ で表す．

5) 複素数は**複素平面**（ガウスの平面）上の点で表せ，その点と原点との距離は絶対値に等しい．

6) 二つの複素数 $a+jb$ と $x+jy$ とは，
   $a=x$, かつ $b=y$
   のときだけ，等しいと定義し，
   $a+jb=x+jy$
   と書く．したがって，
   $a+jb=x+jy$ ならば $a=x$, $b=y$ であり，
   $a+jb=0$ になるのは，$a=0$, $b=0$ のときに限られる．

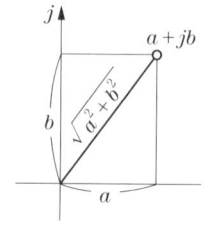

   第4・1図　複素平面

7) **複素数の四則**　j を実数の計算における一つの文字と同様に扱って計算し j^2 が出たらそれを -1 と置き換え，$A+jB$ の形にする（定義）．

---

*1　$\sqrt{4}=2$ であって $\sqrt{4}=\pm 2$ ではない．$x^2=4 \rightarrow x=\pm 2$ である．
*2　複素数（complex numbers），実数（real numbers），虚数（imaginary numbers）

4・2 代数における複素数

$$(a+jb) + (c+jd) = (a+c) + j(b+d)$$
$$(a+jb) - (c+jd) = (a-c) + j(b-d)$$
$$(a+jb)(c+jd) = (ac-bd) + j(ad+bc)$$
$$\frac{a+jb}{c+jd} = \frac{ac+bd}{c^2+d^2} + j\frac{bc-ad}{c^2+d^2} \quad \begin{pmatrix}\text{分母子に } c-jd \text{ を掛け} \\ \text{て分母を有理化する}\end{pmatrix}$$

8) **複素数の乗除算と絶対値**（証明は指数関数表示によるのが便利である）
複素数 $\dot{Z}_1 = a+jb$，および $\dot{Z}_2 = c+jd$ について，次の関係が成り立つ．
$$|\dot{Z}_1 \dot{Z}_2| = |\dot{Z}_1||\dot{Z}_2|$$
すなわち $|(a+jb)(c+jd)| = |a+jb||c+jb|$
$$\left|\frac{\dot{Z}_1}{\dot{Z}_2}\right| = \frac{|\dot{Z}_1|}{|\dot{Z}_2|} \text{ すなわち } \left|\frac{a+jb}{c+jd}\right| = \frac{|a+jb|}{|c+jd|}$$
加減算については，一般に $|\dot{Z}_1 \pm \dot{Z}_2| \neq |\dot{Z}_1| \pm |\dot{Z}_2|$ であって次の関係がある．
$$|\dot{Z}_1| - |\dot{Z}_2| \leq |\dot{Z}_1 \pm \dot{Z}_2| \leq |\dot{Z}_1| + |\dot{Z}_2|$$

9) **共役複素数** 複素数 $\dot{Z} = a+jb$ に対して $a-jb$ を共役（きょうやく）複素数といい，$\overline{Z}$（ゼット・バー）で表す．また，$\dot{Z}$ と $\overline{Z}$ とは互いに共役である，という．
　当然 $|\dot{Z}| = |\overline{Z}|$ である．
　また，$(a+jb)(a-jb) = a^2+b^2$ だから，
$$\dot{Z}\overline{Z} = |\dot{Z}|^2$$
であり，$\dot{Z}\overline{Z}$ は実数になる．これは分母の有理化に使われている．

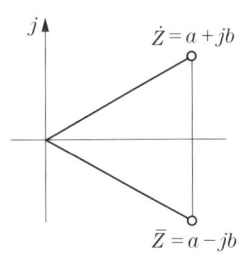

第 4・2 図

　共役複素数について，次の関係が成り立つ．
$$(\overline{\dot{Z}_1 + \dot{Z}_2}) = \overline{Z}_1 + \overline{Z}_2, \quad (\overline{\dot{Z}_1 \dot{Z}_2}) = \overline{Z}_1 \cdot \overline{Z}_2, \quad \left(\overline{\frac{\dot{Z}_1}{\dot{Z}_2}}\right) = \frac{\overline{Z}_1}{\overline{Z}_2}$$

問題 4・1 次の式を簡単にせよ．

(1) $\dfrac{\sqrt{8}}{\sqrt{-2}}$　　(2) $\sqrt{-2} \times \sqrt{-3}$　　(3) $\sqrt{(-2) \times (-3)}$

問題 4・2 次の式を $A+jB$ の形にせよ．

$$\frac{\dfrac{-jrx_c}{r-jx_c}}{jx_0+\dfrac{-jrx_c}{r-jx_c}}$$

問題 4・3 第4・3図の(a), (b)の回路が等価であるための条件を求めよ．（このような問題のとき，実在するインピーダンスは実数の値だから，実数の条件を出すべきである）

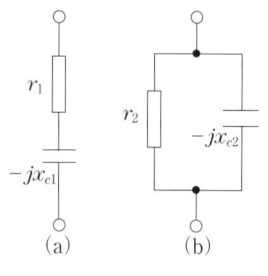

第4・3図

問題 4・4 式 $\left|\dfrac{\dot{Z}_1}{\dot{Z}_2}\right|=\dfrac{|\dot{Z}_1|}{|\dot{Z}_2|}$ を言葉で表現するとどうなるか．

問題 4・5 次の式を式の計算で証明せよ．
(1) $|\dot{Z}_1+\dot{Z}_2|\leq|\dot{Z}_1|+|\dot{Z}_2|$ (2) $\overline{(\dot{Z}_1+\dot{Z}_2)}=\overline{\dot{Z}}_1+\overline{\dot{Z}}_2$

4・3 極形式表示による複素数

直交座標（xy座標）の x 軸・y 軸つまり座標は，平面上の点の位置を数値で表すための基準であり，点Pは (x_1, y_1) といった二つの数値の組で定まる．平面上の点の位置を表すための座標は，いろいろなものが考えられるが，**極座標**もその一つである．

第4・4図のように，点0と直線0Xとを決める．0Xと角 θ をなす直線上に0からの距離 r をとると一つの点Pが定まる．このとき (r, θ) を点Pの**極座標**という．また，0を極座標の**極**，0Xを**始線**，r を点Pの**動径**，θ を**偏角**という．

第4・4図のように，極座標の極と始線に，xy 座標を重ねれば，点Pの極座標を xy 座標で表すことができる．つまり，極座標と xy 座標との変換の関係式が得られる．

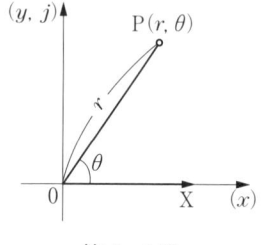

第4・4図

一方，複素数 $\dot{Z}=x+jy$ は複素平面上の点で表されるが，また，xy 座標の点 (x, y) で表されるとも考えられ，(x, y) を (r, θ) に直せば，極座標面の点で表されると考えることができる．

[4・3] 極座標と直交座標の関係・極形式表示による複素数

1) 第4・4図の点Pの極座標 (r, θ) と直交座標 (x, y) との間には次の関係がある.

    a. $x = r\cos\theta,\ y = r\sin\theta$ b. $r = \sqrt{x^2+y^2},\ \theta = \tan^{-1}\dfrac{y}{x}$

2) 複素数 $\dot{Z} = x + jy$ に上の関係を入れたものを**極形式（三角関数表示）**による複素数という.

$\dot{Z} = x + jy = r(\cos\theta + j\sin\theta)$

ただし, $r = \sqrt{x^2+y^2},\ \theta = \tan^{-1}(y/x)$

ここに, r は複素数の絶対値であり, θ は複素数の偏角（argument）という. 偏角は $\arg(\dot{Z})$ あるいは記号的に $\angle \dot{Z}$ と書くことがある.

3) 三角関数表示の複素数の**乗除算**を行うと次の結果が得られる.

$r_1(\cos\theta_1 + j\sin\theta_1) \cdot r_2(\cos\theta_2 + j\sin\theta_2)$
$\qquad = r_1 r_2 \{\cos(\theta_1 + \theta_2) + j\sin(\theta_1 + \theta_2)\}$

$\dfrac{r_1(\cos\theta_1 + j\sin\theta_1)}{r_2(\cos\theta_2 + j\sin\theta_2)} = \dfrac{r_1}{r_2} \{\cos(\theta_1 - \theta_2) + j\sin(\theta_1 - \theta_2)\}$

この式の絶対値の関係は,

[4・2] 8) $|\dot{Z}_1 \dot{Z}_2| = |\dot{Z}_1||\dot{Z}_2|,\ \left|\dfrac{\dot{Z}_1}{\dot{Z}_2}\right| = \dfrac{|\dot{Z}_1|}{|\dot{Z}_2|}$

と同じである.

4) 複素数 $r(\cos\theta + j\sin\theta)$ を記号的に $r\angle\theta$ と書く. これを本書では**極座標表示**と呼んでいる. 3)の乗除算の結果から次のように書くことができ, 簡潔に表現できる.

$r_1\angle\theta_1 \cdot r_2\angle\theta_2 = r_1 r_2 \angle\theta_1 + \theta_2$ $\dfrac{r_1\angle\theta_1}{r_2\angle\theta_2} = \dfrac{r_1}{r_2}\angle\theta_1 - \theta_2$

なお, $r\angle -\theta$ を $r\angle\!\!\!\diagdown\theta$ と表すことがある.

問題 4・6 $\dfrac{r_1(\cos\theta_1 + j\sin\theta_1)}{r_2(\cos\theta_2 + j\sin\theta_2)} = \dfrac{r_1}{r_2}\{\cos(\theta_1 - \theta_2) + j\sin(\theta_1 - \theta_2)\}$ を証明せよ.

問題 4・7 $\dfrac{r_1 \angle \theta_1}{r_2 \angle \theta_2} = \dfrac{r_1}{r_2} \angle \theta_1 - \theta_2$ を言葉で表現するとどうなるか.

4・4 複素数の指数関数と，それによる複素数の表示

複素数の四則については〔4・2〕7)で定義をした．また，実数の指数関数 $y = a^x$, $y = \varepsilon^x$ については3・4で述べた．ここでは，指数関数を複素数に対するものまでに拡張し，$\dot{Z} = \varepsilon^{x+jy}$ を考える．つまり，複素数の指数関数を定義するのだが，定義というものは，いままでの定義に矛盾しなければどのように定義してもよいのである．実数の指数法則〔3・7〕と同様に計算することとし，

$$\varepsilon^{x+jy} = \varepsilon^x \cdot \varepsilon^{jy}, \qquad \varepsilon^{j0} = 1 \qquad (4・1)$$

とすれば，実数の指数関数はこれの $y=0$ の特別な場合と考えられるので，いままでの定義とは矛盾しない．そこで，

$$\varepsilon^{jy} = \cos y + j \sin y \qquad (4・2)$$

と定義すると，$\varepsilon^{j0} = \cos 0 + j \sin 0 = 1$ となって，(4・1) 式を満足する．つまり，複素数 $x+jy$ の指数関数を，

$$\varepsilon^{x+jy} = \varepsilon^x (\cos y + j \sin y) \qquad (4・3)$$

と定義してよい，ということが分かる．ここで，(4・2) 式が生れてきた経過のようなことを説明しよう．

1・5(5) (p.15) で述べたように，ε^x, $\sin x$, $\cos x$ は次のように級数で表せる．

$$\varepsilon^x = 1 + x + \dfrac{x^2}{2!} + \dfrac{x^3}{3!} + \dfrac{x^4}{4!} + \cdots \cdots \quad \begin{pmatrix} x を 1 として計算する \\ と 2.71828 \cdots \cdots になる \end{pmatrix} \quad (4・4)$$

$$\sin x = x - \dfrac{x^3}{3!} + \dfrac{x^5}{5!} - \dfrac{x^7}{7!} + \cdots \cdots \quad \begin{pmatrix} x に 〔rad〕の値を入れ \\ ると \sin の値が求まる \end{pmatrix} \quad (4・5)$$

$$\cos x = 1 - \dfrac{x^2}{2!} + \dfrac{x^4}{4!} - \dfrac{x^6}{6!} + \cdots \cdots \quad \begin{pmatrix} x に 〔rad〕の値を入れ \\ ると \cos の値が求まる \end{pmatrix} \quad (4・6)$$

(4・4) 式の x に jx を入れると，

＊(4・5) 式は奇関数，(4・6) 式は偶関数であることを示している．

4・4 複素数の指数関数と，それによる複素数の表示

$$\varepsilon^{jx} = 1 + jx - \frac{x^2}{2!} - j\frac{x^3}{3!} + \frac{x^4}{4!} + j\frac{x^5}{5!} - \frac{x^6}{6!} - j\frac{x^7}{7!} + \cdots\cdots$$

$$= \left(1 - \frac{x^2}{2!} + \frac{x^4}{4!} - \frac{x^6}{6!} + \cdots\cdots\right) + j\left(x - \frac{x^3}{3!} + \frac{x^5}{5!} - \frac{x^7}{7!} + \cdots\cdots\right)$$

(4・7)

したがって，(4・6) 式，(4・5) 式によって，(4・2) 式と同じ式になる．

複素数の指数関数の乗除算をすると，前項の三角関数表示の複素数の公式を使って，実数の指数法則と同じ形の式が成り立つことが分かる．

[4・4] **複素数の指数関数，指数関数表示による複素数**

1) 複素数の指数関数を次のように定義する．
$$\varepsilon^{x+jy} = \varepsilon^x(\cos y + j\sin y)$$
これによって，実数の指数法則と同じ形の計算ができる．

2) 特に，$x=0$ とし y を θ に置き換えると，
$$\varepsilon^{j\theta} = \cos\theta + j\sin\theta \quad \text{(オイラーの式)}$$
また，$(\varepsilon^{j\theta})^n = \varepsilon^{jn\theta}$ であるから，
$$(\cos\theta + j\sin\theta)^n = \cos n\theta + j\sin n\theta \quad \text{(ド・モアブルの定理)}$$
ここで，θ は本来 [rad] であるが，便宜的に度 [°] で扱っても差し支えない．

3) 極形式の複素数との関係は次のようになる．
$$r(\cos\theta + j\sin\theta) = r\varepsilon^{j\theta}$$
また，乗除算の次の結果は，[4・3] 4) と同じ内容である．
$$r_1\varepsilon^{j\theta_1} \cdot r_2\varepsilon^{j\theta_2} = r_1r_2\varepsilon^{j(\theta_1+\theta_2)}, \quad \frac{r_1\varepsilon^{j\theta_1}}{r_2\varepsilon^{j\theta_2}} = \frac{r_1}{r_2}\varepsilon^{j(\theta_1-\theta_2)}$$

4) 複素数 $\dot{Z} = r\varepsilon^{j\theta}$ の共役複素数は次式で表される．
$$\overline{Z} = r(\overline{\cos\theta + j\sin\theta}) = r(\cos\theta - j\sin\theta) = r\varepsilon^{-j\theta}$$

問題 4・8 $1 = \varepsilon^{j2\pi n}$ $(n = 0, 1, 2, \cdots\cdots)$ であることを利用して，方程式 $x^3 = 1$ を解け．

問題 4・9 $a = \varepsilon^{j\frac{2\pi}{3}}$ としたとき，$a^2, a^3, a^4, 1 + a + a^2$ はいくらか．

次に**複素数の三角関数**を考えよう．前ページで述べたように，
$$\varepsilon^{jx} = \cos x + j\sin x, \qquad \varepsilon^{-jx} = \cos x - j\sin x \tag{4・8}$$
この２式から，三角関数は次式で表されることが分かる．

[4・5] 複素数の三角関数

1) x を実数として，三角関数は次式で表される．
$$\cos x = \frac{\varepsilon^{jx} + \varepsilon^{-jx}}{2}, \qquad \sin x = \frac{\varepsilon^{jx} - \varepsilon^{-jx}}{2j}$$

2) 上式を拡張して，複素数 $\dot{z}$ の三角関数を次のように**定義**する．$\dot{z}$ が実数の場合は，上式と同じになり，実数の定義と矛盾しない．
$$\cos \dot{z} = \frac{\varepsilon^{j\dot{z}} + \varepsilon^{-j\dot{z}}}{2}, \qquad \sin \dot{z} = \frac{\varepsilon^{j\dot{z}} - \varepsilon^{-j\dot{z}}}{2j}, \qquad \tan \dot{z} = \frac{\sin \dot{z}}{\cos \dot{z}}$$

問題 4・10 [4・5] 1)の式を用いて，加法定理 $\sin(\alpha+\beta) = \sin\alpha\cos\beta + \cos\alpha\sin\beta$ を証明せよ．

問題 4・11 指数関数を用いて，次の式を証明せよ．([4・2] 9)の式)

(1) $\overline{(\dot{Z}_1 \dot{Z}_2)} = \overline{Z}_1 \cdot \overline{Z}_2$ 　　(2) $\overline{\left(\dfrac{\dot{Z}_1}{\dot{Z}_2}\right)} = \dfrac{\overline{Z}_1}{\overline{Z}_2}$

4・5 交流理論における記号法

(1) 正弦波関数を複素数で表す

正弦波起電力は次式で表される．
$$e = \sqrt{2}\,E\sin(\omega t + \varphi) \tag{4・9}$$

正弦波は時刻とともに方向が変わるから，これを＋－で表すためにはどちらの向きを＋というかという正の基準方向（単に**正方向**ということにする）を決めなければならない．(4・9)式の e の正方向が**第 4・5 図**の e の方向としたとき，正方向を e' のように決めると，e が＋のときは e' は－だから，

$$e' = -e = -\sqrt{2}\,E\sin(\omega t + \varphi) = \sqrt{2}\,E\sin(\omega t + \varphi - \pi)$$

ということになる．

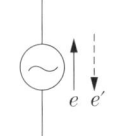

第 4・5 図

ここでは (4・9) 式の e を複素数で表すことを，図式的ではなく数式的に考

4・5 交流理論における記号法

える．以下の説明は第4・6図を参照しながら読んでいただきたい．

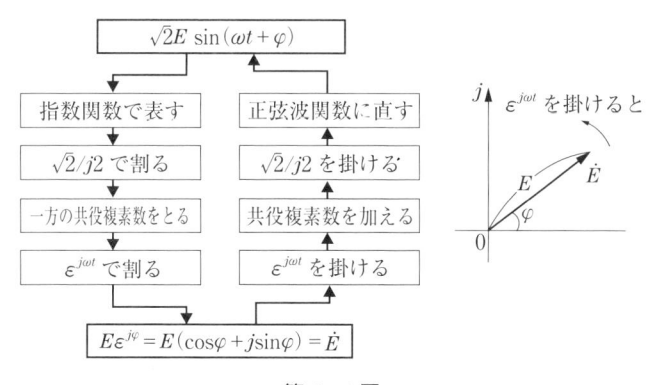

第4・6図

(4・9)式は［4・5］1)の式によって次のように書ける．

$$e = \sqrt{2}E\sin(\omega t + \varphi) = \sqrt{2}\,E\,\frac{\varepsilon^{j(\omega t + \varphi)} - \varepsilon^{-j(\omega t + \varphi)}}{2j}$$

この式の右辺を $\sqrt{2}/j2$ で割ると $E\varepsilon^{j(\omega t+\varphi)} - E\varepsilon^{-j(\omega t+\varphi)}$．この第1項と第2項とは互いに共役である．この第1項だけをとり，

$$E\varepsilon^{j(\omega t+\varphi)} = E\varepsilon^{j\varphi}\cdot\varepsilon^{j\omega t} \tag{4・10}$$

これを $\varepsilon^{j\omega t}$ で割ると次の複素数になる．

$$E\varepsilon^{j\varphi} = E(\cos\varphi + j\sin\varphi) = \dot{E} \tag{4・11}$$

この複素数 $E\varepsilon^{j\varphi}$ から，第4・6図のブロック図の右側のように逆に遡って計算すると，$\sqrt{2}E\sin(\omega t + \varphi)$ になる．ブロック図は，ω が一定ならば一定の手順で必ず

$$\sqrt{2}E\sin(\omega t + \varphi) \rightleftarrows E\varepsilon^{j\varphi}$$

の変換ができることを表しており，正弦波関数が複素数 $E\varepsilon^{j\varphi}$ で表されることになる．

このように，正弦波関数を複素数で表す方法を**記号法**といっている．

なお，変換の途中の (4・10) 式 **$E\varepsilon^{j(\omega t+\varphi)}$ も正弦波関数を表している**といえる．特に時間の関数として表したいときは便利な式で，ベクトル図でいえば回転ベクトルを表している．

$\dot{E} = E\varepsilon^{j\varphi}$ は式としては時間 t の関数ではないが，$\sqrt{2}E\sin(\omega t + \varphi)$ を表しており，瞬時値を表しているといえる．これに対して実効値あるいは絶対値の E や，最大値 $E_m = \sqrt{2}E$ は固定した一つの値であり，$\dot{E}$ とは本質的に違うものである．

また，$\dot{E} = E\varepsilon^{j\varphi}$ は第 4・6 図のようにベクトル $\dot{E}$ を表す，といえる．*

問題 4・12 次の複素数で表された電圧および電流を，[4・1] の 4 種類の表示法のうちの他の 3 種類の表示に直せ．

(1) $\dot{E} = 60 + j80$ [V]　　(2) $\dot{I} = I\varepsilon^{j\theta}$ [A]

問題 4・13 第 4・5 図の e および正方向を逆にとった e' について，e が第 4・6 図のベクトル $\dot{E}$ で表されるとき，e' は $-\dot{E}$ で表され，また，逆向きで大きさが等しいベクトルで表されることを確かめよ．

(2) **正弦波交流の加減と複素数の加減算**

交流回路計算は，「キルヒホッフの法則が成り立つこと」および「重ねの理が成り立つこと」，の二つが基礎になっているといえるだろう．この法則・定理による計算は，正弦波交流の足し算と引き算である．したがって，**記号法が使えるためには，正弦波交流の加減算が，複素数の加減算でできなければならない．**

第 4・7 図の起電力 e_1, e_2 が，

$$e_1 = \sqrt{2}\,E_1\sin(\omega t + \varphi_1)$$
$$e_2 = \sqrt{2}\,E_2\sin(\omega t + \varphi_2)$$

で表されるとき，起電力の端子電圧 v は，

$$v = e_1 + e_2$$
$$= \sqrt{2}\,E_1\sin(\omega t + \varphi_1) + \sqrt{2}\,E_2\sin(\omega t + \varphi_2) \quad (4 \cdot 12)$$

である．ここで，e_1, e_2 を表す複素数を $\dot{E}_1$, $\dot{E}_2$ としたとき，$\dot{E}_1 + \dot{E}_2$ が (4・12) 式の右辺を表していれば記号法が成り立つことになる．$\dot{E}_1 + \dot{E}_2$ は，

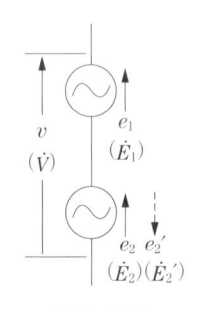

$$\dot{E}_1 + \dot{E}_2 = E_1\varepsilon^{j\varphi_1} + E_2\varepsilon^{j\varphi_2} \quad (4 \cdot 13)$$

第 4・7 図

---

*電界・磁界あるいは速度などは方向を持った量で表され，本来的なベクトル量である．これに対し，ここで述べた $\dot{E} = E\varepsilon^{j\varphi}$ は本来的なベクトル量ではない．それで，ここでいうベクトルをフェザー（phaser）と呼ぶ著書もある．

4・5 交流理論における記号法

であるが，(4・12) 式の右辺を第 4・6 図の手順で複素数に直したものがこれと同じになるかどうかを考えてみよう．(4・12) 式の右辺は，

$$\sqrt{2}\,E_1\sin(\omega t+\varphi_1)+\sqrt{2}\,E_2\sin(\omega t+\varphi_2)$$
$$=\frac{\sqrt{2}}{j2}\{E_1(\varepsilon^{j(\omega t+\varphi_1)}-\varepsilon^{-j(\omega t+\varphi_1)})+E_2(\varepsilon^{j(\omega t+\varphi_2)}-\varepsilon^{-j(\omega t+\varphi_2)})\}$$

$\sqrt{2}/j2$ で割り，整理すると，

$$(E_1\,\varepsilon^{j(\omega t+\varphi_1)}+E_2\,\varepsilon^{j(\omega t+\varphi_2)})-(E_1\,\varepsilon^{-j(\omega t+\varphi_1)}+E_2\,\varepsilon^{-j(\omega t+\varphi_2)})$$

$\overline{\dot{Z}_1+\dot{Z}_2}=\overline{\dot{Z}_1}+\overline{\dot{Z}_2}$ であるから，第 2 の ( ) の中は，第 1 の ( ) の中の複素数の共役複素数である．したがって，第 2 の ( ) の項を取り除くと，

$$E_1\,\varepsilon^{j(\omega t+\varphi_1)}+E_2\,\varepsilon^{j(\omega t+\varphi_2)}$$

これを $\varepsilon^{j\omega t}$ で割ると，

$$E_1\,\varepsilon^{j\varphi_1}+E_2\,\varepsilon^{j\varphi_2}$$

となって (4・13) 式と同じになる．したがって，(4・12) 式の計算の代わりに (4・13) 式の計算をすればよく，(4・13) 式は (4・12) 式を表していることになり，めでたく，記号法が使えるということになる．

さて，第 4・7 図で，e_2 と正方向を逆に決めた e_2' は $e_2'=-e_2$ であり，v を計算するには次式で計算しなければならない．*

$$v=e_1-e_2' \tag{4・14}$$

このように計算すれば $v=e_1-(-e_2)=e_1+e_2$ となって，(4・12) 式と同じになって正しく計算できる．また，e_2' を複素数で表したものを $\dot{E}_2'$ とすれば，問題 4・13 で考えたように，$\dot{E}_2'=-\dot{E}_2$ であって，$\dot{V}$ を計算するには，

$$\dot{V}=\dot{E}_1-\dot{E}_2'\quad(=\dot{E}_1-(-\dot{E}_2)=\dot{E}_1+\dot{E}_2)$$

と計算すればよいことになる．

したがって，[1・2] (p.5) で述べたことは，複素数の記号法でもそのままあてはまって，次のようになる．

---

* $e_2'=-e_2$ の ⊖ は ± の符号であり，$v=e_1-e_2'$ の ⊖ は引き算の演算記号である．

> **[4・6] 記号法における正方向**
> 1) ある方向を正方向に決めた起電力・電位差・電流が記号法でそれぞれ $\dot{E}\cdot\dot{V}\cdot\dot{I}$ と表されたとき，それに対して正方向を逆に決めたものはそれぞれ，$-\dot{E}\cdot-\dot{V}\cdot-\dot{I}$ で表される．
> 2) 起電力・電位差・電流の合計をするために足し算をするか引き算をするかは，正方向の向きによって決める．

問題 4・14 第4・8図のように，c相の起電力を逆につないだ，$\dot{V}_{ab}$, $\dot{V}_{bc}$, $\dot{V}_{ca}$ を求めよ．ただし，

$\dot{E}_a = E$, $\dot{E}_b = E\angle 240°$, $\dot{E}_c = E\angle 120°$ 〔V〕

である．ここに，$\dot{V}_a$, $\dot{V}_b$ を ab 点の電位として，$\dot{V}_{ab} = \dot{V}_a - \dot{V}_b$ であって，$\dot{V}_b - \dot{V}_a$ ではない．

(3) 記号法と複素数の乗除算

交流理論では，あるインピーダンスの端子電圧が $\dot{V}$ のとき，$\dot{I}$ の電流が流れるならば，そのインピーダンスを次の複素インピーダンスで表す，と定義する．

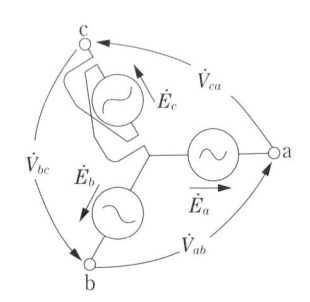

$$\dot{Z} = \frac{\dot{V}}{\dot{I}} \qquad (4\cdot15)$$

第4・8図

この定義によって，$\dot{V} = \dot{Z}\dot{I}$, $\dot{I} = \dfrac{\dot{V}}{\dot{Z}}$ のオームの法則が使えるようになり，複素数の乗除算を使うことになる．ここに，$\dot{Z}$ は一種のベクトルであるが，例の一定の手順（第4・6図）で求めた $\dot{E}$ や $\dot{I}$ とは本質的に違うものである．しかし，数式の計算上は同じ複素数であることには変わりない．それで，ここでは $\dot{E}\cdot\dot{V}\cdot\dot{I}\cdot\dot{Z}\cdot\dot{Y}$ などの代わりに，一般的な $\dot{Z}_1\cdot\dot{Z}_2\cdot\dot{Z}_3$ といった複素数で説明する．

$\dot{Z}_1 = Z_1\,\varepsilon^{j\varphi_1}$, $\dot{Z}_2 = Z_2\,\varepsilon^{j\varphi_2}$ とすれば，複素数の乗除算は次の2式である．

$$\dot{Z}_1 \cdot \dot{Z}_2 = Z_1\,\varepsilon^{j\varphi_1} \cdot Z_2\,\varepsilon^{j\varphi_2} = Z_1 Z_2\,\varepsilon^{j(\varphi_1+\varphi_2)} \qquad (4\cdot16)$$

$$\frac{\dot{Z}_1}{\dot{Z}_2} = \frac{Z_1\,\varepsilon^{j\varphi_1}}{Z_2\,\varepsilon^{j\varphi_2}} = \frac{Z_1}{Z_2}\,\varepsilon^{j(\varphi_1-\varphi_2)} \qquad (4\cdot17)$$

4・5 交流理論における記号法

この2式から，次のことがすべて分かる．

[4・7] 記号法と複素数の乗除算 $\dot{Z}_1\dot{Z}_2$ は $\dot{E}\cdot\dot{V}\cdot\dot{I}\cdot\dot{Z}$ などを表すものとする．

1) (4・16) 式から $|\dot{Z}_1\dot{Z}_2| = Z_1 Z_2 = |\dot{Z}_1||\dot{Z}_2|$

   (4・17) 式から $\left|\dfrac{\dot{Z}_1}{\dot{Z}_2}\right| = \dfrac{Z_1}{Z_2} = \dfrac{|\dot{Z}_1|}{|\dot{Z}_2|}$

   である．すなわち，複素数の積・商の絶対値は，それぞれの複素数の絶対値の積・商である．（一般に $|\dot{Z}_1 + \dot{Z}_2| \neq |\dot{Z}_1| + |\dot{Z}_2|$ に注意）

2) (4・16) 式から，
   $$\arg(\dot{Z}_1\dot{Z}_2) = \arg(\dot{Z}_1) + \arg(\dot{Z}_2)$$
   (4・17) 式から，
   $$\arg\left(\dfrac{\dot{Z}_1}{\dot{Z}_2}\right) = \arg(\dot{Z}_1) - \arg(\dot{Z}_2)$$

   すなわち，$\dot{Z}_1$ に $\dot{Z}_2$ を掛けると $\dot{Z}_1$ の偏角（電圧・電流であれば位相）は $\dot{Z}_2$ の偏角だけ進み，$\dot{Z}_2$ で割ると $\dot{Z}_2$ の偏角だけ遅れる．

3) 1) 2) の特殊の場合として，$\dot{Z}_2 = \varepsilon^{j\varphi}$ のときは，$\dot{Z}_1$ に $\varepsilon^{j\varphi}$ を掛けると $\dot{Z}_1$ の大きさを変えないで $\dot{Z}_1$ の偏角を φ だけ進め，$\dot{Z}_1$ を $\varepsilon^{j\varphi}$ で割ると $\dot{Z}_1$ の大きさを変えないで $\dot{Z}_1$ の偏角を φ だけ遅らせる．

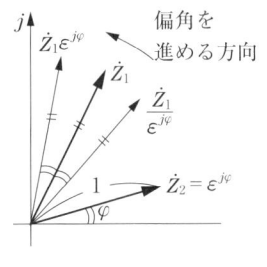

第4・9図

4) $j = \cos\dfrac{\pi}{2} + j\sin\dfrac{\pi}{2} = \varepsilon^{j\frac{\pi}{2}}$ であり，$\dot{Z}_1$ に j を掛けたり割ったりすると，90°進めたり遅らせたりする．

5) $a = 1\underline{/120°} = \varepsilon^{j2\pi/3} = -\dfrac{1}{2} + j\dfrac{\sqrt{3}}{2}$

   としたとき，$\dot{Z}_1$ に a を掛けたり割ったりすると，$\dot{Z}_1$ の大きさを変えないで，偏角を120°進めたり遅らせたりする．

交流回路の計算で，$\dot{E}\cdot\dot{V}\cdot\dot{I}$ などの大きさ（絶対値）だけを求める場合は，上記の 1) の式を活用すると簡単に計算できる場合がある．

問題 4・15 第4・10図の回路で，$\dot{V}_{ab} = E - a^2 E$ 〔V〕である．電流 $\dot{I}$ の大きさを求めよ．

問題 4・16 第4・11図の回路において，電流 $\dot{I}_1$ と $\dot{I}_2$ の大きさを等しくし，$\dot{I}_1$ を $\dot{I}_2$ より30°遅らせるには R および x_c の値をいくらにすればよいか．ただし，$\dot{Z}_1 = r_1 + jx_1$，$\dot{Z}_2 = r_2 + jx_2$ である．

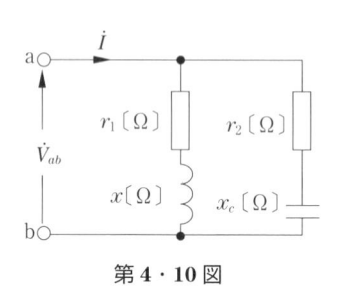

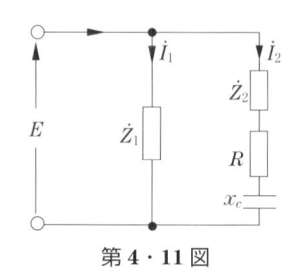

第4・10図

第4・11図

(4) 共役複素数と複素電力

第4・12図(a)の回路の $\dot{V}$ と $\dot{I}$ とが(b)図のベクトルで表される場合，

$$\text{有効電力は} \quad P = VI\cos\theta \text{〔W〕} \qquad (4\cdot 18)$$

$$\text{無効電力は} \quad Q = VI\sin\theta \text{（遅れ）〔V・A〕} \qquad (4\cdot 19)$$

である．この場合，$\dot{V}$, $\dot{I}$, P, Q の正方向は(a)図のとおりでなければならない．どれか一つの**正方向が逆であってはならない**のである．

複素電力は P と Q とを一つにまとめたもので，次の形で表す．

$$\dot{W} = P + jQ \text{〔W, V・A〕} \qquad (4\cdot 20)$$

共役複素数を使うと，次に述べるように複素電力が求められるのであるが，その前に次の **ab** のどちらによっているかを明確にしておく必要がある．

a. Q が + のときは遅れ無効電力である．つまり，Q は遅れ無効電力を表す（Q が - のときは進み無効電力を表す）．

b. Q が + のときは進み無効電力である．つま

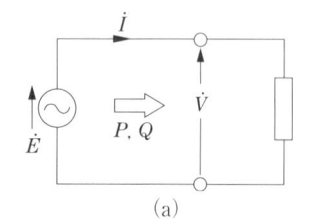

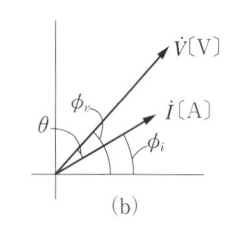

第4・12図

4・5 交流理論における記号法

り，Q は進み無効電力を表す（Q が－のときは遅れ無効電力を表す）．
　電力技術計算では一般に遅れ無効電力を＋に決めている．それで，ここでは Q は遅れ無効電力を表すものとする．
　さて，$\dot{V}$, $\dot{I}$ を第 4・12 図のように，

$$\dot{V}=V\varepsilon^{j\phi_v}, \quad \dot{I}=I\varepsilon^{j\phi_i} \tag{4・21}$$

として，$\dot{V}\bar{I}$ を計算してみる．$\bar{I}=I\varepsilon^{-j\phi_i}$ だから，

$$\dot{V}\bar{I}=V\varepsilon^{j\phi_v}\cdot I\varepsilon^{-j\phi_i}=VI\varepsilon^{j(\phi_v-\phi_i)}$$

上式の $\phi_v-\phi_i$ は，$\dot{V}$ が $\dot{I}$ より進む角，すなわち $\dot{I}$ が $\dot{V}$ より遅れる角であり，これを θ とすると上式は次のようになる．

$$\dot{V}\bar{I}=VI\varepsilon^{j\theta}=VI(\cos\theta+j\sin\theta)=VI\cos\theta+jVI\sin\theta$$
$$=P+jQ \tag{4・22}$$

次に $\bar{V}\dot{I}$ の計算をしてみよう．

$$\bar{V}\dot{I}=V\varepsilon^{-j\phi_v}\cdot I\varepsilon^{j\phi_i}=VI\varepsilon^{-j(\phi_v-\phi_i)}$$

前と同じく，$\phi_v-\phi_i=\theta$ とすると，

$$\bar{V}\dot{I}=VI\varepsilon^{-j\theta}=VI(\cos\theta-j\sin\theta)=VI\cos\theta-jVI\sin\theta$$
$$=P-jQ \tag{4・23}$$

となる．この式の Q も $\theta=\phi_v-\phi_i$ で計算したから遅れ無効電力を表している．
　以上の説明はやや繁雑であるので，次のように $\dot{V}$ を基準ベクトルにとって考えると記憶しやすい．

[4・8] 複素電力

　(a)図のように $\dot{V}$, $\dot{I}$, P, Q の正方向を決め，Q を遅れ無効電力とする（Q が＋のとき遅れ，－のときは進み無効電力）．このとき，複素電力 $\dot{W}$ は次式で計算できる．

$$\dot{W}=P+jQ=\dot{V}\bar{I}$$

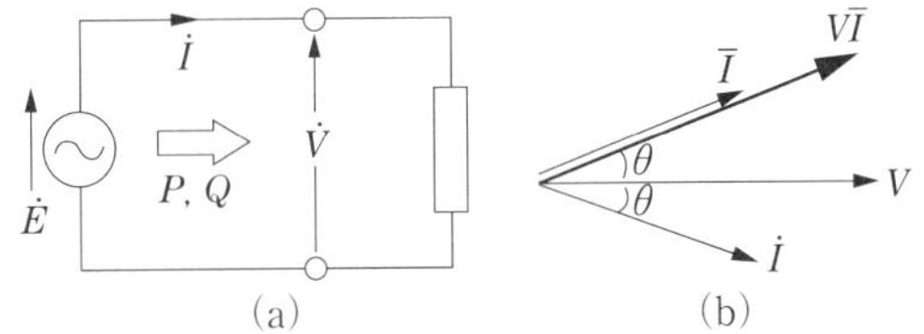

第 4・13 図

〔参考〕 Q は遅れ無効電力を表す．つまり Q が＋のとき遅れ無効電力である，とすると，

(4・22)式 $\dot{V}\bar{I} = P + jQ$ ①
(4・23)式 $\bar{V}\dot{I} = P - jQ$ ②

であった．進み無効電力を Q' で表すと，上式で $Q = -Q'$ だから，

$\dot{V}\bar{I} = P - jQ'$ ③
$\bar{V}\dot{I} = P + jQ'$ ④

ということになる．①④式だけを考えて，$\dot{V}\bar{I}$ は遅れ無効電力＋の計算式，$\bar{V}\dot{I}$ は進み電力＋の計算式と考えてもよい．

問題 4・17 三相の ab 線間に負荷があり，a 相の入相電圧を基準ベクトルとして，$\dot{I} = 10 + j5$〔A〕の電流が流れている．$\dot{V}_{ab} = \dot{E}_a - a^2\dot{E}_a$ で $|\dot{E}_a| = 100$〔V〕とすると，負荷の有効電力，無効電力はいくらか．

問題 4・18 三相送電線の計算は第 4・14 図のように 1 相だけをとって計算する．受電端電圧を基準ベクトルにとって E_r〔V〕としたとき，送電端電圧が $E_s\varepsilon^{j\theta}$ で表されるとすると，三相の受電電力 P_3 および受電無効電力 Q_3 はいくらか．

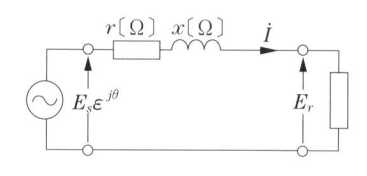

ただし，$\dot{Z} = r + jx = Z\varepsilon^{j\phi}$，$\phi = \tan^{-1} x/r$ とし，$\phi > \theta$ とする．

第 4・14 図

単位の換算

加速度 0.9〔km/h/s〕は〔m/s²〕にするといくらか．

このような単位の換算は，単位の部分だけ考えて，

1〔km/h/s〕$= $〔$1$ km/1 h/1s〕$= $〔$1\,000$ m/60×60 s/1 s〕
$\qquad\qquad = 1\,000/3\,600$〔m/s²〕$= 5/18$〔m/s²〕

のように，1〔km〕＝ 1 000〔m〕，1〔h〕＝ 60×60〔s〕を代入する方法だと機械的に計算でき，迷わないでよい．上の答は次のとおりである．

0.9〔km/h/s〕$= 0.9 \times (5/18)$〔m/s²〕$= 0.25$〔m/s²〕

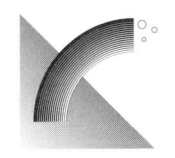

5 図形と複素ベクトルの軌跡

5・1 図形と数式との結びつき

2次関数は放物線で表される．このように，数式だけでは分かりにくいものを図形で眼に見えるようにすると分かりやすくなる．電気の現象もグラフで表したり，円線図で表したりして視覚化することが行われている．また逆に，電界や磁界の様子を数式で解こうとする場合，まず，例えば電荷がどことどこにある，といった図形を基にして数式を導く．

このような，図形と数式とを結びつけた数学の代表的なものが**解析幾何**で，解析幾何は幾何と代数とをドッキングさせた数学である．

図形は点から出発する．したがって，図形と数式とを結びつけるためには，点を数式で表すための座標が必要である．座標には，極座標や斜交座標もあるが，最も普通に使われるのはすでに何度も出てきた**直交座標**である．x座標がx_1，y座標がy_1の点Pを簡単に点P(x_1, y_1)，あるいは点(x_1, y_1) と表すことによって，点の位置（点は位置だけを持つ）が文字で表されたことになる．

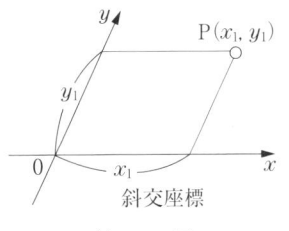

第5・1図

電気回路の問題で数式と図形とを結びつけた代表的なものは**ベクトル軌跡**であろう．ベクトル軌跡は回路論として扱われるが，また，送電線や誘導電動機などの円線図に応用され，自動制御の理論にも必要である．これらのベクトル軌跡は，純粋な数学でいうところのベクトルとは違うので，数学的にいうならば**複素ベクトル**の軌跡とでもいうべきであろうが，本書では単にベクトル軌跡ということにする．

ベクトル軌跡を知るためには，ある程度解析幾何の基礎知識が必要であるが，むしろ解析幾何の手法によらないで，複素数から直接図形を導くといった

手法のほうが便利なこともある．ここでは，解析幾何のごく基礎的なことと，ベクトル軌跡について述べる．

5・2　2点間の距離と，内分・外分点の座標

第5・2図の点$P(x_1, y_1)$と$Q(x_2, y_2)$との間の距離を求めてみる．

図のように，点P，Qからx軸およびy軸に平行に補助線を引く．点Rの座標は(x_1, y_2)であるから，

$$QR = x_1 - x_2, \quad PR = y_1 - y_2$$

である．三角形PQRは直角三角形であるから，

$$PQ^2 = QR^2 + PR^2 = (x_1 - x_2)^2 + (y_1 - y_2)^2$$

したがって，

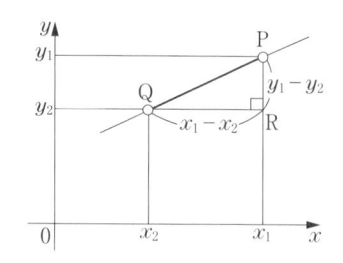

第5・2図

[5・1]　$P(x_1, y_1)$，$Q(x_2, y_2)$の**2点間の距離は次式で求まる．**

$$PQ = \sqrt{(x_1 - x_2)^2 + (y_1 - y_2)^2}$$

特に，原点$(0, 0)$と点$P(x_1, y_1)$との間の距離は，

$$OP = \sqrt{x_1^2 + y_1^2} \quad \text{で与えられる．}$$

次に第5・3図のように，線分ABを$m:n$の比に分ける（内分する）点Pの座標を求める．

点A，B，Pからx軸に垂線をおろし，x軸との交点をA′，B′，P′とすると，幾何の定理により，

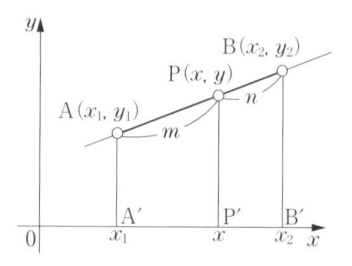

$$\frac{AP}{PB} = \frac{A'P'}{P'B'} = \frac{m}{n} = \frac{x - x_1}{x_2 - x}$$

$$\therefore\ n(x - x_1) = m(x_2 - x)$$

$$(m + n)x = nx_1 + mx_2$$

$m + n \neq 0$であるから，

第5・3図

5・2 2点間の距離と，内分・外分点の座標

$$x = \frac{nx_1 + mx_2}{m+n}$$

点Pの y 座標も全く同様に求まる．

> **[5・2]** 線分 AB を $m:n$ に**内分する点の座標**は，点 A, B の座標を A (x_1, y_1), B(x_2, y_2) として，次式で求まる．
> $$x = \frac{nx_1 + mx_2}{m+n}, \qquad y = \frac{ny_1 + my_2}{m+n}$$

第5・4図のように，線分 AB を $m:n$ の比に外分する点Pの座標も同様に求められる．

$$\frac{\mathrm{AP}}{\mathrm{BP}} = \frac{\mathrm{A'P'}}{\mathrm{B'P'}} = \frac{m}{n} = \frac{x - x_1}{x - x_2}$$

$$m(x - x_2) = n(x - x_1)$$

$$(m - n)x = mx_2 - nx_1$$

$$\therefore \quad x = \frac{mx_2 - nx_1}{m - n}$$

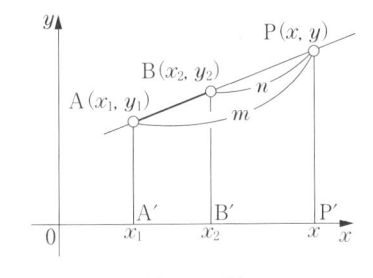

第5・4図

点Pの y 座標も同様に求められる．

> **[5・3]** 線分 AB を $m:n$ に**外分する点の座標**は，点 A, B の座標を A (x_1, y_1), B(x_2, y_2) として，次式で求まる．
> $$x = \frac{mx_2 - nx_1}{m - n}, \qquad y = \frac{my_2 - ny_1}{m - n}$$

問題 5・1 次の座標を持つ2点間の距離および，2点から最短の等距離の1点の座標を求めよ．

(1) (1, 2), (3, 6)

(2) (-6, 4), (2, 2)

問題 5・2 第5・5図の三角形の重心の座標を求め，3本の中線は1点で交わることを示せ．

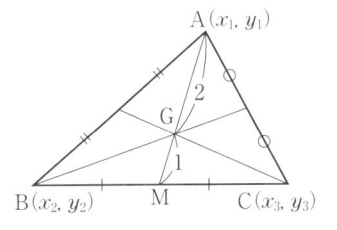

第5・5図

5・3　直線の方程式

　方程式とは，文字がある特定の値のときだけ成り立つ等式である（[1・4]）．例えば，

$$2x - y + 3 = 0$$

という1次方程式は，x, y の値が，

$$(-1, 1), (0, 3), (1, 5), \cdots\cdots\cdots$$

という特定の値によって満足する．このような1次方程式を満たす x, y の座標平面上の点 (x, y) は直線を描く（第5・6図）．

　一般に，x と y とについての方程式

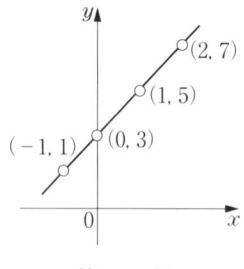

$$F(x, y) = 0$$

を満たす点 (x, y) が描く図形を，この**方程式の図形**という．逆に，この方程式をその**図形の方程式**という．

第5・6図

　第5・7図の図形——直線 L の方程式を求めてみよう．直線 L の上に**任意の点** P(x, y) をとる．図から次式が得られる．

$$\frac{y - b}{x} = \tan\theta$$

θ は P 点がどこであっても一定で，$\tan\theta$ は定数であるから，$\tan\theta = m$ とすると，上式は，

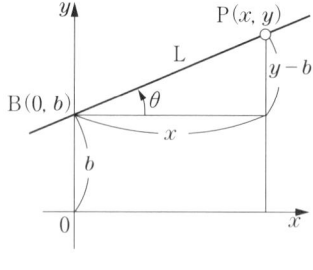

$$y = mx + b \tag{5・1}$$

第5・7図

となる．つまり，直線 L の上の任意の点は (5・1) 式を満足する．また，逆に，(5・1) 式を満足する点 (x, y) は直線 L の上にあることが確かめられるから，(5・1) 式は第5・7図の直線 L の方程式である．ここに，m を直線 L の**傾き**，b を**切片**という．

[5・4]　傾きが $m(=\tan\theta)$，切片が b の**直線の方程式**は次式で表される．
$$y = mx + b$$

5・3 直線の方程式

一般の1次方程式は，$ax+by+c=0$ の形で表される．この方程式を変形すると，$y=-\dfrac{a}{b}x-\dfrac{c}{b}$ となるから，傾きが $-\dfrac{a}{b}$，切片が $-\dfrac{c}{b}$ の直線である．したがって，次のことがいえる．

> **[5・5]** 次の一般の **1 次方程式**は直線を表す．
> $$ax+by+c=0$$

傾きが m の直線が点 $A(x_1, y_1)$ を通るとすると，その直線上の任意の点 $P(x, y)$ について $\dfrac{y-y_1}{x-x_1}=m$ であるから，次のことがいえる．

> **[5・6]** 点 (x_1, y_1) を通る傾き m の直線の方程式は次式である．
> $$y-y_1=m(x-x_1)$$

第 5・8 図のように 2 点 $A(x_1, y_1)$，$B(x_2, y_2)$ を通る直線の方程式を求めてみる．直線上に任意の点 $P(x, y)$ をとると，幾何の定理によって，

$$\frac{y-y_1}{y_2-y_1}=\frac{x-x_1}{x_2-x_1}$$

である．ただし，$y_2 \neq y_1$，$x_2 \neq x_1$．

第 5・8 図

$y_2 = y_1$ ならば，x 軸に平行な直線であり，

$$y=y_1$$

$x_2 = x_1$ ならば，y 軸に平行な直線であって，その方程式は，

$$x=x_1$$

になる．

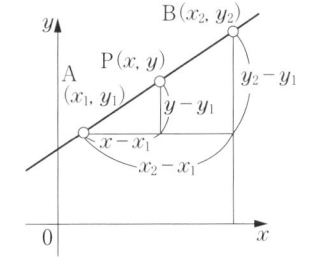

> **[5・7]** 2 点 $A(x_1, y_1)$，$B(x_2, y_2)$ を通る直線の方程式は，
> $$\frac{y-y_1}{y_2-y_1}=\frac{x-x_1}{x_2-x_1}$$ ただし，$y_2 \neq y_1$，$x_2 \neq x_1$
> である．

問題 5・3 第 5・9 図のような断面の単心ケーブルがある．半径 r_1 における絶縁物の比誘電率は ε_1, r_2 においては ε_2 であって，その間は直線的に変化している．半径 r の関数として比誘電率を表す式を作れ．

問題 5・4 ある導体の 0 [℃] における抵抗の温度係数が α_0 である．この導体の T [℃] を基準とした温度係数 α_T を求めよ．*

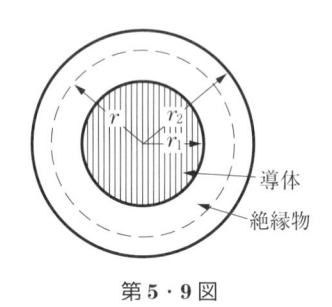

第 5・9 図

5・4　2 直線の平行と直交

第 5・10 図のような 2 直線 L と L' とについて次のことがいえる．

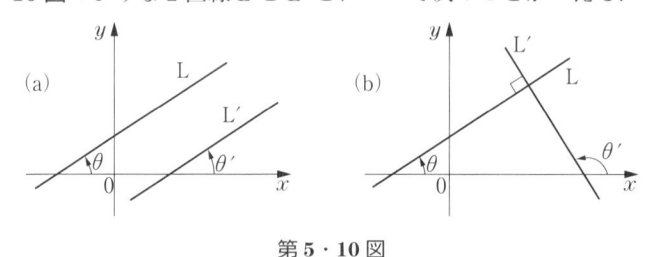

第 5・10 図

[5・8] **2 直線の平行と直交**　第 5・10 図の直線 L と L' の方程式が，
$$L: y = mx + b, \qquad L': y = m'x + b'$$
であれば，次の関係がある．
1) L, L' が平行のとき　　$m = m'$
2) L, L' が直交するとき　$mm' = -1$

問題 5・5 上の定理の 2) を証明せよ．

5・5　円の方程式

一般に，x と y についての方程式

---

*α_0 を用いた抵抗の式 $R = R_0(1 + \alpha_0 t)$ に対して，T [℃] を基準とした温度係数を用いた抵抗の式は $R = R_T \{1 + \alpha_T(t - T)\}$ である．

5・5 円の方程式

$F(x, y) = 0$
を満足する点 P(x, y) が描く図形を, その方程式の図形といい, 逆にその方程式を図形の方程式という．([5・3])

円は, 定点 C からの距離 r が一定の点 P が描く図形である．点 C(a, b) と点 P(x, y) との距離は [5・1] によって, $\sqrt{(x-a)^2+(y-b)^2}$ であり, これが常に r に等しいから,

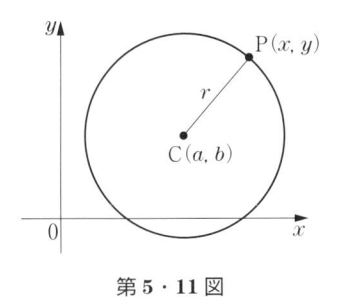

$$\sqrt{(x-a)^2+(y-b)^2} = r$$

が常に成り立つ．したがって，次のことがいえる．

第 5・11 図

[5・9] 円の方程式

1) 点 (a, b) を中心とし, 半径 r の円の方程式は次のとおりである.
$$(x-a)^2 + (y-b)^2 = r^2$$

2) 特に，原点 O($0, 0$) が中心のときは次のようになる.
$$x^2 + y^2 = r^2$$

3) 一般に，次の方程式は円を表す.
$$x^2 + y^2 + ax + by + c = 0 \quad \text{ただし，} a^2 + b^2 > 4c$$
(**特徴**：xy の項がない．x^2 と y^2 の係数が等しい)

---

2) の式は図形を考えれば直ちに分かる．1) の式は 2) の式を平行移動 ([3・1]) した式と見ることができる．3) 式を変形すると次のようになる．

$$\left\{x - \left(\frac{-a}{2}\right)\right\}^2 + \left\{y - \left(\frac{-b}{2}\right)\right\}^2 = \left(\frac{\sqrt{a^2+b^2-4c}}{2}\right)^2$$

したがって, 3) 式は中心 $(-a/2, -b/2)$, 半径 $\sqrt{a^2+b^2-4c}/2$ の円であり, 円を描くためには, $a^2+b^2>4c$ の条件が必要である．この式は, 2 次方程式が円であるかどうかを判断するのに都合がよい．

問題 5・6 次の円の中心と半径を求めよ．
(1) $x^2 + y^2 - 4x - 2y + 1 = 0$ (2) $2x^2 + 2y^2 - 4x + 8y + 5 = 0$

問題 5・7 送電端電圧 V_s [V], 受電端電圧 V_r [V] それぞれ一定で送電

する三相送電線があり，受電端の力率は任意に調整できるものとする．1線の抵抗が r [Ω]，リアクタンスが x [Ω] のとき，横軸を受電端有効電力 P [W]，縦軸を受電端無効電力 Q [V·A]（遅れを+）とする円線図を作れ．その円線図から最大電力 P_m を求めよ．

問題 5・8 次の直線と円が接するように k の値を定めよ．[*1]

直線：$y - 3x - k = 0$ 円：$x^2 + y^2 - 1 = 0$

アポロニウスの円[*2]

あまり使うことはないが，電気影像法に出てくるので説明しておこう．

2定点（図ではA，B）からの距離の比（図では $m : n$）が一定な点の軌跡は，この2定点を結ぶ線分をこの比に内分・外分する点を直径の両端とする円である．この円をアポロニウスの円という．

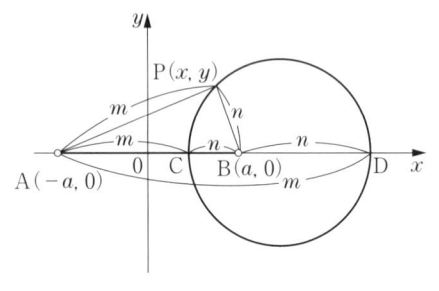

第5・12図

証明

A点の座標を $(-a, 0)$，B点の座標を $(a, 0)$，条件を満足する点をP (x, y) とすると，

$$\frac{\sqrt{(x+a)^2 + y^2}}{\sqrt{(x-a)^2 + y^2}} = \frac{m}{n} \quad ([5 \cdot 1]参照)$$

両辺を2乗して整理すると，

$$\left\{ x - \frac{(m^2+n^2)a}{m^2-n^2} \right\}^2 + y^2 = \left(\frac{2mna}{m^2-n^2} \right)^2 \qquad ①$$

この式は，中心 $\left(\dfrac{(m^2+n^2)a}{m^2-n^2},\ 0 \right)$，半径が $\dfrac{2mna}{m^2-n^2}$ の円である．図のCおよびD点の x 座標は①式で $y = 0$ として，

[*1] 二つの方程式を連立させて解いた根は，同時に二つの方程式を満足するから，二つの図形の交点の座標を与える．接する場合は，その交点がただ一つの場合である．

[*2] アポロニウスの円は本来幾何の定理であるが，解析幾何のほうが簡単に証明できる．

5・6 だ円（楕円・長円）・双曲線・放物線

$$x - \frac{(m^2+n^2)a}{m^2-n^2} = \pm \frac{2mna}{m^2-n^2}$$

$$\therefore \quad x = \frac{(m-n)a}{m+n} \text{ または } \frac{(m+n)a}{m-n}$$

この x 座標は，線分 AB を $m:n$ に内分・外分する点である．（[5・2]，[5・3] 参照）

5・6 だ円（楕円・長円）・双曲線・放物線

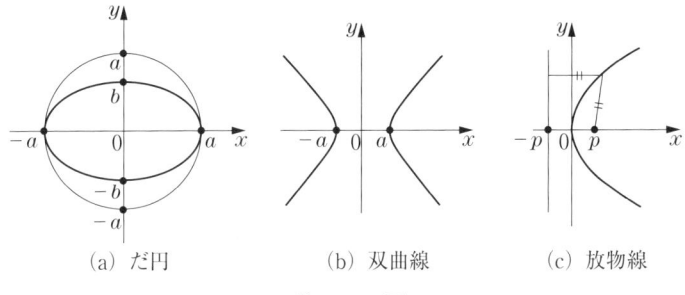

(a) だ円 (b) 双曲線 (c) 放物線

第 5・13 図

[5・10] だ円・双曲線・放物線の方程式は次のとおりである．

1) だ円の標準形 $\dfrac{x^2}{a^2} + \dfrac{y^2}{b^2} = 1$ $(a>0, \ b>0)$

2) 双曲線の標準形 $\dfrac{x^2}{a^2} - \dfrac{y^2}{b^2} = 1$ $(a>0, \ b>0)$

3) 放物線の標準形 $y^2 = 4px, \ \left(x = \dfrac{1}{4p} y^2\right)$ $(p>0)$

[5・10] の 1)式は $x^2 + \left(\dfrac{a}{b} y\right)^2 = a^2$ と変形できる．したがって，この式の図形を y 軸方向に a/b 倍した図形は円を表すことになり，逆にこの 1)式は $x^2 + y^2 = a^2$ の円を y 軸方向に b/a 倍に縮小または拡大した図形を表すことになる．

2)式で $a^2 = b^2$ のときは，2)式は $x^2 - y^2 = a^2$ となるが，これを**直角双曲線**の式という．なお，座標軸を漸近線にとった直角双曲線は $xy=k$ で表される．

3) 式の x と y とを入れ換えると $y=\dfrac{1}{4p}x^2$ となる．この式は2次関数 $y=ax^2+by+c$ の特殊な場合である．[3・5]で述べたように，2次関数のグラフは放物線であり，第5・13図(c)は，二次関数のグラフの x と y とを入れ換えたものである．

　x, y についての2次方程式の一般的な形は，

$$ax^2+2hxy+by^2+2gx+2fy+c=0$$

であり，この式の係数によって，円，だ円，双曲線，放物線または2直線になる．この式が表すこれらの図形を総称して**2次曲線**という．

　問題　5・9　第5・14図のように，A，B点で支持された電線がある．A，B 2点の高低差は H [m]，径間中央のたるみが D [m] である場合，電線が放物線状であるものとして，電線の形状を表す方程式を作れ．（2次関数の式を使う）

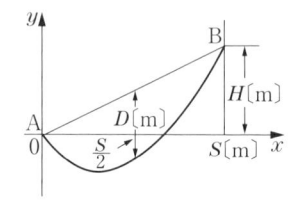

第5・14図

5・7　ベクトル軌跡

　電気回路で扱うベクトル軌跡は，実践的には複素数だけで考えたほうが簡単であるが，ここでは理解を深めるために，解析幾何との関連をつけながら説明したい．

(1) 直線になるベクトル軌跡

　第5・15図(a)のインピーダンス $\dot{Z}$ は，

$$\dot{Z}=r+jX \qquad (5・2)$$

であり，r の値を変化させるとベクトル $\dot{Z}$ の大きさ・偏角が変化する．$r=r_1$ のときは $\dot{Z}=r_1+jX$ であり，これを $\dot{Z}_1$ とすると(b)図の $\dot{Z}_1$ になる．r を変化させて，$\dot{Z}$ が $\dot{Z}_1$，$\dot{Z}_2$，$\dot{Z}_3$，……と変化したときのベクトルの終点（矢印の点）の軌跡は(b)図のように直線にな

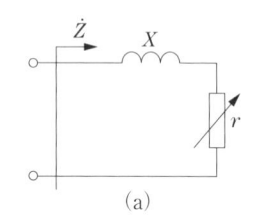

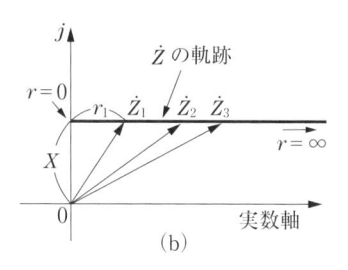

第5・15図

5・7 ベクトル軌跡

る．この直線を (5・2) 式の $\dot{Z}$ の軌跡という．

以下，本書では，(5・2) 式のように定数を大文字，**変数を小文字**で表すことにする．

以上述べたようなインピーダンスにこだわらずに，一般的に (5・2) 式を次式のように表してみる．

$$\dot{W} = a + jB \quad (a\,;\,-\infty < a < \infty \text{の実変数}, \ B\,;\,\text{実定数}) \tag{5・3}$$

この $\dot{W}$ の軌跡は，**第 5・16 図**(a)のようになる．この図形を言葉でいえば，複素平面では「jB の点を通る実数軸と平行な直線」であり，***xy*** 座標で解析幾何的にいえば「$y = B$ の直線」である．第 5・16 図の各軌跡は次のようにいうことができる．

[5・11]　直線になるベクトル軌跡

1) $\dot{W} = a + jB$ ($-\infty < a < \infty$) の軌跡は，$y = B$ の直線（第 5・16 図(a)）
2) $\dot{W} = A + jb$ ($-\infty < b < \infty$) の軌跡は，$x = A$ の直線（第 5・16 図(b)）
3) $\dot{W} = \dot{A} + \lambda \dot{B}$ ($-\infty < \lambda < \infty$) の軌跡は，複素平面で $\dot{A}$ の点を通りベクトル $\dot{B}$ と平行な直線である（第 5・16 図(c)）

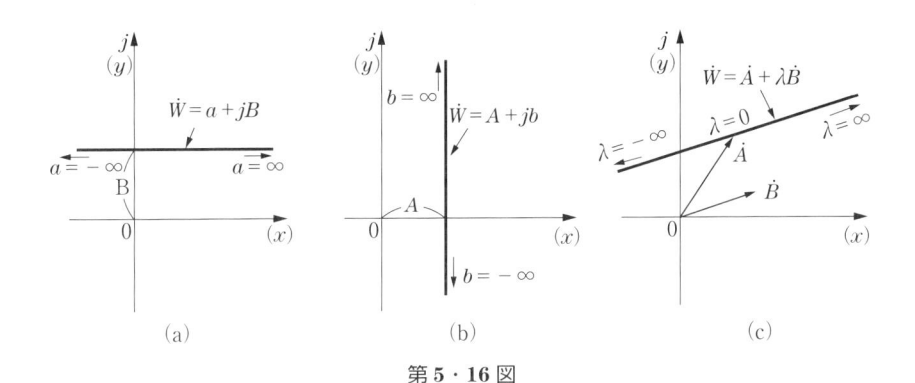

第 5・16 図

(2) **ベクトル軌跡の問題の答**

ベクトル軌跡の問題の答は，**軌跡の図形と軌跡の範囲**である．例えば，第 5・15 図の $\dot{Z}$ の軌跡を求めよ，という問題ならば，図形は(b)図のように図示し

てもよいし,「$y=X$の直線」と文章でもよいし,これを併用してもよい.ただし,図示する場合は寸法のXのようなポイントを明示する.また,範囲は図示するか「点$(0, X)$からx方向に$x=\infty$までの直線」というように記述する.

(3) ベクトル軌跡を方程式で求める方法

第5・16図(a)のベクトル軌跡を「$y=B$の直線」といったのは,ベクトル軌跡を方程式$y=B$で表したことになる.逆に方程式が求まれば,軌跡の図形が分かる.ベクトル軌跡を求めるには次節で述べるような方法が便利であるが,ここでは一応方程式によってベクトル軌跡を求める方法の定石を述べよう.

第5・17図(a)の回路で,rが0から∞まで変化するときのiの軌跡を求める.

iを複素数で求めると,

$$i = \frac{E}{r+jX} \qquad (5・4)$$

このiがxy座標面で変化することを考えると,

$$\frac{E}{r+jX} = x + jy \qquad (5・5)$$

と置ける.(5・5)式から方程式を導くのであるが,方程式としては変数rが邪魔物であるから,(5・5)式からrを消去することを考える.

(5・5)式の絶対値を求め,両辺を2乗すると,

$$\frac{E^2}{r^2+X^2} = x^2 + y^2 \qquad (5・6)$$

(5・5)式左辺分母を有理化し,両辺の虚部をとると,

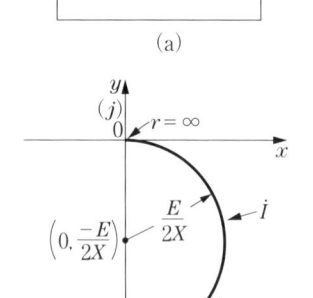

$$\frac{-XE}{r^2+X^2} = y$$

$$\therefore \quad r^2 + X^2 = -\frac{XE}{y} \qquad (5・7)$$

第5・17図

5・8 ベクトル軌跡の性質と逆図形

(5・7) 式を (5・6) 式に入れて整理すると，

$$x^2 + \left(y + \frac{E}{2X}\right)^2 = \left(\frac{E}{2X}\right)^2$$

したがって，(5・4) 式の $\dot{I}$ の軌跡は，第 5・17 図(b)のような中心座標 $(0, -E/2X)$，半径 $E/2X$ の円である．また，(5・5) 式から $x = rE/(r^2+X^2)$ で x は常に正であり，(5・4) 式で $r=0$, $r=\infty$ を入れるとそれに対応する $\dot{I}$ のベクトルも分かり，(b)図のような円であることが分かる．以上の計算のポイントをまとめると次のとおりである．

[5・12] ベクトル軌跡を方程式で求める方法
1) 軌跡を求めるベクトルを複素数で求める．((5・4) 式)
2) その複素数を $x+jy$ に等しいと置く．((5・5) 式)
3) 上式から変数を消去して方程式を求める．(前ページの例で r を消去する)

5・8 ベクトル軌跡の性質と逆図形

前節で述べた基本からだけでもベクトル軌跡は求まるが，逆図形などを知っていると，はるかに容易にベクトル軌跡が求まることが多い．

(1) ベクトル軌跡の $\dot{K}$ 倍の軌跡

あるベクトル $\dot{W}$ の軌跡が第 5・18 図の $\dot{W}$ のようであるとき，まず，それの K (実数) 倍の軌跡を考えよう．

$\dot{W}$ の上の点 $\dot{W}_1$ で表されるベクトルを K 倍すると，その延長線上の $K\dot{W}_1$ というベクトルになる．他の任意の点 $\dot{W}_2$ についても同じである．ここで，

$$\frac{0\,a'}{0\,a} = \frac{0\,b'}{0\,b} = K$$

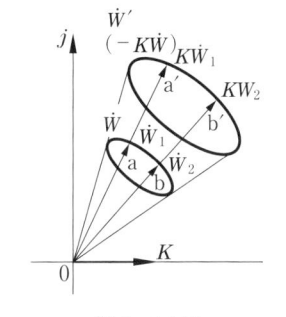

第 5・18 図

である．したがって，ベクトル軌跡 $\dot{W}$ を K 倍した軌跡を $\dot{W}'$ とすると，両方の図形の対応する 2 点を結ぶ直線は定点 0 を通り，0 から 2 点の間の距離の比が常に K であるから，$\dot{W}'$ は $\dot{W}$ と相似である (幾何

の相似の定義による). $\dot{W}'$ は図で $K\dot{W}_1$, $K\dot{W}_2$……などの点の集りであり, ベクトル $K\dot{W}$ の軌跡である.

次に, ベクトル $\dot{W}$ を $\dot{K}(=K\underline{/\theta})$ 倍したベクトル $\dot{K}\dot{W}$ のベクトル軌跡は, ベクトル軌跡 $\dot{W}$ を K 倍し, $\underline{/\theta}$ だけ進めたものであるから第 5・19 図のようになる. すなわち,

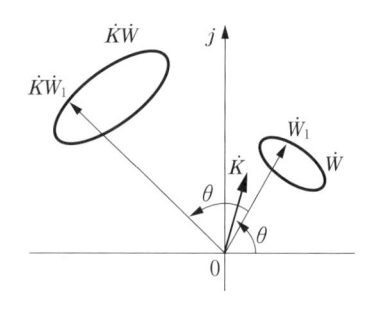

第 5・19 図

[5・13] **ベクトル軌跡の $\dot{K}$ ($=K\underline{/\theta}$) 倍の軌跡は, 大きさを K 倍し, 原点を中心に θ だけ回転した相似形である.**

(2) **原点を通る直線の逆図形**

λ が変数, $\dot{B}$ が一定の複素ベクトルであるとき, $\lambda\dot{B}$ の軌跡は原点を通る直線である (第 5・16 図(c)で $\dot{A}=0$ の場合である). $\dot{B}=B\underline{/\theta}$ として, $\lambda\dot{B}$ の逆数 $1/\lambda\dot{B}$ のベクトル軌跡がどうなるか考えよう.

$$\frac{1}{\dot{B}} = \frac{1}{B\underline{/\theta}} = \frac{1}{B}\underline{/-\theta}$$

である ([4・3] 4)) から, λ がある値 λ_1 のときのベクトル $\lambda_1\dot{B}$ の逆数のベクトルは,

$$\frac{1}{\lambda_1\dot{B}} = \frac{1}{\lambda_1 B}\underline{/-\theta}$$

つまり, 大きさが $\frac{1}{\lambda_1 B}$ で偏角が $-\theta$ のベクトルになる. λ が変化しても偏角は変わらないから, $\lambda\dot{B}$ の逆数のベクトル軌跡は第 5・20 図のように実数軸と $-\theta$ の角をなし, 原点を通る直線になる. この, $\lambda\dot{B}$ の逆数のベクトル軌跡を簡単に $\lambda\dot{B}$ の**逆図形**という.

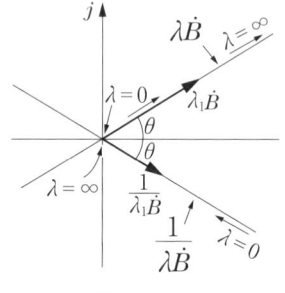

第 5・20 図

第 5・20 図の $\lambda\dot{B}$ の軌跡で λ が 0 から ∞ に変化するときに点が動く方向と, 逆図形で点が動く方向の違いに注意していただきたい.

5・8 ベクトル軌跡の性質と逆図形　　　　　　　　　　　　　　　　　　•79•

[5・14] 原点を通る直線の逆図形
　軌跡が原点を通る直線であるベクトルの逆数のベクトル軌跡は原点を通る直線である．（第5・20図）

(3) 原点を通らない直線の逆図形

　あるベクトル $\dot{W}$ の軌跡が第 5・21 図の $\dot{W}$ のように原点を通らない直線であるとき，$1/\dot{W}$ の軌跡，つまり $\dot{W}$ の逆図形がどうなるか考えよう．軌跡が直線であるベクトルは一般に $\dot{A}+\lambda\dot{B}$ で表されたが，この λ が変化することにより第5・21図の直線 $\dot{W}$ の上の点が動いて軌跡を描くのに対応して，どのような逆図形が描かれるかを考えるわけである．

　図のように原点 O から直線 $\dot{W}$ に垂線をおろして交点を a とする．$\overrightarrow{Oa}$ を $\dot{H}$ とすると，$\dot{H}$ の絶対値は $|\dot{W}|$ の最小値である．したがって，$\dot{H}$ の逆数 $\dfrac{1}{\dot{H}}$ の絶対値は $\left|\dfrac{1}{\dot{W}}\right|$ の最大値になる．

　$\dfrac{1}{\dot{H}}$ のベクトルの終点を a′ とすると，そのベクトルは第5・21図のようになる．次に，$\dot{W}$ の中の変数が変化して，任意の $\dot{W}_1$ になったときその逆数のベクトルは $\overrightarrow{Ob'}$ のようになる．

　ここにできた三角形 Oab と三角形 Oa′b′ とを比べると，

　　$\angle aOb = \angle a'Ob'$　$(=\theta-\phi)$

　　$\dfrac{Oa'}{Ob'} = \dfrac{1/Oa}{1/Ob} = \dfrac{Ob}{Oa}$

であるから，二つの三角形は相似である．したがって $\angle Ob'a'$ は直角である．線分 Oa は $\dot{W}$ が与えられれば定まる一定の線分であり，三角形 Oa′b′ は Oa′ を斜辺とする直角三角形であるから，$\dot{W}$ の b 点が動き b′ 点が動くことによって描かれる図形は円になる．

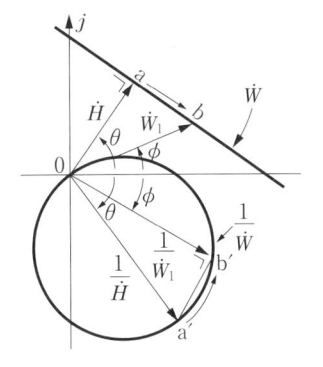

第5・21図

直線は $\dot{W}=\dot{A}+\lambda\dot{B}$ で表されるから，$\dfrac{1}{\dot{W}}=\dfrac{1}{\dot{A}+\lambda\dot{B}}$ のベクトル軌跡は円になる，ともいえる．また，$\dot{C}'+\dfrac{1}{\dot{A}+\lambda\dot{B}}\left(=\dfrac{\dot{C}'\dot{A}+\lambda\dot{C}'\dot{B}+1}{\dot{A}+\lambda\dot{B}}=\dfrac{\dot{C}+\lambda\dot{D}}{\dot{A}+\lambda\dot{B}}\right)$ は $\dfrac{1}{\dot{A}+\lambda\dot{B}}$ を $\dot{C}'$ だけ平行移動したものであり，やはりその軌跡は円になる．

[5・15] 原点を通らない直線の逆図形と円の一般式

1) ベクトル $\dot{W}$ の軌跡が原点を通らない直線であるとき，$\dfrac{1}{\dot{W}}$ の軌跡つまり逆図形は原点を通る円である．その円の直径は，原点から $\dot{W}$ の軌跡におろした垂線が表すベクトルの逆数のベクトルによって与えられる．

2) 一般に λ を変数として $\dfrac{1}{\dot{A}+\lambda\dot{B}}$，$\dfrac{\dot{C}+\lambda\dot{D}}{\dot{A}+\lambda\dot{B}}$ のベクトル軌跡は円である．

[5・15] の逆も真で，あるベクトルの軌跡が原点を通る円であれば，その逆図形は原点を通らない直線になる．しかし，これを使うことはあまりない．

(4) 原点を通らない円の逆図形

前節で述べたように $\dot{W}=\dfrac{\dot{C}+\lambda\dot{D}}{\dot{A}+\lambda\dot{B}}$ のベクトル軌跡は円である．そして，原点を通る円 $\dfrac{1}{\dot{A}+\lambda\dot{B}}$ を平行移動したものであるから $\dot{W}$ の軌跡は原点を通らない円である．つまり，原点を通らない円は一般に，

$$\dot{W}=\dfrac{\dot{C}+\lambda\dot{D}}{\dot{A}+\lambda\dot{B}} \quad \left(\begin{array}{l}\dot{A},\ \dot{B},\ \dot{C},\ \dot{D} \text{のい}\\ \text{ずれも 0 でない}\end{array}\right)$$

で表される．

$$\dfrac{1}{\dot{W}}=\dfrac{\dot{A}+\lambda\dot{B}}{\dot{C}+\lambda\dot{D}}$$

であって，上の式と同じ形をしているからやはりその軌跡は円である．

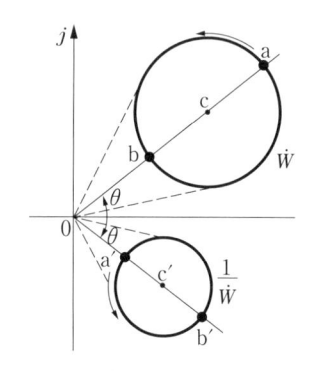

第 5・22 図

5・8 ベクトル軌跡の性質と逆図形

これを図示すると**第5・22図**のとおりで，円 $\dot{W}$ の中心 c と原点を結ぶ直線上の直径を ab とすると，0a，0b はそれぞれ $|\dot{W}|$ の最大値と最小値を与える．a，b に対応する $1/\dot{W}$ の円上の点を a′，b′ とすると，$0a' = \dfrac{1}{0a}$，$0b' = \dfrac{1}{0b}$ であるから，0a′，0b′ は $1/|\dot{W}|$ の最小値および最大値になり，a′b′ は $1/\dot{W}$ の軌跡の直径である．

なお，c，c′ は各直径の中点であるが，$0c' = \dfrac{1}{0c}$ ではないことに注意する．

以上の要点は次のとおりである．

[5・16] 原点を通らない円の逆図形

1) 原点を通らない円の逆図形は，原点を通らない円である．
2) 逆図形の円の直径と円の位置は，元の円の中心と原点を結ぶ直線から考えることができる．

（対応する点の位置関係および軌跡上の点の動く方向は第5・22図のとおりであり，$0a' = \dfrac{1}{0a}$，$0b' = \dfrac{1}{0b}$ であるが，$0c' = \dfrac{1}{0c}$ ではない．）

---

(5) **指数関数表示のベクトルの軌跡**

ベクトルが $\dot{W} = \dot{B}\varepsilon^{j\theta}$ と表され，θ が変数であるとする．θ がある値 θ_1 のとき $\dot{B}\varepsilon^{j\theta_1}$ は $\dot{B}$ を θ_1 だけ回転したベクトルを表す．$|\dot{B}|$ は一定であるから，$\dot{B}\varepsilon^{j\theta}$ のベクトル軌跡は**第5・23図**のようになる．

第5・23図　　**第5・24図**

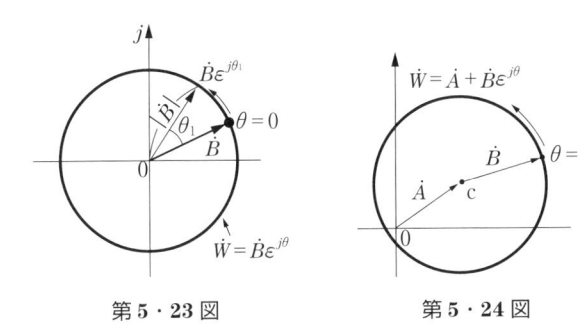

次に $\dot{W}=\dot{A}+\dot{B}\varepsilon^{j\theta}$ （θ：変数）のベクトル軌跡は $\dot{B}\varepsilon^{j\theta}$ の軌跡を $\dot{A}$ だけ平行移動したものであるから**第 5・24 図**のようになる．

例 5・1 第 5・25 図のように，可変の相互インダクタンス M で結合された二つの回路の一方に交流起電力 $\dot{E}$ を加えた場合，この回路の電流ベクトル $\dot{I}$ が描く軌跡を求めよ．ただし，R_1，R_2 および L_1，L_2 は，それぞれ，抵抗およびインダクタンスとする．（昭 35 年 2 種）

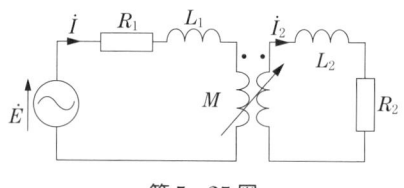

第 5・25 図

解 第 2 の回路の電流を $\dot{I}_2$，$2\pi f=\omega$ とすると，

$$(R_1+j\omega L_1)\dot{I}-j\omega M\dot{I}_2=\dot{E}$$
$$(R_2+j\omega L_2)\dot{I}_2-j\omega M\dot{I}=0$$

この 2 元 1 次方程式を解くと，

$$\dot{I}=\frac{(R_2+j\omega L_2)\dot{E}}{R_1R_2+\omega^2(M^2-L_1L_2)+j\omega(R_1L_2+R_2L_1)} \qquad ①$$

この式で M が変化するが，M は $\sqrt{L_1L_2}$ より大きくなることはないので，M^2 の変化の範囲は $0<M^2<L_1L_2$ である．ここで，分母の実部を λ と置く．すなわち，

$$\lambda=R_1R_2+\omega^2(M^2-L_1L_2)$$

とすると，$M^2=0$ のとき $\lambda=R_1R_2-\omega^2L_1L_2$，$M^2=L_1L_2$ のとき $\lambda=R_1R_2$ であり，①式は次式のようになる．

$$\dot{I}=\frac{(R_2+j\omega L_2)\dot{E}}{\lambda+j\omega(R_1L_2+R_2L_1)} \quad (\lambda：変数) \qquad ②$$

②式の分母 $\lambda+j\omega(R_1L_2+R_2L_1)$ の軌跡は**第 5・26 図**のⒶの直線である．このベクトルの逆図形はⒷのような直径が $-j$ 軸に一致する原点を通る円で，

$$直径；\frac{1}{\omega(R_1L_2+R_2L_1)} \qquad ③$$

である．$\dot{I}$ の軌跡は，Ⓑの軌跡に，

$$(R_2+j\omega L_2)E=\sqrt{R_2^2+\omega^2L_2^2}\ E\underline{/\theta}$$

ただし，$\dot{E}$ を基準ベクトルとし，$\theta=\tan^{-1}(\omega L_2/R_2)$

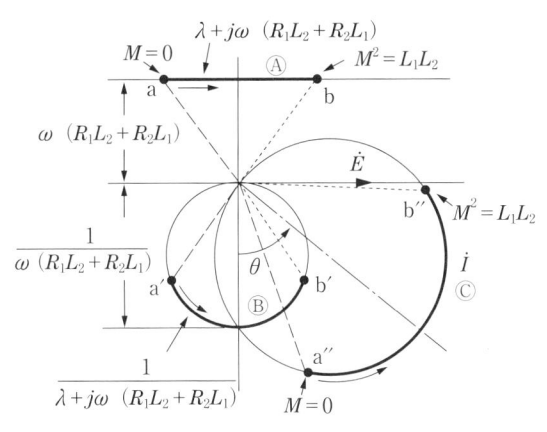

5・8 ベクトル軌跡の性質と逆図形

第 5・26 図

を掛けたものである．したがって，$\dot{I}$ のベクトル軌跡は，原点を通る円で，

直径；$\dfrac{\sqrt{R_2{}^2+\omega^2 L_2{}^2}\,E}{\omega(R_1 L_2+R_2 L_1)}$，直径と実数軸の角 $\phi=-90°+\theta=\tan^{-1}\dfrac{\omega L_2}{R_2}-90°$，

であり $\dot{I}$ の範囲は，

$$M=0: \quad \dot{I}=\frac{(R_2+j\omega L_2)\dot{E}}{R_1 R_2-\omega^2 L_1 L_2+j\omega(R_1 L_2+R_2 L_1)}$$

$$M^2=L_1 L_2: \quad \dot{I}=\frac{(R_2+j\omega L_2)\dot{E}}{R_1 R_2+j\omega(R_1 L_2+R_2 L_1)}$$

である．

問題 5・10 第 5・27 図で r が変化するときの $\dot{I}$ のベクトル軌跡を求めよ．

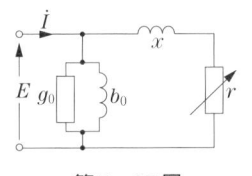

問題 5・11 第 5・28 図で R が変化したときの電圧 $\dot{V}$ のベクトル軌跡を求めよ．ただし，$M<L_1$ かつ $M<L_2$ であるとする．

問題 5・12 三相 3 線式送電線の送・受電端電圧が $E_s\varepsilon^{j\theta}$，E_r，送受電端間 1 相のインピーダンスが $Z\varepsilon^{j\phi}$ で，θ のみが変化するときの受電端三相複素電力（遅れ＋）のベクトル軌跡と受電最大電力を求めよ．

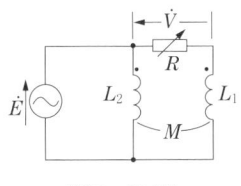

第 5・27 図

第 5・28 図

6 行列式と行列

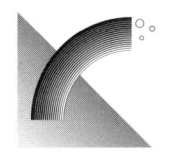

行列式(determinant)は連立1次方程式を解くときなどに使う.例えば,右の行列式の値は22である,というように**一つの値を持っている**.

行列(matrix)は,行列式とは全然違うもので,右の(b)でいえば,7 3 2 4 などという数字や文字を**並べただけのもの**で,行列式のようにある一つの値を持ったものではない.行列は [ ],( ) あるいは ‖ ‖ などで表している.

$$\begin{vmatrix} 7 & 3 \\ 2 & 4 \end{vmatrix} = 7 \times 4 - 3 \times 2 = 22$$
(a) 行列式

$$\begin{bmatrix} 7 & 3 \\ 2 & 4 \end{bmatrix}, \quad \begin{bmatrix} 7 \\ 2 \end{bmatrix}$$
(b) 行 列

6・1 行列式

連立1次方程式 $\begin{cases} a_1 x + b_1 y = p_1 \\ a_2 x + b_2 y = p_2 \end{cases}$ (6・1)

を解くと,次の解が得られる.

$$x = \frac{p_1 b_2 - b_1 p_2}{a_1 b_2 - b_1 a_2}, \quad y = \frac{a_1 p_2 - p_1 a_2}{a_1 b_2 - b_1 a_2} \quad (\text{ただし},\ a_1 b_2 - b_1 a_2 \neq 0) \quad (6 \cdot 2)$$

ここで,
$$a_1 b_2 - b_1 a_2 = \begin{vmatrix} a_1 & b_1 \\ a_2 & b_2 \end{vmatrix}, \quad p_1 b_2 - b_1 p_2 = \begin{vmatrix} p_1 & b_1 \\ p_2 & b_2 \end{vmatrix}$$

$$a_1 p_2 - p_1 a_2 = \begin{vmatrix} a_1 & p_1 \\ a_2 & p_2 \end{vmatrix}$$
(6・3)

と置くことに決めると,(6・1)式の解は,

$$x = \frac{\begin{vmatrix} p_1 & b_1 \\ p_2 & b_2 \end{vmatrix}}{\begin{vmatrix} a_1 & b_1 \\ a_2 & b_2 \end{vmatrix}}, \quad y = \frac{\begin{vmatrix} a_1 & p_1 \\ a_2 & p_2 \end{vmatrix}}{\begin{vmatrix} a_1 & b_1 \\ a_2 & b_2 \end{vmatrix}} \quad (6 \cdot 4)$$

と表すことができる.したがって,(6・1)式の解を求めるには,(6・4)式の

ように数値を並べ，(6・3) 式を逆に使って**展開**して，(6・2) 式の解を求めることができる．

ここに出てきた $\begin{vmatrix} a_1 & b_1 \\ a_2 & b_2 \end{vmatrix}$ などの式が**行列式**である．

行列式は一般には $\begin{vmatrix} a_{11} & a_{12} & \cdots & a_{1n} \\ a_{21} & a_{22} & \cdots & a_{2n} \\ \cdots\cdots\cdots\cdots\cdots \\ a_{n1} & a_{n2} & \cdots & a_{nn} \end{vmatrix}$ のように縦横同じ数だけ数値や文字が並

んだもので，あとに述べるように**展開式**によって展開でき，一つの値を持っている．

[6・1] 行列式の行・列・成分（元）

行列式の中の一つの数値や文字（上の例で a_{11}, a_{12} など）を**成分**（あるいは**元**）という．成分の横の並びを**行**，縦の並びを**列**という．また，行（列）の数が n のとき，その行列式を $\boldsymbol{n}$ **次**の行列式という．

第何行というのは，第 6・1 図のように，横書きの本で第何行目というのと同じだと覚えればよい．

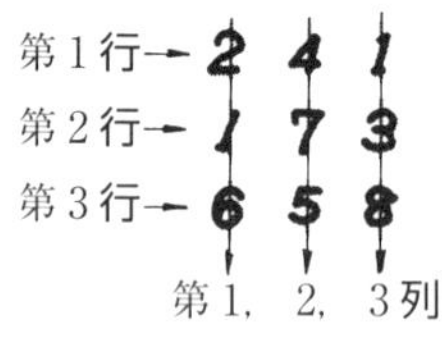

6・2 行列式の展開

(6・3) 式によると，2 次の行列式は次のように展開できる．

$$\begin{vmatrix} a_{11} & a_{12} \\ a_{21} & a_{22} \end{vmatrix} = a_{11}a_{22} - a_{12}a_{21} \qquad (6\cdot5)$$

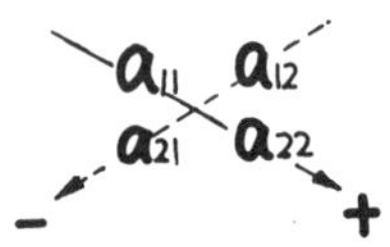

第 6・1 図

第 6・2 図

この式は第 6・2 図のように，第 1 行・第 1 列の成分 a_{11} から斜めに掛けたものを＋，反対側から斜めに掛けたものを－にする，と記憶すればよい．

3 次の場合は，第 6・3 図のように掛けて，次のように展開できる．

$$\begin{vmatrix} a_{11} & a_{12} & a_{13} \\ a_{21} & a_{22} & a_{23} \\ a_{31} & a_{32} & a_{33} \end{vmatrix} = a_{11}a_{22}a_{33} + a_{21}a_{32}a_{13} + a_{31}a_{12}a_{23} \\ - a_{11}a_{32}a_{23} - a_{21}a_{12}a_{33} - a_{31}a_{22}a_{13} \qquad (6\cdot6)$$

6・2 行列式の展開

第6・2図, 第6・3図によって, 展開する方法を**サラスの方法**という.

2, 3次はサラスの方法で展開できるが, **4次以上の行列式はサラスの方法では展開できない**. 4次以上の行列式は**余因子による展開**式を用いる. 次に余因子の定義をあげる.

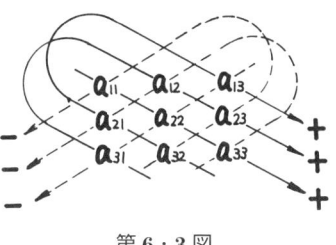

第6・3図

[6・2] 余因子（余因数）

n次の行列式$|A|$において, その第i行と第j列を取り除いた残りの成分でできる$n-1$次の行列式に$(-1)^{i+j}$を掛けたものを, (i,j)成分a_{ij}の余因子という. これを記号A_{ij}で表す.

（n次の正方行列の場合も同様に余因子を定義する）

上の余因子の定義を図示すると第6・4図のようになる. 例えば,

$$|A| = \begin{vmatrix} 2 & 4 & 1 \\ 1 & 7 & 3 \\ 6 & 5 & 8 \end{vmatrix}$$ とすれば,

$A_{11} = \begin{vmatrix} 7 & 3 \\ 5 & 8 \end{vmatrix}, \quad A_{21} = -\begin{vmatrix} 4 & 1 \\ 5 & 8 \end{vmatrix}$

$A_{31} = \begin{vmatrix} 4 & 1 \\ 7 & 3 \end{vmatrix}, \quad A_{23} = -\begin{vmatrix} 2 & 4 \\ 6 & 5 \end{vmatrix}$

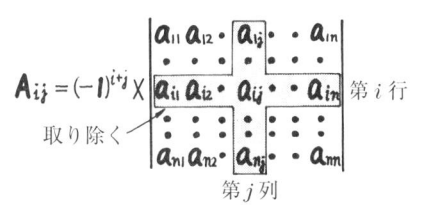

第6・4図

などである.

この余因子を用いると, (6・5) (6・6)式は次のように表すことができる.

$$|A| = \begin{vmatrix} a_{11} & a_{12} \\ a_{21} & a_{22} \end{vmatrix} = a_{11}A_{11} + a_{21}A_{21} = a_{11}A_{11} + a_{12}A_{12} \qquad (6・5)'$$

$$\left. \begin{aligned} |A| = \begin{vmatrix} a_{11} & a_{12} & a_{13} \\ a_{21} & a_{22} & a_{23} \\ a_{31} & a_{32} & a_{33} \end{vmatrix} &= a_{11}A_{11} + a_{21}A_{21} + a_{31}A_{31} \qquad ① \\ &= a_{11}A_{11} + a_{12}A_{12} + a_{13}A_{13} \qquad ② \\ &= a_{12}A_{12} + a_{22}A_{22} + a_{32}A_{32}, \quad \text{など} \quad ③ \end{aligned} \right\} \quad (6・6)'$$

①は第1列，②は第1行，③は第2列について展開したもので，他の行（列）でも展開できる．一般に n 次の場合は次のようになる．

> **[6・3] 余因子による行列式の展開**（第1列による展開を例にあげる）
> $|A| = a_{11}A_{11} + a_{21}A_{21} + a_{31}A_{31} + \cdots\cdots + a_{n1}A_{n1}$

問題 6・1 次の行列式の値を求めよ．

(1) $\begin{vmatrix} 1 & 0 & 0 \\ 2 & 3 & 4 \\ 5 & 6 & 7 \end{vmatrix}$ (2) $\begin{vmatrix} 1 & 1 & 1 \\ 1 & 1 & 1 \\ 2 & 3 & 4 \end{vmatrix}$ (3) $\begin{vmatrix} 0 & 2 & 3 \\ 1 & 4 & 5 \\ 0 & 6 & 7 \end{vmatrix}$ (4) $\begin{vmatrix} 1 & 2 & 3 & 4 \\ 1 & 5 & 6 & 7 \\ 0 & 3 & 4 & 6 \\ 0 & 5 & 6 & 7 \end{vmatrix}$

6・3 行列式の性質

行列式には次の性質がある．この性質を使うと行列式の値が容易に求まることがあるし，数学的な証明にも使われる．以下の性質は**任意の n 次の行列式で成り立つ**のであるが，例は2次だけを示す．2次・3次ならば展開することによって容易に証明できる．

> **[6・4] 行列式の性質**
> 1) 行列式の行と列とを入れ換えてもその値は変わらない．
>
> 例 $\begin{vmatrix} a_1 & b_1 \\ a_2 & b_2 \end{vmatrix} = \begin{vmatrix} a_1 & a_2 \\ b_1 & b_2 \end{vmatrix}$
>
> この性質から，行（列）について成り立つ性質は列（行）についても成り立つ．
>
> 2) 行列式の一つの列（行）を α 倍して得られる行列式は元の行列式の α 倍である．
>
> 例 $\begin{vmatrix} \alpha a_1 & b_1 \\ \alpha a_2 & b_2 \end{vmatrix} = \alpha \begin{vmatrix} a_1 & b_1 \\ a_2 & b_2 \end{vmatrix}$
>
> 3) 二つの列（行）を交換すれば符号が変わる．
>
> 例 $\begin{vmatrix} a_1 & b_1 \\ a_2 & b_2 \end{vmatrix} = - \begin{vmatrix} b_1 & a_1 \\ b_2 & a_2 \end{vmatrix}$

4) 次の性質の行列式の値は 0 である.

　a. 一つの列（行）の成分がすべて 0 である.

例 $\begin{vmatrix} 0 & b_1 \\ 0 & b_2 \end{vmatrix} = 0$

　b. 二つの列（行）の対応する成分が等しい.

例 $\begin{vmatrix} a_1 & a_1 \\ a_2 & a_2 \end{vmatrix} = 0$

　c. 二つの列（行）の対応する成分が比例している.

例 $\begin{vmatrix} a_1 & \alpha a_1 \\ a_2 & \alpha a_2 \end{vmatrix} = 0$

5) 一つの列（行）の何倍かを他の列（行）に加え，あるいは引いても値は変わらない（この性質を使うと計算が容易になることが多い）.

例 $\begin{vmatrix} a_1 & b_1 \\ a_2 & b_2 \end{vmatrix} = \begin{vmatrix} a_1 & b_1 + \alpha a_1 \\ a_2 & b_2 + \alpha a_2 \end{vmatrix}$

問題 6・2 次の行列式の値を求めよ.

(1) $\begin{vmatrix} 1 & 1 & 1 \\ 2 & 3 & 4 \\ 1 & 1 & 1 \end{vmatrix}$　(2) $\begin{vmatrix} 2 & 3 & 3 \\ 2 & 4 & 3 \\ 2 & 5 & 3 \end{vmatrix}$　(3) $\begin{vmatrix} 1 & 2 & 3 \\ 1 & 4 & 5 \\ 1 & 7 & 9 \end{vmatrix}$　(4) $\begin{vmatrix} 1 & 2 & 3 & 4 \\ 2 & 1 & 4 & 3 \\ 3 & 4 & 2 & 1 \\ 4 & 3 & 1 & 2 \end{vmatrix}$

6・4 行列式による連立 1 次方程式の解法

連立 1 次方程式は，次のクラメルの公式を使うと行列式で機械的に解くことができる．例は 3 元の場合をあげたが，任意の n 元の 1 次方程式も同じ形で計算できる．行列の節で説明する逆行列を用いると，比較的容易に公式を証明できるが，ここでは省略する．

[6・5] クラメルの公式

連立1次方程式

$$\begin{cases} a_1x + b_1y + c_1z = p_1 \\ a_2x + b_2y + c_2z = p_2 \\ a_3x + b_3y + c_3z = p_3 \end{cases}$$

について，係数を並べた行列式を△とする．すなわち，

$$\triangle = \begin{vmatrix} a_1 & b_1 & c_1 \\ a_2 & b_2 & c_2 \\ a_3 & b_3 & c_3 \end{vmatrix}$$

ここで，$\triangle \neq 0$ ならば，上記の連立1次方程式の解は次式で与えられる．

$$x = \frac{1}{\triangle}\begin{vmatrix} p_1 & b_1 & c_1 \\ p_2 & b_2 & c_2 \\ p_3 & b_3 & c_3 \end{vmatrix},\quad y = \frac{1}{\triangle}\begin{vmatrix} a_1 & p_1 & c_1 \\ a_2 & p_2 & c_2 \\ a_3 & p_3 & c_3 \end{vmatrix},\quad z = \frac{1}{\triangle}\begin{vmatrix} a_1 & b_1 & p_1 \\ a_2 & b_2 & p_2 \\ a_3 & b_3 & p_3 \end{vmatrix}$$

問題 6・3 次の連立1次方程式を解け．

(1) $\begin{cases} x + y = 3 \\ x - 2y = 0 \end{cases}$
(2) $\begin{cases} x + y + z = 6 \\ 2x - y + z = 3 \\ 5x + 3y - 3z = 2 \end{cases}$
(3) $\begin{cases} x + y = 6 \\ y - z = -1 \\ x + 2y + z = 15 \end{cases}$

6・5 行列（マトリクス）

例えば，方程式

$$\begin{cases} 2x + y + 3z = 12 \\ x + 3y + 2z = 13 \end{cases}$$

について，係数を次のように並べてみる．

$$\begin{bmatrix} 2 & 1 & 3 \\ 1 & 3 & 2 \end{bmatrix},\quad \begin{bmatrix} 12 \\ 13 \end{bmatrix} \qquad (6・7)$$

あるいは，第6・5図のようなベクトルの x, y, z 各成分を並べてみると，

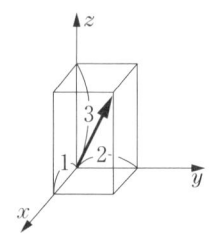

第6・5図

6・5 行列（マトリクス）

$$[1 \quad 2 \quad 3] \quad \text{あるいは} \quad \begin{bmatrix} 1 \\ 2 \\ 3 \end{bmatrix} \tag{6・8}$$

このように，数字の意味は方程式の係数であったりベクトルの成分であったり，いろいろであるが，そのようなことにはこだわらずに，

$$\begin{bmatrix} 2 & 1 & 3 \\ 1 & 3 & 2 \end{bmatrix}, \quad \begin{bmatrix} 12 \\ 13 \end{bmatrix}, \quad [1 \quad 2 \quad 3], \quad \begin{bmatrix} 1 \\ 2 \\ 3 \end{bmatrix}, \quad \begin{bmatrix} -5 & 3 \\ 7 & 2 \end{bmatrix}$$

などのように，数を長方形に並べたものを**行列**または**マトリクス**という．行列は単に数字または文字を並べたもので，行列式のようにある値を持つというものではない．**行・列・成分**という言葉は行列式の場合（p.86 [6・1]）と同じである．

行の数が m，列の数が n の行列を **m 行 n 列の行列**または **(m, n) 型行列**という．行・列の数が等しい (n, n) 型行列を **n 次の正方行列**という．（(6・7) 式の初めの行列は $(2, 3)$ 型である．なお，(6・8) 式の初めのものを行ベクトル，あとのものを列ベクトルとも呼んでいる）

[6・6]　行列（マトリクス）の加算などの基本

1) 二つの同型の行列

$$[A] = \begin{bmatrix} a_{11} & a_{12} \\ a_{21} & a_{22} \end{bmatrix}, \quad [B] = \begin{bmatrix} b_{11} & b_{12} \\ b_{21} & b_{22} \end{bmatrix}$$

について，対応する成分がすべて等しい（$a_{ij} = b_{ij}$）とき**互いに等しい**といい，$[A] = [B]$ と書く．

2) すべての成分が 0 の行列を**零行列**といい $[0]$ で表す．

例 $\begin{bmatrix} 0 & 0 \\ 0 & 0 \end{bmatrix} = [0]$

3) 1) の二つの同型の行列 $[A]$，$[B]$ に対して，

$$\begin{bmatrix} a_{11} + b_{11} & a_{12} + b_{12} \\ a_{21} + b_{21} & a_{22} + b_{22} \end{bmatrix}$$

を $[A]$ と $[B]$ の**和**といい，$[A] + [B]$ で表す．

4) すべての成分の符号を逆にした行列を $-[A]$ で表す.例えば,1) の行列 $[A]$ に対して,

$$-[A] = \begin{bmatrix} -a_{11} & -a_{12} \\ -a_{21} & -a_{22} \end{bmatrix}$$

5) 行列の演算について次の**基本法則**が成り立つ.

$$[A] + [B] = [B] + [A]$$
$$([A] + [B]) + [C] = [A] + ([B] + [C])$$
$$[A] + [0] = [A]$$
$$[A] + (-[A]) = [0]$$

積には行列と数との積(スカラ倍)と行列の積とがある.

[6・7] 行列と数との積(スカラ倍)

行列 $[A] = \begin{bmatrix} a_{11} & a_{12} \\ a_{21} & a_{22} \end{bmatrix}$ と数 α について,$\begin{bmatrix} \alpha a_{11} & \alpha a_{12} \\ \alpha a_{21} & \alpha a_{22} \end{bmatrix}$ を $[A]$ と α との積といい,$\alpha[A]$ で表す.この積について次の**基本法則**が成り立つ.

$$\alpha(\beta[A]) = (\alpha\beta)[A]$$
$$(\alpha + \beta)[A] = \alpha[A] + \beta[A]$$
$$\alpha([A] + [B]) = \alpha[A] + \alpha[B]$$

次に,行列の積について述べよう.

例えば,行列 $\begin{bmatrix} 2 & 5 \\ 4 & 7 \end{bmatrix}$ と $\begin{bmatrix} 3 \\ 1 \end{bmatrix}$ との積は,$\begin{bmatrix} 2 & 5 \\ 4 & 7 \end{bmatrix}\begin{bmatrix} 3 \\ 1 \end{bmatrix}$ と表し,第6・6図のように計算する.すなわち,

$$\begin{pmatrix} 第1行と第1列の \\ 各成分の積の和 \end{pmatrix} \to \begin{pmatrix} 第1行第1列の \\ 成分 \end{pmatrix}$$

$$\begin{pmatrix} 第2行と第1列の \\ 各成分の積の和 \end{pmatrix} \to \begin{pmatrix} 第2行第1列の \\ 成分 \end{pmatrix}$$

$$\begin{bmatrix} 2 & 5 \\ 4 & 7 \end{bmatrix}\begin{bmatrix} 3 \\ 1 \end{bmatrix} = \begin{bmatrix} 2\times3+5\times1 \\ 4\times3+7\times1 \end{bmatrix} = \begin{bmatrix} 11 \\ 19 \end{bmatrix}$$

第6・6図

とする.この計算は簡単に,左と右の行列の**行・列と掛ける**と記憶するとよい.

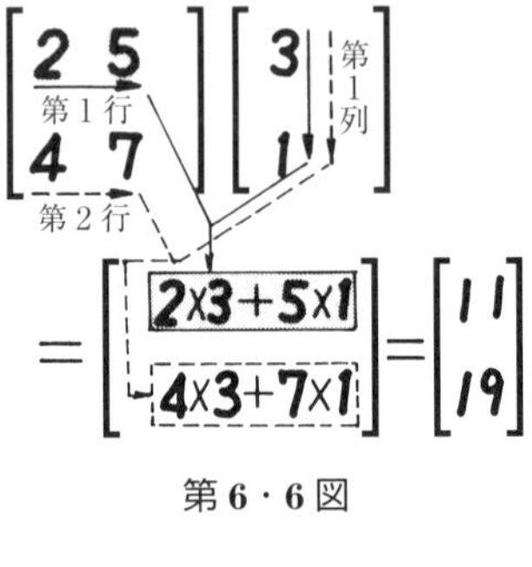

6·5 行列（マトリクス）

これを一般的にいえば，$[A]$ と $[B]$ との積を求めるには，第 6·7 図のように，

$\left.\begin{array}{l}[A]\text{ の第 }i\text{ 行の各成分}\\ \text{と }[B]\text{ の第 }j\text{ 列の各}\\ \text{成分との積の和を}\end{array}\right\} \rightarrow \left\{\begin{array}{l}[A][B]\text{ の第 }i\\ \text{行，第 }j\text{ 列の成}\\ \text{分にする．}\end{array}\right.$

という計算をする．したがって，行列の積は，

　　(m, n) 型の行列・(n, l) 型の行列

の型でないと計算ができない．また，$[A][B]$ の計算ができても，必ずしも $[B][A]$ の計算ができるとはいえないし，一般に $[A][B] \neq [B][A]$ である．

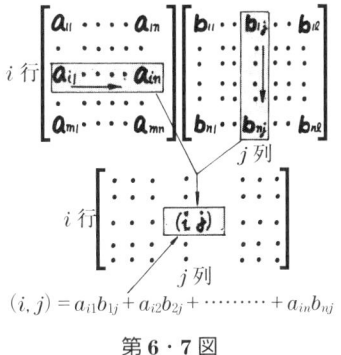

$(i, j) = a_{i1}b_{1j} + a_{i2}b_{2j} + \cdots\cdots + a_{in}b_{nj}$

第 6·7 図

[6·8] 行列の積

1) 例えば，$[A] = \begin{bmatrix} a_{11} & a_{12} \\ a_{21} & a_{22} \end{bmatrix}$ と $[B] = \begin{bmatrix} b_{11} & b_{12} & b_{13} \\ b_{21} & b_{22} & b_{23} \end{bmatrix}$ との積は，

$$[A][B] = \begin{bmatrix} a_{11}b_{11} + a_{12}b_{21} & a_{11}b_{12} + a_{12}b_{22} & a_{11}b_{13} + a_{12}b_{23} \\ a_{21}b_{11} + a_{22}b_{21} & a_{21}b_{12} + a_{22}b_{22} & a_{21}b_{13} + a_{22}b_{23} \end{bmatrix}$$

である．

2) 正方行列で，下記のように対角成分が 1 で，他の成分が 0 のものを**単位行列**といい，$[E]$（または $[U]$，$[1]$）で表す．

$\begin{bmatrix} 1 & 0 \\ 0 & 1 \end{bmatrix} = [E]$, $\begin{bmatrix} 1 & 0 & 0 \\ 0 & 1 & 0 \\ 0 & 0 & 1 \end{bmatrix} = [E]$

3) 次の**法則**が成り立つ．ただし，一般に $[A][B] \neq [B][A]$ である．

　a. $([A][B])[C] = [A]([B][C])$
　b. $[A]([B] + [C]) = [A][B] + [A][C]$
　c. $([A] + [B])[C] = [A][C] + [B][C]$
　d. $[A][E] = [E][A] = [A]$
　e. $[A][0] = [0][A] = [0]$

何度も繰り返すが，$[A][B]$ は一般に $[B][A]$ に等しくない，ということ

は注意を要する．また，行列の商というのはない．これに似ているのは次の逆行列である．

問題 6・4 次の計算をせよ．

(1) $\begin{bmatrix} 3 & 2 \\ 1 & 4 \end{bmatrix} + \begin{bmatrix} 6 & 3 \\ 2 & 5 \end{bmatrix}$　　(2) $\begin{bmatrix} 5 & 3 \\ 2 & 6 \end{bmatrix}\begin{bmatrix} 2 & 2 \\ 1 & 3 \end{bmatrix}$　　(3) $\begin{bmatrix} a_1 & b_1 & c_1 \\ a_2 & b_2 & c_2 \\ a_3 & b_3 & c_3 \end{bmatrix}\begin{bmatrix} x \\ y \\ z \end{bmatrix}$

6・6　逆行列と連立1次方程式

$[A] = \begin{bmatrix} 2 & 1 \\ 5 & 3 \end{bmatrix}$ という行列に対して，行列 $[B] = \begin{bmatrix} 3 & -1 \\ -5 & 2 \end{bmatrix}$ を考え，積を求めてみる．

$$[A][B] = \begin{bmatrix} 2 & 1 \\ 5 & 3 \end{bmatrix}\begin{bmatrix} 3 & -1 \\ -5 & 2 \end{bmatrix} = \begin{bmatrix} 2\times3+1\times(-5) & 2\times(-1)+1\times2 \\ 5\times3+3\times(-5) & 5\times(-1)+3\times2 \end{bmatrix}$$

$$= \begin{bmatrix} 1 & 0 \\ 0 & 1 \end{bmatrix} = [E]$$

すなわち，$[A][B] = [E]$（単位行列）となる．このようなとき，$[B]$ を $[A]$ の**逆行列**といい，$[A]^{-1}$ と書く．

つまり，$[A] = \begin{bmatrix} 2 & 1 \\ 5 & 3 \end{bmatrix}$ のとき，その逆行列は $[A]^{-1} = \begin{bmatrix} 3 & -1 \\ -5 & 2 \end{bmatrix}$ であって，$[A][A]^{-1} = [E]$ である．a が数のとき，$aa^{-1} = a \times \dfrac{1}{a} = 1$ であるが，この**割算**と似ている．

次に $[B][A]$ の計算をしてみる．

$$[B][A] = \begin{bmatrix} 3 & -1 \\ -5 & 2 \end{bmatrix}\begin{bmatrix} 2 & 1 \\ 5 & 3 \end{bmatrix}$$

$$= \begin{bmatrix} 3\times2+(-1)\times5 & 3\times1+(-1)\times3 \\ -5\times2+2\times5 & -5\times1+2\times3 \end{bmatrix} = \begin{bmatrix} 1 & 0 \\ 0 & 1 \end{bmatrix}$$

つまり，$[A]^{-1}[A] = [E]$ で，$[A][A]^{-1} = [A]^{-1}[A] = [E]$ ということになるが，これは任意の n 次の行列でもいえるのである．

次に，次の連立1次方程式を逆行列を使って解いてみよう．

6・6 逆行列と連立1次方程式

$$\begin{cases} 2x+y=4 \\ 5x+3y=11 \end{cases} \quad (6・9)$$

この方程式を行列で表すと，次のようになる．

$$\begin{bmatrix} 2x+y \\ 5x+3y \end{bmatrix} = \begin{bmatrix} 4 \\ 11 \end{bmatrix} \begin{pmatrix} \text{二つの行列が等しいときは，対応} \\ \text{する各成分が等しい（[6・6] 1)}) \end{pmatrix} \quad (6・10)$$

$$\begin{bmatrix} 2 & 1 \\ 5 & 3 \end{bmatrix} \begin{bmatrix} x \\ y \end{bmatrix} = \begin{bmatrix} 4 \\ 11 \end{bmatrix} \quad \text{（左辺の積は上式の左辺に等しい）} \quad (6・11)$$

(6・11)式の両辺に左から $\begin{bmatrix} 2 & 1 \\ 5 & 3 \end{bmatrix}$ の逆行列 $\begin{bmatrix} 3 & -1 \\ -5 & 2 \end{bmatrix}$ を掛けると，

$$\begin{bmatrix} 3 & -1 \\ -5 & 2 \end{bmatrix} \begin{bmatrix} 2 & 1 \\ 5 & 3 \end{bmatrix} \begin{bmatrix} x \\ y \end{bmatrix} = \begin{bmatrix} 3 & -1 \\ -5 & 2 \end{bmatrix} \begin{bmatrix} 4 \\ 11 \end{bmatrix} \quad (6・12)$$

行列の積を求めて，

$$\begin{bmatrix} 1 & 0 \\ 0 & 1 \end{bmatrix} \begin{bmatrix} x \\ y \end{bmatrix} = \begin{bmatrix} 3 \times 4 + (-1) \times 11 \\ (-5) \times 4 + 2 \times 11 \end{bmatrix} \quad (6・13)$$

$$\therefore \begin{bmatrix} x \\ y \end{bmatrix} = \begin{bmatrix} 1 \\ 2 \end{bmatrix}$$

つまり，(6・9)式の解は，$x=1$，$y=2$ である．

普通，連立1次方程式を解くには，逆行列を求めるのが面倒だから，行列式の**クラメルの公式**（p.90 [6・5]）によるほうが簡単である．しかし，理論的な説明そのほかの場合で逆行列を用いたほうが便利な場合もある．

逆行列を用いた連立1次方程式の解法をまとめると次のようである．

[6・9] 逆行列を用いた連立1次方程式の解法

1) 連立1次方程式は，係数の行列を $[A]$，未知数の $(n, 1)$ 型行列を $[x]$，既知数の $(n, 1)$ 型行列を $[p]$ として，次の式で表される．
$[A][x] = [p]$ （(6・11)式に相当）

2) 両辺に左側から $[A]^{-1}$ を掛けると $[A]^{-1}[A] = [E]$ だから，上式は，
$[E][x] = [A]^{-1}[p]$ （(6・13)式に相当）
$[E][x] = [x]$ （p.93 [6・8] 3)d.）であるから，次の解を得る．
$[x] = [A]^{-1}[p]$

6・7 逆行列の求め方

逆行列には $[A][A]^{-1}=[A]^{-1}[A]=[E]$ の基本的な性質があるが，この逆行列の求め方について述べる．それに先立って転置行列の定義をする．

[6・10] 転置行列（正方行列についてのみいえる）

行列 $[A]$ の行と列とを入れ換えたものを転置行列といい，$[A]_t$ で表す．

例えば，$\begin{bmatrix} 1 & 1 & 1 \\ 2 & 3 & 4 \\ 3 & 2 & 1 \end{bmatrix}$ の転置行列は，$\begin{bmatrix} 1 & 1 & 1 \\ 2 & 3 & 4 \\ 3 & 2 & 1 \end{bmatrix}_t = \begin{bmatrix} 1 & 2 & 3 \\ 1 & 3 & 2 \\ 1 & 4 & 1 \end{bmatrix}$ である．

[6・11] 逆行列の求め方

1) n 次の正方行列 $[A]$ と同じ成分の行列式を $|A|$ とする．$|A|\neq 0$ のとき，$[A]$ の逆行列 $[A]^{-1}$ は次のように求まる．
2) $[A]$ の転置行列 $[A]_t$ を求める．
3) $[A]_t$ の余因子 $A'_{11}, A'_{12}, \cdots, A'_{n1}, \cdots, A'_{nn}$ を求める（p.87 [6・2]）．
4) 逆行列は次式で与えられる．

$$[A]^{-1} = \frac{1}{|A|} \begin{bmatrix} A'_{11} & A'_{12} & \cdots & A'_{1n} \\ \cdots\cdots\cdots\cdots\cdots\cdots\cdots\cdots \\ \cdots\cdots\cdots\cdots\cdots\cdots\cdots\cdots \\ A'_{n1} & A'_{n2} & \cdots & A'_{nn} \end{bmatrix} \quad \begin{pmatrix} A'_{ij} \text{は} [A]_t \text{の} ij \text{成} \\ \text{分に対する余因子} \end{pmatrix}$$

例 6・1 $\begin{bmatrix} 2 & 1 \\ 5 & 3 \end{bmatrix}$ の逆行列を求めよ．（前節で使った行列である）

解 与えられた行列を $[A]$ とする．

1) $|A| = \begin{vmatrix} 2 & 1 \\ 5 & 3 \end{vmatrix} = 6-5 = 1 \neq 0$，ゆえに逆行列がある．

2) $[A]_t = \begin{bmatrix} 2 & 5 \\ 1 & 3 \end{bmatrix}$

3) $A'_{11}=3,\ A'_{12}=-1,\ A'_{21}=-5,\ A'_{22}=2$

4) $\therefore [A]^{-1} = \dfrac{1}{1}\begin{bmatrix} 3 & -1 \\ -5 & 2 \end{bmatrix} = \begin{bmatrix} 3 & -1 \\ -5 & 2 \end{bmatrix}$ 答

問題 6・5 (1)(2)(3)の逆行列を求め，(4)の方程式を逆行列で解け．

(1) $\begin{bmatrix} 3 & 5 \\ 2 & 4 \end{bmatrix}$ (2) $\begin{bmatrix} 1 & 1 & 1 \\ 0 & 1 & 0 \\ 0 & 2 & 1 \end{bmatrix}$ (3) $\begin{bmatrix} a & b \\ c & d \end{bmatrix}$ (4) $\begin{cases} x + 2y = 7 \\ 3x + y = 11 \end{cases}$

問題6・5の問題(3)により，2次の逆行列は次のようになる．

[6・12] 2次の逆行列は次式で与えられる．

$$\begin{bmatrix} a_1 & a_2 \\ b_1 & b_2 \end{bmatrix}^{-1} = \dfrac{1}{\begin{vmatrix} a_1 & a_2 \\ b_1 & b_2 \end{vmatrix}} \begin{bmatrix} b_2 & -a_2 \\ -b_1 & a_1 \end{bmatrix}$$

6・8　4端子回路と行列

(1) 4端子回路と4端子定数

第6・8図(a)のように，回路の中に1，1′，2，2′という四つの端子で区切られた"ある回路"を考える．"ある回路"は，(b)図，(c)図そのほかのような回路でもよい．このような4端子が出ている回路を **4端子回路** という．

4端子回路の電圧・電流は，回路が線形ならば（整流器や可飽和素子などがないならば），次の式の関係で表される．

$$\left. \begin{array}{l} \dot{E}_1 = \dot{A}\dot{E}_2 + \dot{B}\dot{I}_2 \\ \dot{I}_1 = \dot{C}\dot{E}_2 + \dot{D}\dot{I}_2 \end{array} \right\} \quad (6\cdot13)$$

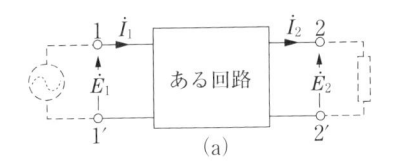

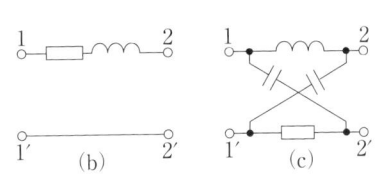

第6・8図

この $\dot{A}$, $\dot{B}$, $\dot{C}$, $\dot{D}$ は(b)図や(c)図のような，インピーダンスのつながり方によって決まる定数で，**4端子定数** という．また，4端子定数の間には $\dot{A}\dot{D}-\dot{B}\dot{C}=1$ の関係がある．これらの式を行列や行列式で表すと，次のように簡潔に表現できる．

> [6・13]　4端子回路の電圧・電流関係式
> $$\begin{bmatrix} \dot{E}_1 \\ \dot{I}_1 \end{bmatrix} = \begin{bmatrix} \dot{A} & \dot{B} \\ \dot{C} & \dot{D} \end{bmatrix} \begin{bmatrix} \dot{E}_2 \\ \dot{I}_2 \end{bmatrix} \quad \text{ただし,} \quad \begin{vmatrix} \dot{A} & \dot{B} \\ \dot{C} & \dot{D} \end{vmatrix} = 1$$

ここで，[6・13] の $\dot{E}_2$, $\dot{I}_2$ を求めてみる．[6・13] の式の両辺に $\begin{bmatrix} \dot{A} & \dot{B} \\ \dot{C} & \dot{D} \end{bmatrix}^{-1}$ を掛けると，

$$\begin{bmatrix} \dot{A} & \dot{B} \\ \dot{C} & \dot{D} \end{bmatrix}^{-1} \begin{bmatrix} \dot{E}_1 \\ \dot{I}_1 \end{bmatrix} = \begin{bmatrix} \dot{A} & \dot{B} \\ \dot{C} & \dot{D} \end{bmatrix}^{-1} \begin{bmatrix} \dot{A} & \dot{B} \\ \dot{C} & \dot{D} \end{bmatrix} \begin{bmatrix} \dot{E}_2 \\ \dot{I}_2 \end{bmatrix} = [E] \begin{bmatrix} \dot{E}_2 \\ \dot{I}_2 \end{bmatrix} = \begin{bmatrix} \dot{E}_2 \\ \dot{I}_2 \end{bmatrix}$$

[6・12] の式を用い逆行列を作ると，$\dot{E}_2$, $\dot{I}_2$ は次のようになる．

$$\begin{bmatrix} \dot{E}_2 \\ \dot{I}_2 \end{bmatrix} = \begin{bmatrix} \dot{A} & \dot{B} \\ \dot{C} & \dot{D} \end{bmatrix}^{-1} \begin{bmatrix} \dot{E}_1 \\ \dot{I}_1 \end{bmatrix} = \frac{1}{\begin{vmatrix} \dot{A} & \dot{B} \\ \dot{C} & \dot{D} \end{vmatrix}} \begin{bmatrix} \dot{D} & -\dot{B} \\ -\dot{C} & \dot{A} \end{bmatrix} \begin{bmatrix} \dot{E}_1 \\ \dot{I}_1 \end{bmatrix}$$

ここで，$\begin{vmatrix} \dot{A} & \dot{B} \\ \dot{C} & \dot{D} \end{vmatrix} = 1$ だから，

$$\begin{bmatrix} \dot{E}_2 \\ \dot{I}_2 \end{bmatrix} = \begin{bmatrix} \dot{D} & -\dot{B} \\ -\dot{C} & \dot{A} \end{bmatrix} \begin{bmatrix} \dot{E}_1 \\ \dot{I}_1 \end{bmatrix} \tag{6・14}$$

(2)　**簡単な回路の4端子定数とディメンション**

第6・8図(a)で，22′端子を**開放**すると $\dot{I}_2 = 0$ になるから，(6・13) 式から，$\dot{A}$ は，

$$\dot{A} = \left(\frac{\dot{E}_1}{\dot{E}_2} \right)_{\dot{I}_2 = 0} \text{となり，同様に} \dot{C} = \left(\frac{\dot{I}_1}{\dot{E}_2} \right)_{\dot{I}_2 = 0} \tag{6・15}$$

また，22′端子を**短絡**すると $\dot{E}_2 = 0$ となるから，$\dot{B}$, $\dot{D}$ は次式で求まる．

$$\dot{B} = \left(\frac{\dot{E}_1}{\dot{I}_2} \right)_{\dot{E}_2 = 0}, \qquad \dot{D} = \left(\frac{\dot{I}_1}{\dot{I}_2} \right)_{\dot{E}_2 = 0} \tag{6・16}$$

(6・15)，(6・16) 式によって，次の**第6・9図**(a), (b)の4端子定数を求めると，(a)は，$\begin{bmatrix} \dot{A} & \dot{B} \\ \dot{C} & \dot{D} \end{bmatrix} = \begin{bmatrix} 1 & \dot{Z} \\ 0 & 1 \end{bmatrix}$, (b)は $\begin{bmatrix} 1 & 0 \\ \dot{Y} & 1 \end{bmatrix}$ であることが分かる．(a)の回路の電圧・電流の関係は，$\begin{bmatrix} \dot{E}_1 \\ \dot{I}_1 \end{bmatrix} = \begin{bmatrix} 1 & \dot{Z} \\ 0 & 1 \end{bmatrix} \begin{bmatrix} \dot{E}_2 \\ \dot{I}_2 \end{bmatrix} = \begin{bmatrix} \dot{E}_2 + \dot{Z}\dot{I}_2 \\ \dot{I}_2 \end{bmatrix}$ である．したがって，

6・8 4端子回路と行列

[6・14] 簡単な回路の4端子定数

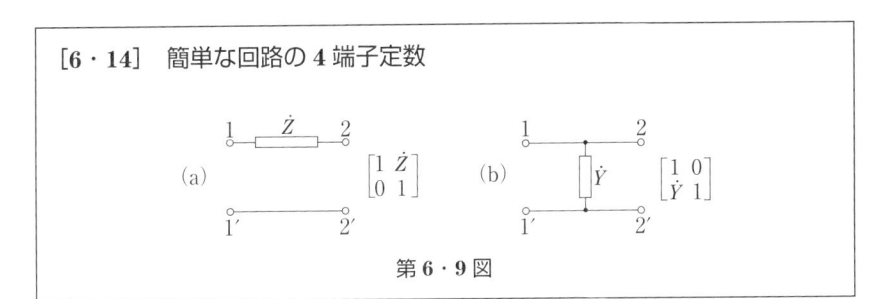

(a) $\begin{bmatrix} 1 & \dot{Z} \\ 0 & 1 \end{bmatrix}$ (b) $\begin{bmatrix} 1 & 0 \\ \dot{Y} & 1 \end{bmatrix}$

第6・9図

これを普通の式で書けば,

$$\dot{E}_1 = \dot{E}_2 + \dot{Z}\dot{I}_2, \quad \dot{I}_1 = \dot{I}_2$$

であって, 極めて当たり前のことである.

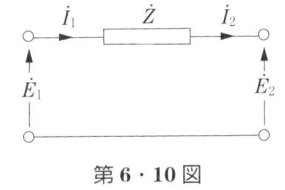

(6・13) 式 $\dot{E}_1 = \dot{A}\dot{E}_2 + \dot{B}\dot{I}_2$ を見ると, 各項の次元 (ディメンション) は同じでなければならないから, (p.6 [1・3]) $\dot{A}$ は無次元, $\dot{B}$ はインピーダンスの次元でなければならない. 無次元を (0), インピーダンスの次元を (Z), アドミタンスの次元を (Y) で表すと,

第6・10図

$\begin{bmatrix} \dot{A} & \dot{B} \\ \dot{C} & \dot{D} \end{bmatrix}$ の次元は $\begin{bmatrix} (0) & (Z) \\ (Y) & (0) \end{bmatrix}$

のようになっていることが分かり, (6・15), (6・16) 式でも確かめられ, [6・14] の簡単な回路でも当然こうなっている. 4端子定数を扱う計算では, 適当な時点で**次元 (ディメンション) をチェックする**のは有効である.

(3) 縦続接続と行列の積

第6・11図のように, 二つの4端子回路をつなぐ接ぎ方を縦続接続という. この回路の全体としての4端子定数がどうなるか問題になることがある.

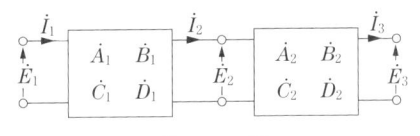

第6・11図

第6・11図の電圧・電流の関係は,

$$\begin{bmatrix} \dot{E}_1 \\ \dot{I}_1 \end{bmatrix} = \begin{bmatrix} \dot{A}_1 & \dot{B}_1 \\ \dot{C}_1 & \dot{D}_1 \end{bmatrix} \begin{bmatrix} \dot{E}_2 \\ \dot{I}_2 \end{bmatrix} \qquad (6・17)$$

$$\begin{bmatrix} \dot{E}_2 \\ \dot{I}_2 \end{bmatrix} = \begin{bmatrix} \dot{A}_2 & \dot{B}_2 \\ \dot{C}_2 & \dot{D}_2 \end{bmatrix} \begin{bmatrix} \dot{E}_3 \\ \dot{I}_3 \end{bmatrix} \tag{6・18}$$

(6・17) 式に (6・18) 式を入れると,

$$\begin{bmatrix} \dot{E}_1 \\ \dot{I}_1 \end{bmatrix} = \begin{bmatrix} \dot{A}_1 & \dot{B}_1 \\ \dot{C}_1 & \dot{D}_1 \end{bmatrix} \begin{bmatrix} \dot{A}_2 & \dot{B}_2 \\ \dot{C}_2 & \dot{D}_2 \end{bmatrix} \begin{bmatrix} \dot{E}_3 \\ \dot{I}_3 \end{bmatrix} \tag{6・19}$$

回路全体としての4端子定数を $\dot{A}$, $\dot{B}$, $\dot{C}$, $\dot{D}$ とすれば,

$$\begin{bmatrix} \dot{E}_1 \\ \dot{I}_1 \end{bmatrix} = \begin{bmatrix} \dot{A} & \dot{B} \\ \dot{C} & \dot{D} \end{bmatrix} \begin{bmatrix} \dot{E}_3 \\ \dot{I}_3 \end{bmatrix}$$

であるから, この式と (6・19) 式とを比較すると,

$$\begin{bmatrix} \dot{A} & \dot{B} \\ \dot{C} & \dot{D} \end{bmatrix} = \begin{bmatrix} \dot{A}_1 & \dot{B}_1 \\ \dot{C}_1 & \dot{D}_1 \end{bmatrix} \begin{bmatrix} \dot{A}_2 & \dot{B}_2 \\ \dot{C}_2 & \dot{D}_2 \end{bmatrix} \tag{6・20}$$

であって, 次のようにいうことができる.

[6・15]　4端子回路の縦続接続

　二つの4端子回路を縦続接続した回路の合成4端子定数は, 各4端子定数の行列の積で求まる.

例　6・2　第6・12図の回路の4端子定数を求めよ.

解　$\dot{Z}$ と $\dot{Y}$ とを切り離し, その二つが縦続接続されたものと考えると, 全体の4端子定数は,

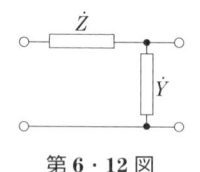

$$\begin{bmatrix} \dot{A} & \dot{B} \\ \dot{C} & \dot{D} \end{bmatrix} = \begin{bmatrix} 1 & \dot{Z} \\ 0 & 1 \end{bmatrix} \begin{bmatrix} 1 & 0 \\ \dot{Y} & 1 \end{bmatrix} = \begin{bmatrix} 1+\dot{Z}\dot{Y} & \dot{Z} \\ \dot{Y} & 1 \end{bmatrix} \quad \text{答}$$

第6・12図

(ディメンションは, 前ページのとおりになっていて正しい)

問題　6・6　(1)第6・13図, (2)第6・14図の4端子定数を求めよ.
（答のディメンションをチェックせよ. また, (1), (2)とも左右対称な回路で, 対称回路では $A=D$ の関係があるが, これについてもチェックせよ.）

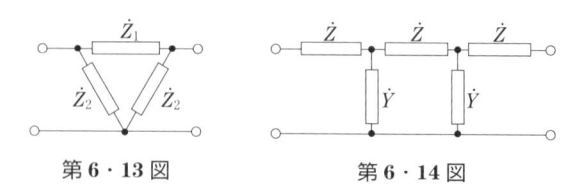

第6・13図　　　　第6・14図

6・9 対称座標法と行列

対称座標法は，地絡故障，2線短絡のような，三相回路での不平衡電圧・電流を計算する手法である．不平衡の計算でも，対称座標法を使わないと解けない問題と，使わなくても解ける問題とがある．後者の場合はむしろ対称座標法を使わないほうが良いことが多い．問題によって，この使い分けをしなければいけない．

対称座標法は電気回路の計算手法であって，数学の一分野ではない．ここでは，行列を使うと式が簡潔になるので紹介したい．とはいっても，書くからには対称座標法の基本が分かる程度の説明は必要だから，幾分の逸脱があると思われるが，あらかじめご承知いただきたい．基本的なことは，どこで学んでもよいとも思われる．

(1) ベクトルオペレータ a

対称座標法では，ベクトルオペレータの a を使う．ベクトルオペレータというといかめしいが，要するに，次のように $-\dfrac{1}{2} + j\dfrac{\sqrt{3}}{2}$ という複素数のことをいうのである．

[6・16] ベクトルオペレータ a

1) 第6・15図のようなベクトル $1\,\underline{/120°}$ を a と書く．すなわち，

$$a = 1\,\underline{/120°} = -\frac{1}{2} + j\frac{\sqrt{3}}{2}$$

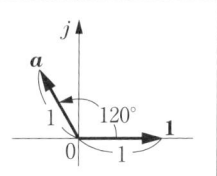

2) あるベクトル $\dot{Z} = Z\,\underline{/\theta}$ に a を掛けると，

$$a\dot{Z} = (1\,\underline{/120°}) \times (Z\,\underline{/\theta}) = Z\,\underline{/\theta + 120°}$$

つまり，あるベクトルに a を掛けると，**大きさを変えないで偏角を 120° 進める**．

3) 第6・16図の平衡三相電圧・電流は次のように表される．

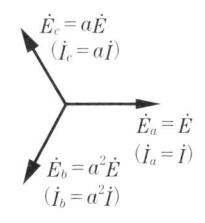

$\dot{E}_a = \dot{E}$ として $\dot{E}_b = a^2\dot{E}$, $\dot{E}_c = a\dot{E}$

第6・15図

第6・16図

$\dot{I}_a = \dot{I}$ として $\dot{I}_b = a^2 \dot{I}$, $\dot{I}_c = a\dot{I}$

4) 1)の定義から，次の**重要な式**が成り立つ．
$1 + a + a^2 = 0$, $a^3 = 1$

(2) 三相電圧・電流を分解する

第 **6・17** 図のように，三相回路のある点の対地電圧を，$\dot{V}_a$, $\dot{V}_b$, $\dot{V}_c$ とする．例えば，a 相地絡のときは $\dot{V}_a = 0$ となるが，$\dot{V}_a$, $\dot{V}_b$, $\dot{V}_c$ がどんな値であっても，次の計算ができる．

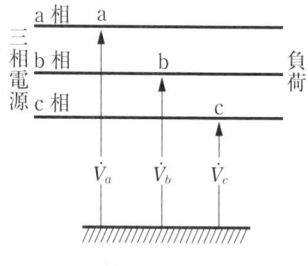

$$\frac{1}{3}(\dot{V}_a + \dot{V}_b + \dot{V}_c), \quad \frac{1}{3}(\dot{V}_a + a\dot{V}_b + a^2\dot{V}_c),$$

$$\frac{1}{3}(\dot{V}_a + a^2\dot{V}_b + a\dot{V}_c)$$

第 **6・17** 図

この計算の結果を $\dot{V}_0$, $\dot{V}_1$, $\dot{V}_2$ とする．つまり，

$$\begin{cases} \dot{V}_0 = \dfrac{1}{3}(\dot{V}_a + \dot{V}_b + \dot{V}_c) \\ \dot{V}_1 = \dfrac{1}{3}(\dot{V}_a + a\dot{V}_b + a^2\dot{V}_c) \\ \dot{V}_2 = \dfrac{1}{3}(\dot{V}_a + a^2\dot{V}_b + a\dot{V}_c) \end{cases} \quad (6 \cdot 21)$$

上式を，$\dot{V}_a$, $\dot{V}_b$, $\dot{V}_c$ を未知数として解くと，

$$\begin{cases} \dot{V}_a = \dot{V}_0 + \dot{V}_1 + \dot{V}_2 \\ \dot{V}_b = \dot{V}_0 + a^2\dot{V}_1 + a\dot{V}_2 \\ \dot{V}_c = \dot{V}_0 + a\dot{V}_1 + a^2\dot{V}_2 \end{cases} \quad (6 \cdot 22)$$

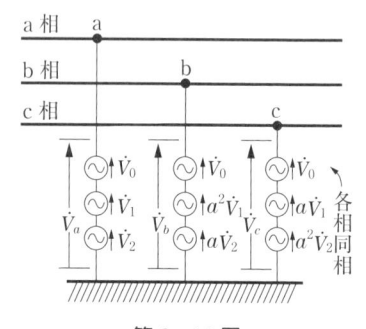

(6・22) 式を図示すると，第 **6・18** 図のようになる．つまり，(6・22) 式は次のことを表している．

第 **6・18** 図

ⓐ $\dot{V}_a$ は $\dot{V}_0$, $\dot{V}_1$, $\dot{V}_2$ に**分解**できる．$\dot{V}_b$, $\dot{V}_c$ も同様に分解できる．

ⓑ $\dot{V}_0$ は abc 各相に**同じ位相**のまま含まれている．$\dot{V}_1$ は abc 各相に相順が

6・9 対称座標法と行列

abc の三相平衡電圧, $\dot{V}_2$ は逆相順 (acb) の三相平衡電圧, として含まれている.

以上のことを行列で表現すると次のようになる.

[6・17]　$\dot{V}_0$, $\dot{V}_1$, $\dot{V}_2$ の定義

$\dot{V}_0$, $\dot{V}_1$, $\dot{V}_2$ を (6・21)′ のように定義すると, $\dot{V}_a$, $\dot{V}_b$, $\dot{V}_c$ は (6・22)′ になる.

$$\begin{bmatrix} \dot{V}_0 \\ \dot{V}_1 \\ \dot{V}_2 \end{bmatrix} = \frac{1}{3} \begin{bmatrix} 1 & 1 & 1 \\ 1 & a & a^2 \\ 1 & a^2 & a \end{bmatrix} \begin{bmatrix} \dot{V}_a \\ \dot{V}_b \\ \dot{V}_c \end{bmatrix} \quad (6・21)'$$

$$\begin{bmatrix} \dot{V}_a \\ \dot{V}_b \\ \dot{V}_c \end{bmatrix} = \begin{bmatrix} 1 & 1 & 1 \\ 1 & a^2 & a \\ 1 & a & a^2 \end{bmatrix} \begin{bmatrix} \dot{V}_0 \\ \dot{V}_1 \\ \dot{V}_2 \end{bmatrix} \quad (6・22)'$$

ここで, $\dot{V}_0$ を零相電圧, $\dot{V}_1$ を正相電圧, $\dot{V}_2$ を逆相電圧という.

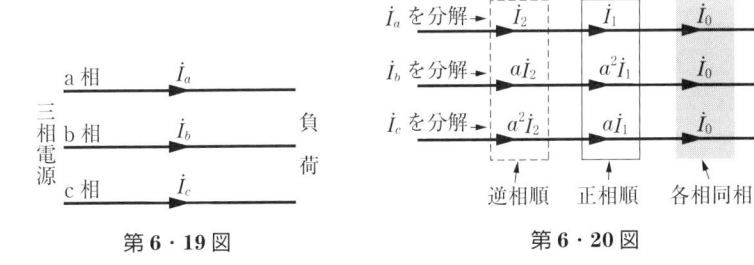

第 6・19 図

第 6・20 図

電流についても全く同様で, 第 6・19 図のような三相電流 $\dot{I}_a$, $\dot{I}_b$, $\dot{I}_c$ は, 第 6・20 図のように, $\dot{I}_0$, $\dot{I}_1$, $\dot{I}_2$ の三つの電流に分解できる.

[6・18]　$\dot{I}_0$, $\dot{I}_1$, $\dot{I}_2$ の定義

(6・23) 式のように $\dot{I}_0$, $\dot{I}_1$, $\dot{I}_2$ を定義すると, $\dot{I}_a$, $\dot{I}_b$, $\dot{I}_c$ は (6・24) 式で求まる.

$$\begin{bmatrix} \dot{I}_0 \\ \dot{I}_1 \\ \dot{I}_2 \end{bmatrix} = \frac{1}{3} \begin{bmatrix} 1 & 1 & 1 \\ 1 & a & a^2 \\ 1 & a^2 & a \end{bmatrix} \begin{bmatrix} \dot{I}_a \\ \dot{I}_b \\ \dot{I}_c \end{bmatrix} \quad (6・23)$$

$$\begin{bmatrix} \dot{I}_a \\ \dot{I}_b \\ \dot{I}_c \end{bmatrix} = \begin{bmatrix} 1 & 1 & 1 \\ 1 & a^2 & a \\ 1 & a & a^2 \end{bmatrix} \begin{bmatrix} \dot{I}_0 \\ \dot{I}_1 \\ \dot{I}_2 \end{bmatrix} \quad (6\cdot24)$$

ここで，$\dot{I}_0$ を零相電流，$\dot{I}_1$ を正相電流，$\dot{I}_2$ を逆相電流という．
$(6\cdot24)$ 式は $\dot{I}_a,\ \dot{I}_b,\ \dot{I}_c$ が，零・正・逆相電流に**分解**されたことを示す．

例 6・3 三相電源から負荷に向かって，$\dot{I}_a=100$〔A〕，$\dot{I}_b=100\ \underline{/240°}$〔A〕，$\dot{I}_c=100\ \underline{/120°}$〔A〕の平衡三相電流が流れている場合の $\dot{I}_0,\ \dot{I}_1,\ \dot{I}_2$ を求めよ．

解 $\dot{I}_a=100,\ \dot{I}_b=100a^2,\ \dot{I}_c=100a$ を $(6\cdot23)$ 式に入れると，

$$\begin{bmatrix} \dot{I}_0 \\ \dot{I}_1 \\ \dot{I}_2 \end{bmatrix} = \frac{100}{3}\begin{bmatrix} 1 & 1 & 1 \\ 1 & a & a^2 \\ 1 & a^2 & a \end{bmatrix}\begin{bmatrix} 1 \\ a^2 \\ a \end{bmatrix} = \frac{100}{3}\begin{bmatrix} 1+a^2+a \\ 1+1+1 \\ 1+a+a^2 \end{bmatrix} = \begin{bmatrix} 0 \\ 100 \\ 0 \end{bmatrix}$$

答 $\begin{cases} \dot{I}_0 = 0 \\ \dot{I}_1 = 100 \text{〔A〕} \\ \dot{I}_2 = 0 \end{cases}$

問題 6・7 第6・21図のようにa相に地絡故障が起きて，地絡電流120Aが流れた．
このときの $\dot{I}_0,\ \dot{I}_1,\ \dot{I}_2$ を求めよ．また，逆にその $\dot{I}_0,\ \dot{I}_1,\ \dot{I}_2$ から $\dot{I}_a,\ \dot{I}_b,\ \dot{I}_c$ を求めよ．

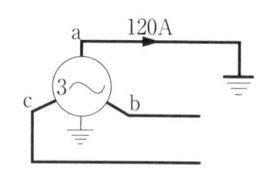

第6・21図

問題 6・8 第6・22図のように，bc相間で短絡が起き（2線短絡という），$\dot{I}_b=\dot{I}$〔A〕であった．このときの $\dot{I}_0,\ \dot{I}_1,\ \dot{I}_2$ および $\dot{I}_1$ と $\dot{I}_2$ の関係を求めよ．

問題 6・9 第6・23図のように，非接地系統で地絡した．$\dot{V}_0,\ \dot{V}_1,\ \dot{V}_2$ を求めよ．

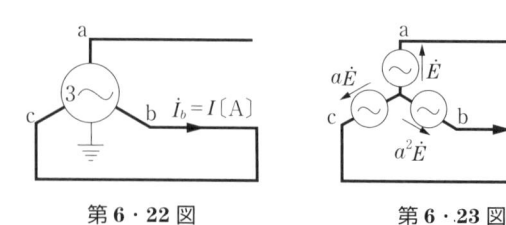

第6・22図　　第6・23図

6・9 対称座標法と行列

(3) 対称分インピーダンスと対称分回路

三相電圧・電流は，$\dot{V}_0, \dot{V}_1, \cdots, \dot{I}_2$ に分解されることが分かった．つまり，$\dot{V}_0, \dot{V}_1, \cdots, \dot{I}_2$ は三相電圧電流の**成分**と見ることができる．そして，abc 各相に対称に入っている成分だから，総称して対称成分—**対称分**という．

第 6・24 図のように，各相 R の回路に零相電流 $\dot{I}_0$ だけが流れたときの R の端子電圧（逆起電力）は，

$$\dot{v}_a = R\dot{I}_0, \quad \dot{v}_b = R\dot{I}_0, \quad \dot{v}_c = R\dot{I}_0$$

であり，この逆起電力の対称分は，

$$\begin{bmatrix} \dot{v}_0 \\ \dot{v}_1 \\ \dot{v}_2 \end{bmatrix} = \frac{1}{3} \begin{bmatrix} 1 & 1 & 1 \\ 1 & a & a^2 \\ 1 & a^2 & a \end{bmatrix} \begin{bmatrix} R\dot{I}_0 \\ R\dot{I}_0 \\ R\dot{I}_0 \end{bmatrix} = \begin{bmatrix} R\dot{I}_0 \\ 0 \\ 0 \end{bmatrix}$$

第 6・24 図

で $\dot{I}_0$ による逆起電力は $\dot{v}_0$ だけであることが分かる．同様に，第 6・25 図のように正相電流 $\dot{I}_1$ が流れたときは，

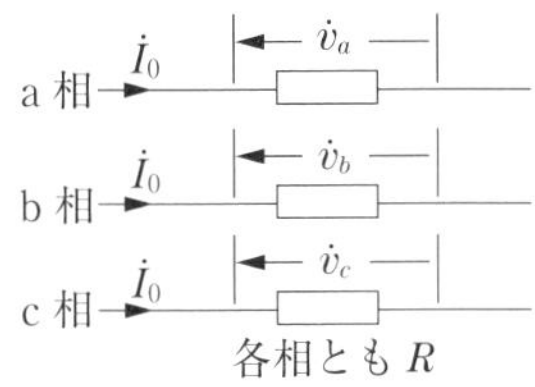

$$\begin{bmatrix} \dot{v}_0 \\ \dot{v}_1 \\ \dot{v}_2 \end{bmatrix} = \frac{1}{3} \begin{bmatrix} 1 & 1 & 1 \\ 1 & a & a^2 \\ 1 & a^2 & a \end{bmatrix} \begin{bmatrix} R\dot{I}_1 \\ a^2 R\dot{I}_1 \\ aR\dot{I}_1 \end{bmatrix} = \begin{bmatrix} 0 \\ R\dot{I}_1 \\ 0 \end{bmatrix}$$

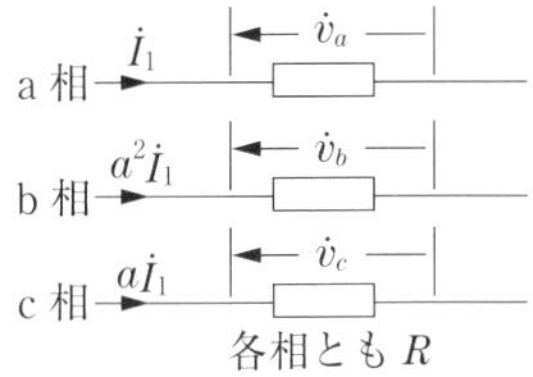

第 6・25 図

となり，$\dot{I}_1$ による逆起電力は $\dot{v}_1$ だけである．同様に逆相電流 $\dot{I}_2$ による逆起電力も逆相電圧 $\dot{v}_2$ だけである．

次に，第 6・26 図のような，各相自己リアクタンス x_s，相互リアクタンス x_m の回路に $\dot{I}_a, \dot{I}_b, \dot{I}_c$ が流れた場合を考えてみよう．$\dot{v}_a, \dot{v}_b, \dot{v}_c$ は，

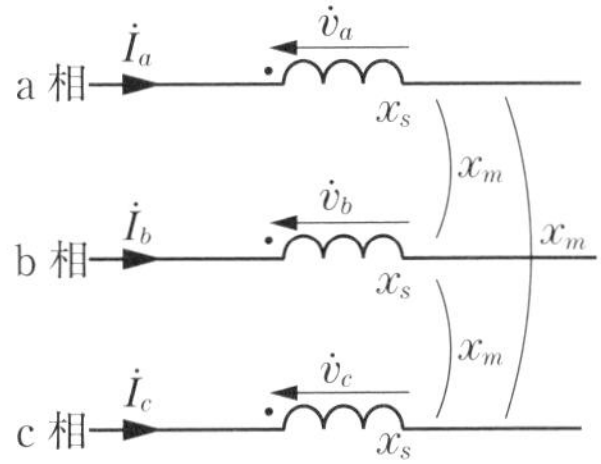

第 6・26 図

$$\begin{bmatrix} \dot{v}_a \\ \dot{v}_b \\ \dot{v}_c \end{bmatrix} = j \begin{bmatrix} x_s & x_m & x_m \\ x_m & x_s & x_m \\ x_m & x_m & x_s \end{bmatrix} \begin{bmatrix} \dot{I}_a \\ \dot{I}_b \\ \dot{I}_c \end{bmatrix} \quad (6 \cdot 25)$$

上式に $\begin{bmatrix} \dot{I}_a \\ \dot{I}_b \\ \dot{I}_c \end{bmatrix} = \begin{bmatrix} 1 & 1 & 1 \\ 1 & a^2 & a \\ 1 & a & a^2 \end{bmatrix} \begin{bmatrix} \dot{I}_0 \\ \dot{I}_1 \\ \dot{I}_2 \end{bmatrix}$ を入れ対称分逆起電力を求めると，

$$\begin{bmatrix} \dot{v}_0 \\ \dot{v}_1 \\ \dot{v}_2 \end{bmatrix} = \frac{1}{3} \begin{bmatrix} 1 & 1 & 1 \\ 1 & a & a^2 \\ 1 & a^2 & a \end{bmatrix} \begin{bmatrix} \dot{v}_a \\ \dot{v}_b \\ \dot{v}_c \end{bmatrix}$$

$$= \frac{j}{3} \begin{bmatrix} 1 & 1 & 1 \\ 1 & a & a^2 \\ 1 & a^2 & a \end{bmatrix} \begin{bmatrix} x_s & x_m & x_m \\ x_m & x_s & x_m \\ x_m & x_m & x_s \end{bmatrix} \begin{bmatrix} 1 & 1 & 1 \\ 1 & a^2 & a \\ 1 & a & a^2 \end{bmatrix} \begin{bmatrix} \dot{i}_0 \\ \dot{i}_1 \\ \dot{i}_2 \end{bmatrix}$$

これを計算すると，

$$\begin{bmatrix} \dot{v}_0 \\ \dot{v}_1 \\ \dot{v}_2 \end{bmatrix} = \begin{bmatrix} j(x_s + 2x_m)\dot{i}_0 \\ j(x_s - x_m)\dot{i}_1 \\ j(x_s - x_m)\dot{i}_2 \end{bmatrix} \tag{6・26}$$

前ページでは，$\dot{i}_0$, $\dot{i}_1$, $\dot{i}_2$ が別々に流れたと考えて計算したが，ここではまとめて計算したものである．(6・26) 式から次のことがいえる．

ⓐ 零相電圧 $\dot{v}_0$ は零相電流 $\dot{i}_0$ のみによって生じる．同様に，$\dot{v}_1$ は $\dot{i}_1$, $\dot{v}_2$ は $\dot{i}_2$ のみによって生じる．

ⓑ $j(x_s + 2x_m)$ に $\dot{i}_0$ を掛けたものが $\dot{v}_0$ だから，$j(x_s + 2x_m)$ は $\dot{i}_0$ に対して働くインピーダンスと考えられ，これを**零相インピーダンス** $\dot{Z}_0$ ということにする．同様に $j(x_s - x_m)$ を**正相インピーダンス** $\dot{Z}_1$ という．$\dot{i}_2$ に対して働くインピーダンス——**逆相インピーダンス** $\dot{Z}_2$ も $j(x_s - x_m)$ である．

ⓒ ⓑの考え方によると，第 6・24 図，第 6・25 図の場合は $\dot{Z}_0 = \dot{Z}_1 = \dot{Z}_2 = R$ であるが，第 6・26 図の場合，$\dot{Z}_0$, $\dot{Z}_1$, $\dot{Z}_2$ は等しくない．

第 6・26 図は送配電線のリアクタンスに相当する．この場合は $\dot{Z}_1 = \dot{Z}_2$（$\neq \dot{Z}_0$）であるが，発電機のリアクタンスは，$\dot{Z}_0 \neq \dot{Z}_1 \neq \dot{Z}_2$ である．Z_0, Z_1, Z_2 が互いに等しくない回路の不平衡状態の計算には対称座標法が必要だといえる．

[6・19] **対称分インピーダンスと対称分回路**

1) $\dot{i}_0$, $\dot{i}_1$, $\dot{i}_2$ のそれぞれに対して働くインピーダンスを**零相インピーダンス** $\dot{Z}_0$, **正相インピーダンス** $\dot{Z}_1$, **逆相インピーダンス** $\dot{Z}_2$ といい，これらを総称して**対称分インピーダンス**という．

2) あるインピーダンスに，$\dot{i}_0$, $\dot{i}_1$ あるいは $\dot{i}_2$ が流れたとき，それぞれの逆起電力が $\dot{v}_0$, $\dot{v}_1$, $\dot{v}_2$ であれば，対称分インピーダンスは次式で求

6・9 対称座標法と行列 •107•

$$\dot{Z}_0 = \frac{\dot{V}_0}{\dot{I}_0}, \qquad \dot{Z}_1 = \frac{\dot{V}_1}{\dot{I}_1}, \qquad \dot{Z}_2 = \frac{\dot{V}_2}{\dot{I}_2}$$

3) 零・正・逆相の各対称分電圧・電流の相互の間では互いに干渉しないから，各対称分ごとに回路を考えて計算できる．これを**対称分回路**という．具体的にいうと，零相・正相および逆相回路である．

(4) 対称座標法の原理と発電機の基本式

第 **6・27 図**(a)のように a 相起電力が E_a の三相電源があり，この電源の対称分インピーダンスが $\dot{Z}_0, \dot{Z}_1, \dot{Z}_2$ であるとする．

この電源の端子で一線地絡などの不平衡状態が生じたときの電圧・電流を $\dot{V}_a, \dot{V}_b, \dot{V}_c, \dot{I}_a, \dot{I}_b, \dot{I}_c$ とする．これらの電圧・電流は対称分電圧・電流 $\dot{V}_0, \dot{V}_1, \dot{V}_2, \dot{I}_0, \dot{I}_1, \dot{I}_2$ に分解できる．対称分電圧・電流は対称分ごとに考えた対称分回路で関係づけられており，その**対称分回路の 1 相分**を取り出すと，右の(b)，(c)，(d)図になる．

逆に，(b)，(c)，(d)図の対称分電圧・電流を求めることができれば，[6・17] (6・22)′，式および [6・18] (6・24) 式によって，(a)図の $\dot{V}_a, \dot{V}_b, \dot{V}_c, \dot{I}_a, \dot{I}_b, \dot{I}_c$ を求めることができる．

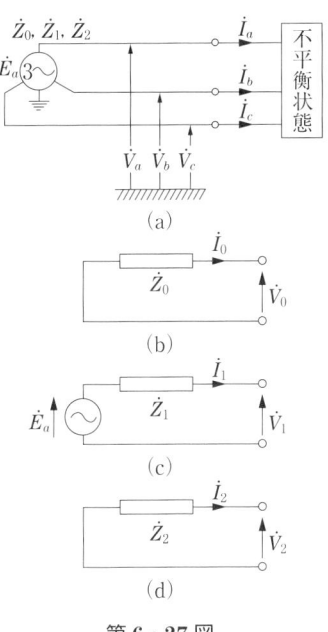

第 6・27 図

以上が**対称座標法の原理**である．

$\dot{V}_0, \dot{V}_1, \dot{V}_2, \dot{I}_0, \dot{I}_1, \dot{I}_2$ の 6 個の電圧・電流を求めるには 6 個の方程式が必要である．6 個の方程式のうち，第 6・27 図によって，次の三つの式は明らかである．

$$\dot{V}_0 = -\dot{Z}_0\dot{I}_0, \qquad \dot{V}_1 = E_a - \dot{Z}_1\dot{I}_1, \qquad \dot{V}_2 = -\dot{Z}_2\dot{I}_2$$

この 3 式を発電機の基本式という．行列で表せば次のとおりである．

[6・20] 発電機の基本式

次式を発電機の基本式という．

$$\begin{bmatrix} \dot{V}_0 \\ \dot{V}_1 \\ \dot{V}_2 \end{bmatrix} = \begin{bmatrix} -\dot{Z}_0 \dot{I}_0 \\ E_a - \dot{Z}_1 \dot{I}_1 \\ -\dot{Z}_2 \dot{I}_2 \end{bmatrix}$$

(5) 故障計算の例

第6・28図のように，a相一線地絡のときの$\dot{I}_a$，$\dot{V}_b$，$\dot{V}_c$はいくらになるだろうか．このような問題を解くのが対称座標法である．

三相電源（これには発電機のほかに送配電系統が含まれていてもよい）のa相起電力が$\dot{E}_a$，対称分インピーダンスが$\dot{Z}_0$，$\dot{Z}_1$，$\dot{Z}_2$の場合，$\dot{I}_a$，$\dot{V}_b$，$\dot{V}_c$などは次のようにして求めることができる．なお，以下の太字の見出しは**一般的な手順**を示す．

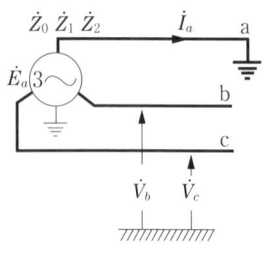

第6・28図

a. 三相回路の明白な故障条件三つをあげる．

第6・28図の回路で，次のことは明白なことである．

$$\dot{V}_a = 0 \qquad (6・27)$$

$$\dot{I}_b = 0, \quad \dot{I}_c = 0 \qquad (6・28)$$

このような3式を三相回路の故障条件という．

b. 三相回路の故障条件を対称分になおす．

(6・27)式を対称分で表すと，[6・17] (6・22)′式により，

$$(\dot{V}_a =) \quad \dot{V}_0 + \dot{V}_1 + \dot{V}_2 = 0 \qquad (6・29)$$

次に(6・28)式を対称分で表す．(6・23)式で，$\dot{I}_a$はいくらか分からないので$\dot{I}_a$のままとし，(6・28)式の$\dot{I}_b = 0$，$\dot{I}_c = 0$を入れると，

$$\begin{bmatrix} \dot{I}_0 \\ \dot{I}_1 \\ \dot{I}_2 \end{bmatrix} = \frac{1}{3} \begin{bmatrix} 1 & 1 & 1 \\ 1 & a & a^2 \\ 1 & a^2 & a \end{bmatrix} \begin{bmatrix} \dot{I}_a \\ 0 \\ 0 \end{bmatrix} = \begin{bmatrix} \dot{I}_a/3 \\ \dot{I}_a/3 \\ \dot{I}_a/3 \end{bmatrix}$$

上式から，次の式が得られる．

$$\dot{I}_0 = \dot{I}_1 = \dot{I}_2 \; (= \dot{I}_a/3) \qquad (6・30)$$

6・9 対称座標法と行列

三相回路の故障条件は三つであったが,対称分になおしても,(6・29)(6・30)のような三つの条件式になる(カッコの中は対称分ではないので別にして).

c. 対称分の故障条件式と発電機基本式とにより対称分電圧・電流を求める.
(6・30)式を[6・20]の式に入れると,

$$\begin{bmatrix} \dot{V}_0 \\ \dot{V}_1 \\ \dot{V}_2 \end{bmatrix} = \begin{bmatrix} -\dot{Z}_0 \dot{I}_0 \\ E_a - \dot{Z}_1 \dot{I}_1 \\ -\dot{Z}_2 \dot{I}_2 \end{bmatrix} \quad (6・31)$$

(6・29)式に上式を入れると,

$$\dot{V}_0 + \dot{V}_1 + \dot{V}_2 = E_a - (\dot{Z}_0 + \dot{Z}_1 + \dot{Z}_2)\dot{I}_0 = 0$$

$$\therefore \quad \dot{I}_0 = \frac{E_a}{\dot{Z}_0 + \dot{Z}_1 + \dot{Z}_2} \quad (=\dot{I}_1 = \dot{I}_2) \quad (6・32)$$

これを(6・31)式に入れると,

$$\dot{V}_0 = \frac{-\dot{Z}_0 E_a}{\dot{Z}_0 + \dot{Z}_1 + \dot{Z}_2}, \quad \dot{V}_1 = \frac{(\dot{Z}_0 + \dot{Z}_2) E_a}{\dot{Z}_0 + \dot{Z}_1 + \dot{Z}_2}, \quad \dot{V}_2 = \frac{-\dot{Z}_2 E_a}{\dot{Z}_0 + \dot{Z}_1 + \dot{Z}_2} \quad (6・33)$$

以上で対称分電圧・電流が求まった.

d. 対称分電圧・電流を三相の電圧・電流になおす.
$\dot{V}_0$, $\dot{V}_1$, $\dot{V}_2$, $\dot{I}_0$, $\dot{I}_1$, $\dot{I}_2$ を次式に入れれば,三相の電圧・電流が求まる.

$$\begin{bmatrix} \dot{V}_a \\ \dot{V}_b \\ \dot{V}_c \end{bmatrix} = \begin{bmatrix} 1 & 1 & 1 \\ 1 & a^2 & a \\ 1 & a & a^2 \end{bmatrix} \begin{bmatrix} \dot{V}_0 \\ \dot{V}_1 \\ \dot{V}_2 \end{bmatrix} \quad (6・22)'$$

$$\begin{bmatrix} \dot{I}_a \\ \dot{I}_b \\ \dot{I}_c \end{bmatrix} = \begin{bmatrix} 1 & 1 & 1 \\ 1 & a^2 & a \\ 1 & a & a^2 \end{bmatrix} \begin{bmatrix} \dot{I}_0 \\ \dot{I}_1 \\ \dot{I}_2 \end{bmatrix} \quad (6・24)$$

しかし,$\dot{I}_a$ は,(6・30)式から次のように求めたほうが早い.

$$\dot{I}_a = 3\dot{I}_0 = \frac{3E_a}{\dot{Z}_0 + \dot{Z}_1 + \dot{Z}_2} \quad (\dot{I}_b, \dot{I}_c は当然0)$$

また,例えば $\dot{V}_b$ は,上の(6・22)′式に(6・33)式を入れ次のように求まる.

$$\dot{V}_b = \dot{V}_0 + a^2 \dot{V}_1 + a\dot{V}_2 = \frac{(a^2-1)\dot{Z}_0 + (a^2-a)\dot{Z}_2}{\dot{Z}_0 + \dot{Z}_1 + \dot{Z}_2} E_a$$

以上は一線地絡の例であるが，二線短絡や二線地絡も同じ手順で計算できる．

対称座標法を応用するには，発電機・変圧器・送配電線が組合わされた**電力系統の対称分インピーダンス**や**対称分回路**がどうなるかを別途勉強する必要がある．また，**対称座標法の等価回路**を知ると計算が容易になる．しかし，ここでは本題から大きくはずれるので省略する．

問題 6・10 第 6・27 図(a)の回路で b 相と c 相とが短絡したときの b 相電流を求めよ．また，$\dot{Z}_1 = \dot{Z}_2$ とすると，三相短絡電流の何倍になるか求めよ．

問題 6・11 第 6・27 図(a)の回路で b 相と c 相とが短絡し，その短絡点が地絡したときの地絡電流を求めよ．また，$\dot{Z}_1 = \dot{Z}_2$ かつ $|\dot{Z}_0| = \infty$ としたとき（中性点非接地系統の電源の $\dot{Z}_0$ と同じ）の $\dot{V}_0$ を求め，中性点非接地系統の a 相一線地絡時の $\dot{V}_0$（問題 6・9）と比較せよ．

〈条件の数〉

「図の $\dot{I}_1$ と $\dot{I}_2$ の位相差 90°[1]，かつ $|\dot{I}_1| = |\dot{I}_2|$[2] となる条件を求めよ」という問題を考えよう．

①②の条件は $\dot{I}_2 = j\dot{I}_1$[3] で満足する．あるいは，$\dot{Z}_1 = j\dot{Z}_2$[4] でもよい．これを計算すると，$r_1 = r_2 x_L / x_c$[5] かつ $r_2 = x_L + r_1 r_2 / x_c$[6] となる．⑤式を⑥式に入れて，答は $r_2 = x_L + r_2^2 x_L / x_c^2$[7] だ，などとしては駄目である．

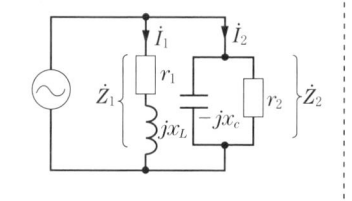

問題で与えられた条件は，①と②の二つであって，答も二つの条件が必要である．

③，④は一つの条件のようであるが，③も④も複素数で，実数の条件としては二つ必要である．例えば，$a + jb = j(c + jd)$ を満足するためには，実数では $a = -d$ かつ $b = c$ の二つの条件が必要である．

問題で与えられた条件が二つならば，答も二つの条件が必要で，この問題では，⑤式と⑥式の二つが答である．

7 微分法

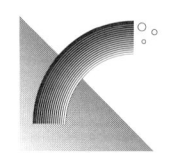

7・1 微分法

ファラデーの誘導起電力の式は $e = n\dfrac{d\phi}{dt}$ という式であるが，$\dfrac{d\phi}{dt}$ は，微分法でいう**微分係数**または**導関数**（微分係数と導関数とは少し意味が違うが）というものである．また，計算問題では，電流や電力などの最大値を求める問題がある．これは，第7・1図のように，x が変化するに従って，x の関数 $f(x)$ がどのように**変化**するかを調べ，$f(x)$ の変化がないところが最大である，という考えで最大値を計算する．このような**最大・最小**の問題を解くには微分法が非常に有力である．

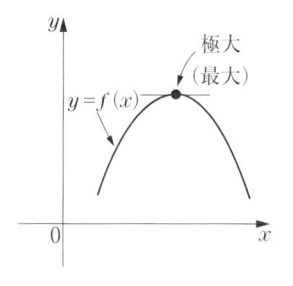

第7・1図

積分も電気の計算にさかんに使うが，積分は微分の逆の計算であり，まず微分法を学習してからの話である．過渡現象や温度上昇の計算には**微分方程式**が使われる．これは積分法を勉強したあとで勉強することになる．

微分法というのは，一口にいえば，第7・1図のように x と $f(x)$ とを考え，x が変化するとき $f(x)$ がどのように変化するか，どのような変化率で変化するかを計算する方法である．

いま，列車が A 地点から B 地点まで 90〔km〕の距離を一定の速さで 1 時間で走ったとしよう．そのときの時間 t と距離 l の関係は第7・2図のような直線で表される．そのときの速さは 90〔km/h〕であるが，また，

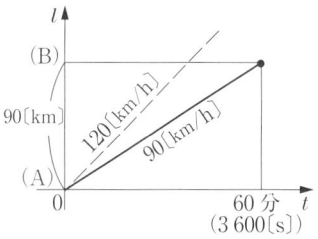

第7・2図

単位を変えれば次のようになる.

$$\frac{90 \times 10^3 \,[\text{m}]}{60 \times 60 \,[\text{s}]} = 25 \,[\text{m/s}]$$

つまり，1〔s〕当たり25〔m〕の速さである．ここで，距離 l は時間 t によって変わる関数だから $l(t)$ と書いてもよい．速さが25〔m/s〕である，というのをいい換えると，t が1〔s〕変化するごとに $l(t)$ が25〔m〕変化する，といえる．つまり，**速さとは t の1〔s〕当たりに対する $l(t)$ の変化率**である．

また，前ページ第7・2図の点線のように，120〔km/h〕の速さを考えると，秒速つまり t に対する $l(t)$ の変化率は33.3〔m/s〕になるが，第7・2図から，**変化率が大きいほど直線の勾配が大きい，**ということが分かる．

さて，実際の列車は，発車したときや停車するときは速さが遅い，つまり，$l(t)$ の変化率が小さい．変化率が小さいということは，グラフの勾配が小さいということで，$l(t)$ のグラフは**第7・3図**のようになる．

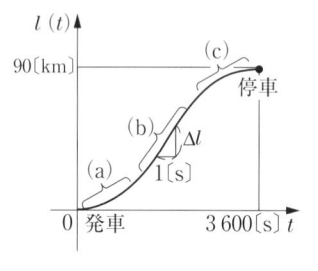

$l(t)$ の変化率は，第7・3図のグラフの中頃の三角形を考えると分かりやすい．1〔s〕当たりの $l(t)$ の変化を Δl* とすると，図の三角形ができる．図の(a)や(c)の部分では，1〔s〕当たりの Δl が小さいから，三角形はつぶれた平らな三角形になり，勾配が小さくなることが分かる．

ところで，停車する前など速さが変化しているときは1〔s〕間にも速さは変化しているであろう．そのようなときの速さは，例えば，0.01〔s〕の間に2〔cm〕進むとすれば，

$$V = \frac{0.02\,[\text{m}]}{0.01\,[\text{s}]} = 2\,[\text{m/s}] \qquad (7\cdot 1)$$

のように求められる．つまり0.01〔s〕のようなごく短い時間を Δt，0.02〔m〕のようなごく

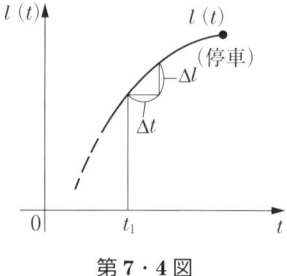

---

*Δl：「デルタ l」と読む．$\Delta \times l$ ではない．Δl で，ごく小さな大きさを表す．

短い距離を Δl で表せば，その瞬時における $l(t)$ の変化率は，

$$\frac{\Delta l}{\Delta t} \qquad (7 \cdot 2)$$

で求められる．

さらに厳密に考えると，Δt が 0.01〔s〕とか 0.0001〔s〕とか有限の大きさでは，本当のその瞬間の $l(t)$ の変化率にはならない．**本当の瞬間を考えると，Δt ができうる限り 0 に近い値でなければならない．**そのようなときの変化率を $\Delta t \to 0$ のときの変化率の極限値といい，式では次のように表す．

$$\lim_{\Delta t \to 0} \frac{\Delta l}{\Delta t}{}^{*} \qquad (7 \cdot 3)$$

$\Delta t \to 0$ のときは，一般に $\Delta l \to 0$ となるのであるが，そのときの $\dfrac{\Delta l}{\Delta t}$ の値（(7・3) 式の値）は**第 7・5 図**によって，次のように考えられる．$t = t_1$ における $l(t)$ のグラフ上の点を a として，a 点で接する接線を ac とすると，Δt，Δl が作る三角形は，$\Delta t \to 0$ のとき，三角形 abc と相似になる．したがって，

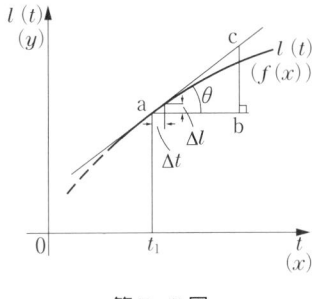

$$\frac{\Delta l}{\Delta t} = \frac{\mathrm{bc}}{\mathrm{ab}} = \tan \theta \qquad (7 \cdot 4)$$

第 7・5 図

であって，ある値が得られる．つまり，$\Delta t \to 0$ のときも，(7・1) 式と同様に，例えば 2〔m/s〕といった値が得られるのである．

このようにして得られた $t = t_1$ における (7・3) 式の極限値を $l(t)$ の $t = t_1$ における**瞬間変化率**あるいは**微分係数**（微係数ということもある）という．

7・2 微分係数と導関数

前節では，時間 t，距離 $l(t)$ について微分係数を説明したが，数学ではもっと一般的に，変数 x，関数 $y = f(x)$ について微分係数を定義する．Δt を Δx

---

*lim：リミットと読む．極限（limitation）の略字である．

に，Δl を Δy に置き換え，$t=t_1$ を $x=x_1$ と置き換える．そうすると，また Δy は，

$$\Delta y = f(x_1 + \Delta x) - f(x_1)$$

と表すことができる．したがって，$x=x_1$ における微分係数は次式で表される．

$$\lim_{\Delta x \to 0} \frac{\Delta y}{\Delta x} = \lim_{\Delta x \to 0} \frac{f(x_1 + \Delta x) - f(x_1)}{\Delta x}$$

ここまで述べたことに，幾分つけ加えて整理すると次のとおりである．

[7・1] 微分係数（瞬間変化率，微係数）

1) x の変化が Δx のとき，$y=f(x)$ の変化が Δy ならば変化率（平均）は，

$$\frac{\Delta y}{\Delta x}$$

で求められる．この Δx を x の**増分**，Δy をそれに対する y の**増分**という．

2) 次の極限値を $x=x_1$ における $y=f(x)$ の**微分係数**という．

$$\lim_{\Delta x \to 0} \frac{\Delta y}{\Delta x} = \lim_{\Delta x \to 0} \frac{f(x_1 + \Delta x) - f(x_1)}{\Delta x}$$

3) 上の微分係数の値は，$f(x)$ のグラフの $x=x_1$ における接線と x 軸とがなす角を θ として，$\tan \theta$ に等しい（第7・5図参照）．

さて，第7・6図の $f(x)$ の微分係数を考えてみる．$x=x_2$ においては，$f(x)$ のグラフは水平で**勾配は0**すなわち $\tan \theta$ は0である．したがって，$x=x_2$ における微分係数は0である．この微分係数をプロットするとb点になる．$x=x_1$ においては，$f(x)$ のグラフは**上り勾配**で $\tan \theta$ は＋の値で比較的大きい値だから，$x=x_1$ における微分係数をプロットするとおおよそa点のような位置になる．$x=x_3$ においては，$f(x)$ のグラフは**下り勾配**で $\tan \theta$ は－の値だから，$x=x_3$ に

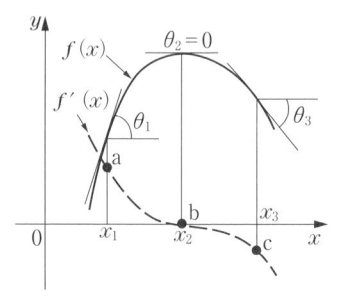

第7・6図

7・2 微分係数と導関数

おける微分係数は－の値になる．これは，x の増分 Δx に対して y の増分（増える分）Δy が－の値であることから，[7・1] 2) の式により微分係数が－になるともいえる．したがって，$x = x_3$ における微分係数をプロットするとおおよそ c 点の位置になる．

このようにして，$f(x)$ の上のすべての点について微分係数を求め，その微分係数をプロットすると点線のようなグラフが得られる．このグラフも x の値に対して y の値が決まるから，一つの関数である．この関数を $f'(x)$ と表し，$f(x)$ から導かれた関数という意味で $f(x)$ の**導関数**という．この導関数について次のように定義をする．

[7・2] 導関数．"微分する"ということ

1) 関数 $y = f(x)$ に対して，x の各値に微分係数の値を対応させた関数を $f(x)$ の**導関数**（または y の導関数）という．

2) 導関数は，次のようないろいろな**記号**で表す．

$$f'(x),\ (f(x))',\ y',\ \frac{d}{dx}f(x),\ \frac{dy}{dx},\ \dot{y},\ D_x y,\ D_x f(x)$$

3) 極限の記号を用いて導関数を表すと次のようになる．

$$\frac{dy}{dx} = \lim_{\Delta x \to 0} \frac{\Delta y}{\Delta x} = \lim_{\Delta x \to 0} \frac{f(x + \Delta x) - f(x)}{\Delta x}$$

4) 関数 $f(x)$ の導関数を求めることを，$f(x)$ を x で**微分する**という．

5) $f(x)$ の $x = a$ における微分係数は $f'(a)$ と表せる．

例えば，第 7・7 図の関数 $y = x^3$ の各点の微分係数を考えそれをプロットすると，おおよそ点線のようなグラフになる．正しくは $3x^2$ のグラフになるのである．つまり，**x^3 を x で微分すると $3x^2$ になる**というようないい方をする．あるいは，$f(x) = x^3$ のとき，$f'(x) = 3x^2$ であるといったいい方もできる．しかし，式で表すとき次のように簡潔に表すのが一般的である．

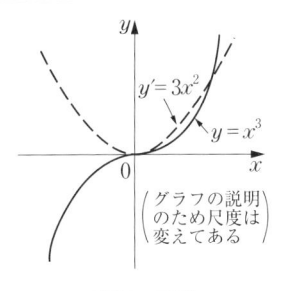

第 7・7 図
（グラフの説明のため尺度は変えてある）

$$\frac{\mathrm{d}x^3}{\mathrm{d}x}=3x^2 \quad \text{または} \quad (x^3)'=3x^2$$

この式の $\dfrac{\mathrm{d}x^3}{\mathrm{d}x}$ は，$\mathrm{d}x^3$ 割る $\mathrm{d}x$ ではない．さかのぼって見れば，[7・2] 3) の $\dfrac{\mathrm{d}y}{\mathrm{d}x}$ の特別な場合である．$\dfrac{\mathrm{d}y}{\mathrm{d}x}$ は [7・2] 3) のように $\dfrac{\Delta y}{\Delta x}$（これは，$\Delta y$ 割る Δx である）の $\Delta x \to 0$ の極限値を表す記号であって，$\mathrm{d}y$ 割る $\mathrm{d}x$ とは意味が違う．それで $\dfrac{\mathrm{d}y}{\mathrm{d}x}$ は単に $\mathrm{d}y$，$\mathrm{d}x$（ディーワイ，ディーエックス）と読む．$\dfrac{\mathrm{d}x^3}{\mathrm{d}x}$ も $\mathrm{d}x^3$，$\mathrm{d}x$ と読んでもよいが，むしろ x^3 を x で微分したもの，と言葉でいったほうが分かりやすいだろう．

さて，上述の $\dfrac{\mathrm{d}x^3}{\mathrm{d}x}=3x^2$ の式は次の**微分の公式**によって導かれる．

$$\boldsymbol{\frac{\mathrm{d}x^n}{\mathrm{d}x}=nx^{n-1}} \quad \text{あるいは} \quad \boldsymbol{(x^n)'=nx^{n-1}}$$

$\dfrac{\mathrm{d}x^3}{\mathrm{d}x}$ はいくらか，つまり，x^3 を微分するとどうなるかと問われたら，上の公式にあてはめて計算すればよい．このような微分の公式の例を少しあげてみよう．

(1) c を定数（constant）として，$y=c$ も x の関数の特別な場合であって，第 7・8 図のようなグラフになる．このグラフの勾配は常に 0 である．つまり接線の $\tan\theta$ は常に 0 であるから，$y=c$ の導関数は 0 である．すなわち，

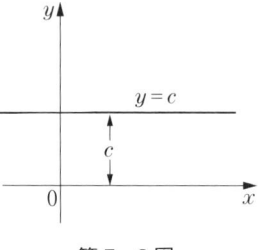

$$\boldsymbol{\frac{\mathrm{d}c}{\mathrm{d}x}=0} \;(c;\text{定数})$$

第 7・8 図

であって，言葉でいえば，**定数を微分すると 0 である**，ということになる．

(2) 次に $y=\sin x$ の導関数を考えよう．ここ

7・2 微分係数と導関数

で，x は x^2，x^3 などの x と同様に単なる変数であるが，角度と考えれば〔rad〕（ラジアン）で表された角度である．**微分積分で扱う角度は，特に断りがなければ〔rad〕**と考えてよい．

$x = 0$ における $y = f(x) = \sin x$ の微分係数の概略値を電卓で求めてみる．$x = 0$ における微分係数は導関数 $f'(x)$ の $x = 0$ における値に等しいから，$f'(0)$ と書くことができる．

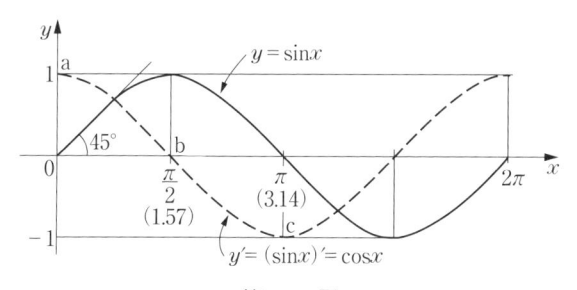

第 7・9 図

$f'(0) \doteqdot \dfrac{\Delta y}{\Delta x}$ で $\Delta x = 0.01$ とすると，

$$f'(0) \doteqdot \frac{\sin 0.01}{0.01} = \frac{0.0099998}{0.01} \doteqdot 1$$

つまり，$x = 0$ における微分係数は 1 であって，プロットすると図の a 点になる．

次に，$x = \dfrac{\pi}{2}$（$\doteqdot 1.57$）では，$\sin x = \sin \dfrac{\pi}{2} = 1$ で最大値であり，図のようにグラフの勾配は 0 になる．したがって，$x = \dfrac{\pi}{2}$ における微分係数は 0 であり，これをプロットすると b 点になる．

$x = \pi$（$\doteqdot 3.14$）における $y = \sin x$ のグラフの勾配は，下り勾配で $x = 0$ の勾配と角度は同じであるから，

$$f'(\pi) = -f'(0) = -1$$

であり，これをプロットすると c 点になる．このようにして $y = \sin x$ の導関数 $y' = (\sin x)'$ のグラフはおおよそ点線のようになり，$\cos x$ のようである．

これを数学的に計算すると正しく $\cos x$ であることが分かる．つまり，$y=\sin x$ の導関数は $\cos x$ であり，次のように書くことができる．

$$\frac{d\sin x}{dx}=\cos x \quad \text{または} \quad (\sin x)'=\cos x$$

また上式は $\dfrac{d}{dx}\sin x=\cos x$ と書いてもよい．

(3) $y=\cos x$ の導関数も**第 7・10 図**でおおよその見当がつくが，数学的に計算すると，次の公式が成り立つことを証明できる．

$$\frac{d\cos x}{dx}=-\sin x \quad \text{または} \quad (\cos x)'=-\sin x$$

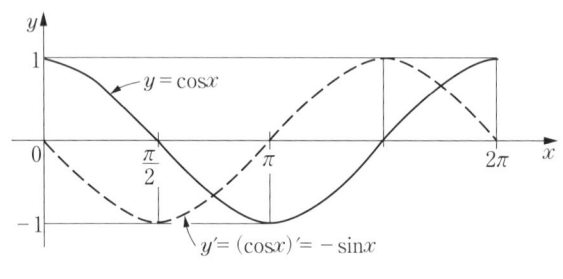

第 7・10 図

(4) $y=cf(x)$ の導関数．ここで $f(x)$ は x の任意の関数であり，c は定数である．つまり，$cf(x)$ は $f(x)$ を c 倍した関数である．

第 7・11 図によって，x の増分 Δx に対する y の増分 Δy を考えると，$y=cf(x)$ の Δy は，$y_1=f(x)$ の Δy_1 の c 倍になることが分かる．したがって，$cf(x)$ の導関数は $f(x)$ の導関数の c 倍になる．これを式で表せば次のようになる．

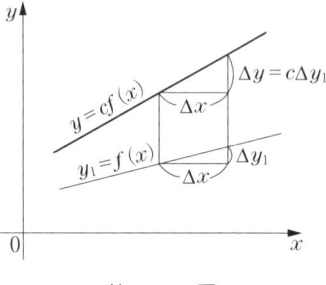

$$\frac{dcf(x)}{dx}=c\frac{df(x)}{dx} \quad \text{あるいは} \quad (cf(x))'=(cf(x))'=cf'(x)$$

この式を言葉でいえば，**定数 c は微分の記号の外に出せる**，ということができる．

(5) 二つの x の関数 $y_1=f(x)$ と $y_2=g(x)$ との和の関数 $y=f(x)+g(x)$ の導関数は**第 7・12 図**によって，次のように考えられる．

x の増分 Δx に対する $y=f(x)+g(x)$ の増分 Δy は，$f(x)$ の増分 Δy_1 と $g(x)$ の増分 Δy_2 との和である．したがって，$y=f(x)+g(x)$ の導関数は，$y_1=f(x)$ の導関数と $y_2=g(x)$ の導関数の和になる．すなわち，式で表せば次のようである．

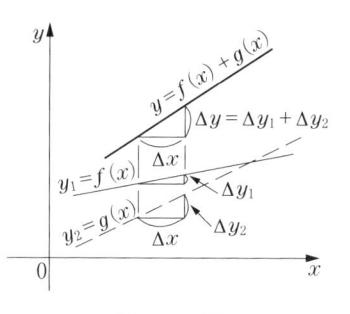

第 7・12 図

$$\frac{d}{dx}\{f(x)+g(x)\}=\frac{d}{dx}f(x)+\frac{d}{dx}g(x)$$

あるいは　$(f(x)+g(x))'=f'(x)+g'(x)$

以上，いくつかの微分の公式を説明したが，次に第 2 種に必要な公式をまとめてあげておくことにする．説明は抜きにして，これだけの公式を記憶していれば，まず十分である．重要なものについては，あとであらためて説明したい．

[**7・3**] 微分の公式　( )′ の記号による書き方は省略した．

1) $\dfrac{d\,cf(x)}{dx}=c\,\dfrac{df(x)}{dx}$ （定数 c は微分記号の外に出せる）

2) $\dfrac{d}{dx}\{f(x)\pm g(x)\}=\dfrac{d}{dx}f(x)\pm\dfrac{d}{dx}g(x)$ （関数の和または差）

3) $\dfrac{d}{dx}\{f(x)\cdot g(x)\}=g(x)\,\dfrac{df(x)}{dx}+f(x)\,\dfrac{dg(x)}{dx}$ （関数の積）

4) $\dfrac{d}{dx}\left\{\dfrac{f(x)}{g(x)}\right\}=\dfrac{1}{\{g(x)\}^2}\left\{g(x)\,\dfrac{df(x)}{dx}-f(x)\,\dfrac{dg(x)}{dx}\right\}$ （関数の商）

5) $\dfrac{dc}{dx}=0$ （定数は微分すると 0 になる）

6) $\dfrac{\mathrm{d}x^n}{\mathrm{d}x} = nx^{n-1}$ (n はすべての実数)

7) $\dfrac{\mathrm{d}\varepsilon^x}{\mathrm{d}x} = \varepsilon^x$ (指数関数，ε；自然対数の底，$\varepsilon = 2.71828\cdots$)

8) $\dfrac{\mathrm{d}\log x}{\mathrm{d}x} = \dfrac{1}{x}$ (対数関数，$\log x$；自然対数 $= \log_\varepsilon x$, $\ln x$)

9) $\dfrac{\mathrm{d}\sin x}{\mathrm{d}x} = \cos x$ (三角関数)

10) $\dfrac{\mathrm{d}\cos x}{\mathrm{d}x} = -\sin x$ (三角関数)

11) $\dfrac{\mathrm{d}\tan x}{\mathrm{d}x} = \sec^2 x$ (三角関数)

12) $\dfrac{\mathrm{d}\operatorname{Sin}^{-1} x}{\mathrm{d}x} = \dfrac{1}{\sqrt{1-x^2}}$ $\left(\text{逆三角関数，} -\dfrac{\pi}{2} < \operatorname{Sin}^{-1} x < \dfrac{\pi}{2}\right)$

13) $\dfrac{\mathrm{d}\operatorname{Tan}^{-1} x}{\mathrm{d}x} = \dfrac{1}{1+x^2}$ $\left(\text{逆三角関数，} -\dfrac{\pi}{2} < \operatorname{Tan}^{-1} x < \dfrac{\pi}{2}\right)$

なお，ほかに，

14) $\dfrac{\mathrm{d}\sqrt{x}}{\mathrm{d}x} = \dfrac{1}{2\sqrt{x}}$, $\dfrac{\mathrm{d}}{\mathrm{d}x}\left(\dfrac{1}{\sqrt{x}}\right) = -\dfrac{1}{2x\sqrt{x}}$ ((6)式による)

15) $\dfrac{\mathrm{d}a^x}{\mathrm{d}x} = a^x \log_\varepsilon a$ ($a > 0$, $a \neq 1$)

16) $\dfrac{\mathrm{d}\log_a x}{\mathrm{d}x} = \dfrac{1}{x \log_\varepsilon a}$ などの式がある．

以上のほかに，合成関数や逆関数などの微分法があるが，これについてはあとで説明する．(その他の公式，巻末付録参照)

問題 7・1 次の関数を微分せよ．また，$x = 2$ における微分係数を求めよ．

(1) $2x^2$ (2) $x^2 - 2x + 3$ (3) $5(x^2 - 7)$

7・3 極限値と微分法

問題 7・2 次の関数の導関数を求めよ．

(1) $3\sin x$ (2) $x^5 - 2\cos x$ (3) $x^n - n\varepsilon^x$

(4) $\varepsilon^x \sin x$ (5) $\log x^3$ (6) $x\sin x \cos x$

(7) $\dfrac{1}{x}$ (8) $\dfrac{\log x}{x}$ (9) $\dfrac{7(x-1)\sin x}{x^2 - 2x + 1}$

7・3 極限値と微分法

極限値についてはすでに 114 ページに出てきた．また，微分の計算をするには 120 ページの [7・3] の公式でほぼ十分である．しかし，ここでは極限値や微分法についての理解を深めるために説明したい．

(1) 極限値

一例として，関数 $y = x^2$ について，x の値が $x = 2$ の近くで変化したとき y の値がどうなるかを考えてみよう．$x = 1.9$ のときは $y = 1.9^2 = 3.61$，$x = 1.99$ のときは $y = 1.99^2 = 3.9601$，$y = 1.999$ のときは $y = 1.999^2 = 3.996$……と x を 2 に近づけると，$y = x^2$ の値は限りなく 4 に近くなる．このことを $y = x^2$ の $x \to 2$ における極限値は 4 であるといい，

$$\lim_{x \to 2} x^2 = 4$$

と書く．これはまた，

$$\lim_{\Delta x \to 0} (2 + \Delta x)^2 = 4$$

と書くこともできる．$y = x^2$ について $x = 2$ の関数の値は $y = 2^2 = 4$ であって，この場合は関数の値と極限値とは等しい．しかし，関数の値と極限値とは別なもので，上の例でいえば $x \to 2$ のとき x^2 がいくらでも限りなく近づける値 4 を極限値というのである．場合によっては，ある x に対する関数の値と極限値とは違う場合もある．

関数 $y = \dfrac{1}{x}$ の $x \to 0$ の極限を考えてみよう．x が 0.1，0.01，0.001 と 0 に近づくと，y の値は ∞ に近づく．また，x が -0.1，-0.01，-0.001……と 0 に近づくと，y の値は $-\infty$ に近づく（p.9, 第 1・3 図）．これを式で次のように表す．

$$\lim_{x \to +0} \frac{1}{x} = +\infty, \quad \lim_{x \to -0} \frac{1}{x} = -\infty$$

このような場合は $x \to 0$ における極限値はない．**極限値**とは，x がある値にどのような近づき方をしても，$f(x)$ がある有限な値に限りなく近づく場合の値をいうのである．

極限値については，基本的に次の式が成り立つ．

(1) $\displaystyle\lim_{x \to a} \{f(x) \pm g(x)\} = \lim_{x \to a} f(x) \pm \lim_{x \to a} g(x)$ 　　　　　(7・5)

(2) $\displaystyle\lim_{x \to a} \{f(x) \cdot g(x)\} = \lim_{x \to a} f(x) \cdot \lim_{x \to a} g(x)$ 　　　　　(7・6)

(3) $\displaystyle\lim_{x \to a} \frac{f(x)}{g(x)} = \frac{\displaystyle\lim_{x \to a} f(x)}{\displaystyle\lim_{x \to a} g(x)}$ （ただし，分母 $\neq 0$） 　　　　　(7・7)

(2) **極限値の計算**

ある関数 $f(x)$ の，x がある値における極限を単純に求めると $\dfrac{0}{0}$ とか $\dfrac{\infty}{\infty}$ とかいった形になることがある．この値は0とも，1とも∞ともいえない．このような形を**不定形**という．このような形の極限値を求めることがしばしば必要になる．微分係数 $\displaystyle\lim_{\Delta x \to 0} \frac{\Delta y}{\Delta x}$ はほとんどこの形になる，といってよいだろう．111 ページ問題 6・11 もこの種の計算と考えられる．ここでは，この種の計算例をあげよう．

例 7・1 $\dfrac{x^2 - 4}{x - 2}$ の $x \to 2$ における極限値を求めよ．

解 上式で $x = 2$ とすると $\dfrac{0}{0}$ になる．

$$与式 = \frac{(x+2)(x-2)}{x-2} = x + 2$$

$$\therefore \lim_{x \to 2} \frac{x^2 - 4}{x - 2} = \lim_{x \to 2} (x + 2) = 4 \quad \text{答}$$

例 7・2 $\dfrac{2x^2 - 5x}{x^2 + 1}$ の $x \to \infty$ における極限値を求めよ．

7・3 極限値と微分法

解 分母子を x^2 で割ると,

$$与式 = \frac{2 - \dfrac{5}{x}}{1 + \dfrac{1}{x^2}}$$

$$\therefore \lim_{x \to \infty} \frac{2x^2 - 5x}{x^2 + 1} = \lim_{x \to \infty} \frac{2 - \dfrac{5}{x}}{1 + \dfrac{1}{x^2}} = \frac{2 - 0}{1 + 0} = 2 \quad 答$$

例 7・3 $\displaystyle\lim_{x \to 0} \frac{\sin x}{x}$ を求めよ．

$\Bigg(\ y = \sin x\ の\ x = 0\ における微分係数は,$
$\ f'(0) = \displaystyle\lim_{\Delta x \to 0} \frac{\sin(x + \Delta x) - \sin x}{\Delta x} = \lim_{\Delta x \to 0} \frac{\sin \Delta x}{\Delta x} \quad (\because x = 0)$
$\ で，上の問題はこれと同じであり，118 ページの説明で答は 1 である．\Bigg)$

解 $\sin x$ を級数に展開すると,

$$\sin x = x - \frac{x^3}{3!} + \frac{x^5}{5!} - \frac{x^7}{7!} + \cdots\cdots \quad (\text{p.15 参照})$$

$$\therefore \lim_{x \to 0} \frac{\sin x}{x} = \lim_{x \to 0} \left(1 - \frac{x^2}{3!} + \frac{x^4}{5!} - \frac{x^6}{7!} + \cdots\cdots\right) = 1 \quad 答$$

例 7・4 $\displaystyle\lim_{x \to \infty}(\sqrt{x+1} - \sqrt{x})$ を求めよ．

解 $\sqrt{x+1} - \sqrt{x} = \dfrac{(\sqrt{x+1} - \sqrt{x})(\sqrt{x+1} + \sqrt{x})}{\sqrt{x+1} + \sqrt{x}}$

$$= \frac{x + 1 - x}{\sqrt{x+1} + \sqrt{x}} = \frac{1}{\sqrt{x+1} + \sqrt{x}}$$

$$\therefore \lim_{x \to \infty}(\sqrt{x+1} - \sqrt{x}) = \lim_{x \to \infty} \frac{1}{\sqrt{x+1} + \sqrt{x}} = 0 \quad 答$$

説明は省略するが，不定形の極限値を求めるのに次の定理が便利である．

[7・4] ロピタルの定理（不定形の極限値）
　$x \to a$ のとき，$f(x) \to 0$，$g(x) \to 0$ であり，$f'(x) \neq 0$ ならば次式で極限値を求めることができる．
$$\lim_{x \to a} \frac{g(x)}{f(x)} = \lim_{x \to a} \frac{g'(x)}{f'(x)} \quad \left(\begin{array}{l} x \to a \text{ のとき，} f(x) \to \infty，g(x) \to \infty \text{ の} \\ \text{場合も同じ式で極限値を求められる} \end{array} \right)$$

例 7・5　$\displaystyle\lim_{x \to 0} \frac{\sin x}{x}$ を求めよ．（例 7・3 と同じ）

解　$\displaystyle\lim_{x \to 0} \frac{\sin x}{x} = \lim_{x \to 0} \frac{(\sin x)'}{(x)'} = \lim_{x \to 0} \frac{\cos x}{1} = 1$　答

(3) 関数の連続と微分可能条件

　純数学の本を見ると，連続とか微分可能とかいう言葉がよく使われる．われわれの電気の計算では，このようなことはほとんど考えなくてもよいが，一応，概念的な説明をしよう．

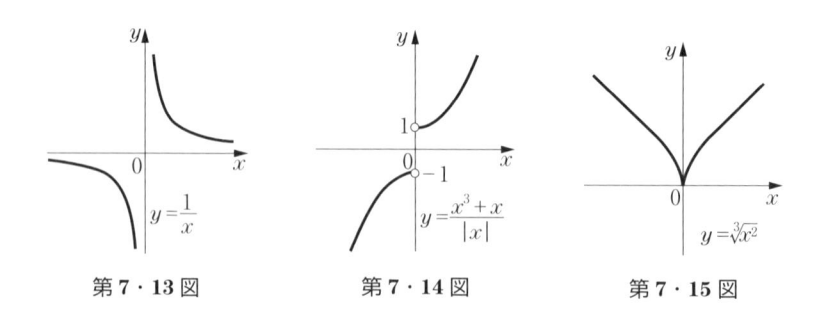

第 7・13 図　　　　　　　第 7・14 図　　　　　　　第 7・15 図

　第 7・13 図 $y = \dfrac{1}{x}$ のグラフを見ると，左側から $x = 0$ に近づくと y は $-\infty$ になり，右側から $x = 0$ に近づくと y は $+\infty$ になって，$x = 0$ ではグラフはつながっていない．これを $x = 0$ で連続でない，または不連続であるという．

　第 7・14 図 $y = \dfrac{x^3 + x}{|x|}$ では，$x \to -0$ の極限値は -1 であり，$x \to +0$ の極限値は $+1$ であって，やはり，$x = 0$ で連続でない．

　第 7・15 図 $y = \sqrt[3]{x^2}$ は，$x \to -0$ の極限値も，$x \to +0$ の極限値も，また x

7・3 極限値と微分法

=0の関数値も0であって，$x=0$の近くでグラフはどこも切れていない．この場合は$x=0$で連続である．

要するに，**グラフがつながっていれば連続，切れていれば連続でない**．

次に，第7・13〜15図の$x=0$における微分係数を調べてみよう．

第7・13図の$x=-0$における微分係数は$-\infty$，$x=+0$では$+\infty$である．

第7・15図の$x=-0$における微分係数は$-\infty$，$x=+0$では$+\infty$である．

いずれも，左から$x=0$に近づくときと，右から近づくときでは微分係数が違う．このようなときは，$x=0$での導関数の値は決まらない．これを$x=0$で微分可能でないという．また，第7・14図の場合は，$x=0$におけるyの値が不定であるから微分可能ではない．

第7・15図の関数は$x=0$で連続であるが，微分可能ではない．要するに**微分可能というのはグラフが滑らかに連続していることをいうのである**．

しかし，例えば，第7・13図の$y=\dfrac{1}{x}$の場合であっても，xの値が0.1と100の間ならば微分可能である．もっと一般的にいえば，$0<a<\infty$，$0<b<\infty$で$a<b$ならば，$a\leqq x\leqq b$の間（これを**閉区間**といい$[a, b]$で表す）で微分可能である．われわれの計算は，ほとんどこのような区間で微分法を使うので，連続とか微分可能かどうかとかは問題にしなくてよいのである．

$y=\dfrac{1}{x}$は$[0, \infty]$の区間では微分可能ではない．$x=0$で微分可能でないからである．

しかし，xがいくら0に近くても$x>0$であれば微分できる．これを**開区間**$(0, \infty)$で微分可能である，という．

(4) 微分公式の補足説明

微分の公式については，120〜121ページ[7・3]にあげた．これだけの公式を暗記すれば，まず計算には困らないのであるが，理解を深めるために以下説明しよう．

a． $(f(x)+g(x))'=f'(x)+g'(x)$　（関数の和の導関数[7・3] 2)の式）

これについては，120ページ第7・12図で説明したが，極限値の式で説明すると次のようになる．

$y_1 = f(x)$, $y_2 = g(x)$ とすると，増分 Δx に対する増分 Δy_1, Δy_2 は，
$$\Delta y_1 = f(x + \Delta x) - f(x), \quad \Delta y_2 = g(x + \Delta x) - g(x)$$
$y = f(x) + g(x)$ の増分は，
$$\Delta y = \{f(x + \Delta x) + g(x + \Delta x)\} - \{f(x) + g(x)\} = \Delta y_1 + \Delta y_2$$
$$\therefore \quad (f(x) + g(x))' = \lim_{\Delta x \to 0} \frac{\Delta y}{\Delta x} = \lim_{\Delta x \to 0} \frac{\Delta y_1 + \Delta y_2}{\Delta x} = \lim_{\Delta x \to 0} \frac{\Delta y_1}{\Delta x} + \lim_{\Delta x \to 0} \frac{\Delta y_2}{\Delta x}$$
$$= f'(x) + g'(x)$$

b. $(\boldsymbol{f(x) \cdot g(x)})' = \boldsymbol{g(x)f'(x) + f(x)g'(x)}$ （関数の積の導関数 [7・3] 3) の式）

無神経に a と同様に書くと $(f(x) \cdot g(x))' = f'(x) \cdot g'(x)$ であるがそうはならない．積 $y = f(x) \cdot g(x) = y_1 \cdot y_2$ の増分は，
$$\Delta y = (y_1 + \Delta y_1)(y_2 + \Delta y_2) - y_1 y_2 = y_2(\Delta y_1) + (y_1 + \Delta y_1)\Delta y_2$$
$$\therefore \quad (f(x) \cdot g(x))' = y' = \lim_{\Delta x \to 0} \frac{\Delta y}{\Delta x} = \lim_{\Delta x \to 0} \frac{\Delta y_1}{\Delta x} + \lim_{\Delta x \to 0} \frac{(y_1 + \Delta y_1)\Delta y_2}{\Delta x}$$

$\Delta x \to 0$ では $\Delta y_1 \to 0$．したがって，$y_1 + \Delta y_1 \to y_1$ であるから，
$$(f(x) \cdot g(x))' = y_2 \lim_{\Delta x \to 0} \frac{\Delta y_1}{\Delta x} + y_1 \lim_{\Delta x \to 0} \frac{\Delta y_2}{\Delta x} = y_2 \frac{\mathrm{d}y_1}{\mathrm{d}x} + y_1 \frac{\mathrm{d}y_2}{\mathrm{d}x}$$
$$= g(x)f'(x) + f(x)g'(x)$$

[7・3] 4) 関数の商の導関数は $\left(\dfrac{f(x)}{g(x)}\right)' = (f(x) \cdot (g(x))^{-1})'$ とすれば誘導できる．

c. $(\boldsymbol{\log x})' = \dfrac{1}{\boldsymbol{x}}$ （$\log x$; $\log_\varepsilon x$, [7・3] 8)の式）

$\log_\varepsilon x$ というのは自然対数と呼ばれるもので，ε は自然対数の底といって，$\varepsilon = 2.718\cdots\cdots$ と無限に続く無理数であることはすでにたびたび出てきた．なお ε は数学の本では e と書いている．上の導関数を考えると，ε の値がどうして出てきたかが分かる．

初めに $y = \log_a x$ の導関数を考える．ここで a は，$a > 0$, $a \neq 1$ の定数である．
$$y' = \frac{\mathrm{d}}{\mathrm{d}x}\log_a x = \lim_{\Delta x \to 0} \frac{\log_a(x + \Delta x) - \log_a x}{\Delta x}$$

7・3 極限値と微分法

$$= \lim_{\Delta x \to 0} \frac{\log_a \frac{x+\Delta x}{x}}{\Delta x} = \lim_{\Delta x \to 0} \frac{\log_a \left(1+\frac{\Delta x}{x}\right)}{\Delta x}$$

この極限は $\frac{0}{0}$ の不定形だから工夫が必要である．$\frac{\Delta x}{x} = h$ と置くと，$\Delta x = hx$，$\Delta x \to 0$ のとき $h \to 0$ の関係がある．これによって上式を書き直すと，

$$y' = \lim_{h \to 0} \frac{\log_a(1+h)}{hx} = \lim_{h \to 0} \frac{1}{x} \cdot \frac{1}{h} \log_a(1+h)$$

$$= \frac{1}{x} \lim_{h \to 0} \log_a(1+h)^{\frac{1}{h}} \tag{7・8}$$

さてここで，$(1+h)^{\frac{1}{h}}$ の $h \to 0$ における極限値を考えてみる．関数電卓があれば，次の計算は容易にできる．

$h = 0.1$ のとき $\quad (1+h)^{\frac{1}{h}} = (1+0.1)^{10} = 1.1^{10} = 2.5937425$

$h = 10^{-3}$ のとき $\quad (1+h)^{\frac{1}{h}} = 1.001^{1000} = 2.7169239$

$h = 10^{-6}$ のとき $\quad (1+h)^{\frac{1}{h}} = 1.000001^{1000000} = 2.7182805$

このように計算すると，極限値は 2.7182818284…… という無理数であることが分かる．ここで，$\varepsilon = 2.7182818284……$ と置くと，(7・8) 式は，

$$y' = (\log_a x)' = \frac{1}{x} \log_a \varepsilon \tag{7・9}$$

となる．ここで $a = \varepsilon$ とすると，

$$y' = (\log_\varepsilon x)' = \frac{1}{x} \log_\varepsilon \varepsilon = \frac{1}{x} \times 1 = \frac{1}{x}$$

となって [7・3] 8) の式が得られる．

以上で分かるとおり，**自然対数の底 ε** は $(1+h)^{\frac{1}{h}}$ の $h \to 0$ における極限値である．

また，(7・9) 式を変形してみる．$\log_a \varepsilon = A$ と置くと，$a^A = \varepsilon$，この両辺の自然対数をとると，$A \log_\varepsilon a = \log_\varepsilon \varepsilon = 1$，

$$\therefore \quad A = \frac{1}{\log_\varepsilon a}$$

これを (7・9) 式に入れると，

$$y' = (\log_a x)' = \frac{1}{x \log_\varepsilon a}$$

この式が，[7・3] 16)の式である．

d. $\dfrac{d\varepsilon^x}{dx} = \varepsilon^x$ （[7・3] 7)の式）

　この式の証明は，あとで述べる合成関数の導関数の式を使えば容易にできるが，ここでは大切な式なので，概念的な感じをつかむための説明をしよう．

　a を定数として a^x は指数関数である（p.36〜37）．ε^x は，このaを2.718……という数値にしたものである．ここで 3^x と ε^x の値を計算してみよう．

x	3^x	ε^x
-2	0.1111	0.1353
-1	0.3333	0.3679
0	1.0	1.0
1	3.0	2.7183
2	9.0	7.3891
3	27.0	20.0855

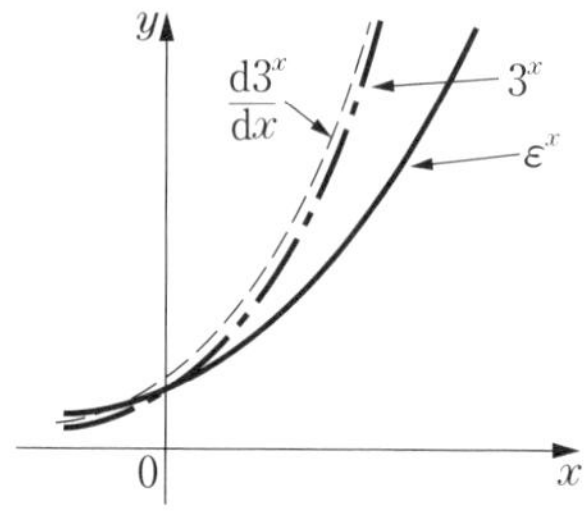

第7・16図

　この 3^x と ε^x のグラフは**第7・16図**のようになる．ただし，分かりやすい図にするために，適当な尺度にしてある．

　$y = 3^x$ について，x の各点における微分係数をプロットするとおおよそ破線のようになることが考えられる．つまり，導関数 $\dfrac{d3^x}{dx}$ のグラフは 3^x に近いよく似たグラフなのである．ここで $\dfrac{d\varepsilon^x}{dx}$ のグラフを考えると，ε^x のグラフの勾配は 3^x の勾配より小さいから，$\dfrac{d\varepsilon^x}{dx}$ の値は $\dfrac{d3^x}{dx}$ の値より小さい．そして，$\dfrac{d\varepsilon^x}{dx}$ のグラフは ε^x に似た形であることも想像できるだろう．実際には，$\dfrac{d\varepsilon^x}{dx}$ のグラフは ε^x のグラフの上にピッタリ重なるのである．このことを式で表せば，$\dfrac{d\varepsilon^x}{dx} = \varepsilon^x$ と書くのである．

なお，$\dfrac{d\log x}{dx}=\dfrac{1}{x}$ についても $\log x$ のグラフを書くと感じがつかめるだろう．

7・4　いろいろな微分法

すでに合成関数の導関数などという言葉が何度か出てきた．119 ページ [7・3] の微分公式に出てこなかった公式について説明しよう．

(1) 合成関数とその導関数

合成関数などというとえらい難しいようであるが，実は少しも難しくない．合成関数を微分する式はあとで出てくるような分かりやすい式である．そして**非常に大切**な式である．いま，

$$y=f(x), \quad z=g(y) \tag{7・10}$$

という関数があるとする．2 番目の式は見なれないようであるが，$y=g(x)$ の文字を変えただけのことである．この第 2 式に，第 1 式を入れると次のようになる．

$$z=g(f(x))$$

この式は，x が決まると z が決まるということで，z は x の関数である．そして，(7・10) 式の 2 式を合成してできた関数という意味で**合成関数**という．要するに**関数の関数**である．

たとえ話でいえば，第 **7・17 図**のように z チャンのおなかの中に y という虫がいて，z チャンのご機嫌は y 虫に左右される．その y 虫の中にまた x という虫がいて，y 虫は x 虫に左右される．結局 x 虫によって y 虫，y 虫によって z チャンのご機嫌が左右されるのである．

このようなたとえ話は分かったような分からないようなものである．本当は端的に例をあげたほうがよい．

$$i=I_m \sin 2\pi ft \tag{7・11}$$

第 7・17 図

の $2\pi ft$ は角度であって，$2\pi ft=\theta(t)$ と置ける．つまり角度 θ は時間 t の関数である．これを上の式に入れれば，

$$i = I_m \sin(\theta(t)) \qquad (7\cdot12)$$

もっとくどくいえば，$I_m \sin x$ というのは x の関数で，抽象的に書けば $f(x)$ である．(7・12) 式の $I_m \sin x$ を $f(x)$ と書き換えれば，

$$i = f(\theta(t)) \qquad (7\cdot13)$$

つまり，(7・11) 式は (7・13) 式の形をした合成関数である．
このような合成関数は次のように微分すればよい．

[7・5] 合成関数の導関数

$y = f(x)$，$z = g(y)$ の合成関数 $z = g(f(x))$ は次式で微分できる．

$$\frac{dz}{dx} = \frac{dz}{dy} \cdot \frac{dy}{dx} = \frac{dg(y)}{dy} \cdot \frac{df(x)}{dx}$$

例 7・6 インダクタンス L〔H〕に $i = I_m \sin 2\pi ft$〔A〕が流れるとき，L の端子電圧 e はいくらか．

解 $e = L\dfrac{di}{dt} = L\dfrac{d}{dt} I_m \sin 2\pi ft = LI_m \dfrac{d}{dt} \sin 2\pi ft$

$= LI_m \dfrac{d \sin 2\pi ft}{d\, 2\pi ft} \cdot \dfrac{d\, 2\pi ft}{dt} = 2\pi f L I_m \cos 2\pi ft$〔V〕　**答**

この $2\pi fL$ がリアクタンスであることは，ご承知のとおりである．なお，[7・5] の式にならって，$2\pi ft = y$ とすれば，上式は $LI_m \dfrac{d \sin y}{dy} \cdot \dfrac{dy}{dt}$ である．

上記の $\dfrac{dz}{dx} = \dfrac{dz}{dy} \cdot \dfrac{dy}{dx}$ の公式は極限値の式を使って証明できるが，ここではあえてしない．この式を ( )′ の記号で書くと $(g(f(x)))' = (g(y))'_y \cdot (f(x))'_x$ とでも書くことになるが，$\dfrac{dz}{dx} = \dfrac{dz}{dy} \cdot \dfrac{dy}{dx}$ のほうがはるかに分かりやすい．$\dfrac{dy}{dx}$ は，dy 割る dx ではない（p.117）のであるが，この式はちょうど分数の掛け算と同じ形になっていて極めて記憶しやすい．

次に 129～130 ページで怪しげな説明をした次の式を説明しよう．

例 7・7 $(\varepsilon^x)' = \varepsilon^x$ を証明せよ．

7・4 いろいろな微分法

解 $y=\varepsilon^x$ と置くと $\log y = x$. この両辺を x で微分する.

左辺は $\dfrac{d\log y}{dx} = \dfrac{d\log y}{dy} \cdot \dfrac{dy}{dx} = \dfrac{1}{y} \cdot \dfrac{dy}{dx}$

右辺は $\dfrac{dx}{dx} = 1$

∴ $\dfrac{1}{y} \cdot \dfrac{dy}{dx} = 1$

したがって, $\dfrac{dy}{dx} = y$. $y = \varepsilon^x$ を入れると,

$$\dfrac{d\varepsilon^x}{dx} = \varepsilon^x$$

問題 7・3 次の関数を微分せよ.

(1) $(x^2+x+1)^3$ (2) $\sqrt{2x-5}$ (3) $\left(\dfrac{x}{x^2+1}\right)^5$

(4) $(x-1)^2(x^2+x+3)^3$ (5) $x\sqrt{x^2+1}$ (6) $\log(2x+1)^3$

(7) $\log\dfrac{x-1}{x+1}$ (8) $(x^2+1)\varepsilon^{2x}$ (9) $\cot x$

(10) $\cos^2 x$ (11) $\sin(x^2+1)$ (12) $\varepsilon^x \cos 2x$

(2) 逆関数の導関数

関数 $y=f(x)$ の x と y とを入れ換えた $x=f(y)$ (①) およびそれを解いた $y=g(x)$ (②) とが $y=f(x)$ の逆関数である (p.34 [3・4]). ここで, ②式の導関数 $y'=g'(x)$ を求めようとするのであるが, この場合, ①式と②式とは全く同じ内容を表していることに注意していただきたい.

この導関数を求めるには,

$$y' = \lim_{\Delta x \to 0} \dfrac{\Delta y}{\Delta x} = \lim_{\Delta x \to 0} \dfrac{1}{\dfrac{\Delta x}{\Delta y}} = \dfrac{1}{\lim_{\Delta y \to 0}\dfrac{\Delta x}{\Delta y}}$$

から, 次のようにすればよい. これも普通の分数と同じ形で記憶しやすい.

[7・6] 逆関数の導関数

関数 f の逆関数 $x = f(y)$ すなわち $y = g(x)$ の導関数は次式で求められる．

$$\frac{dy}{dx} = \frac{1}{\dfrac{dx}{dy}} = \frac{1}{f'(y)}$$

例 7・8 $y = e^x$ を対数関数の逆関数と考えて，その導関数を求めよ．

解 $y = e^x$ を対数関数で表せば，$x = \log y$.

$$\frac{dy}{dx} = \frac{1}{\dfrac{dx}{dy}} = \frac{1}{\dfrac{d \log y}{dy}} = \frac{1}{\dfrac{1}{y}} = y = e^x \quad \text{答}$$

例 7・9 $\text{Sin}^{-1} x$ を微分せよ．

解 $y = \text{Sin}^{-1} x$ と置くと，$-\dfrac{\pi}{2} \leq y \leq \dfrac{\pi}{2}$ の範囲で，$x = \sin y$.

$$\frac{dy}{dx} = \frac{1}{\dfrac{dx}{dy}} = \frac{1}{\dfrac{d \sin y}{dy}} = \frac{1}{\cos y} = \frac{1}{\sqrt{1 - \sin^2 y}}$$

$$= \frac{1}{\sqrt{1 - x^2}} \quad \text{答 ([7・3]12))}$$

(3) **媒介変数による導関数**

いま，次の二つの関数があるとする．

$$y = f(t), \quad x = g(t) \tag{7・14}$$

この2式から t を消去すると，y は x の関数として表される．したがって (7・14) の2式は t を媒介（なかだち）として x と y との関数関係を表しており，t を**媒介変数**という．この場合の y の導関数 y' は次のように求める．

7・4 いろいろな微分法

[7・7] 媒介変数による導関数

$y = f(t)$, $x = g(t)$ のとき,

$$\frac{dy}{dx} = \frac{\dfrac{dy}{dt}}{\dfrac{dx}{dt}} = \frac{f'(t)}{g'(t)}$$

例 7・10 $x = a\cos\omega t$, $y = b\sin\omega t$ のとき dy/dx を求めよ.

解

$$\frac{dy}{dx} = \frac{\dfrac{dy}{d\omega t}}{\dfrac{dx}{d\omega t}} = \frac{\dfrac{db\sin\omega t}{d\omega t}}{\dfrac{da\cos\omega t}{d\omega t}} = \frac{b\cos\omega t}{-a\sin\omega t} = -\frac{b^2 a\cos\omega t}{a^2 b\sin\omega t}$$

$$= -\frac{b^2 x}{a^2 y} \quad \left(\text{または} \ -\frac{b}{a\tan\omega t}\right) \quad 答$$

(4) 陰関数の導関数

$f(x, y) = 0$ の形の式は, この式から y を求めれば y は x の普通の関数の形で表されるから, やはり x と y との関数関係を表している. この形の関数を陰関数という. 陰に陽に援助の手をさしのべる, などという言葉があるが, 陰, というのは表に出ない, という意味である. この導関数は次のように求める.

[7・8] 陰関数の導関数

陰関数 $f(x, y) = 0$ の導関数は両辺を x で微分して求める.

例 7・11 x, y の関係が $x^2 + y^2 = 4$ (円の式) のとき, y' を求めよ.

解 両辺を x で微分すると,

$$\frac{dx^2}{dx} + \frac{dy^2}{dx} = 0, \quad 2x + \frac{dy^2}{dy} \cdot \frac{dy}{dx} = 0$$

$$2x + 2y\frac{dy}{dx} = 0$$

$$\therefore \quad \frac{dy}{dx} = -\frac{x}{y} \quad 答$$

(5) 微　分

Δx や Δy を増分と呼んだが，これに似た意味合いで dx や dy を微分という．関数 $y=f(x)$ について，点 x において微分係数 $f'(x)$ があるとする．

増分 Δy と Δx との商 $\dfrac{\Delta y}{\Delta x}$ を考えると，$\Delta x \to 0$ のとき $\dfrac{\Delta y}{\Delta x} \to f'(x)$ であるから，

ここで，$\dfrac{\Delta y}{\Delta x} = f'(x) + \varepsilon$　①

すなわち，$\Delta y = f'(x)\Delta x + \varepsilon \Delta x$　②

と置くと，①式により，

　　$\Delta x \to 0$ のとき $\varepsilon \to 0$

となる．したがって，②式の $\varepsilon \Delta x$ は，ε よりさらに速い速さで，

　　$\Delta x \to 0$ のとき $\varepsilon \Delta x \to 0$

となることになる．そこで，Δx が非常に小さいところでは，②式は，

　　$\Delta y \fallingdotseq f'(x)\Delta x$

と書くことができる．このように考えて，次の微分を定義する．この微分の考え方は仮想変位の問題を解くときや，積分の式を立てるときなどに便利である．

[7・9] 微　分

1) $y=f(x)$ の点 x における微分係数と微小増分との関係

　　$\Delta y \fallingdotseq f'(x)\Delta x$

について，Δx，Δy の大きさを極度に小さくしたときの値を**微分**といい，dx，dy で表す．すなわち，

　　$dy = f'(x)dx$

2) 両辺を微分 dx で割ると，

　　$\dfrac{dy}{dx} = f'(x)$

すなわち，微分の商（微分商）は微分係数に等しい．

7・4 いろいろな微分法

例 7・12 静電容量が $C=\dfrac{\varepsilon S}{t}$〔F〕の平行平板コンデンサに Q〔C〕の電荷を与えたときの静電力を求めよ．

解 力を F〔N〕，C の保有エネルギーを W〔J〕とする．F〔N〕によって，極板がその間隔 t の小さくなる方向に微小距離 $\mathrm{d}x$〔m〕動いたとすると，外部に対して仕事をするが，外部から C へのエネルギー供給は Q によるもの以外はないから，

　　外部へなした仕事 $=C$ のエネルギーの減少分

すなわち，

$$F\mathrm{d}x = -\mathrm{d}W \quad \text{①} \qquad \therefore\ F = -\dfrac{\mathrm{d}W}{\mathrm{d}x} \quad \text{②}$$

（極板が移動すると一般に F は変化するが，微分 $\mathrm{d}x$ の移動では F は変化しないと考える．これが①式の意味があるところである―電磁気では仮想変位という）

C の保有エネルギーは $W=\dfrac{1}{2}\cdot\dfrac{Q^2}{C}$，これを②式に入れると，$Q$ は一定だから，

$$F = -\dfrac{\mathrm{d}}{\mathrm{d}x}\left(\dfrac{1}{2}\cdot\dfrac{Q^2}{C}\right) = -\dfrac{Q^2}{2}\cdot\dfrac{\mathrm{d}}{\mathrm{d}x}\cdot\dfrac{1}{C} \quad \text{③}$$

いま，移動距離 x が $x=0$ のとき $C=\dfrac{\varepsilon S}{t}$ とすれば，x の関数としての C は，

$$C = \dfrac{\varepsilon S}{t-x}$$

これを③式に入れると，

$$F = -\dfrac{Q^2}{2}\cdot\dfrac{\mathrm{d}}{\mathrm{d}x}\cdot\dfrac{t-x}{\varepsilon S} = -\dfrac{Q^2}{2\varepsilon S}\cdot\dfrac{\mathrm{d}(t-x)}{\mathrm{d}x} = \dfrac{Q^2}{2\varepsilon S} \quad \text{答}$$

(6) 対数微分法

いま，$y=\dfrac{x(1+x^2)}{\sqrt{1-x^2}}$ を微分せよ，という問題が与えられたとする．これは大分面倒だなと感じるだろう．このような関数の積・商あるいは巾（べき）指

数が x の関数であるときは次の対数微分法によると便利なことが多い.

> **[7・10] 対数微分法**
> 関数 $y=f(x)$ の両辺の対数をとった式 $\log y=\log(f(x))$ の両辺を微分して, y' を求める方法を対数微分法という.

例 7・13 $y=\dfrac{x(1+x^2)}{\sqrt{1-x^2}}$ を微分せよ.

解 両辺の対数をとると,

$$\log y = \log x + \log(1+x^2) - \frac{1}{2}\log(1-x^2)$$

両辺を x で微分すると,

$$\frac{\mathrm{d}\log y}{\mathrm{d}y}\cdot\frac{\mathrm{d}y}{\mathrm{d}x} = \frac{\mathrm{d}\log x}{\mathrm{d}x} + \frac{\mathrm{d}\log(1+x^2)}{\mathrm{d}(1+x^2)}\cdot\frac{\mathrm{d}(1+x^2)}{\mathrm{d}x}$$

$$-\frac{1}{2}\frac{\mathrm{d}\log(1-x^2)}{\mathrm{d}(1-x^2)}\cdot\frac{\mathrm{d}(1-x^2)}{\mathrm{d}x}$$

$$\frac{1}{y}\frac{\mathrm{d}y}{\mathrm{d}x} = \frac{1}{x} + \frac{1}{1+x^2}\cdot 2x - \frac{1}{2}\cdot\frac{1}{1-x^2}(-2x) = \frac{1+3x^2-2x^4}{x(1+x^2)(1-x^2)}$$

この式の両辺に y を掛ければ, $\mathrm{d}y/\mathrm{d}x$ が得られる.

$$\frac{\mathrm{d}y}{\mathrm{d}x} = \frac{1+3x^2-2x^4}{x(1+x^2)(1-x^2)}\times\frac{x(1+x^2)}{\sqrt{1-x^2}} = \frac{1+3x^2-2x^4}{(1-x^2)^{\frac{3}{2}}} \quad\text{答}$$

問題 7・4 次の関数を微分せよ.

(1) $(x+1)^4(2x-1)^3$ (2) a^x ([7・3]15)式)   (3) x^{e^x}

(7) 高次導関数

関数 $y=x^4$ を微分すると次のようになる.

$\quad y' = 4x^3$ ①

これを微分すると,

$\quad (y')' = 12x^2$ ②

微分を繰返すと,

$\quad ((y')')' = 24x$ ③

$\quad (((y')')')' = 24$ ④

$$(((((y')')')')' = 0 \quad ⑤$$
$$((((((y')')')')')' = 0 \quad ⑥$$

以下何度でも微分でき導関数は0である．

②式の $(y')'$ は y' の導関数であるが，これを簡単に y'' あるいは $y^{(2)}$ と書き，y の第2次導関数という．同様に③は y''' あるいは $y^{(3)}$ で第3次導関数，④は y'''' あるいは $y^{(4)}$ で第4次導関数といい，一般に $y^{(n)}$ を第 n 次導関数という．

例えば，$y = \varepsilon^x$ の第 n 次導関数は次のようである．

$$y' = y'' = y''' = \cdots\cdots = y^{(n)} = \varepsilon^x$$

[7・11] **高次導関数**

$y = f(x)$ を n 回微分して得られる導関数を第 n 次導関数といい，次のように表す．

$$f^{(n)}(x), \quad y^{(n)}, \quad \frac{d^n}{dx^n}f(x), \quad \frac{d^n y}{dx^n}$$

第2次以上の導関数を高次導関数という．

問題 7・5 次の関数の第 n 次導関数を求めよ．
(1) $\sin x$ 　　　(2) $\cos x$ 　　　(3) $\log(1+x)$ $(x > -1)$

7・5 関数の極大・極小

(1) **関数の増減と極大・極小**

第7・18図のように，関数 $y = f(x)$ の値が変化するとしよう．

$x = c$ における y の値 $f(c)$ が，$x = c$ の近くの左・右どの点の $f(x)$ の値よりも大きいとき，$f(x)$ は $x = c$ で**極大**になるといい，$f(c)$ を**極大値**という．

同じ考え方で，第7・18図の場合，$f(x)$ は $x = b$ および $x = d$ で**極小**となり，それぞれの**極小値**は $f(b)$ および $f(d)$ である．

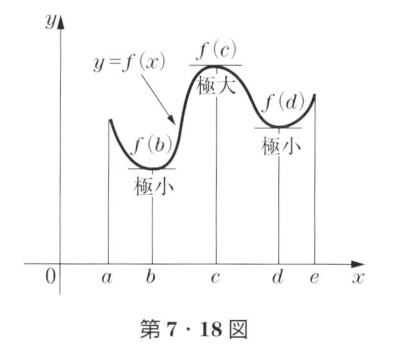

第7・18図

また，極大値と極小値との両方を合わせて**極値**という．

また，ある区間の中で，$f(x)$の最も大きい値を**最大値**といい，逆に最も小さい値を**最小値**という．例えば，第 7・18 図で，区間 (a, e) での最大値は $f(c)$ であり，区間 (c, e) での最小値は $f(d)$ である．

ある x の点の微分係数は，その点の接線の x 軸となす角を θ として，$\tan\theta$ すなわち勾配で求まった．また，上り勾配では微分係数は＋，下り勾配では － であった．これらのことから，関数の値の増減や極値について次のようにまとめることができる．

[7・12]　関数の増減と極大・極小

1) 関数 $f(x)$ について，ある区間で，
   つねに $f'(x)>0$ ならば，$f(x)$ はその区間で増加
   つねに $f'(x)<0$ ならば，$f(x)$ はその区間で減少
   つねに $f'(x)=0$ ならば，$f(x)$ はその区間で一定である．

2) 関数 $f(x)$ が $x=a$ で極値をとるならば，
   微分係数 $f'(a)=0$ である．
   逆に $f'(x)=0$ を満足する x で $f(x)$ は**極値**をとる．（変曲点のように極値をとらない場合もある）

3) $f'(a)=0$ で，$f'(x)$ が $x=a$ の前後で正から負に変わるとき，$f(a)$ は**極大値**である．

4) $f'(a)=0$ で，$f'(x)$ が $x=a$ の前後で負から正に変わるとき，$f(a)$ は**極小値**である．

5) $f'(a)=0$ で，$f'(x)$ が $x=a$ の前後で符号を変えなければ，$x=a$ は曲線 $y=f(x)$ の**変曲点**である．

例　7・14　関数 $y=x^2-4x+1$ の極値を求めよ．

＊参考　代数的な最大・最小の条件（問題によってはこのほうが簡単なこともある）
(1) $y=C/x$ （C；定数，$x>0$）について，x が最小のとき y は最大になる．
(2) $y=C^2+x^2$ は，$x=0$ のとき最小になる．
(3) $x+y$ が一定 $(x>0, y>0)$ のとき，$z=xy$ は $x=y$ で最大になる．
(4) $x\cdot y$ が一定 $(x>0, y>0)$ のとき，$z=x+y$ は $x=y$ で最小になる．

7・5 関数の極大・極小

解 $y' = 2x - 4 = 2(x - 2)$
ここで,
$y' = 2(x - 2) = 0$
とすると,
$x = 2, \ y = 2^2 - 4 \times 2 + 1 = -3$
これにより右の増減表ができる.

x		2	
y'	−	0	+
y	↘	−3	↗
		極小	

増減表から,y は $x = 2$ で極小値 -3 をとる. **答**

例 7・15 関数 $y = \sqrt{9 - x^2} + x$ の最大値・最小値を求めよ.

解 $y' = -\dfrac{-x}{\sqrt{9 - x^2}} + 1$,$y' = 0$ として解くと,

$x = \pm \dfrac{3}{\sqrt{2}}$ で,$-\dfrac{3}{\sqrt{2}}$ は適していないから捨てる.

x の変域は,y,y' の根号の中を − にしない〔−3, 3〕である.以上の式と値から,次のグラフと増減表が得られる.

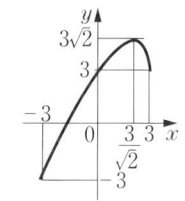

x	−3	⋯	$3/\sqrt{2}$	⋯	3
y'	/	+	0	−	/
y	−3	↗	$3\sqrt{2}$	↘	3

第 7・19 図

ゆえに,$x = \dfrac{3}{\sqrt{2}}$ のとき最大値 $3\sqrt{2}$,$x = -3$ のとき最小値 -3 である.

問題 7・6 次の関数の極値を求めよ.

(1) $y = 2x^2 - 8x + 5$ (2) $y = x^3 + 3x^2 - 9x + 8$

(3) $y = \dfrac{x}{1 + x^2}$ (4) $y = 3\sin\theta + 4\cos\theta$ (θ;変数)

問題 7・7 電磁機械の効率は $\eta = f(I) = \dfrac{EI}{EI + I^2 R + W_i}$ で与えられる.電流 I 以外は定数とし,η が最大となる銅損 $I^2 R$ と鉄損 W_i との関係を求めよ.

(2) 第2次導関数による極大・極小の判別

第7・20図のように，関数 $y=f(x)$ について，$f'(a)=0$, $f'(b)=0$ のとき，$x=a$ および $x=b$ において y は極値をとるが，その極大・極小を判別するのに，$f'(x)$ の符号の変化を用いた．ここで第2次導関数を求めると，$f''(a)<0$, また $f''(b)>0$ である．したがって，

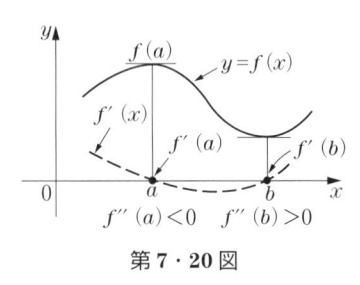

第7・20図

[7・13] 第2次導関数による極大・極小の判別
1) $f'(a)=0$, $f''(a)<0$ ならば $f(a)$ は極大値である．
2) $f'(a)=0$, $f''(a)>0$ ならば $f(a)$ は極小値である．

もし，$f'(a)=0$, $f''(a)=0$ ならば，さらに高次の導関数を求めて判別する．

例 7・16 例7・14の関数の極値の極大・極小判別を，高次導関数によって行え．

解 $y=x^2-4x+1$, $y'=2x-4$, $y''=2>0$

したがって，y は $x=2$ で極小値をとる．

例 7・17 2次関数 $y=ax^2+bx+c$ の極値が極大であるか極小であるかを，a の値によって判別せよ．

解 $y'=2ax+b$, $y''=2a$. したがって，**a が正であれば極値は極小値，a が負であれば極大値である**．(p.34〜35 [3・5] で述べたように，2次関数はすべて $y=ax^2$ を平行移動したものであり，第3・5図によって，a の正・負により，極大・極小を判別できる，といえる)

7・6 関数の級数展開と近似値の計算

15ページ1・5(5)級数展開で，$\sin x = x - \dfrac{x^3}{3!} + \dfrac{x^5}{5!} - \dfrac{x^7}{7!} + \cdots\cdots$ などと関数が級数に展開できることを述べた．ここでは，このような級数に展開するための公式を説明しよう．また，この級数を利用して近似値を計算できる．最近のように関数電卓があれば，近似値の計算もあまり必要はないが，近似式など

7・6 関数の級数展開と近似値の計算

には使われるだろう．

(1) 平均値の定理とテイラーの定理

第 7・21 図のように関数 $y=f(x)$ について，区間 $[a, b]$ を考える．$f(a)$, $f(b)$ に対応する点を a', b' とし，$a'b'$ を直線で結ぶ．このとき，$\overline{a'b'}$ と平行で $f(x)$ と接する接線を引くことができる．この接点を c', x の値を c としよう．

この図から，次のことがいえる．

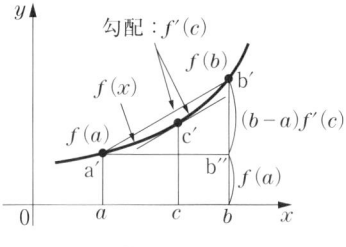

区間 $[a, b]$ の中に，次式を満足する c が少なくとも一つ存在する．

$$\frac{f(b)-f(a)}{b-a}=f'(c) \tag{7・15}$$

これを**平均値の定理**という．上式は次のように書くこともできる．

$$f(b)=f(a)+(b-a)f'(c) \tag{7・16}$$

この式も平均値の定理そのものであるが，適当な $f'(c)$ によって，$f(a)$ の値から $f(b)$ の値を求められることを示している．第 7・21 図でいえば，$f(x)$ のグラフ上の $f(a)$ (a' 点) が分かっているとき，適当な $f'(c)$ の勾配で直線を引き，その直線上 $x=b$ の点 (b' 点) が $f(b)$ の値を表していることになる．

上の考えをさらに進めると，$[a, b]$ 間の適当な x の値を c とし，$x=c$ における第 2 次導関数を $f''(c)$ としたとき，第 7・22 図のように $f(b)$ は次式で表すことができる．

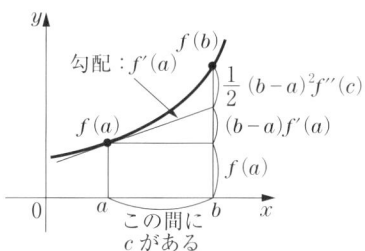

$$f(b)=f(a)+(b-a)f'(a)+\frac{1}{2}(b-a)^2 f''(c) \tag{7・17}$$

これをさらに高次の導関数にひろげると，次のことがいえる．

ある区間で n 回微分することができ，その区間の x の値を a, b, c ($a<c<b$) としたとき，適当な $f^{(n)}(c)$ によって，$f(b)$ は次のように表される．

$$f(b) = f(a) + (b-a)f'(a) + (b-a)^2 \frac{f''(a)}{2!} + (b-a)^3 \frac{f'''(a)}{3!}$$
$$+ \cdots\cdots + (b-a)^{n-1} \frac{f^{(n-1)}(a)}{(n-1)!} + (b-a)^n \frac{f^{(n)}(c)}{n!} \qquad (7\cdot18)$$

これを**テイラーの定理**という．

(2) テイラー展開とマクローリン展開

(7・18) の $n!$ （n の階乗）は n を大きくすると急速に大きくなる数である．例えば，

$$2! = 2, \quad 3! = 6, \quad \cdots\cdots, \quad 6! = 720$$

といった具合である．それで (7・18) 式の最後のほうの項は一般に非常に小さくなるが，そのような場合，$f(b)$ は級数で表されることになる．

また，b は考えている区間のどのような x の値でもよいので，b を x に書き換えてもよい．すると次のようになり，テイラー展開と呼んでいる．

［7・14］ テイラー展開

$f(x)$ は $x = a$ を中心として次の級数に展開できる．

$$f(x) = f(a) + (x-a)f'(a) + (x-a)^2 \frac{f''(a)}{2!} + (x-a)^3 \frac{f'''(a)}{3!} + \cdots\cdots$$

上の式は a が 0 の場合も成り立つので，次のように $f(x)$ を展開できる．これを**マクローリン展開**と呼んでいる．

［7・15］ マクローリン展開

$f(x)$ は次の級数に展開できる（ただし，$n \to \infty$ のとき第 n 項 $\to 0$）．

$$f(x) = f(0) + f'(0)x + \frac{f''(0)}{2!} x^2 + \cdots\cdots + \frac{f^{(n)}(0)}{n!} x^n + \cdots\cdots$$

例 7・18 $y = \varepsilon^x$ を級数に展開せよ．

解 $f'(x) = \varepsilon^x$, $f^{(n)}(x) = \varepsilon^x$, $f^{(n)}(0) = 1$. マクローリン展開すると，

$$\varepsilon^x = 1 + x + \frac{x^2}{2!} + \frac{x^3}{3!} + \cdots\cdots + \frac{x^n}{n!} + \cdots\cdots \qquad \text{答}$$

例 7・19 $y = \sin x$ を級数に展開せよ．

7・6 関数の級数展開と近似値の計算

解 $f(x) = \sin x$，問題 7・5 (p.137) によって，$f^{(n)}(x) = \sin\left(x + n\dfrac{\pi}{2}\right)$．

$f(0) = f^{(4)}(0) = \cdots\cdots = 0,\ f'(0) = f^{(5)}(0) = \cdots\cdots = 1$

$f''(0) = f^{(6)}(0) = \cdots\cdots = 0,\ f'''(0) = f^{(7)}(0) = \cdots\cdots = -1$

$\therefore\ \sin x = x - \dfrac{x^3}{3!} + \dfrac{x^5}{5!} - \dfrac{x^7}{7!} + \cdots\cdots$ **答**

問題 7・8 ε を級数に展開し，$1/4!$ の項までの和を求めよ．

問題 7・9 次の関数のマクローリン展開を x^4 の項まで求めよ．

(1) $\dfrac{1}{1-x}$　　(2) $\dfrac{1}{\sqrt{1+x}}$　　(3) $\tan x$

(3) 近似値の計算

テイラー展開の式で，$x - a = h$ と置くと，$x = a + h$ であり，[7・14] の式は，

$$f(a+h) = f(a) + hf'(a) + h^2\dfrac{f''(a)}{2!} + \cdots\cdots$$

となる．ここで h が小さい値のときは第3項以下を省略して近似値が得られる．また，マクローリン展開の式でも近似値が得られる．

[7・16] 近似値の計算

1) $y = f(x)$ の値は，h が十分小さいときは次式で近似値が得られる．
$$f(a+h) = f(a) + hf'(a)$$

2) $y = f(x)$ の値は，x が小さいときは次式（マクローリン展開の式）の数項まで計算することで，近似値が得られる．
$$f(x) = f(0) + f'(0)x + \dfrac{f''(0)}{2!}x^2 + \dfrac{f'''(0)}{3!}x^3 + \cdots\cdots$$

例 7・20 $(1 \pm x)^n$ の第2項までの近似式を求めよ．

解 $f(x) = (1 \pm x)^n$ とすると，$f(0) = 1$

$f'(x) = \pm n(1 \pm x)^{n-1}\qquad f'(0) = \pm n$

----

* 近似式と誤差　$(1+x)^2 \fallingdotseq 1 + 2x$（誤差 x^2），$\sqrt{1+x} \fallingdotseq 1 + x/2$（誤差約 $x^2/8$），$(1+x)^{-1} \fallingdotseq 1 - x$（誤差 $x^2/(1+x)$），$(1+x)^{-2} \fallingdotseq 1 - 2x$（誤差約 $3x^2$）

$\therefore (1\pm x)^n \fallingdotseq 1\pm nx$ （xが小さいとき）　答

問題 7・10 例7・20の式によって，次式の近似式を書け．
(1) $(1+x)^{-1}$　(2) $(1-x)^{-1}$　(3) $(1+x)^{1/2}$　(4) $(1-x)^{1/2}$

問題 7・11 変圧器などの電圧変動率は下の式の左辺で与えられる．左辺から右辺が導かれることを示せ．ただし，$q_r \cdot q_x$は抵抗・リアクタンス降下率（小数）で1よりごく小さいものとし，φは力率角とする．

$$\sqrt{(1+q_r\cos\varphi+q_x\sin\varphi)^2+(q_x\cos\varphi-q_r\sin\varphi)^2}-1$$
$$\fallingdotseq q_r\cos\varphi+q_x\sin\varphi+\frac{1}{2}(q_x\cos\varphi-q_r\sin\varphi)^2$$

7・7 偏微分法

いままでは，$y=f(x)$のように，変数がxだけ，つまり**一つの変数**の関数を扱ってきたが，実際には変数が二つ以上の関数がたくさんある．

例えば，抵抗は$R=\rho l/S$で求まるが，抵抗率ρを定数としても，Rは長さlと断面積Sとの関数とみられる．この場合，$R=f(l,S)$と表し，**2変数の関数**である．

また，第7・23図の回路で，RとXとが可変であれば，電源から流れる電流や電力はRとXの二つの変数の関数である．第7・23図の回路でxやXがなくrとRだけの場合のRの最大消費電力P_mは，次のように求める．

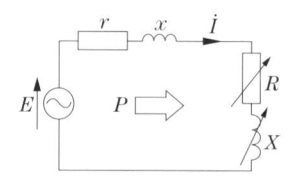

$$I=\frac{E}{r+R}, \quad P=I^2R=\frac{E^2R}{(r+R)^2} \quad *$$

第7・23図

PをRで微分し0と置くと，

$$\frac{\mathrm{d}P}{\mathrm{d}R}=E^2\cdot\frac{(r+R)^2-2R(r+R)}{(r+R)^4}=\frac{E^2(r+R)(r-R)}{(r+R)^4}=0$$

$\therefore R=r$

---

* この式の分母子をRで割って変形したほうが簡単になる（問題7・7の解答参照）．

7・7 偏微分法

これを P の式に入れて，$P_m = \dfrac{E^2 r}{(2r)^2} = \dfrac{E^2}{4r}$（極大）となる．

第7・23図のように X も可変の場合は，どのように P_m を求めたらよいだろうか．このような2変数の関数の微分法が**偏微分法**である．

(1) 2変数関数

実数 x, y, z の間に，例えば $z = 2x + y - 3$ のような関係があるとき，x と y の1組の値 (x, y) が与えられると，z の値が決まる．このようなとき，z を変数 x, y の関数といい，二つの変数の関数を**2変数関数**という．

> **[7・17]** 2変数関数（n 変数関数）を次のように表す．
> $$z = f(x, y) \quad (y = f(x_1, x_2, x_3, \cdots, x_n))$$

関数 $y = f(x)$ では，x の一つの値に対して y の一つの値が定まり，xy 平面上で (x, y) に対応する点が動くと**曲線**の**グラフ**が得られた．

2変数関数 $z = f(x, y)$ の場合も，空間内に直交する x, y, z 軸をとって直交座標を作り，その原点を O とする．第7・24図のように，まず，x, y の1組の値 (x_1, y_1) に対応して，xy 平面上に点 $P(x_1, y_1)$ をとる．この x, y の値 (x_1, y_1) によって，$z_1 = f(x_1, y_1)$ という z の値が定まったとすると，P点上 z 軸に平行な長さ z_1 の直線をとることによって点 $Q(x_1, y_1, z_1)$ が定まる．(x, y) の値が変化することによって Q 点が動くと，図のような**曲面**が得られるだろう．このような曲面も，関数 $z = f(x, y)$ の**グラフ**と呼んでいる．

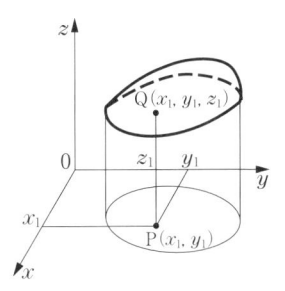

第7・24図

関数 $y = f(x)$ の場合，例えば $x^2 + y^2 = r^2$ は半径 r の円を表す．

同様に，2変数関数の場合も，$x^2 + y^2 + z^2 = r^2$ は半径 r の球を表す．したがって，$z = f(x, y) = \pm\sqrt{r^2 - x^2 - y^2}$ という関数のグラフは球面である．

(2) 偏導関数

2変数関数 $z = f(x, y)$ について，y をある一定の値 b に**固定**すると，上式は，

$$z = f(x, b) \tag{7・19}$$

になる．b は**定数**だから，z は1変数関数と同じであり，

$$z = f(x) \qquad (7\cdot20)$$

と書いてもよい．このように考えると，115ページ [**7・1**] で述べたと全く同じに**微分係数**が考えられる．

y を一定値 b に固定する，ということは，**第7・25図**(a)で y を b 一定にし，bb' 上を x の値が変化するときの z の値がどうなるかを考えることである．したがって，bb' 断面を取り出すと，(b)図のようになり，(x, y) の値が (a, b) の点の微分係数は，(b)図の θ により，$\tan\theta$ で与えられることになる．

第7・25図(b)で，x の値を変えて微分係数を求め，それをプロットすると1変数の場合と同様に導関数が得られる．これを $z = f(x, y)$ の x についての**偏導関数**という．

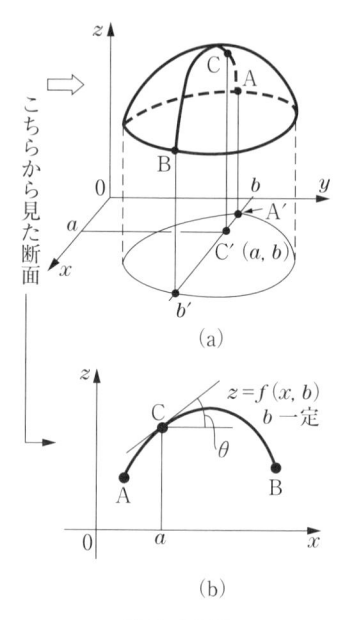

同様に x をある値に固定して考えると $z = f(x, y)$ の **y についての偏導関数**が得られる．その記号は次のとおりである．

[**7・18**] **偏導関数**

1) $z = f(x, y)$ の x および y の偏導関数を次の種々の記号で表す．

$$f_x(x, y),\ z_x,\ \frac{\partial f(x, y)}{\partial x},\ \frac{\partial z}{\partial x},\ \partial_x f$$

$$f_y(x, y),\ z_y,\ \frac{\partial f(x, y)}{\partial y},\ \frac{\partial z}{\partial y},\ \partial_y f$$

2) $x(y)$ についての偏導関数を求めることを x で（y で）**偏微分する**という．

上記の $\dfrac{\partial z}{\partial x}$ はルンド z，ルンド x あるいは偏微分 $\mathrm{d}z \cdot \mathrm{d}x$ と読む．

7·7 偏微分法

例 7·21 $z = x^3 + 2xy + y^2$ の偏導関数を求めよ.

解 1) 初めに x で偏微分する. このときは y をある一定値に固定するのであるから, y を単なる定数として x で微分すればよい. したがって,

$$\frac{\partial z}{\partial x} = \frac{\partial x^3}{\partial x} + 2y\frac{\partial x}{\partial x} + 0 = 3x^2 + 2y \quad \text{答}$$

2) y で偏微分する.

$$\frac{\partial z}{\partial y} = 0 + 2x\frac{\partial y}{\partial y} + \frac{\partial y^2}{\partial y} = 2x + 2y \quad \text{答}$$

> **[7·19] 偏導関数の求め方**
> $z = f(x, y)$ を x で (y で) 偏微分するには, y を (x を) 定数として微分する.

問題 7·12 次の関数を偏微分せよ.

(1) $z = \sqrt{x^2 + y^2}$ (2) $z = \log(x^2 + y^3)$

1 変数関数の第 2 次導関数 $f''(x)$, $\dfrac{d^2 f(x)}{dx^2}$ に対して, 2 変数関数でも次の第 2 次偏導関数が定義されている. またさらに高次の高次偏導関数もある.

> **[7·20] 第 2 次偏導関数**
> 1) 2 変数関数 $f(x, y)$ について, 第 2 次偏導関数を次のように定義する.
>
> $$\frac{\partial}{\partial x}\frac{\partial f}{\partial x} = \frac{\partial f_x}{\partial x} = \frac{\partial^2 f}{\partial x^2} = f_{xx}, \qquad \frac{\partial}{\partial y}\frac{\partial f}{\partial x} = \frac{\partial f_x}{\partial y} = \frac{\partial^2 f}{\partial y \partial x} = f_{xy}$$
>
> $$\frac{\partial}{\partial x}\frac{\partial f}{\partial y} = \frac{\partial f_y}{\partial x} = \frac{\partial^2 f}{\partial x \partial y} = f_{yx}, \qquad \frac{\partial}{\partial y}\frac{\partial f}{\partial y} = \frac{\partial f_y}{\partial y} = \frac{\partial^2 f}{\partial y^2} = f_{yy}$$
>
> 2) f_{xy}, f_{yx} がともに連続ならば, $f_{xy} = f_{yx}$ である.

問題 7·13 次の関数の第 2 次偏導関数を求めよ.

(1) $z = \sqrt{x^2 + y^2}$ (2) $z = \log(x^2 + y^3)$ (問題 7·12 と同じ)

(3) **2 変数関数の極大・極小**

1 変数の関数 $y = f(x)$ の極大, 極小は, $x = c$ における y の値 $f(c)$ が $x = c$ の

近くのどの点の $f(x)$ の値よりも大きいとき，$x=c$ で極大値 $f(c)$ をとるといい，極小も同様の考えであった．2 変数関数 $z=f(x, y)$ の場合も同様で，(x, y) の値が (a, b) のときの値 $z=f(a, b)$ が，$(x, y)=(a, b)$ の近くのどの点の $f(x, y)$ の値よりも大きいとき，z は $(x, y)=(a, b)$ で極大値 $f(a, b)$ をとる，という．

これは要するに，**第 7・26 図**のように，$z=f(x, y)$ の曲面に xy 平面と平行な平面が接する点を P としたとき，P 点の z 座標の値が極大値である，ということである．同様に図の Q 点の z の値が極小値である．

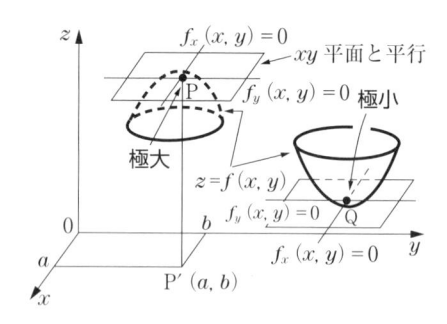

x, y 平面と平行な平面上では，x, y が変化しても z は一定だから，$\dfrac{\partial z}{\partial x}$, $\dfrac{\partial z}{\partial y}$ はともに 0 である．したがって，この平面に接する P 点でも，

$$\frac{\partial z}{\partial x}=f_x(a, b)=0, \quad \frac{\partial z}{\partial y}=f_y(a, b)=0 \tag{7・21}$$

である．また，極小の Q 点でも同様である．

ここで，逆に (7・21) 式が成り立てば，$(x, y)=(a, b)$ の点で極値をとる，といえるかというと，必ずしもそうはいかない．例えば，**第 7・27 図**のように，P 点で，$f_x(a, b)=0$, $f_y(a, b)=0$ であるが，P 点から x 方向でも y 方向でもない方向に z の値が大きくなる凸面があれば，P 点の z の値は極大ではなくなる．それで，極値を与える条件は (7・21) 式のほかに下記のような条件が必要になる．

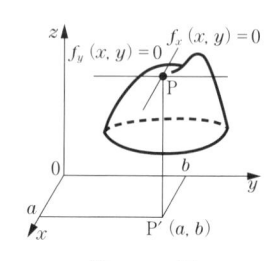

[7・21]　2変数関数の極大・極小

2変数関数 $z = f(x, y)$ について，

1) $(x, y) = (a, b)$ が z の極値を与える条件は，

$$f_x(a, b) = 0, \quad f_y(a, b) = 0$$

かつ，

$$f_{xx}(a, b) \cdot f_{yy}(a, b) - \{f_{xy}(a, b)\}^2 > 0$$

2) 極大・極小の判別

$f_{xx}(a, b) < 0$ ならば $(x, y) = (a, b)$ で z は極大になる．

$f_{xx}(a, b) > 0$ ならば $(x, y) = (a, b)$ で z は極小になる．

例　7・22　第7・23図の回路で，電源から供給する電力 P は負荷インピーダンス $R + jX$ がどのような値のとき最大になるか．また，その最大電力を求めよ．

解　$P = I^2 R = \dfrac{E^2 R}{(R+r)^2 + (X+x)^2} = \dfrac{E^2}{R + \dfrac{r^2 + (X+x)^2}{R} + 2r}$

分母を　$z = f(R, X) = R + \dfrac{r^2 + (X+x)^2}{R} + 2r$ と置く．

すると，z が最小のとき，P は最大となる．z の極値を求めるため，z を偏微分して 0 と置く．

$$f_R(R, X) = \frac{\partial z}{\partial R} = 1 - \frac{r^2 + (X+x)^2}{R^2} = 0 \qquad ①$$

$$f_X(R, X) = \frac{\partial z}{\partial X} = \frac{2(X+x)}{R} = 0 \qquad ②$$

①②式を連立方程式として R，X を求めると，

$$X = -x, \quad R = r \qquad ③$$

次に第2次導関数を求め，③を代入する．*

$$f_{RR}(R, X) = \frac{2\{r^2 + (X+x)^2\}}{R^3}, \quad f_{RR}(r, -x) = \frac{2}{r} \qquad ④$$

---

*電験に出る問題では，④式以降を省略しても大過ないであろう．

$$f_{RX}(R, X) = \frac{-2(X+x)}{R^2}, \quad f_{RX}(r, -x) = 0 \qquad ⑤$$

$$f_{XX}(R, X) = \frac{2}{R}, \quad f_{XX}(r, -x) = \frac{2}{r} \qquad ⑥$$

$$f_{RR}(r, -x) \cdot f_{XX}(r, -x) - \{f_{RX}(r, -x)\}^2 = \frac{4}{r^2} > 0$$

ゆえに,極値が存在する.

また,④式により $f_{RR}(r, -x) = \dfrac{2}{r} > 0$ だから, $f(r, -x)$ は極小値である.

ゆえに,③式 $X = -x$, $R = r$ のとき P は最大になる.

答 負荷インピーダンス $r - jx$, $P_m = \dfrac{E^2}{4r}$

問題 7・14 次の関数の極値を求めよ.

(1) $f(x, y) = x^2 - xy + y^2 - 4x - y + 1$　　(2) $f(x, y) = x^3 - 3xy + y^3$

(4) 全微分と陰関数の導関数

1変数関数の場合,134ページ [7・9] で微分について述べた. $y = f(x)$ の点 x における微分係数を $f'(x)$ とすると微分 dy は,微分 dx によって,

$$dy = f'(x) dx \qquad (7 \cdot 22)$$

で与えられる.つまり, x がごく微小量 dx だけ増加すると, y の増加量は $f'(x) dx$ だ,ということである.

2変数関数の場合も, x, y が Δx, Δy だけ増えたときの z の増加量は,

$$\Delta z = f(x + \Delta x, y + \Delta y) - f(x, y)$$

という式で考えられ, Δx, Δy を極度に小さくしたときの Δz を dz で表し,全微分といい,上述の (7・22) 式に似た次の式で求められる.

[7・22] 全微分

2変数関数 $z = f(x, y)$ の点 (x, y) における偏微分係数を $f_x(x, y)$, $f_y(x, y)$ とすると, z の全微分 dz は次式で求まる.

$$dz = f_x(x, y) dx + f_y(x, y) dy = \frac{\partial z}{\partial x} dx + \frac{\partial z}{\partial y} dy$$

7・7 偏微分法

第 7・28 図は上式を概念的に説明するものである．上式で dx, dy を Δx, Δy に置き換え，

$$\Delta z = f_x(x, y)\Delta x + f_y(x, y)\Delta y$$

で計算される Δz が図の Δz である．Δx, Δy を極めて小さく dx, dy としたときは，図の Δz が z の増分（微分）と同じになる，と解すればよい．

例 7・23 電動機の回転数が $N = E/k\phi$（ただし，E；供給電圧，ϕ；界磁束，k；定数）で与えられるとして，E, ϕ が変化するときの N の全微分を求めよ．

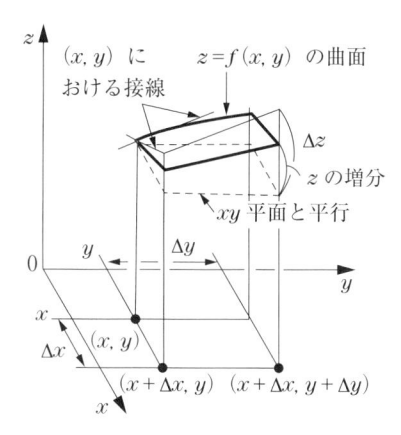

第 7・28 図

解 $N = f(E, \phi)$ とする．

$$dN = \frac{\partial N}{\partial E}dE + \frac{\partial N}{\partial \phi}d\phi = \frac{\partial}{\partial E}\cdot\frac{E}{k\phi}\cdot dE + \frac{\partial}{\partial \phi}\cdot\frac{E}{k\phi}\cdot d\phi$$

$$= \frac{1}{k\phi}dE - \frac{E}{k\phi^2}d\phi \quad \text{答}$$

なお，N, E, ϕ が時間 t とともに変化するときは，上式は次のようになる．

$$\frac{dN}{dt} = \frac{1}{k\phi}\cdot\frac{dE}{dt} - \frac{E}{k\phi^2}\cdot\frac{d\phi}{dt}$$

陰関数 $f(x, y) = 0$ の導関数 $\dfrac{dy}{dx}$ の求め方については，すでに 133 ページ [7・8] で述べた．[7・8] の方法のほうがむしろ簡単であるが，偏微分を使う方法もある．

陰関数を $z = f(x, y) = 0$ と置くと，2 変数関数が常に 0 である場合と見ることができる．この場合は z の全微分 dz も当然 0 である．したがって，[7・22] の式に $dz = 0$ を入れると，

$$\frac{\partial z}{\partial x}dx + \frac{\partial z}{\partial y}dy = 0$$

したがって，陰関数の導関数は次のように求めることができる．

[7・23] 陰関数の導関数

陰関数 $f(x, y) = 0$ の導関数は，$\dfrac{dy}{dx} = -\dfrac{f_x(x, y)}{f_y(x, y)}$ で与えられる．

例 7・24 x, y の関係が $x^2 + y^2 = 4$ のとき y' を求めよ．（例 7・11 と同じ）

解 $z = x^2 + y^2 - 4$ と置く．

$$\dfrac{\partial z}{\partial x} = 2x, \quad \dfrac{\partial z}{\partial y} = 2y \quad \therefore \dfrac{dy}{dx} = -\dfrac{2x}{2y} = -\dfrac{x}{y} \quad 答$$

微分と積分の単位

ご存知の式 $e = L\dfrac{di}{dt}$ ①で，e は〔V〕，L は〔H〕であるが，導関数 di/dt の単位は何であろうか．$\dfrac{di}{dt}$ は $\dfrac{\Delta i〔A〕}{\Delta t〔s〕}$ の $\Delta t \to 0$ の極限であって，その単位は〔A/s〕である．

$\dfrac{dy}{dx}$ 〔?〕, $\int y\,dx$ 〔?〕

速度の式は $v = dl/dt$ であって，dl/dt の単位は〔m/s〕と速度の単位になることを考えると分かりやすい．

アンペアの周回積分の法則は $\int H dl = i$ ②という式で表される．

$\int H dl$ は $\sum H \times \Delta l$ の $\Delta l \to 0$ の極限であり，②式の単位の関係は，〔H の単位〕×〔m〕=〔A〕ということで，〔H の単位〕=〔A〕/〔m〕=〔A/m〕になる．つまり，$\int H dl$ の単位は，〔A/m〕×〔m〕=〔A〕，である．

①式の $\dfrac{di}{dt}$ の単位は $\dfrac{i}{t}$ と同じ〔A/s〕，②式の $\int H dl$ の単位は $H \times l$ と同じ〔A/m・m〕=〔A〕である．

8 積分法

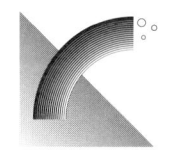

8・1 微分と定積分・不定積分のあらまし

　定積分は，分かりやすい例では，図形の面積を求めたり，物の体積を求めたりするのに使われるが，電気では，電界・磁界・静電容量・抵抗等々の計算に広く使われる．**不定積分**は微分方程式を解くのに使う．微分方程式は物体の運動や過渡現象の計算などに使う．

　定積分は上にあげたようにいろいろに応用されるが，分かりやすく**面積**で考えよう．**第 8・1 図**(a)の $f(x)$ の曲線と x，y 軸に囲まれた面積，⌒形の 0aQP を求めることを考える．まず，0a の長さを n 等分して，n 等分された長さを Δx とする．また，それぞれの Δx の中心の x の値を x_1，x_2，x_3，……，x_n とする．

　(a)図の x_1 のところの灰色の面積を ΔS_1 とすると，

$$\Delta S_1 = f(x_1)\Delta x \qquad (8 \cdot 1)$$

である．灰色の形は長方形ではないが，$f(x_1)$ の値は，この Δx の間の平均の高さとみてよいから，Δx が小さければ小さいほど (8・1) 式は正しくなる．(8・1) 式の ΔS_1 を(b)図のように描く．次に，(a)図の x_2 のところの面積 ΔS_2 を (8・1) 式と同様に求めて，(b)図のように階段状に描く．同様に ΔS_3，ΔS_4，…，ΔS_n を描けば，(a)図の面積 0aQP = S は(b)図の $\overline{\mathrm{aR}}$ として求まる．なぜならば，(a)図で S は，

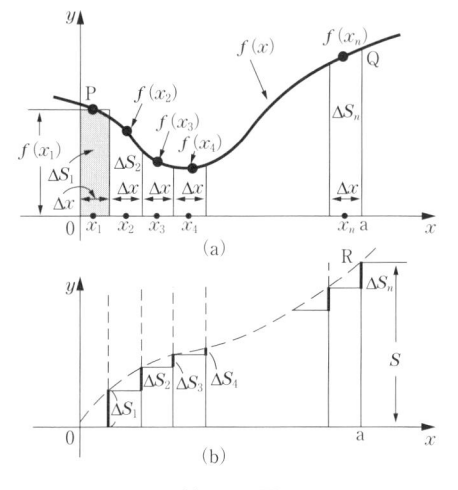

第 8・1 図

$$S = \Delta S_1 + \Delta S_2 + \Delta S_3 + \cdots\cdots + \Delta S_n \tag{8・2}$$

であり，(b)図の S は（8・2）式と同じだからである．

（8・2）式 $S = \Delta S_1 + \Delta S_2 + \Delta S_3 + \cdots\cdots + \Delta S_n$ を簡単に，

$$S = \sum_{i=1}^{n} \Delta S_i \tag{8・3}$$

と書く．また，（8・1）式を入れると，

$$S = \sum_{i=1}^{n} f(x_i)\Delta x \tag{8・4}$$

ということになる．（8・4）式の Δx を $\Delta x \to 0$ とした極限の式を，

$$S = \int_0^a f(x)\,\mathrm{d}x \tag{8・5}$$

と書く．この記号 $\int$ は，$\sum$ の総和（summation）*と同じ意味でSを長く伸ばしたものであり，**積分記号**といい，integral と読む．

（8・5）式は，第8・1図(a)のような面積を求めたので，積分記号の下端と上端は 0，a となった．しかし，**第8・2図**のように，x が a と b の間の面積を求めるのが一般的であり，（8・5）式は次のようになる．

$$S = \int_a^b f(x)\,\mathrm{d}x \tag{8・6}$$

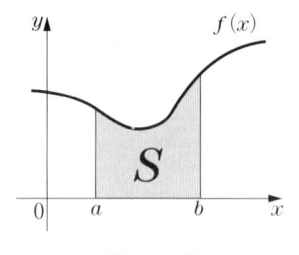

第8・2図

このような計算は，あとで述べるように，公式を使って計算するのであるが，とにかく，（8・6）式で表される値を関数 $f(x)$ の a から b までの**定積分**というのである．

さて，次に**不定積分**のあらましを考えてみよう．不定積分の計算は定積分の計算の基礎になるし，微分方程式を解くのに使われる．

---

*Σ：総和記号（Summation sign）．ギリシャ語のアルファベットの大文字シグマである．Σは英語のSに相当する．

8・1 微分と定積分・不定積分のあらまし

153 ページの第 8・1 図(b)は一種のグラフであるが，階段状になっていた．これは Δx にある大きさがあるためであるが，(8・5) 式を考えたときのように，$\Delta x \to 0$ の極限では滑らかな曲線になる．また，階段状のグラフは $x=0$ の点から始まっているが，これを一般的な形にして，第 8・2 図のような $x=a$ から始まるグラフとして考える．すると，**第 8・3 図**(b)の**ような実線のグラフ**になるだろう．このグラフも，x の値が決まると，一つの y の値が決まるから，一つの **x の関数**である．それで $F(x)$ と書くことにして，(8・6) 式の形で書くと次のようになる．

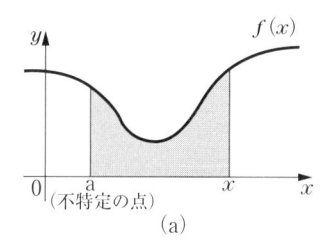

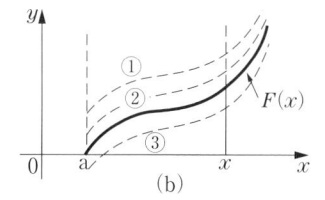

第 8・3 図

$$F(x) = \int_a^x f(x)\,\mathrm{d}x \tag{8・7}$$

ところで，上式の a，つまり第 8・3 図(a)の a 点をある決まった点としないで，いろいろに移動する点だと考える．すると，a 点の位置によって(b)図の点線の①②③のようにグラフの位置が変ることになる．これらのグラフはすべて実線のグラフを上下に平行移動したものである．これらのグラフ群を式で表すと次のようになる．

$$\int_a^x f(x)\,\mathrm{d}x + C \tag{8・8}$$

C は**積分定数**あるいは**任意定数**と呼ばれるもので，C の大きさによって，第 8・3 図(b)の①②③のようなグラフの位置が決まってくることになる．(8・8) 式の a はある決まった値ではないのであまり意味はない．それで (8・8) 式を次のように書くことにする．

$$\int_a^x f(x)\,\mathrm{d}x + C = F(x) + C = \int f(x)\,\mathrm{d}x \tag{8・9}$$

この式の右辺を $f(x)$ の**不定積分**というのである．

次に不定積分と微分（導関数）との関係を考えよう。第8・4図のように，$f(x)$ と $F(x)$ とを考え，x の微小部分 Δx をとると，(8・1) と同様に次の式が成り立つ．

$\Delta F = f(x)\Delta x$ つまり，$f(x) = \Delta F/\Delta x$

である．この式で $\Delta x \to 0$ とした極限では右辺は $F(x)$ の導関数になる．つまり，次式になる．

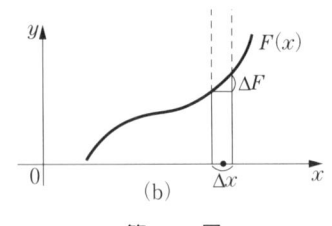

$$f(x) = \frac{dF(x)}{dx} = F'(x) \qquad (8・10)$$

第8・4図

ここで前ページの式を再掲しよう．

$$F(x) + C = \int f(x)\,dx \quad \text{(不定積分)} \qquad (8・9)$$

$$f(x) = \frac{dF(x)}{dx} = F'(x) \qquad (8・10)$$

この二つの式を比べてみると，次のことがいえる．「$f(x)$ を積分（不定積分）した関数 $F(x)+C$ は，そのF(x)を微分した関数が $f(x)$ になるような関数である」

前ページ第8・3図(b)で，①②③のようなグラフがあったが，同じ x の点のグラフの勾配は同じである．したがって，どのグラフの関数を微分しても同じ $f(x)$ になることになる．つまり，(8・9) 式で，$F(x)+C$ を微分すると，$dc/dx = 0$ だから，C の値がいくらであっても，$F(x)+C$ を微分したものは同じ $f(x)$ になるのである．

次に積分の公式を考えよう．いま，ある関数を積分したものが $\sin x + C$ だとする．つまり $F(x) = \sin x$ とする．これを微分すると，

$$\frac{dF(x)}{dx} = \frac{d\sin x}{dx} = \cos x$$

これを第8・5図のように並べてみると，

第8・5図

8・1 微分と定積分・不定積分のあらまし

$$f(x) = \cos x \underset{\text{積分すると}}{\overset{\text{微分すると}}{\longleftrightarrow}} F(x) + C = \sin x + C \qquad (8・11)$$

ということになる．つまり，$\cos x$ を積分すると $\sin x + C$ になる，ということで，これを (8・9) 式に入れると次のようになる．

$$\int \cos x \, dx = \sin x + C \qquad (8・12)$$

119〜120 ページ [7・3] 微分の公式によって，(8・11) の形に微分の公式を並べると第 8・1 表のようになる．④ は上の (8・12) 式であって，結局微分の公式を並べた第 8・1 表は，積分の公式を表すことになる．②，③ は (8・12) 式の形に書けば，

第 8・1 表

	$f(x)$ $\underset{\text{積分すると}}{\overset{\text{微分すると}}{\longleftrightarrow}}$ $F(x)$	
①	nx^{n-1}	x^n
②	ε^x	ε^x
③	$1/x$	$\log x$
④	$\cos x$	$\sin x$
⑤	$-\sin x$	$\cos x$

$$\int \varepsilon^x \, dx = \varepsilon^x + C \qquad (8・13)$$

$$\int \frac{1}{x} \, dx = \log x + C \qquad (8・14)$$

ということになる．②，③ は (8・13)，(8・14) 式で形が良いが，⑤ は少し具合が悪い．

$$\int (-\sin x) \, dx = \cos x + C$$

となるが，$-\sin x$ を積分する，というのは形が悪い．それで両辺に -1 を掛けて，

$$\int \sin x \, dx = -\cos x + C \qquad (8・15)$$

とする．C の前の符号は，C が任意の定数だから，$-$ にしないで，$+$ のままでもよい．

また，① 式もこのまま積分の形にすると，

$$\int nx^{n-1}\,dx = x^n + C$$

となって形が悪い．$\int x^n\,dx$ の形のほうが良いだろう．それで，$\int nx^{n-1}\,dx = n\int x^{n-1}\,dx$ となるので，両辺を n で割って，$\int x^{n-1}\,dx = \dfrac{1}{n}x^n + C$

ここでも，C/n は C が任意定数であることから，単に C としてよいのである．ここで，

$$n-1 = m, \quad \text{すなわち} \quad n = m+1$$

とおいて，これを上の式に入れると，

$$\int x^m\,dx = \dfrac{1}{m+1}x^{m+1} + C$$

この式の m は n と書き換えても成り立つから，

$$\int x^n\,dx = \dfrac{1}{n+1}x^{n+1} + C \tag{8・16}$$

となって，形が良くなる．

以上にあげた (8・12)〜(8・16) の式が不定積分の公式である．

しゃにむに定積分，不定積分，微分との関係を述べた．以上のことは，おおよその感じがつかめれば十分である．次節から，また改めて最初からキチンと記述したい．これによって頭を整理していただきたい．順序を変えて，基礎になる不定積分から述べる．

8・2　不定積分

前節でいろいろ述べたが，不定積分の定義から述べる．気分を新たにして，ここを**出発点**と考えていただきたい．

(1) 原始関数と不定積分

ある関数 $f(x)$ があるとき，$F'(x) = f(x)$ となるような $F(x)$ を $f(x)$ の**原始関数**という．C を任意の定数として，

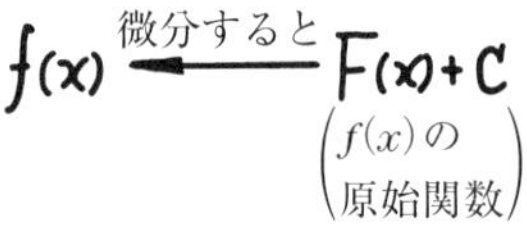

第 8・6 図

8・2 不定積分

$$(F(x)+C)' = F'(x) + \frac{dC}{dx} = F'(x) = f(x)$$

であるから，$F(x)$ が $f(x)$ の原始関数ならば，$F(x)+C$ も $f(x)$ の原始関数である．つまり，C は任意の定数だから，$f(x)$ の原始関数は無数にあることになる．

ここで次の不定積分を定義する．

[8・1] 不定積分[*]

1) $F'(x) = f(x)$ となるような $F(x)$ を $f(x)$ の **原始関数** といい，$f(x)$ のすべての **原始関数** は $F(x)+C$ で表される．

2) $f(x)$ の原始関数 $F(x)+C$ を，

$$\int f(x)\,dx \quad \left(\int ; 積分記号(integral と読む)\right)$$

という記号で表し，これを $f(x)$ の **不定積分** という．すなわち，

$$\int f(x)\,dx = F(x)+C$$

である．

3) 上式の C を **積分定数** または **任意定数** という．

4) $f(x)$ の不定積分を求めることを，$f(x)$ を **積分する** という．

---

(2) 不定積分の基本公式

関数 $f(x)$ および $g(x)$ の原始関数を $F(x)$，$G(x)$ とすると，

$$(F(x)+G(x))' = F'(x) + G'(x) = f(x) + g(x)$$

また，

$$(kF(x))' = kF'(x) = kf(x) \quad (k ; 定数)$$

だから，次の公式が成り立つ．

---

[*] 不定積分とは定積分に対していう言葉であり，不定積分のことを単に積分ということもある．

> [8・2] 不定積分の基本公式(1)
>
> 1) $\displaystyle\int \{f(x)+g(x)\mathrm{d}x\} = \int f(x)\,\mathrm{d}x + \int g(x)\,\mathrm{d}x$
>
> 2) $\displaystyle\int kf(x)\,\mathrm{d}x = k\int f(x)\,\mathrm{d}x \quad (k;定数)$

2)は，定数は積分記号の前に出すということで，積分の計算をするときはまず第一番目にすることである．これによって，式が分かりやすくなる．

不定積分の定義により，微分法の公式は直ちに不定積分の公式に書き直すことができる．記憶すべき式をあげると次のとおりである．

> [8・3] 不定積分の基本公式(2)
>
> | 関数 $f(x)$ | 不定積分 $\displaystyle\int f(x)\,\mathrm{d}x$ |
> |---|---|
> | 1) 1 | $x+C$ |
> | 2) $x^n\ (n\neq -1)$ | $\dfrac{1}{n+1}x^{n+1}+C$ |
> | 3) $\dfrac{1}{x}$ | $\log|x|+C$ |
> | 4) ε^x | ε^x+C |
> | 5) $\dfrac{1}{1+x^2}$ | $\mathrm{Tan}^{-1}x+C$ |
> | 6) $\sin x$ | $-\cos x+C$ |
> | 7) $\cos x$ | $\sin x+C$ |

例 8・1 $\dfrac{3x+2\sqrt{x}-1}{\sqrt{x}}+5\sin x$ を積分せよ．

解 $\displaystyle\int\left(\dfrac{3x+2\sqrt{x}-1}{\sqrt{x}}+5\sin x\right)\mathrm{d}x = \int(3x^{\frac{1}{2}}+2-x^{-\frac{1}{2}}+5\sin x)\,\mathrm{d}x$

$\displaystyle = 3\int x^{\frac{1}{2}}\,\mathrm{d}x + 2\int \mathrm{d}x - \int x^{-\frac{1}{2}}\,\mathrm{d}x + 5\int \sin x\,\mathrm{d}x$

8・2 不定積分

$$= \frac{3}{\frac{1}{2}+1} x^{\frac{1}{2}+1} + 2x - \frac{1}{-\frac{1}{2}+1} x^{-\frac{1}{2}+1} + 5(-\cos x) + C$$

$$= 2x^{\frac{3}{2}} + 2x - 2x^{\frac{1}{2}} - 5\cos x + C \quad 答$$

問題 8・1 次の関数を積分せよ．

(1) $x^3 - 5x^2 + 9$ (2) $(2x-1)(3x-2)$ (3) $6/x^5$

(4) $\left(x - \dfrac{1}{\sqrt{x}}\right)^2$ (5) $3\varepsilon^x - 5\sin x$ (6) $\dfrac{(x+1)^2}{x}$

(3) 置換積分法

次の簡単な積分を例にして，置換積分法を使ってみよう．

$$I = \int E \sin \omega x \, dx \quad (E, \omega ; 定数)$$

1) $\omega x = t$ と置くと $x = t/\omega$，両辺を t で微分して x の微分（[7・9]）を求めると $dx = dt/\omega$，これを I の式に入れて，

$$I = E \int \sin t \cdot \frac{dt}{\omega} = \frac{E}{\omega} \int \sin t \, dt = -\frac{E}{\omega} \cos t + C$$

$$= -\frac{E}{\omega} \cos \omega x + C \quad 答$$

これを次のようにするとなお簡単である．

2) $I = E \displaystyle\int \sin \omega x \cdot \dfrac{1}{\dfrac{d\omega x}{dx}} d\omega x = \dfrac{E}{\omega} \int \sin \omega x \, d\omega x$

$$= -\frac{E}{\omega} \cos \omega x + C \quad 答$$

面倒な計算は1)の方法のほうがよいこともあるが，この例のように簡単な場合は，2)の方法のほうが，普通の分数の計算と同様にできるので，分かりやすい．

置換積分法を文字式で表すと次のようになる．少し分かりにくいかも知れないが，要するに，前記の計算をすればよいのである．

[8・4] 置換積分法

積分 $\int f(x)\,\mathrm{d}x$ の計算をするとき，$x = \varphi(t)$ と置く．

x の微分が $\mathrm{d}x = \varphi'(t)\,\mathrm{d}t\ \left(= \dfrac{\mathrm{d}x}{\mathrm{d}t}\,\mathrm{d}t\right)$ であることから，次の計算ができる．

1) $\displaystyle\int f(x)\,\mathrm{d}x = \int f(\varphi(t))\,\varphi'(t)\,\mathrm{d}t$

2) 上式から，次のようにしてもよい．$\displaystyle\int f(x)\,\mathrm{d}x = \int f(\varphi(t))\,\dfrac{1}{\frac{\mathrm{d}t}{\mathrm{d}x}}\,\mathrm{d}t$

問題 8・2 次の x あるいは t の関数を積分せよ．
(1) $(2x+1)^2$ 　　(2) $E_m \sin(3\omega t + \pi)$ （$E_m,\ \omega$；定数）
(3) $E_m \varepsilon^{-3t}$ 　　(4) $\dfrac{1}{\sqrt{x-1}}$ 　　(5) $\dfrac{1}{4x-3}$

(4) 部分積分法

部分積分法は，二つの関数 $f(x)$ と $g(x)$ の積 $f(x) \cdot g(x)$ を積分する方法である．$g(x)$ の原始関数——$g(x)$ を積分した関数を $G(x)$ として，$f(x) \cdot G(x)$ を微分すると，

$$(f(x)G(x))' = f'(x)G(x) + f(x)g(x)$$

右辺に問題の $f(x)g(x)$ が出てきた．これから次のことがいえる．

[8・5] 部分積分法

$g(x)$ の原始関数を $G(x)$ として，

$$f(x)g(x) = \{f(x)G(x)\}' - f'(x)G(x)$$

この両辺を積分した次式で $f(x)g(x)$ の積分が求められる．

$$\int f(x)g(x)\,\mathrm{d}x = f(x)G(x) - \int f'(x)G(x)\,\mathrm{d}x$$

[8・5] の部分積分法の式を再掲すると，

$$\int f(x)g(x)\,dx = f(x)G(x) - \int f'(x)G(x)\,dx$$

この式を図示すると，**第8・7図**のようになる．

$f(x)g(x)$ を積分するのであるが，$f(x)g(x)$ の形のままでは積分できないとき，$f'(x)G(x)$ が**積分しやすい形**であれば上式で積分できる，というものである．

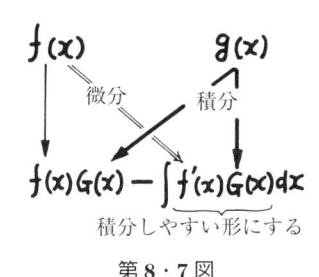

第8・7図

例 8・2 次の関数を積分せよ．

(1) xe^x 　　(2) $\log x$

解 (1) $f(x) = x$, $g(x) = e^x$ と置くと，

$$f'(x) = 1, \quad G(x) = e^x$$

$$\therefore \int xe^x\,dx = xe^x - \int e^x\,dx = (x-1)e^x + C \quad \text{答}$$

(2) $\log x = \log x \cdot 1$ と考え，$f(x) = \log x$, $g(x) = 1$ と置くと，

$$f'(x) = \frac{1}{x}, \quad G(x) = x$$

$$\therefore \int \log x \cdot 1\,dx = \log x \cdot x - \int \frac{1}{x} \cdot x\,dx = x\log x - x + C \quad \text{答}$$

問題 8・3 次の関数を積分せよ．

(1) $x\sin x$ 　　(2) $x\log x$ 　　(3) $\varepsilon^{at}\sin\beta t$

8・3　いろいろな関数の積分法

関数の積分は，前述の置換積分法や部分積分法で求められるものが多い．しかし，例えば，置換積分法の場合でも，どのように置換すればよいかはなかなか難しいものである．ここでは，有理関数，無理関数，三角関数などについて，積分の定石とでもいうものを2, 3説明しよう．

一般に，微分することは，どのような関数であっても比較的容易である．しかし，積分するのは非常に難しい関数がある．あまり難しい積分を考えて長い時間を費やすのは，時間の損失にもなる．難しい積分は公式を見たほうがよ

い．その意味で，巻末に公式をあげた．積分の公式は部厚い1冊の本になるくらいあるが，そのうちの一部である．

難しい積分は公式を見たほうがよいとはいっても，次にあげる積分はある程度計算できるようにしたいものである．

(1) **分数式で表される関数**

例えば，$\dfrac{1}{(x-1)(x-2)}$ を積分する場合は $\dfrac{1}{(x-1)(x-2)} = \dfrac{a}{x-1} + \dfrac{b}{x-2}$ の形に変形する．これを**部分分数に分解**する（問題2・1）という．

1) 未定係数法（[1・7] 恒等式の定理(2)）によって計算すると次のようになる．

$$\frac{1}{(x-1)(x-2)} = \frac{a}{x-1} + \frac{b}{x-2}$$

の分母を払って整理すると，

$$1 = (a+b)x - 2a - b$$

この式が恒等的に成り立つためには，

$$a+b = 0, \quad -2a - b = 1$$

a, b を未知数として連立方程式を解くと，

$$a = -1, \quad b = 1$$

$$\therefore \int \frac{\mathrm{d}x}{(x-1)(x-2)} = \int \frac{-1}{x-1}\,\mathrm{d}x + \int \frac{1}{x-2}\,\mathrm{d}x$$

$$= -\log|x-1| + \log|x-2| + C$$

$$= \log \frac{|x-2|}{|x-1|} + C \quad \text{答}$$

2) 上の計算は少し面倒である．次のように計算すると簡単で，慣れれば暗算でできる．

$$\frac{1}{(x-1)(x-2)} = \frac{a}{x-1} + \frac{b}{x-2}$$

の両辺に $\boldsymbol{x-1}$ を掛ける．

$$\frac{1}{x-2} = a + \frac{b}{x-2} \cdot (x-1)$$

この式が恒等的に成り立つということは，x がどのような値でも成り立つということだから，**$x-1=0$**, すなわち $x=1$ とすると，上式から直ちに $a=-1$ が求まる．

同様に両辺に $x-2$ を掛け，$x-2=0$ とすると $b=1$．

分母にある因数の乗べきを含む場合や，2次の項を含む場合の部分分数分解は上記の場合と少し異なる．

例 8・3 次の関数を積分せよ．

(1) $\dfrac{3x-5}{(x-2)^2}$ (2) $\dfrac{7x^2+4x-9}{x^3+x^2-3x-3}$

解 (1) $\dfrac{3x-5}{(x-2)^2} = \dfrac{a}{x-2} + \dfrac{b}{(x-2)^2}$ と置く．この式から $3x-5 = a(x-2) + b$．$x=2$ と置くと $b=1$．$x=3$ と置くと，$a+b=4$，$a=3$ となるので，

$$\int \frac{3x-5}{(x-2)^2}\,dx = \int \frac{3}{x-2}\,dx + \int \frac{1}{(x-2)^2}\,dx$$

$$= 3\log(x-2) - \frac{1}{x-2} + C \quad \text{答}$$

(2) 分母を因数分解する．

$$x^3 + x^2 - 3x - 3 = x^2(x+1) - 3(x+1) = (x+1)(x^2-3)$$

であるから，

$$\frac{7x^2+4x-9}{x^3+x^2-3x-3} = \frac{7x^2+4x-9}{(x+1)(x^2-3)} = \frac{a}{x+1} + \frac{bx+c}{x^2-3}$$

とおいて分母を払うと，

$$7x^2+4x-9 = a(x^2-3) + (bx+c)(x+1) \qquad ①$$

$x=-1$ とすると，$-6=-2a$，$a=3$．①式は恒等的に成り立たねばならないので，微分しても成り立つ．両辺を x で微分すると（微分しないで未定係数法でもよい），

$$14x+4 = 2ax + b(x+1) + bx + c \qquad ②$$

ここで，$x=0$ と置くと，$4=b+c$．さらに②式の両辺を x で微分すると，

$14 = 2a + 2b$, $a = 3$ だから, $b = 4$
また, $b + c = 4$ だから, $c = 0$

$$\therefore \int \frac{7x^2 + 4x - 9}{x^3 + x^2 - 3x + 3} dx = \int \frac{3}{x+1} dx + \int \frac{4x}{x^2 - 3} dx$$
$$= 3 \log(x+1) + 2 \log(x^2 - 3) + C \quad \text{答}$$

問題 8・4 次の関数を積分せよ.

(1) $\dfrac{1}{9 - x^2}$ (2) $\dfrac{2x - 1}{(x-2)(x-3)}$ (3) $\dfrac{x^2 + 1}{(x+1)(x+2)^2}$

(2) **三角関数**

(a) 三角関数の積は和または差の形に直す.

例 8・4 $\sin^2 x$ を積分せよ.

解 $\sin^2 x = \dfrac{1}{2}(1 - \cos 2x)$

$$\therefore \int \sin^2 x \, dx = \frac{1}{2} \left(\int dx - \int \cos 2x \, dx \right)$$
$$= \frac{1}{2} \left(x - \frac{1}{2} \sin 2x \right) + C \quad \text{答}$$

(b) **$\sin x$, $\cos x$ を含む関数の積分は $\tan \dfrac{x}{2} = t$ と置く.**

例 8・5 $\dfrac{1}{\sin x}$ を積分せよ.

解 $\tan \dfrac{x}{2} = t$ と置けば,

$$x = 2 \operatorname{Tan}^{-1} t, \quad dx = \frac{2}{1 + t^2} dt$$

また,

$$\sin 2\alpha = 2 \sin \alpha \cos \alpha = \frac{2 \tan \alpha}{1 + \tan^2 \alpha}$$

により,

$$\sin x = \frac{2t}{1+t^2}$$

これらにより，

$$\int \frac{1}{\sin x}\,\mathrm{d}x = \int \frac{1+t^2}{2t} \cdot \frac{2}{1+t^2}\,\mathrm{d}t = \int \frac{1}{t}\,\mathrm{d}t$$

$$= \log|t| + C = \log\left|\tan\frac{x}{2}\right| + C \quad \text{答}$$

問題 8・5 次の関数を積分せよ．

(1) $\sin ax \sin bx$ 　　(2) $\dfrac{1}{\sin x \cos x}$

(3) 無理関数

簡単な例を一つあげよう．$\sqrt[n]{ax+b}$ の関数は，$\sqrt[n]{ax+b}=t$ と置く．

例 8・6 $\dfrac{x}{\sqrt[3]{ax+b}}$ を積分せよ．

解 $\sqrt[3]{ax+b}=t$ と置くと，$x=\dfrac{1}{a}(t^3-b)$．

これから，$\mathrm{d}x = \dfrac{3}{a}t^2\mathrm{d}t$．

$$\int \frac{x}{\sqrt[3]{ax+b}}\,\mathrm{d}x = \frac{3}{a^2}\int \frac{(t^3-b)}{t}t^2\mathrm{d}t = \frac{3}{a^2}\left(\int t^4\mathrm{d}t - b\int t\,\mathrm{d}t\right)$$

$$= \frac{3}{a^2}\left(\frac{1}{5}t^5 - \frac{b}{2}t^2\right)$$

$$= \frac{3}{10a^2}(ax+b)^{\frac{2}{3}}(2ax-3b) + C \quad \text{答}$$

一般に，$\displaystyle\int f(x,\sqrt[n]{ax+b})\,\mathrm{d}x$ の積分は，$\sqrt[n]{ax+b}=t$ と置くと，$x=\dfrac{t^n-b}{a}$

となり，$\mathrm{d}x = \dfrac{n}{a}t^{n-1}\mathrm{d}t$ となるので，

$$\int f(x,\sqrt[n]{ax+b})\,\mathrm{d}x = \frac{n}{a}\int f\!\left(\frac{t^n-b}{a},\ t\right)t^{n-1}\mathrm{d}t$$

によって計算できる．

また，$\sqrt{a^2-x^2}$ を含むものは $x = a\sin t$ と置いて，$dx = a\cos t\, dt$．また，
$$\sqrt{a^2-x^2} = a\sqrt{1-\sin^2 t} = a\cos t$$
となって積分できるといった例もある．

(4) ε^x を含む関数

ε^x を含む関数は　$\varepsilon^x = t$ と置く．

例 8・7　$\dfrac{1}{a+b\varepsilon^x}$ を積分せよ．

解　$\varepsilon^x = t$ と置くと，$x = \log t$．t で微分して　$dx = (1/t)dt$．

$$\int \frac{1}{a+b\varepsilon^x} dx = \int \frac{1}{a+bt} \cdot \frac{1}{t} dt = \frac{1}{a}\int \left(\frac{1}{t} - \frac{b}{a+bt}\right) dt$$

$$= \frac{1}{a}\{\log t - \log(a+bt)\} + C$$

$$= \frac{1}{a}\{x - \log(a+b\varepsilon^x)\} + C \quad \text{答}$$

以上いくつかの例をあげたが，説明しなかったものも含めてまとめると次のようである．

[8・6]　いろいろな関数の積分法

1) **分数式**の関数は部分分数に分解する．例えば，次のように分解できる．

$$\frac{P(x)}{(x+a)(x+b)(x+c)} = \frac{A}{x+a} + \frac{B}{x+b} + \frac{C}{x+c} \quad \left(\begin{array}{l}P(x)\text{は分母より次}\\\text{数が小さい整式}\end{array}\right)$$

$$\frac{P(x)}{(x+a)(x+b)^2} = \frac{A}{x+a} + \frac{B_1}{x+b} + \frac{B_2}{(x+b)^2}$$

2) **三角関数**

　　a. 三角関数の積は，和または差の形にする．

　　b. $f(\sin x, \cos x)$ は $\tan\dfrac{x}{2} = t$ と置く．

3) 無理関数
   a. $f(x, \sqrt[n]{ax+b})$ は $t = \sqrt[n]{ax+b}$ と置く．
   b. $f(x, \sqrt{a^2-x^2})$ は $x = a\sin t$ と置く．
   c. $f(x, \sqrt{x^2-a^2})$ は $x = a\sec t$ と置く．
   d. $f(x, \sqrt{x^2+a^2})$ は $x = a\tan t$ と置く．
4) 指数関数と対数関数
   ε^x を含む関数は $t = \varepsilon^x$，$\log x$ を含む関数は $t = \log x$ と置く．

8・4 定積分

積分法の中で，電気の計算に最も広く使われるのは定積分である．

定積分については，8・1で述べたので，ここでは要点を整理して記述しよう．

(1) 定積分の定義

関数 $y = f(x)$ について区間 $[a, b]$ を考え，この区間を n 等分し，その中点を $x_1, x_2, \cdots, x_n$ とする．また，$(b-a)/n = \Delta x$ とする．このとき，次の総和を考える．

$$\sum_{i=1}^{n} f(x_i)\Delta x = \{f(x_1) + f(x_2) + \cdots + f(x_n)\}\Delta x$$

この総和の $\Delta x \to 0$ の極限値を a から b までの $f(x)$ の定積分といい，次の定義をする．

[8・7] 定積分の定義(1)

$f(x)$ の a から b までの定積分 $\int_a^b f(x)\,dx$ は，$(b-a)/n = \Delta x$ として，

$$\int_a^b f(x)\,dx = \lim_{\Delta x \to 0} \sum_{i=1}^{n} f(x_i)\Delta x$$

上の定積分の定義は，第 8・8 図を見ると分かりやすい．第 8・8 図では $\int_a^b f(x)\,dx$ は面積 S を表すことになる．図のように，$f(x_i)\Delta x = \Delta S$ として，

ΔS を Δx の幅の微小面積と考えると，次のように書ける．

$$\int_a^b f(x)\,dx = \int_{x=a}^b dS = S$$

つまり，

$$S = \int_{x=a}^b dS \qquad (8\cdot 17)$$

第 8・8 図

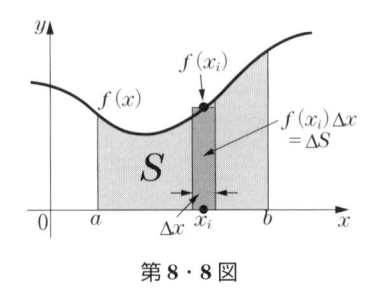

(8・17) 式は，微小面積 dS（面積 S の微分）を寄せ集めたのが面積 S である，ということで分かりやすい式である．

しかし，定積分は面積だけを表すものではない．例えば，ある物体が $v(t)$ の速さで動いているとする．Δt の時間内に動く微小距離は $\Delta L = v(t)\Delta t$ であるから，時刻 t_1 から t_2 の間に移動する距離 L は次の定積分で求まることになる．

$$L = \int_{t=t_1}^{t_2} dL = \int_{t_1}^{t_2} v(t)\,dt$$

次に，$f(x) = \sin x$ の場合を考えよう．

$\int_0^\pi \sin x\,dx$ の定積分は，第 8・9 図の面積 S を表すと考えることができる．しかし，$x = \pi$ から 2π の間は $f(x) = \sin x$ の値の $-$ だから，定積分の定義から，

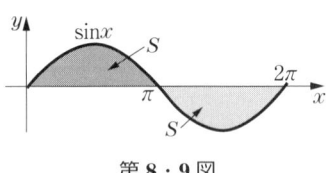

第 8・9 図

$$\int_0^\pi \sin x\,dx = S \quad \text{として} \quad \int_\pi^{2\pi} \sin x\,dx = -S$$

ということになる．また，x が 0 から 2π までの定積分は，

$$\int_0^{2\pi} \sin x\,dx = S + (-S) = 0$$

である．このように，面積は定積分で求まるが，定積分は必ずしも面積を表すとはいえない．また，[8・7] の定義のとおり，$f(x)$ の a から b までの定積分は，

$$\frac{b-a}{n} = \Delta x \qquad\qquad ①$$

8・4 定積分

として,

$$\int_a^b f(x)\,\mathrm{d}x = \lim_{\Delta x \to 0} \sum_{i=1}^n f(x_i)\Delta x \qquad ②$$

であるが, $f(x)$ の **b** から **a** までの定積分は, ①のように $\Delta x = (b-a)/n$ として,

$$\frac{a-b}{n} = -\Delta x$$

$$\therefore \int_b^a f(x)\,\mathrm{d}x = -\lim_{\Delta x \to 0}\sum_{i=1}^n f(x_i)\Delta x = -\int_a^b f(x)\,\mathrm{d}x$$

ということになる.

次に, もう一つ別な定積分の定義を述べよう. 第 8・10 図のように, 区間 $[a, b]$ の $f(x)$ と x 軸の間の面積を考える. a から x までの面積は, x に応じて決まるから x の関数であり $S(x)$ と書ける. x の増分 Δx に対する $S(x)$ の増分を ΔS とすると,

$$\Delta S = f(c)\Delta x \quad (\text{ただし, } x < c < x+\Delta x)$$

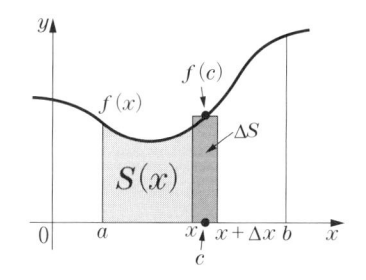

$$\therefore \quad \frac{\Delta S}{\Delta x} = f(c)$$

第 8・10 図

である. ここで, $\Delta x \to 0$ とすれば $c \to x$ となるから, その極限では,

$$\lim_{\Delta x \to 0}\frac{\Delta S}{\Delta x} = \lim_{c \to x} f(c) = f(x) \quad \text{つまり,} \quad \frac{\mathrm{d}S}{\mathrm{d}x} = S'(x) = f(x)$$

である. $S(x)$ を微分すれば $f(x)$ になるのだから, $S(x)$ は $f(x)$ の一つの原始関数である. 他方, $f(x)$ の**任意の原始関数**を $F(x)$ とすれば,

$$S(x) = F(x) + C \quad (C: 定数) \tag{8・18}$$

と表すことができる. 関数 $S(x)$ は a から x までの面積だから, $x = a$ のときは,

$$S(a) = F(a) + C = 0 \qquad \therefore \quad C = -F(a)$$

これを (8・18) 式に入れると,

$$S(x) = F(x) - F(a)$$

第 8・10 図の x が a から b までの面積 S は $S(b)$ であるから, 次式で求まる.

$$S = S(b) = F(b) - F(a) \tag{8・19}$$

[8・7] の定義 $\int_a^b f(x)\,dx = \lim_{\Delta x \to 0} \sum_{i=1}^n f(x_i)\Delta x$ も第 8・10 図の場合面積 S を表しており，(8・19) 式も同じものを表しているのである．それで次の定義をする．

[8・8] 定積分の定義(2)

1) $f(x)$ の原始関数（$f(x)$ を積分した関数）を $F(x)$ とするとき，$f(x)$ の a から b までの定積分は次式で与えられる．

$$\int_a^b f(x) = F(b) - F(a)$$

2) この定積分を求めることを，$f(x)$ を a から b まで積分する，という．
3) a を下端，b を上端という．
4) 1)の式を下記のように書いて計算する．

$$\int_a^b f(x) = [F(x)]_a^b = F(b) - F(a)$$

例 8・8 $\int_0^\pi \sin x\,dx$, $\int_\pi^{2\pi} \sin x\,dx$, $\int_0^{2\pi} \sin x\,dx$ の値を求めよ．

解 $\int_0^\pi \sin x\,dx = [-\cos x]_0^\pi = -\cos \pi - (-\cos 0)$

$\qquad\qquad = -(-1) - (-1) = 2$ **答**

$\int_\pi^{2\pi} \sin x\,dx = [-\cos x]_\pi^{2\pi} = -\cos 2\pi - (-\cos \pi)$

$\qquad\qquad = -1 - 1 = -2$ **答**

$\int_0^{2\pi} \sin x\,dx = [-\cos x]_0^{2\pi} = -\cos 2\pi - (-\cos 0)$

$\qquad\qquad = -1 - (-1) = 0$ **答**

これらの結果は，170 ページで第 8・9 図について述べたことと一致している．

問題 8・6 次の定積分の値を求めよ．

8・4 定積分

(1) $\displaystyle\int_0^{\pi/2} \cos x \, \mathrm{d}x$ (2) $\displaystyle\int_0^{\pi} \cos x \, \mathrm{d}x$ (3) $\displaystyle\int_1^5 \frac{\mathrm{d}x}{x}$

(2) 定積分の性質と計算

不定積分の公式と定積分の定義とから，次の定積分の性質が分かる．

[8・9] 定積分の性質

1) $\displaystyle\int_a^b k f(x) \, \mathrm{d}x = k \int_a^b f(x) \, \mathrm{d}x$　(k：定数)

2) $\displaystyle\int_a^b \{f(x) \pm g(x)\} \, \mathrm{d}x = \int_a^b f(x) \, \mathrm{d}x \pm \int_a^b g(x) \, \mathrm{d}x$

3) c が区間 $[a, b]$ の中にあるとき，
$$\int_a^c f(x) \, \mathrm{d}x + \int_c^b f(x) \, \mathrm{d}x = \int_a^b f(x) \, \mathrm{d}x$$

4) $\displaystyle\int_a^a f(x) \, \mathrm{d}x = 0$

5) $\displaystyle\int_b^a f(x) \, \mathrm{d}x = - \int_a^b f(x) \, \mathrm{d}x$

$\displaystyle\int f(x) \, \mathrm{d}x$ の不定積分で，次の置換積分ができた（p.162 [8・4]）．

$x = \varphi(t)$ と置くと，$\mathrm{d}x = \varphi'(t) \mathrm{d}t$

$\therefore \quad \displaystyle\int f(x) \, \mathrm{d}x = \int f(\varphi(t)) \varphi'(t) \, \mathrm{d}t$

$\displaystyle\int_a^b f(x) \, \mathrm{d}x$ の定積分も同様に計算できる．

ただし，$\displaystyle\int_{\text{下端}}^{\text{上端}} f(\varphi(t)) \varphi'(t) \, \mathrm{d}t$ の下端と上端は，a, b のままではいけない．$x = a$ のとき，$t = \alpha$, $x = b$ のとき $t = \beta$ ならば，下端・上端には α, β を入れることになる．

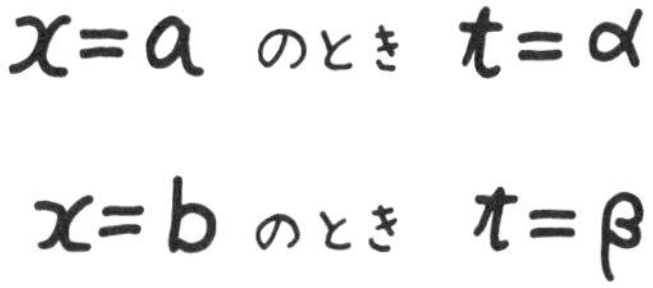

$x = a$ のとき $t = \alpha$
$x = b$ のとき $t = \beta$

第 8・11 図

[8・10]　定積分の置換積分法

$\int_a^b f(x)\,\mathrm{d}x$ の積分について，$x = \varphi(t)$ と置くと，$\mathrm{d}x = \varphi'(t)\,\mathrm{d}t$ である．
また，t の値 α, β について，$\varphi(\alpha) = a$, $\varphi(\beta) = b$ ならば，

$$\int_a^b f(x)\,\mathrm{d}x = \int_\alpha^\beta f(\varphi(t))\varphi'(t)\,\mathrm{d}t$$

あるいは，

$$\int_a^b f(x)\,\mathrm{d}x = \int_\alpha^\beta f(\varphi(t))\frac{1}{\dfrac{\mathrm{d}t}{\mathrm{d}x}}\,\mathrm{d}t$$

例 8・9 $\int_{-1}^{2} \dfrac{x}{\sqrt{3-x}}\,\mathrm{d}x$ を求めよ．

解 $3 - x = t$ と置けば，$x = 3 - t$, $\mathrm{d}x = -\mathrm{d}t$.
また，$x = -1$ のとき $t = 4$, $x = 2$ のとき $t = 1$ であるから，

$$\int_{-1}^{2} \frac{x}{\sqrt{3-x}}\,\mathrm{d}x = -\int_{4}^{1} \frac{3-t}{\sqrt{t}}\,\mathrm{d}t = \int_{4}^{1}\left(-3t^{-\frac{1}{2}} + t^{\frac{1}{2}}\right)\mathrm{d}t = \frac{4}{3} \quad 答$$

問題 8・7 次の定積分の値を求めよ．

(1) $\int_{-1}^{2}(3x^2 - 2x^3)\,\mathrm{d}x$ 　　(2) $\int_{0}^{2\pi}\sin^2 x\,\mathrm{d}x$ 　　(3) $\int_{0}^{1}\sqrt{1-x}\,\mathrm{d}x$

不定積分における部分積分の式から，定積分の場合は次の部分積分ができる．

[8・11]　定積分の部分積分法

$$\int_a^b f(x)g(x)\,\mathrm{d}x = \left[f(x)G(x)\right]_a^b - \int_a^b f'(x)G(x)\,\mathrm{d}x$$

例 8・10 $\int_{0}^{\pi/2} x\sin x\,\mathrm{d}x$ を求めよ．

解 $f(x) = x$, $g(x) = \sin x$ と置くと，
$f'(x) = 1$, $G(x) = -\cos x$

8・4 定積分

$$\therefore \int_0^{\pi/2} x \sin x \, dx = [x(-\cos x)]_0^{\pi/2} + \int_0^{\pi/2} \cos x \, dx$$

$$= 0 + [\sin x]_0^{\pi/2} = 1 \quad 答$$

問題 8・8 次の定積分の値を求めよ（部分積分法にこだわらないで計算せよ）．

(1) $\int_{-1}^{3} \dfrac{dx}{x^2 + 7x + 10}$　　(2) $\int_0^{\log 3} \dfrac{dx}{\varepsilon^x + 5 + 6\varepsilon^{-x}}$

(3) $\int_0^{2\pi} \sin m\theta \sin n\theta \, d\theta$ $\begin{pmatrix} m, \ n：整数，\ m \neq n \ と \ m = n \ の場合を計算せよ．こ \\ の式はひずみ波交流の計算の基礎として重要である． \end{pmatrix}$

(4) $\int_0^1 x\varepsilon^x \, dx$　　(5) $\int_0^1 x\varepsilon^{-x} \, dx$　　(6) $\int_0^{\pi} x \sin x \, dx$

(3) 広義積分

いま，例えば，$f(b)$ の値が ∞ になる，といった場合に，次の式で計算することに定義をする．

$$\int_a^b f(x) \, dx = \lim_{\varepsilon \to 0} \int_a^{b-\varepsilon} f(x) \, dx \tag{8・20}$$

また，これに似た形で，a から ∞ までの積分は，a から ∞ の間の点を c として，

$$\int_a^{\infty} f(x) \, dx = \lim_{c \to \infty} \int_a^c f(x) \, dx \tag{8・21}$$

で計算することにする．これらの定積分を**広義積分**または**異常積分**という．

例 8・11 次の広義積分を求めよ．

(1) $\int_0^{\infty} \varepsilon^{-x} \, dx$　　(2) $\int_0^{\infty} x\varepsilon^{-x} \, dx$

解 (1) $\int_0^{\infty} \varepsilon^{-x} \, dx = [-\varepsilon^{-x}]_0^{\infty} = 0 - (-1) = 1$

（この場合は極限値が簡単に分かるので (8・21) 式でなくてもよい）

(2) $\int_0^c x\varepsilon^{-x} \, dx = [-x\varepsilon^{-x}]_0^c + \int_0^c \varepsilon^{-x} \, dx$ （部分積分による）

第1項で $c \to \infty$ とすると，$-c\varepsilon^{-c} = -\infty \cdot \varepsilon^{-\infty} = -\infty \cdot 0$ となって不定形になってしまう．

ここで $c\varepsilon^{-c} = \dfrac{\varepsilon^{-c}}{1/c}$ とすると $c \to \infty$ で $\dfrac{0}{0}$ になるから，ロピタルの定理（p.124 [7・4]）を使うことができる．

$$\lim_{c \to \infty} \frac{\varepsilon^{-c}}{1/c} = \lim_{c \to \infty} \frac{(\varepsilon^{-c})'}{(1/c)'} = \lim_{c \to \infty} \frac{-\varepsilon^{-c}}{\log c} = \frac{-0}{\infty} = 0$$

また，第2項 $\int_0^\infty \varepsilon^{-x} \,\mathrm{d}x$ は，(1)により 1 であるから，

$$\int_0^\infty x\varepsilon^{-x} \,\mathrm{d}x = \lim_{c \to \infty} \int_0^c x\varepsilon^{-x} \,\mathrm{d}x = 0 + 1 = 1 \quad \text{答}$$

8・5　定積分の応用

定積分の応用として，面積・曲線の長さ・体積および 2，3 の電気に関係する計算の例について述べよう．

(1) 面　積

いままでの説明で，第 8・12 図の各面積が下式で計算できることは理解できるであろう．

[8・12]　面積の計算

(a)図　$\displaystyle\int_a^b f(x)\,\mathrm{d}x$

(b)図　$\displaystyle\int_a^c f(x)\,\mathrm{d}x - \int_c^b f(x)\,\mathrm{d}x$

(c)図　$\displaystyle\int_a^b f(x)\,\mathrm{d}x - \int_a^b g(x)\,\mathrm{d}x$

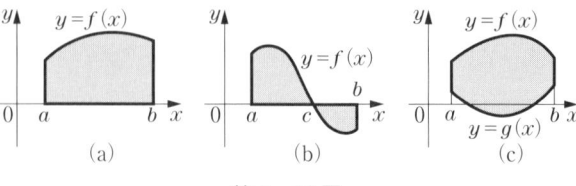

第 8・12 図

8・5 定積分の応用

例 8・12 曲線 $y=\log x$, $y=1$ および x 軸, y 軸で囲まれた面積を求めよ.

解 $\log 1 = 0$, $\log \varepsilon = 1$ だから, 求める面積は第8・13図のようになる. この図から,

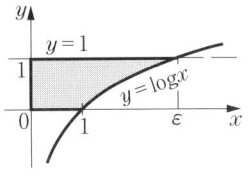

$$S = \varepsilon \times 1 - \int_1^\varepsilon \log x \, dx$$

$$= \varepsilon - [x \log x - x]_1^\varepsilon \quad (\text{p.163, 例 8・2 参照})$$

$$= \varepsilon - 1 \quad \text{答}$$

第 8・13 図

(2) 曲線の長さ

曲線 $y = f(x)$ の, $x = a$ から b までの長さを求める. 区間 $[a, b]$ を n 等分すると, 第 8・14 図の Δx は,

$$\Delta x = \frac{b-a}{n}$$

i 番目の x の値を x_i とすると, その点の微分係数は $f'(x_i)$ であり, 図の Δl はピタゴラスの定理によって,

第 8・14 図

$$\Delta l = \sqrt{(\Delta x)^2 + \{f'(x_i) \Delta x\}^2} = \sqrt{1 + \{f'(x_i)\}^2} \, \Delta x$$

$x = a$ から b までの Δl の総和は, $\Delta x \to 0$ のとき曲線の長さ l に一致する. ゆえに,

$$l = \lim_{\Delta x \to 0} \sum_{i=1}^n \Delta l = \lim_{\Delta x \to 0} \sum \sqrt{1 + \{f'(x_i)\}^2} \, \Delta x$$

したがって, 曲線の長さは次のように求めることができる.

[8・13] 曲線の長さの計算

曲線 $y = f(x)$ の $x = a$ から b までの長さは,

$$l = \int_{x=a}^b dl = \int_a^b \sqrt{1 + \{f'(x)\}^2} \, dx = \int_a^b \sqrt{1 + \left(\frac{dy}{dx}\right)^2} \, dx$$

---

(3) 体 積

体積を求めることを考えよう. この場合も前項(2)のように考えるのが本筋で

あるが，ここではもっと簡単な考え方をしよう．曲線の長さもこれと同様に簡単に考えられる．

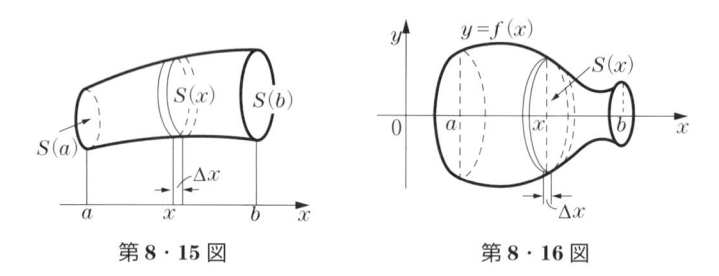

第8・15図　　　　　　　　第8・16図

第8・15図のように，立体の断面積が x の関数 $S(x)$ で与えられる場合は次のようにして体積が求められる．

図の Δx の部分の体積は $\Delta V = S(x)\Delta x$ である．

したがって，x が a から b までの間の体積は，

$$V = \int_{x=a}^{b} dV = \int_{a}^{b} S(x)\,dx$$

第8・16図のように，曲線 $y = f(x)$ を x 軸の周りに回転してできる回転体の体積は，$\Delta V = S(x)\Delta x = \pi \{f(x)\}^2 \Delta x$ から，次のように計算すればよい．

[8・14]　体積の計算

1) 立体の断面積が $S(x)$ で与えられる場合の体積

$$V = \int_{x=a}^{b} dV = \int_{a}^{b} S(x)\,dx$$

2) 曲線 $y = f(x)$ を x 軸中心に回転してできる回転体の体積

$$V = \int_{x=a}^{b} dV = \pi \int_{a}^{b} \{f(x)\}^2 \,dx$$

(4) 速さと距離

物体が $v = v(t)$ の速さで動いているとき，時間 Δt の間に動く距離は $\Delta s = v(t)\Delta t$ である．したがって，次のことがいえる．

[8・15] 速さから距離の計算

速さ $v(t)$ で，t_1 から t_2 の間に動く距離 s は

$$s = \int_{t=t_1}^{t_2} ds = \int_{t_1}^{t_2} v(t) \, dt$$

例 8・13 30 [m/s] の速さで走っている列車にブレーキをかけ，一定減速度で 15 秒後に停止した．ブレーキをかけてから停止するまでに走った距離を求めよ．

解 減速度は $\dfrac{30}{15} = 2$ [m/s^2]．したがって，v は，

$$v = v(t) = 30 - 2t \text{ [m/s]}$$

$$\therefore \quad s = \int_{t=0}^{15} ds = \int_{0}^{15} (30 - 2t) \, dt = [30t - t^2]_{0}^{15} = 225 \text{ [m]} \quad \text{答}$$

ところで，この計算は次のように考えれば算術で解ける．一定減速度だから，$v(t)$ のグラフは第 8・17 図のように直線である．走った距離は図の三角形の面積だから，

$$s = \frac{1}{2} \times 30 \times 15 = 225 \text{ [m]} \quad \text{答}$$

第 8・17 図

できれば，やさしい方法で解いたほうが時間の節約になる．

(5) 慣性モーメント

回転半径 r の質量 m の点の慣性モーメントは $J = r^2 m$ である．**第 8・18 図**のような断面を持つ回転体の場合，微小半径 dr の部分の質量を dm とすると，その部分の慣性モーメントは，

$$dJ = r^2 dm$$

である．したがって，慣性モーメントは次のようにして求められる．

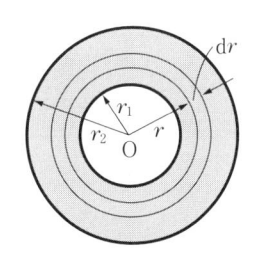

第 8・18 図

[8・16] 慣性モーメント
$$J = \int_{r=r_1}^{r_2} \mathrm{d}J = \int_{r=r_1}^{r_2} r^2 \mathrm{d}m$$

例 8・14 図のような，内径 $2r_1$ 〔m〕，外径 $2r_2$ 〔m〕，幅 L 〔m〕の円環状のはずみ車がある．材料は均質で，総質量は G 〔kg〕である．このはずみ車の回転軸に対する慣性モーメントを求めよ．（昭和54年1種の一部）

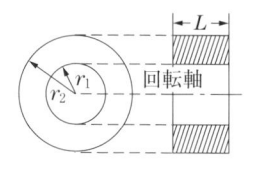

解 材料の比重を ρ 〔kg/m³〕とすると，半径 r 〔m〕，微小幅 $\mathrm{d}r$ 〔m〕の円環の質量は，

$$\mathrm{d}m = 2\pi r \rho L \mathrm{d}r \text{〔kg〕}, \quad \mathrm{d}J = r^2 \mathrm{d}m = 2\pi r^3 \rho L \mathrm{d}r \text{〔kg・m}^2\text{〕}$$

$$\therefore \quad J = \int_{r=r_1}^{r_2} \mathrm{d}J = 2\pi \rho L \int_{r_1}^{r_2} r^3 \mathrm{d}r = 2\pi \rho L \left[\frac{r^4}{4}\right]_{r_1}^{r_2} = \frac{1}{2}\pi \rho L (r_2^4 - r_1^4)$$

$$\rho = \frac{全質量 \text{〔kg〕}}{はずみ車の体積 \text{〔m}^3\text{〕}} = \frac{G}{\pi L (r_2^2 - r_1^2)}$$

$$J = \frac{1}{2}\pi L (r_2^4 - r_1^4) \times \frac{G}{\pi L (r_2^2 - r_1^2)}$$

$$= G \frac{r_2^2 + r_1^2}{2} \text{〔kg・m}^2\text{〕} \quad 答$$

(6) 平均値と実効値

第8・19図のように，対称波の交流の平均値と実効値を考えよう．なお，対称波とは，

$$i(\theta + \pi) = -i(\theta)$$

の関係がある波である．

周期を $T\ (=1/f)$ とすると第8・19図の $i(t)$ の1/2周期間の平均値は次式で求まる．

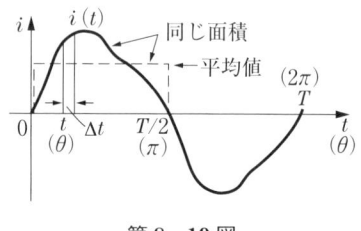

第8・19図

8・5 定積分の応用

$$I_{av} = \frac{1}{T/2} \int_0^{T/2} i(t)\,dt \tag{8・22}$$

つまり，第 8・19 図の波の面積を求めて平均するわけである．

ところで，一般に時間 t で計算するより，電気角 θ で計算したほうが式が簡単になる．

第 8・19 図で横軸の目盛 t を $2\pi f$ 倍すると，目盛は電気角 $\theta = 2\pi ft$ になる．横軸の目盛を $2\pi f$ 倍しても，$2\pi ft\,(=\theta)$ について平均すれば，平均値は (8・22) 式の値と変わらない．横軸を $2\pi f$ 倍したときの平均値は，(8・22) 式の t を $2\pi ft$ と置き換えたもので，これに $T=1/f$，$2\pi ft=\theta$ を入れると次式になる．

$$I_{av} = \frac{1}{2\pi f T/2} \int_0^{2\pi f T/2} i(2\pi ft)\,d2\pi ft = \frac{1}{\pi} \int_0^{\pi} i(\theta)\,d\theta \tag{8・23}$$

(8・23) 式も直観的に分かる式であるが，物理的には (8・22) 式のほうが出発点である．

実効値も時間的に求めるべきところを，次のように θ で積分して求めることができる．

$$I_{eff} = \sqrt{\frac{1}{T/2} \int_0^{T/2} \{i(t)\}^2\,dt} = \sqrt{\frac{1}{\pi} \int_0^{\pi} \{i(\theta)\}^2\,d\theta}$$

[8・17] 交流の平均値と実効値

対称波の場合次式で求まる（非対称波は $0 \sim 2\pi$ の間で計算する）．

$$I_{av} = \frac{1}{\pi} \int_0^{\pi} i(\theta)\,d\theta, \qquad I_{eff} = \sqrt{\frac{1}{\pi} \int_0^{\pi} \{i(\theta)\}^2\,d\theta}$$

問題 8・9 $v = V_{1m}\sin\omega t + V_{3m}\sin(3\omega t - \varphi)$ の平均値を求めよ．

問題 8・10 図のような波高値 E_m 〔V〕の三角波（－側は対称波形）の平均値と実効値を求めよ．

問題 8・11 ある負荷に

$$v = \sqrt{2}\,V_1 \sin\omega t + \sqrt{2}\,V_3 \sin 3\omega t$$

の電圧を加えたところ，

$$i = \sqrt{2}\,I_1 \sin\omega t + \sqrt{2}\,I_3 \sin 3\omega t$$

の電流が流れた．この負荷の消費する電力（平均電力）を求めよ．（問題 8・8

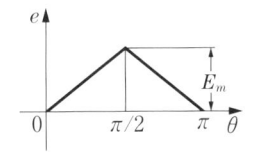

(3)の答を活用せよ．この問題の答は記憶すべきである）

(7) 球帯・球帽の立体角

第 8・20 図のように，半径 r の球面を考え，その球面上の面積 S が中心 O に作る立体角 ω は次式で与えられる．

$$\omega = \frac{S}{r^2} \ [\mathrm{sr}]^*$$

ちょうど，弧度法（p.39）の角度と同様に，S/r^2 の値は r に関係なく立体角の大きさによって決まるから，上式によって立体角が与えられることになる．

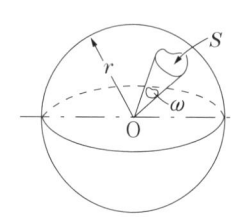

第 8・20 図

さて，第 8・21 図のように鉛直線から θ_1 ～θ_2 の角度の球帯の立体角を求めることを考えよう．

図の微小角 $\mathrm{d}\theta$ の間にある球帯の表面積 $\mathrm{d}S$ は，

$$\mathrm{d}S = 2\pi r \sin\theta \cdot r\mathrm{d}\theta$$

である．ここで，$r\sin\theta$ は $\mathrm{d}\theta$ の間にある球帯の円の半径，$r\mathrm{d}\theta$ は半径 r の球上の $\mathrm{d}\theta$ の上に張る弧の長さ，つまり微小幅球帯の幅である．したがって，θ_1～θ_2 の間の球帯の面積は，

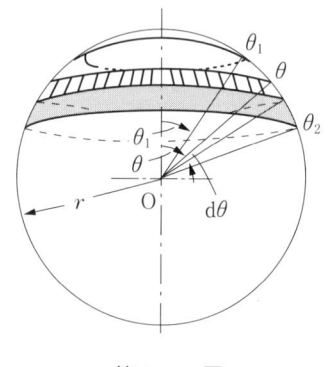

第 8・21 図

$$S = \int_{\theta_1}^{\theta_2} \mathrm{d}S = 2\pi r^2 \int_{\theta_1}^{\theta_2} \sin\theta \ \mathrm{d}\theta = 2\pi r^2 (\cos\theta_1 - \cos\theta_2)$$

ゆえに，鉛直角 θ_1 から θ_2 の間の立体角は，

$$\omega = \frac{S}{r^2} = 2\pi(\cos\theta_1 - \cos\theta_2)$$

である．また，$\theta_1 = 0$ のときは，球帯は半球形になり球帽と呼ばれ，その立体角は上式から直ちに求まる．

---

*〔sr〕：立体角の単位，ステラジアン．

[8・18] 球帯・球帽の立体角

1) 鉛直角 θ_1 から θ_2 の間の球帯を球中心から見る立体角は
   $\omega = 2\pi(\cos\theta_1 - \cos\theta_2)$ 〔sr〕
2) 鉛直角 θ の上の球帽を球中心から見る立体角は
   $\omega = 2\pi(1 - \cos\theta)$ 〔sr〕

問題 8・12 次の面を球中心から見る立体角はいくらか.
(1) 全球面　　(2) 半球面　　(3) 鉛直角 60°の上の球帽

問題 8・13 光束を F〔lm〕として,光源の光度は $I = dF/d\omega$〔cd〕で与えられる.各方向に均等な光度 I_0〔cd〕の球光源から出る光束を求めよ.

(8) 抵抗・静電容量の計算

抵抗 $R_1, R_2, R_3, \cdots\cdots$ が直列になっているときの合成抵抗 R_0 は,

$$R_0 = R_1 + R_2 + \cdots\cdots + R_n = \sum_{i=1}^{n} R_i$$

で求められる.したがって,R_i が微小抵抗 dR ならば,積分で R_0 が求まる.

例 8・15 第 8・22 図のように,心線の半径 a,鉛被の内半径 b,長さ l の単心ケーブルがある.絶縁物の抵抗率を ρ として,このケーブルの絶縁抵抗を求めよ.

解 第 8・22 図の,半径 r,厚さ dr の部分の抵抗 dR は,

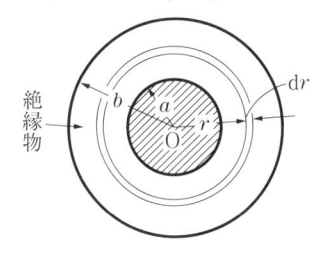

$$dR = \rho \frac{dr}{2\pi rl}$$

第 8・22 図

$$\therefore \quad R = \int_{r=a}^{b} dR = \frac{\rho}{2\pi l} \int_{a}^{b} \frac{1}{r} dr = \frac{\rho}{2\pi l} \log \frac{b}{a} \quad \text{答}$$

静電容量 $C_1, C_2, C_3, \cdots\cdots$ が直列になっているときの全静電容量との関係は,

$$\frac{1}{C_0} = \frac{1}{C_1} + \frac{1}{C_2} + \frac{1}{C_3} + \cdots\cdots + \frac{1}{C_n} = \sum_{i=1}^{n} \frac{1}{C_i}$$

である.したがって,抵抗の場合と同様に定積分を応用できる.

問題 8・14 第 8・22 図の単心ケーブルの静電容量を求めよ.ただし,絶

縁物の誘電率を ε とする.

8・6 多重積分・線積分・面積分

いままで, $y=f(x)$ といった1変数の関数の積分を扱ってきたが, 多変数の関数の積分——多重積分に触れる. これに似ているが少し違っている積分に, 線積分・面積分がある. 線積分はアンペアの周回積分の法則, 面積分はガウスの定理を表すのに使われている. 線積分・面積分は本書の最後の章のベクトル解析によく出てくる.

(1) 二重積分

2変数関数 $z=f(x, y)$ のグラフは, 第 8・23 図のような曲面であるが, x, y 面上のある領域 D の上の体積 V を求めることを考えよう.

領域 D は, 第 8・24 図のように, 曲線 $x=\varphi_1(y)$ と $x=\varphi_2(y)$ とに囲まれているものとする. また, D を囲う長方形の辺の x 座標を a, b, y 座標を c, d とする.

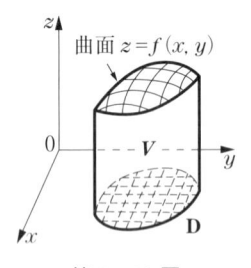

第 8・23 図 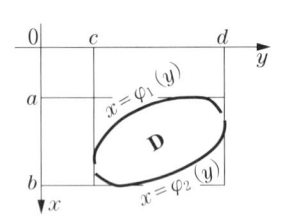　　　第 8・24 図

体積 V を求めるために, 第 8・25 図のように, y 軸上の点 y を通り xz 面と平行な平面で立体を切る. ここにできる面の面積は y の関数であり, $S(y)$ と表せる. 図から $S(y)$ は,

$$S(y) = \int_{\varphi_1(y)}^{\varphi_2(y)} f(x, y)\,dx$$

である. この面に図の Δy の厚みをつけると, その体積は $S(y)\Delta y$ であり, 立体

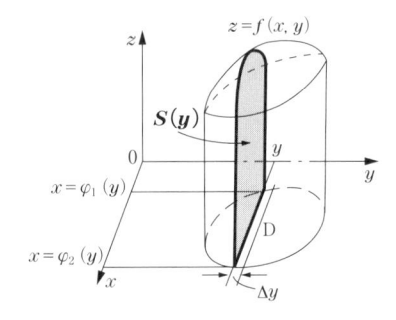

第 8・25 図

の体積 V は，それを集めた $\Sigma S(y)\Delta y$ である．したがって，$\Delta y \to 0$ の極限を考え，V は次の積分で求まる．

[8・19] 二重積分（重積分）

第8・24図の領域Dにおける $z = f(x, y)$ の二重積分は，

$$V = \int_c^d \left\{ \int_{\varphi_1(y)}^{\varphi_2(y)} f(x, y) dx \right\} dy$$

で求まり，次のように表すこともある．

$$\int_c^d dy \int_{\varphi_1(y)}^{\varphi_2(y)} f(x, y) dx, \quad \int_D f(x, y) dx dy, \quad \iint_D f(x, y) dS$$

領域Dが第8・24図の a, b, c, d で決まる長方形の場合は，

$$\iint_D f(x, y) dx dy = \int_c^d dy \int_a^b f(x, y) dx = \int_a^b dx \int_c^d f(x, y) dy$$

となり，容易に積分の順序を変えることができる．しかし，[8・19] の場合に積分の順序を変えるときは積分の上端下端の関数を変換しなければならない．

例 8・16 $\int_0^1 dy \int_0^1 xy dx$ の値を求めよ．

解 $\int_0^1 dy \int_0^1 xy dx = \int_0^1 \left[\frac{x^2}{2} y \right]_0^1 dy = \int_0^1 \frac{y}{2} dy = \left[\frac{y^2}{4} \right]_0^1 = \frac{1}{4}$ **答**

（初めの積分 $\int_0^1 xy dx$ では y を定数と考えて積分すればよい．）

(2) **三重積分**

1変数の関数の定積分は面積を表し，2変数関数の二重積分は体積を表すことを知った．しかし，1変数の関数の定積分が面積だけを表すのではないのと同様に，二重積分も体積だけを表すと考えてはならない．あくまでも [8・19] の式で考えるべきである．

さて，前にもどるが，[8・19] の最後の式 $\iint_D f(x, y) dS$ は，微小の増分（微分）dx, dy で囲まれた面積を $dS = dx dy$ として，その上にある立体 $f(x, y) dS$ を寄せ集めたのが，二重積分である，という意味にもとることができる．

dS = dxdy という面積を考えたのと同様に，3次元の空間では dxdydz という体積を考えることができる．そして，3次元空間内の領域 D の中に u=f(x, y, z) という関数があれば，二重積分と同じ形で次の三重積分を定義することができる．

> **[8・20] 三重積分**
> 3次元空間の領域 D における $u=f(x, y, z)$ の三重積分を次式で表す．
> $$\iiint_D f(x, y, z)\,dxdydz$$

三重積分の応用を，第 8・26 図のような**誘電体に蓄えられる静電エネルギー**に例をとってみよう．

ある点の電界の強さを E 〔V/m〕とすると，その点の静電エネルギーの密度は $\varepsilon E^2/2$ 〔J/m³〕である．その点に微小体積 dv を考えると，そこに蓄えられるエネルギーは，

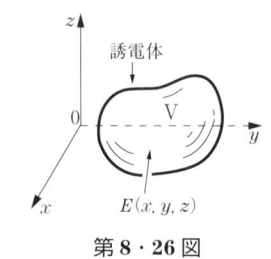

$$dW = \frac{1}{2}\varepsilon E^2 dv \quad (\varepsilon：誘電率) \qquad (8・24)$$

第 8・26 図

で表される．一般的には，E は場所によって異なり，x, y, z の関数 $E(x, y, z)$ である．したがって，誘電体の占める空間の領域（体積）を V として，全エネルギーは，

$$W = \iiint_V dW = \frac{1}{2}\varepsilon \iiint_V |E(x, y, z)|^2\,dxdydz \qquad (8・25)$$

で表されることになる．

ところで，第 8・27 図のような断面の**単心ケーブル**の誘電体の場合，電界の強さは，中心導体と外被の電荷を $\pm Q$ 〔C/m〕とすると，ガウスの定理により，

$$E = \frac{Q}{\varepsilon S} = \frac{Q}{\varepsilon \cdot 2\pi r \times 1} \text{〔V/m〕} \quad (8・26)$$

第 8・27 図

で表される．つまり，r だけの一つの変数の関

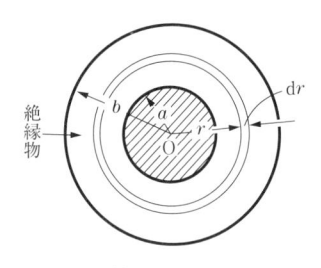

数である．このような場合は (8・25) 式のような面倒なことを考えなくてもよい．図の厚さ dr の部分の 1〔m〕当たりの体積は，

$$dv = (2\pi r \times 1)dr = 2\pi r dr$$

したがって，(8・24) 式の考え方から次のように 1〔m〕当たりのエネルギーが求まる．

$$dW = \frac{1}{2}\varepsilon E^2 \cdot 2\pi r dr = \frac{1}{2}\varepsilon\left(\frac{Q}{2\pi\varepsilon r}\right)^2 \cdot 2\pi r dr = \frac{Q^2}{4\pi\varepsilon r}dr$$

$$\therefore\ W = \int_a^b \frac{Q^2}{4\pi\varepsilon r}dr = \frac{Q^2}{4\pi\varepsilon}\log\frac{b}{a}\ \text{〔J/m〕}$$

なお，さらに，**平行平板コンデンサ**の場合だと，E はどこも一定，つまり E は定数だから，$W = \varepsilon E^2/2 \cdot V$（$V$：体積）という掛け算で全エネルギーが求まることになる．

(3) 線積分

第 8・28 図のように，xy 平面上に曲線 C を考える．また，関数 $z = f(x, y)$ があるとする．

曲線 C 上に微小長さ dl をとり，$f(x, y)dl$ を考えると，図のような曲がった壁面の微小面積を表すことになる．曲線 C に沿って，a から b まで $f(x, y)dl$ を寄せ集めたものを次のように定義する．

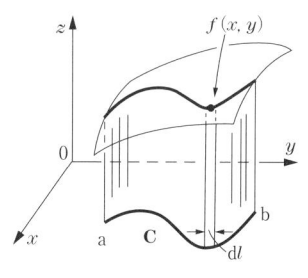

第 8・28 図

[8・21] 線積分　曲線 C に沿っての線積分を次式で表す．

$$\int_C f(x, y)dl \quad 3\text{次元の曲線では，}\int_C f(x, y, z)dl$$

第 8・28 図では曲線 C を xy 平面上で考えたが，3 次元空間の曲線 C でも全く同様に考えることができ，[8・21] の第 2 の式になるわけである．

さて，線積分は電位の計算やアンペアの周回積分の法則に使われる．

a 点の b 点に対する**電位**は，+1〔C〕の電荷を b から a まで運ぶに**要する**仕事量である．電荷を運ぶ経路を第 **8・29** 図の曲線 C であるとする．C の方向を図のように決め，この方向の微小な長さの増分（微分）を dl とする．そ

の点の電界 $\vec{E}$（ベクトル）の接線方向の成分の大きさを E とすると，+1〔C〕を dl だけ運ぶのに要する仕事は（方向からいって電界が仕事をするから）$-Edl$ である．したがって，図の a 点の b 点に対する電位は，

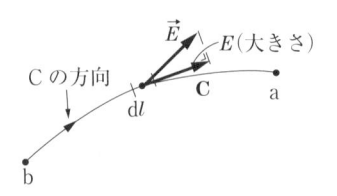

$$V_{ab} = -\int_C E dl = -\int_C E(x, y, z) dl$$

だ，ということになる．

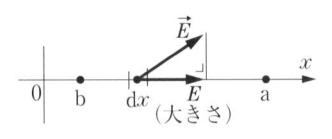

ところで，電位を計算するときは，無理に第8・29図のような曲線の経路を考えないで，直線の経路で済むことが多い．第8・29図の曲線 C を直線にし，x 軸に合わせれば，第8・30図のようになり，V_{ab} は次の普通の積分で求まることになる．

$$V_{ab} = -\int_b^a E dx \quad \left(\text{b が無限遠点のときは } V_a = -\int_\infty^a E dx\right)$$

アンペアの周回積分の法則は，"電流によって生じる磁界中に閉曲線 C をとり，この閉曲線に沿っての磁界の強さ（接線方向成分）の線積分は C と鎖交する全電流に等しい" というものである．これを式で表すと次のようになる．

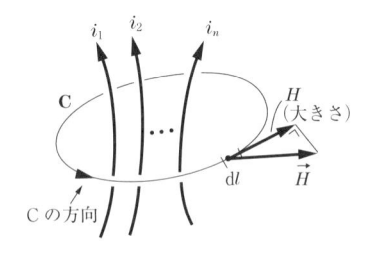

$$\oint_C H dl = i_1 + i_2 + \cdots\cdots + i_n = \sum i$$

第8・31図

積分記号の○印は，1周して積分することを表すに過ぎず，線積分の記号 $\int_C$ と本質的には変わりない．この場合は，電位の場合のように経路を直線で考えるわけにいかないので，どうしても線積分が必要になる．なお，H が一定（定数）の場合は $\oint_C H dl = H \oint_C dl$ となり，$\oint_C dl$ は単に長さを積分したもので，曲線 C の長さになるので，C の長さを L とすれば，

$$\oint_C H dl = H \oint_C dl = HL \quad (= \textstyle\sum i)$$

ということになる．

(4) **面積分**

第 8・32 図のように，3 次元空間の中に曲面 S を考える．曲面 S の上の微小面積を dS とすると，dS の位置は座標 (x, y, z) で表すことができる．いま，$u = f(x, y, z)$ という関数があるとし，$f(x, y, z)dS$ を曲面 S 全体について寄せ集めたものを，S の上の $f(x, y, z)$ の面積分といい，次のように表す．

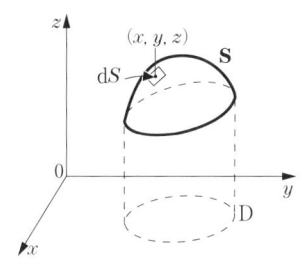

第 8・32 図

[8・22] **面積分**

　S の上の $f(x, y, z)$ の面積分を次式で表す．

$$\iint_S f(x, y, z) dS \quad \left(\text{あるいは簡略化して} \int_S f dS\right)$$

上の式を 185 ページ [8・19] の二重積分の式

$$\int_c^b \left\{ \int_{\varphi_1(y)}^{\varphi_2(y)} f(x, y) dx \right\} dy = \iint_D f(x, y) dS \qquad (8・27)$$

と比べてみると，特に，(8・27) の第 2 式は [8・22] の式とよく似ている．[8・22] の式で，z は x, y の関数とも考えられるので，$f(x, y, z) = F(x, y)$ と置くことができる．したがって，[8・22] の式を $\iint_S F(x, y) dS$ と書けば，(8・27) 式と全く同じようである．この [8・22] と (8・27) 式の大きな違いは次のとおりである．

[8・22] の式の dS は，第 8・32 図の曲面 S の上の小面積である．これに対して，(8・27) 式の dS は領域 D 上，つまり xy 平面上の小面積である．曲面 S 上の dS の，xy 平面上の投影を考えると，曲面 S 上の dS の面積は投影された面積に等しいかあるいは必ず大きい．[8・22] と (8・27) 式の dS にはこの違いがある．

式の形は全く同じようなので，式を見たとき，物理的な意味合いなどから考えて，二重積分か面積分かを区別する必要がある．

　面積分の応用の代表的なものは**ガウスの定理**である．誘電率 ε の媒質の中にいくつかの電荷 $q_1, q_2, \ldots, q_n$ があるとき，これを囲む閉曲面 S を考える．この面 S から出ていく電気力線の総数 N は，

$$N = \frac{1}{\varepsilon}(q_1 + q_2 + \cdots + q_n) = \frac{1}{\varepsilon}\sum_{i=1}^{n} q_i$$

である，というのがガウスの定理である．

　第 8・33 図のように曲面 S の上に微小面積 dS を考え，この点の電界の強さ $\vec{E}$ の面 S の法線成分の大きさを E とすると，E は法線方向の電気力線の密度を表す．したがって，dS から出る電気力線の数 dN は，

$$dN = E dS$$

であり，E は dS の位置によって決まる関数 $E(x, y, z)$ であるから，面積分によって，

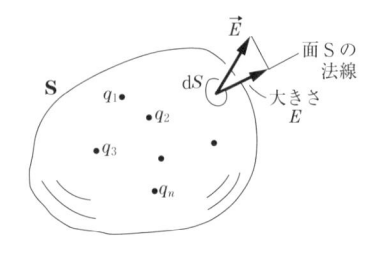

$$N = \iint_S E(x, y, z) dS \quad \left(\text{あるいは簡単に} \int_S E dS\right)$$

第 8・33 図

と曲面 S から出る電気力線の総数が表される．この式を使えばガウスの定理は，

$$\iint_S E dS = \frac{1}{\varepsilon}\sum_{i=1}^{n} q_i = \frac{Q}{\varepsilon} \quad (Q;q_i \text{の合計})$$

となる．われわれがガウスの定理を使って便利をするのは，$\vec{E}$ が面 S の法線の方向で，かつ一定（定数）の場合であり，この場合は上式は次のようになる．

$$E \iint_S dS = \frac{Q}{\varepsilon}$$

$\iint_S dS$ は曲面 S の全面積 S_0 であるから，

$$E = \frac{Q}{\varepsilon S_0}$$

によって電界の強さが求まることになる．

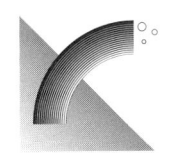

⑨ 微分方程式と過渡現象

9・1 微分方程式とはどういうものか

　第9・1図のように，ある物体 m が落下するときの速さ v〔m/s〕を考えよう．地球上では物体が落下するときの加速度は，空気抵抗を無視すると，どんな物体でも $g = 9.8$〔m/s^2〕である．

　dt〔s〕間に速さが dv だけ増えたとすれば，加速度は $a = dv/dt$ であり，地球上ではこれが g〔m/s^2〕であるから，

$$\frac{dv}{dt} = g \tag{9・1}$$

第9・1図

　この式は v がある値であるときだけ満足する式だから，一種の方程式であり，このように**導関数を含んだ方程式を微分方程式**という．また，この式を満足するような v の式を微分方程式の**解**といい，v を求めることを微分方程式を**解く**，という．

　(9・1) 式の微分方程式を解くには次のようにすればよい．(9・1) 式は微分 ([7・9]) を考えると次のように書ける．

$$dv = g dt \tag{9・2}$$

両辺を積分しても等式が成り立たねばならないから，

$$\int dv = \int g dt \qquad \therefore \quad v = gt + C \tag{9・3}$$

これが (9・1) 式の解である．試みに (9・3) 式が (9・1) 式を満足するか計算してみる．(9・3) 式を (9・1) 式に入れると，

$$\frac{d}{dt}(gt + C) = g\frac{dt}{dt} + \frac{dC}{dt} = g + 0 = g \tag{9・4}$$

となって，(9・1) 式を満足していることが分かる．
　ところで，(9・4) 式で分かるが，C は定数であればいくらであっても (9・1) 式の微分方程式を満足する．つまり，C は**任意定数**である．

　(9・3) 式 $v = gt + C$ は，$y = mx + b$ と同じ形であって，そのグラフは直線である．切片 b は任意定数 C に相当するから，C の値によって，**第 9・2 図**の①②③④…のようないろいろな直線になる．(9・3) 式で $t = 0$ とすれば，$v = C$ だから，C の値は，$t = 0$ のときの速さだ，ということになる．

　例えば，ある時刻から時間を測り，その時刻を $t = 0$ とし，$t = 0$ のとき速度が 0 だとすれば，

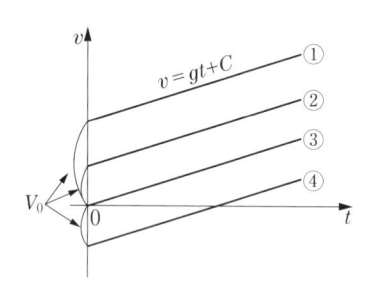

$$v = g \times 0 + C = 0$$

から $C = 0$ で，(9・3) 式は，

$$v = gt \tag{9・5}$$

となる．このグラフは第 9・2 図の③である．

第 9・2 図

　また，$t = 0$ のとき，$v = V_0$ ならば，(9・3) 式は，

$$v = gt + V_0 \tag{9・6}$$

となる．

　ここで，$v = gt + C$ (9・3)，$v = gt$ (9・5)，$v = gt + V_0$ (9・6) のいずれも，微分方程式 $\dfrac{dv}{dt} = g$ (9・1) を満足させるから，いずれも解である．この解のうち (9・3) の解は，任意定数 C の値の決め方によって (9・5) にも (9・6) にもなるので一般的な解といえる．それで，(9・3) のような任意定数を含む解を**一般解**という．これに対して，(9・5) (9・6) は C に特殊な値を与えた解という意味で，**特殊解**という．

　(9・5) (9・6) の特殊解を得るためには，上の計算で分かるとおり，$t = 0$ のときの速さを一般解に入れて C を決定する．このような $t = 0$ のときの条件を**初期条件**という．

上の例では t が独立変数,v が従属変数(p.31)であるが,数学書では一般的な形で,x を独立変数,y を従属変数として記述している.

> **[9・1] 微分方程式と解**
>
> 1) 変数 x, y とその導関数 $\dfrac{dy}{dx}$, $\dfrac{d^2y}{dx^2}$ などとの間で成り立つ方程式を**微分方程式**という.
> 2) 微分方程式を恒等的に成り立たせるような,導関数を含まない関係式をその微分方程式の**解**という.
> 3) 任意定数を含む解を**一般解**という(数学では一般解を求めるのが目標).
> 4) 一般解の任意定数に特定の値を与えて得られる解を**特殊解**という.
> 5) 任意定数は**初期条件**(境界条件などという条件のこともある)によって,特定の値に定められる.

微分方程式の解は一般解か特殊解かのどちらかである(特異解という変な解もあるが,われわれは考えなくてよい).したがって,一般解が分からなくても,任意定数を含まない解はどのような解であっても(解であれば)特殊解だといえる.この考え方は,あとで微分方程式を解くとき便利な考え方である.

問題 9・1 物体を地表から真上に投げたときのような,速さ v の上向きを + と決めたときの変数 v, t, と重力の加速度 g による微分方程式を作れ.また,同じ物体の運動について,高さを h として,h, t および g による微分方程式を作れ.

9・2 微分方程式の作り方と初期条件

微分方程式を立てることと初期条件を決めることは,電気その他物理的な問題であって,数学の問題ではない.立てられた微分方程式を解いて一般解を求めることは,物理的な問題ではなく,数学の問題である(p.1).ここでは,物理的な問題であるが,微分方程式の立て方と初期条件の決め方を説明しよう.

(1) RL-E の回路の例

第9・3図のように，抵抗 R 〔Ω〕とインダクタンス L 〔H〕とが直列になっている回路で，$t=0$ にスイッチ sw. を投入したとき流れる電流 i についての微分方程式を考えよう．

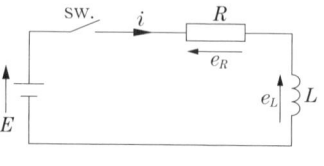

第9・3図

i および R と L の逆起電力（端子電圧）は時間とともに変化する．このような変数は i, e_R, e_L のように小文字で表すことにする．詳しく書けば，$i(t)$, $e_R(t)$, $e_L(t)$ である．

i, e_R, e_L がどのように時間的に変化しても，瞬時瞬時を考えるとキルヒホッフの法則が成り立つ．したがって，$t=0$ 以降について，

$$e_L + e_R = E \tag{9・7}$$

が成り立つ．この e_R と e_L は，$e_R = Ri$, $e_L = L\dfrac{di}{dt}$ であり，これを上式に入れると，

$$L\frac{di}{dt} + Ri = E \tag{9・8}$$

これで，i と t とについての微分方程式が得られたことになる．

また，sw. を閉じる直前の電流は 0 である．これを「$t=-0$ において $i=0$」と表す．sw. を閉じても，その瞬間には電流は変化しえないので，そのときの電流も 0 である．これを「$t=+0$ において $i=0$」と表す．ここで必要な初期条件は，あとのほうの，「$t=+0$ において $i=0$」である．

(2) 電気回路の微分方程式の立て方

電気回路の微分方程式は，前項の例のように，キルヒホッフの法則によって式を立てるのであるが，その場合，電圧や電流の**正方向**をはっきりさせることが大切である．

第9・4図の i の下にある矢印は，その方向に電流が流れたとき電流の値は + で，逆の向きに流れたとき - である，とする±の基準となる方向であり，これを簡単に正方向ということにする．

電圧も同様で，第9・4図(a)の Ri の下の矢印は正方向で，矢印のあるほう

9・2 微分方程式の作り方と初期条件

が電位が高いとき電圧は+で，逆のとき-であるとする．すると，(a)図のように，電圧の正方向を電流の正方向に逆らう向きに決めたとき，R の逆起電力（端子電圧）は $+Ri$ であり，点線のように，電流の正方向と同じ向きに電圧の正方向を決めると，R の逆起電力は $-Ri$ になる．

インダクタンスの場合の(b)図も全く同様である．

静電容量の逆起電力も同様であるが，逆起電力は $\dfrac{q}{C}$ であり，$q = \int i dt$ だから，電流 i を変数にすれば $\dfrac{1}{C}\int i dt$ となる．

なお，静電容量を含む回路の場合は，i を変数にすると積分記号が入ってくるが，電荷 q を変数にすると，C の逆起電力が積分にならないので考えやすいことが多い．この場合は(d)図の±のように，q の基準の±を決める．

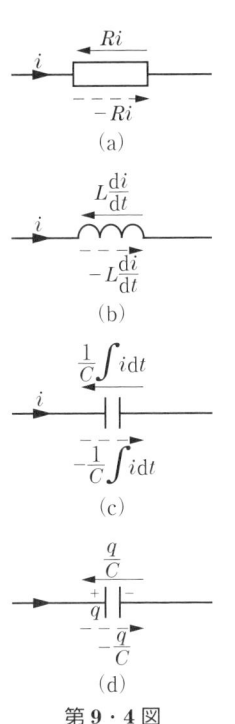

第9・4図

キルヒホッフの法則は，結局，電圧あるいは電流の加減算である．加算をするのか，減算をするのかは，電圧や電流の**正方向のみ**によって決めればよい．

例 9・1 第9・5図のsw.を閉じたのちの電流 i についての微分方程式を立てよ．

解 電流の関係は，

$$i_1 + i_2 = i \tag{1}$$

電圧の関係は①の回路で，

$$R_1 i + R_2 i_1 = E \tag{2}$$

②の回路で，

$$R_2 i_1 = L \dfrac{di_2}{dt} \tag{3}$$

第9・5図

(1), (2), (3)式から, i_1 と i_2 を消去すれば i についての方程式が得られる.
(2)式から,

$$i_1 = \frac{E}{R_2} - \frac{R_1}{R_2} i \tag{4}$$

(1)式から,

$$i_2 = i - i_1 = \left(1 + \frac{R_1}{R_2}\right) i - \frac{E}{R_2} \tag{5}$$

(3)式に(4), (5)式を代入すると,

$$R_2 \left(\frac{E}{R_2} - \frac{R_1}{R_2} i\right) = L \frac{\mathrm{d}}{\mathrm{d}t} \left\{\left(1 + \frac{R_1}{R_2}\right) i - \frac{E}{R_2}\right\}$$

整理して,

$$L\left(1 + \frac{R_1}{R_2}\right)\frac{\mathrm{d}i}{\mathrm{d}t} + R_1 i = E \quad \text{答}$$

この式は, (9・8)式より複雑なように見えるが, a, b を定数として, $a\frac{\mathrm{d}i}{\mathrm{d}t} + bi = E$ という形で, 数学的に見れば, (9・8)式となんら変わりがない.

問題 9・2 第9・6図の回路で, sw. を閉じたのちの q についての微分方程式を立てよ.

問題9・2の答は,

$$L \frac{\mathrm{d}^2 q}{\mathrm{d}t^2} + R \frac{\mathrm{d}q}{\mathrm{d}t} + \frac{q}{C} = E \tag{9・9}$$

となって, (9・8)式より幾分複雑な形になっている.

問題 9・3 第9・7図の回路で, sw. を閉じたのちの i_2 についての微分方程式を作れ.

(3) 温度上昇の微分方程式の作り方

温度上昇や冷却の時間的変化を求めるには微分方程式を使う. これらの微分方程式を作るときの考え方は, 電気回路の場合と少し違う考え方をしたほうが便利である (同じ考え方でもできるが). ここでは, その少し違う考え方を説明しよう.

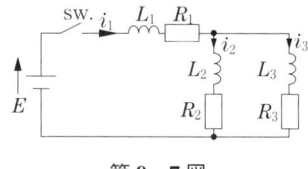

第9・6図

第9・7図

9・2 微分方程式の作り方と初期条件

第 **9・8** 図のように，熱容量が C 〔J/K〕の物体があり，その物体から放散する熱についての熱抵抗が R 〔K/W〕であるとする．物体の周囲温度に対する温度上昇（温度差）を θ 〔K〕としよう．

いま，この物体に q 〔W〕（〔J/s〕）の熱流を与えたとき，微小時間 dt 〔s〕の間に $d\theta$ の温度上昇があったとすると，dt 〔s〕間のエネルギーの関係は次のようになる．

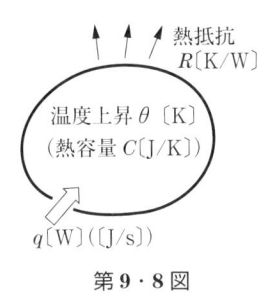

熱流によって与えられたエネルギー（熱量）＝ qdt 〔J〕

$$= \begin{cases} 物体を\ d\theta\ だけ温度上昇させるための熱量 = Cd\theta\ 〔J〕 \\ R\ を通じて放散される熱量 = \dfrac{\theta}{R} dt\ 〔J〕 \end{cases}$$

つまり，

$$Cd\theta + \frac{\theta}{R} dt = qdt$$

上式の両辺を t の微分 dt で割れば，次の微分方程式が得られる．

$$C\frac{d\theta}{dt} + \frac{\theta}{R} = q \tag{9・10}$$

冷却のときは，$q=0$ であるから，次のようにすればよい．

$$C\frac{d\theta}{dt} + \frac{\theta}{R} = 0 \tag{9・11}$$

(4) 初期条件の法則

いままで，いくつかの微分方程式の例をあげたが，これらの微分方程式を解いて一般解を求めると，一般解の中には任意定数が含まれる．物理的な問題の答にいくらか分からない任意定数が含まれては答にならない．この任意定数を決めるのは，普通，初期条件であるが，初期条件を決めるのは物理的な考えによらなければならない．

物体の温度上昇や冷却の問題では，温度上昇や冷却を始める時刻を $t=+0$ として，「$t=+0$ における温度上昇（周囲温度に対する温度差）が θ_0 〔K〕である」というのが初期条件である．そして，「**温度上昇は，$t=-0$ と $t=+0$**

とで等しい」ということが考えの基本になっている．それは，**エネルギーの移動には必ず何らかの時間が必要**だから，$t=0$ と $t=+0$ の間に温度上昇が急変することはないからである．

次に，電気回路における初期条件の法則を説明しよう．

a. 静電容量の電荷不変

第 **9・9図**のように，電荷 Q_0 が帯電している静電容量 C に電圧 E を加える場合を考えよう．

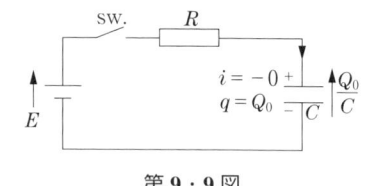

C に蓄えられているエネルギーは $\dfrac{1}{2} \cdot \dfrac{Q_0{}^2}{C}$ であって，このエネルギーは sw. を閉じる前後，つまり $t=-0$ と $t=+0$ とで変わらない．したがって，電荷 Q も不変であり，C の電荷は「$t=+0$ で Q_0 である」というのがこの場合の初期条件である．また，したがって，C の端子電圧も不変であり，C の端子電圧は「$t=+0$ で Q_0/C である」というのを初期条件と考えてもよい．

第 **9・9図**

次に，第 **9・10図**のように，$t=-0$ における C_1 の電荷は 0 で，C_2 の電荷が Q_0 の場合を考えよう．実際にはありえないのであるが，この回路の抵抗を 0 として，$t=0$ に sw. を閉じると，$t=+0$ における各電荷は

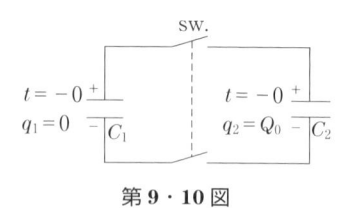

第 **9・10図**

$q_1 = \dfrac{C_1}{C_1+C_2} Q_0$, $q_2 = \dfrac{C_2}{C_1+C_2} Q_0$ に急変する．この場合にも**電荷の総量**は $q_1 + q_2 = Q_0$ であって，$t=-0$ のときと変わらない．しかし，C_1, C_2 の端子電圧は急変することになる．

このように考えると，第 9・9図で，初期条件として $t=-0$ と $t=+0$ とで電圧不変と考えてもよいが，電荷不変と考えるほうがより基本的であるといえる．

b. 鎖交磁束不変

いままで見たように，初期条件はエネルギーを基として考える．電気の回路でエネルギーとして蓄えられるのは，静電および磁気エネルギーである．した

がって，電荷と磁束の初期条件を考えれば，それで初期条件のすべてを考えたことになる．

第9・11図のように，インダクタンス L に電流 I_0 が流れているとき L に蓄えられるエネルギーは $\frac{1}{2}LI_0^2$ である．$t=0$ にスイッチを a から b に瞬間的に切り換えたとする．このとき

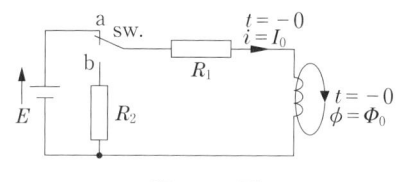

第9・11図

のエネルギーは急変しないから，$t=+0$ におけるエネルギーは $\frac{1}{2}LI_0^2$ であり，したがって「$t=+0$ で電流が I_0」というのがこの場合の初期条件になる．静電容量の場合に，電圧よりも電荷で考えたほうがより本質的，というのと同様に，この場合も，L の電流が不変とするよりも，鎖交磁束が不変と考えたほうがより本質的である．相互インダクタンスを含む回路では，鎖交磁束不変の考え方が必要になることがある．しかし，L だけの回路では電流不変と考えて間違いになることはない．

9・3 微分方程式の種類と名称

前項および前々項に出てきた微分方程式について，変数を x, y, 定数を a, b, c, d として整理すると，次のようになる．

(9・1)式　　$\dfrac{dv}{dt} = g$ ……………… $\dfrac{dy}{dx} = a$ 　　　　(9・12)

(9・11)式　$C\dfrac{d\theta}{dt} + \dfrac{\theta}{R} = 0$ ………… $a\dfrac{dy}{dx} + by = 0$ 　　(9・13)

(9・8)式　　$L\dfrac{di}{dt} + Ri = E$ ………… $a\dfrac{dy}{dx} + by = c$ 　　(9・14)

(9・9)式　$L\dfrac{d^2q}{dt^2} + R\dfrac{dq}{dt} + \dfrac{q}{C} = E$ …… $a\dfrac{d^2y}{dx^2} + b\dfrac{dy}{dx} + cy = d$ 　(9・15)

これらの微分方程式は，いろいろな種類の微分方程式の中のごく一部の形のものである．その「いろいろな種類の内の一部」を次にあげてみよう．

[9・2] **微分方程式の種類（一部）と名称**（偏微分を含むものは除く）
1) **階数** 最高次の導関数が n 次ならば，n 階の微分方程式という．
   例 (9・12)～(9・14) は1階，(9・15) は2階微分方程式である．
2) **次数** 最高次の導関数のべき指数を微分方程式の次数という．
   例 $\left(\dfrac{d^2y}{dx^2}\right)^3 + 4\dfrac{dy}{dx} + 6y = 0$ は2階3次微分方程式である．
3) **変数分離形** $f(x)dx = g(y)dy$ の形に変形できるもの．
   例 (9・12)～(9・14)．$\left((9・14)\text{ は }dx = \dfrac{a}{c-by}dy\text{ となる}\right)$
4) **同次形** f を1変数の関数として $\dfrac{dy}{dx} = f\left(\dfrac{y}{x}\right)$ の形で表されるものを同次形微分方程式という（(6)でいう同次形と区別すること）．
5) **線形と非線形** 従属変数 y とその導関数について，1次の微分方程式を線形といい，それ以外をすべて非線形という．
   例1 (9・12)～(9・15) はすべて線形である．
   例2 $P(x)\dfrac{dy}{dx} + Q(x)y = R(x)$ は線形である．
   例3 $y'' + yy' + ay = b$ は，y と y' の積があるから非線形である．
   例4 $y' + \sin y = 0$ は $\sin y$ が y について1次でないから非線形である．
6) **定数係数線形微分方程式** 導関数の係数がすべて定数のものをいう．
   例 (9・12)～(9・15) がそれである．5)の例2は線形であるが定数係数ではない．
   なお，定数係数線形微分方程式の内，右辺が0のものを**同次形**といっている．

9・4 定数係数線形微分方程式（同次形）

長たらしい名前がついていて難しそうであるが，ごくやさしい微分方程式である．

9・4 定数係数線形微分方程式（同次形）

一般の線形 2 階微分方程式は，

$$\frac{d^2y}{dx^2} + P(x)\frac{dy}{dx} + Q(x)y = R(x)$$

の形であるが，導関数の係数を定数にし，右辺を 0 とした方程式

$$a\frac{d^2y}{dx^2} + b\frac{dy}{dx} + cy = 0 \tag{9・16}$$

が，定数係数線形微分方程式（同次形）である．この方程式の**一般解**の求め方を述べよう．

(1) **1 階の定数係数線形微分方程式（同次形）**

(9・16) 式の形で 1 階の場合を考えよう．つまり，次の方程式である．

$$a\frac{dy}{dx} + by = 0 \tag{9・17}$$

この方程式の一般解は必ず次の形をしている（数学では一般解を求めるのが目標）．

$$y = A\varepsilon^{\alpha x} \quad (\alpha ; 定数, \ A ; 任意定数) \tag{9・18}$$

したがって，α を求めれば，一般解が得られたことになる．

(9・18) 式を (9・17) に入れると，

$$a\frac{d}{dx}A\varepsilon^{\alpha x} + bA\varepsilon^{\alpha x} = 0$$

$$aA\frac{d\varepsilon^{\alpha x}}{d\alpha x} \cdot \frac{d\alpha x}{dx} + bA\varepsilon^{\alpha x} = 0$$

$$a\alpha\varepsilon^{\alpha x} + b\varepsilon^{\alpha x} = 0$$

$$a\alpha + b = 0$$

$$\therefore \quad \alpha = -\frac{b}{a}$$

ゆえに，(9・17) の一般解は，

$$y = A\varepsilon^{-\frac{b}{a}x} \tag{9・19}$$

ということになる．試みに (9・19) を (9・17) に入れると，

$$a\frac{d}{dx}\left(A\varepsilon^{-\frac{b}{a}x}\right) + bA\varepsilon^{-\frac{b}{a}x} = aA\cdot\left(-\frac{b}{a}\right)\varepsilon^{-\frac{b}{a}x} + bA\varepsilon^{-\frac{b}{a}x} = 0$$

となって，(9・19) 式は (9・17) 式を満足させることが分かる．したがって，(9・19) は，間違いなく (9・17) の解である．

> **[9・3]** 定数係数 1 階線形微分方程式（同次形）の一般解
> $a \dfrac{dy}{dx} + by = 0$ に $y = A\varepsilon^{\alpha x}$ を入れて α を求める．（α；定数，A；任意定数）

ところで，(9・17) 式を変形すると，

$$\frac{1}{y} dy = -\frac{b}{a} dx \tag{9・20}$$

となるから，[9・2] によると変数分離形でもある．変数分離形は次のようにして解くことができる．しかし，[9・3] のように解いたほうが計算上簡単であり，あとで述べる 2 階の場合も [9・3] の考え方で解けるので，$y = A\varepsilon^{\alpha x}$ と仮定するこの方法によることをおすすめしたい．

さて，変数分離形の (9・20) は，両辺を積分すると次のように答が出る．

$$\int \frac{1}{y} dy = -\frac{b}{a} \int dx$$

$$\log y + C = -\frac{b}{a} x$$

この式でも，解の定義（[9・1]）によれば，(9・20) すなわち (9・17) 式の解である．しかし，整理された形にするため，次のように変形する．

$$\log y = C' - \frac{b}{a} x$$

$$y = \varepsilon^{C' - \frac{b}{a}x} = \varepsilon^{C'} \varepsilon^{-\frac{b}{a}x} = A\varepsilon^{-\frac{b}{a}x}$$

ε^C の ε は定数，C' は任意定数だから，$\varepsilon^{C'}$ を任意定数 A とおいてもよいわけで，これで (9・19) と同じ解が得られた．

問題 9・4 第 9・12 図の回路の sw. を閉じる時刻を $t = 0$ として，静電容量 C〔F〕には，$t = -0$ において電荷 Q_0〔C〕が蓄えられていた．$t = 0$ 以降の C の電荷 q と，電流 i を求めよ．また，t に

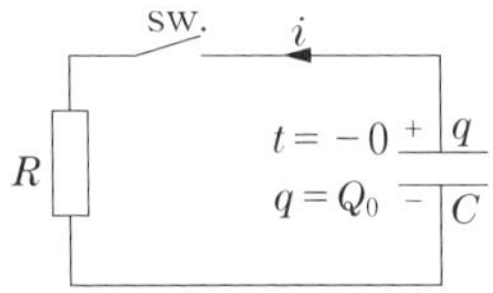

第 9・12 図

対する q と i とをグラフに描き，$t=0$ における q と i との接線が t 軸と交わる点の t の値を求めよ．

(2) **2 階の定数係数線形微分方程式（同次形）**

2 階の定数係数線形微分方程式（同次形）の標準形は（9・16）式である．すなわち，

$$a\frac{d^2y}{dx^2} + b\frac{dy}{dx} + cy = 0 \qquad ((9\cdot 16))$$

この微分方程式の解法を説明するわけであるが，その前に，一般に次のことがいえる．

[9・4] 微分方程式の一般解の任意定数の数

一般に，微分方程式の一般解には，方程式の階数に等しい数だけの任意定数を含む．1 階微分方程式の一般解の任意定数は 1 個であり，2 階のそれは 2 個である．

例えば，$\dfrac{d^2y}{dx^2} = a$ という 2 階微分方程式の一般解を求めるには次のようにする．両辺を積分すると，

$$\frac{dy}{dx} = ax + A$$

もう一度積分すると，

$$y = \frac{1}{2}ax^2 + Ax + B$$

これが一般解であり，一般解には A, B という 2 個の任意定数を含んでいる．

さて，定数係数線形微分方程式の一般解には，2 階の場合も 1 階の場合と同様に ε^{px}（ε^{ax} と同じであるが，ここでは p を使うことにする）の項が入ってくる．それで，C を任意定数とし，一般解を，

$$y = C\varepsilon^{px} \qquad (9\cdot 21)$$

と仮定して，(9・16) 式に入れてみる．すると，

$$\frac{dy}{dx} = Cp\varepsilon^{px}, \qquad \frac{d^2y}{dx^2} = Cp^2\varepsilon^{px}$$

だから，(9・16) 式は，

$$aCp^2\varepsilon^{px} + bCp\varepsilon^{px} + cC\varepsilon^{px} = 0$$
$$ap^2 + bp + c = 0 \tag{9・22}$$

この2次方程式を**特性方程式**という．この特性方程式の解は，

$$p = \frac{-b \pm \sqrt{b^2 - 4ac}}{2a} \tag{9・23}$$

であり，判別式の値によって，次の三つのケースの解がある．

a. $b^2 - 4ac > 0$ のときは，**異なる二つの実数解**（α, β）である．
b. $b^2 - 4ac = 0$ のときは，**二重解**（$\alpha = \beta \equiv \lambda$）である．
c. $b^2 - 4ac < 0$ のときは，**共役な虚数解**（$\alpha + j\beta$, $\alpha - j\beta$）である．

以上の三つのケースによって，一般解の形は次のように変わってくる．

a. $b^2 - 4ac > 0$ で，特性方程式の解が α, β の異なる二つの実数解の場合

(9・21) 式で，任意定数を A, B とし，$p = \alpha$, β を入れた次の2式を考える．

$$y = A\varepsilon^{\alpha x} \tag{9・24}$$
$$y = B\varepsilon^{\beta x} \tag{9・25}$$

これを元の微分方程式 (9・16) 式に入れて計算すると，その結果は次のようになる．

$$a\frac{d^2}{dx^2}(A\varepsilon^{\alpha x}) + b\frac{d}{dx}(A\varepsilon^{\alpha x}) + c(A\varepsilon^{\alpha x}) = 0 \tag{9・26}$$

$$a\frac{d^2}{dx^2}(B\varepsilon^{\beta x}) + b\frac{d}{dx}(B\varepsilon^{\beta x}) + c(B\varepsilon^{\beta x}) = 0 \tag{9・27}$$

つまり，$y = A\varepsilon^{\alpha x}$ も $y = B\varepsilon^{\beta x}$ も元の微分方程式を満足する．したがって，どちらも元の微分方程式の解である．しかし，これらは一般解ではない．2階微分方程式の一般解の任意定数は2個なければならないが，それぞれには1個ずつしかないからである．

それで，(9・24) と (9・25) 式の右辺の和を y としてみる．すなわち，

$$y = A\varepsilon^{\alpha x} + B\varepsilon^{\beta x} \tag{9・28}$$

9・4 定数係数線形微分方程式（同次形）

これを元の方程式に入れると,

$$a\frac{d^2}{dx^2}(A\varepsilon^{\alpha x}+B\varepsilon^{\beta x})+b\frac{d}{dx}(A\varepsilon^{\alpha x}+B\varepsilon^{\beta x})+c(A\varepsilon^{\alpha x}+B\varepsilon^{\beta x})$$

$$=\{a\frac{d^2}{dx^2}(A\varepsilon^{\alpha x})+b\frac{d}{dx}(A\varepsilon^{\alpha x})+c(A\varepsilon^{\alpha x})\}$$

$$+\{a\frac{d^2}{dx^2}(B\varepsilon^{\beta x})+b\frac{d}{dx}(B\varepsilon^{\beta x})+c(B\varepsilon^{\beta x})\}$$

となり，(9・26), (9・27) 式によって，この式も 0 になる．したがって，(9・28) 式も元の微分方程式の解であり，かつ，二つの任意定数を含んでいるから，**(9・28) 式が求める一般解**である．

b. $b^2-4ac=0$ で，特性方程式の解が，$\alpha=\beta\equiv\lambda$ の二重解の場合

この場合も，(9・21) 式で任意定数を A とし，$p=\lambda$ を入れ，

$$y=A\varepsilon^{\lambda x} \tag{9・29}$$

とすると，元の微分方程式 (9・16) の解である．すなわち，これを元の方程式に入れると，

$$a\frac{d^2}{dx^2}(A\varepsilon^{\lambda x})+b\frac{d}{dx}(A\varepsilon^{\lambda x})+c(A\varepsilon^{\lambda x})=(a\lambda^2+b\lambda+c)A\varepsilon^{\lambda x}$$

$$=0 \quad (\because\ a\lambda^2+b\lambda+c=0)$$

しかし，一般解とするためにはもう一つの任意定数が必要である．そこで，

$$y=Bx\varepsilon^{\lambda x} \tag{9・30}$$

として元の微分方程式に入れてみる．

$$\frac{dy}{dx}=B(1+\lambda x)\varepsilon^{\lambda x}, \qquad \frac{d^2y}{dx^2}=B(2\lambda+\lambda^2 x)\varepsilon^{\lambda x}$$

だから，

$$a\frac{d^2y}{dx^2}+b\frac{dy}{dx}+cy=aB(2\lambda+\lambda^2 x)\varepsilon^{\lambda x}+bB(1+\lambda x)\varepsilon^{\lambda x}+cBx\varepsilon^{\lambda x}$$

$$=\{x(a\lambda^2+b\lambda+c)+(2a\lambda+b)\}B\varepsilon^{\lambda x} \tag{9・31}$$

ここで，λ は特性方程式の解だから，$a\lambda^2+b\lambda+c=0$ は明らかである．$2a\lambda+b$ に $\lambda=\dfrac{-b}{2a}$ を入れると，$2a\lambda+b=0$ となり，(9・31) 式は 0 となることが分かる．

したがって，(9・30) 式も解である．また，(9・29) (9・30) 式の右辺の和

$$y = A\varepsilon^{\lambda x} + Bx\varepsilon^{\lambda x} = \varepsilon^{\lambda x}(A + Bx) \tag{9・32}$$

も，解であることが容易に分かり，任意定数が2個あるから，**(9・32)** が求める一般解である．

c. $b^2 - 4ac < 0$ で，特性方程式の解が $\alpha + j\beta$, $\alpha - j\beta$ の共役解の場合

a. の場合と同様に次の2式を考える．

$$y = A\varepsilon^{(\alpha + j\beta)x} \tag{9・33}$$

$$y = B\varepsilon^{(\alpha - j\beta)x} \tag{9・34}$$

この2式も元の微分方程式 (9・16) の解である．したがって，一般解は次式になる．

$$y = A\varepsilon^{(\alpha + j\beta)x} + B\varepsilon^{(\alpha - j\beta)x} \tag{9・35}$$

これで一般解が求まったのであるが，次のように変形したほうが都合がよいことが多い．

$$y = A\varepsilon^{(\alpha + j\beta)x} + B\varepsilon^{(\alpha - j\beta)x} = (A\varepsilon^{j\beta x} + B\varepsilon^{-j\beta x})\varepsilon^{\alpha x}$$

ところで，オイラーの式（55 ページ [4・4]）によると，

$$\varepsilon^{j\theta} = \cos\theta + j\sin\theta$$

だから，上式は，

$$y = \varepsilon^{\alpha x}\{A(\cos\beta x + j\sin\beta x) + B(\cos\beta x - j\sin\beta x)\}$$
$$= \varepsilon^{\alpha x}\{(A + B)\cos\beta x + j(A - B)\sin\beta x\}$$
$$\therefore \quad y = \varepsilon^{\alpha x}(A_0 \cos\beta x + B_0 \sin\beta x) \tag{9・36}$$

ただし，$A + B = A_0$, $j(A - B) = B_0$ とした．

これが，$b^2 - 4ac < 0$ のときの**一般解**である．

以上をまとめると，次のようになる．

[9・5] 同次形定数係数2階線形微分方程式の一般解

$a\dfrac{d^2y}{dx^2} + b\dfrac{dy}{dx} + cy = 0$ の一般解は次のように求める．

$y = C\varepsilon^{px}$ として上式に入れると次の特性方程式をうる．

$$ap^2 + bp + c = 0$$

9・4 定数係数線形微分方程式（同次形）

1) 特性方程式の解が異なる二つの実数解 α, β の場合は，
$$y = A\varepsilon^{\alpha x} + B\varepsilon^{\beta x}$$
2) 特性方程式の解が二重解 λ の場合は，
$$y = \varepsilon^{\lambda x}(A + Bx)$$
3) 特性方程式の解が共役な虚数解 $\alpha \pm j\beta$ の場合は，
$$y = A\varepsilon^{(\alpha+j\beta)x} + B\varepsilon^{(\alpha-j\beta)x}$$
$$= \varepsilon^{\alpha x}(A_0 \cos \beta x + B_0 \sin \beta x)$$

例 9・2 $\dfrac{d^2 y}{dx^2} + 5 \dfrac{dy}{dx} + 6y = 0$ の一般解を求めよ．

解 特性方程式は，

$$p^2 + 5p + 6 = 0, \quad (p+2)(p+3) = 0$$

したがって，$\alpha = -2, \beta = -3$ の異なる実数解の場合である．
[9・5] 1) によって，一般解は，

$$y = A\varepsilon^{-2x} + B\varepsilon^{-3x} \quad \text{答}$$

例 9・3 第 9・13 図のような直流回路で，定常電流が流れているとき，これをスイッチ S で遮断した場合に，ab 間に発生する電圧の最大値を求めよ．ただし，インダクタンス L の抵抗は無視する．（昭和 39 年 2 種）

解 定常状態では L には直流が流れ，ab 間の電圧は 0 である．したがって，C の電荷を q，L に流れる電流を i とすると，$t = 0$ において，

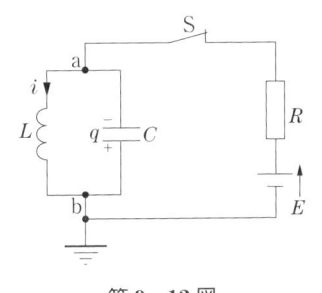

$$i = E/R, \quad q = 0 \qquad ①$$

第 9・13 図

である．
i は $t = +0$ においても急変しないから，電流が流れ C を充電する．i, q の正方向を図のように決めると，次の微分方程式が成り立つ．

$$L \dfrac{di}{dt} + \dfrac{q}{C} = 0, \quad i = \dfrac{dq}{dt}$$

を入れると，

$$L\frac{d^2q}{dt^2}+\frac{q}{C}=0 \qquad ②$$

$q=A\varepsilon^{pt}$ と仮定して, ②式に入れると,

$$Lp^2+\frac{1}{C}=0, \quad p=\pm j\frac{1}{\sqrt{LC}}=\pm j\omega, \quad \text{ただし,} \quad \omega=\frac{1}{\sqrt{LC}}$$

したがって, ②の一般解は,

$$q=A_1\varepsilon^{j\omega t}+A_2\varepsilon^{-j\omega t} \qquad ③$$

ここで, ①の初期条件 $t=0$, $q=0$ を入れると, $A_2=-A_1$, ゆえに③式は,

$$q=A_1(\varepsilon^{j\omega t}-\varepsilon^{-j\omega t})=2jA_1\sin\omega t=A\sin\omega t \qquad ④$$

$$\left(\text{p.56}[4\cdot 5]\ \sin x=\frac{\varepsilon^{jx}-\varepsilon^{-jx}}{2j}\ \text{による}\right)$$

$i=dq/dt=\omega A\cos\omega t$ について, $t=0$, $i=E/R$ (①) だから,

$$\omega A=\frac{E}{R}, \qquad A=\frac{E}{\omega R}$$

これを④式に入れると,

$$q=\frac{E}{\omega R}\sin\omega t=\frac{\sqrt{LC}}{R}E\sin\frac{1}{\sqrt{LC}}t$$

ab 間端子電圧 v は $v=q/C$ だから,

$$v=\sqrt{\frac{L}{C}}\cdot\frac{E}{R}\sin\frac{1}{\sqrt{LC}}t$$

したがって, 求める最大値は, $\sqrt{\dfrac{L}{C}}\cdot\dfrac{E}{R}$ 答

なお, この問題は簡単に次のように解ける. 定常状態で L に蓄えられるエネルギー W は,

$$W=\frac{1}{2}LI^2=\frac{1}{2}L\left(\frac{E}{R}\right)^2$$

S を開くと, この電磁エネルギーで C が充電され, このエネルギーが C の静電エネルギーに変わる. W が全て静電エネルギーになったとき C の端子電圧が最大の V_m になるから,

9・4 定数係数線形微分方程式（同次形）

$$\frac{1}{2}L\left(\frac{E}{R}\right)^2 = \frac{1}{2}CV_m^2$$

$$\therefore \quad V_m = \sqrt{\frac{L}{C}} \cdot \frac{E}{R}$$

問題 9・5 次の微分方程式の一般解を求めよ．また，$t=+0$ において $i=1$，$\dfrac{\mathrm{d}i}{\mathrm{d}t}=0$ として特殊解を求めよ．

(1) $\dfrac{\mathrm{d}^2 i}{\mathrm{d}t^2} + 3\dfrac{\mathrm{d}i}{\mathrm{d}t} + 2i = 0$ 　　(2) $\dfrac{\mathrm{d}^2 i}{\mathrm{d}t^2} + \dfrac{\mathrm{d}i}{\mathrm{d}t} + 2i = 0$

(3) $\dfrac{\mathrm{d}^2 i}{\mathrm{d}t^2} + 2\dfrac{\mathrm{d}i}{\mathrm{d}t} + i = 0$

問題 9・6 第9・14図のように，xy 平面と直角な磁束密度 B 〔T〕の磁界がある．この空間に初速 V_0 〔m/s〕で発射された電子の運動の軌跡を求めよ．

ただし，電子の電荷；e〔C〕，質量；m〔kg〕，初期条件；$t=0$ において，次のとおりとする．

$$\begin{cases} 電子の位置 \quad x=0, \ y=0, \ z=0 \\ 電子の速さ \quad v_x = V_0, \ v_y = 0, \ v_z = 0 \end{cases}$$

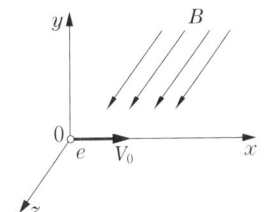

第9・14図

手引 微分方程式 $m\dfrac{\mathrm{d}^2 y}{\mathrm{d}t^2} = Be\dfrac{\mathrm{d}x}{\mathrm{d}t}$，$-m\dfrac{\mathrm{d}^2 x}{\mathrm{d}t^2} = Be\dfrac{\mathrm{d}y}{\mathrm{d}t}$ から計算する．

両辺を積分し，$t=0$ において，

$$\frac{\mathrm{d}x}{\mathrm{d}t} = v_x = V_0, \quad \frac{\mathrm{d}y}{\mathrm{d}t} = v_y = 0, \quad x=0, \ y=0$$

から任意定数を決め，

$$\frac{\mathrm{d}^2 x}{\mathrm{d}t^2} + ax = 0, \quad \frac{\mathrm{d}^2 y}{\mathrm{d}t^2} + by = 0$$

の微分方程式を作って解く．

特殊解 $x=f(t)$，$y=g(t)$ を求め，この2式から t を消去すると電子の運動の軌跡が求まる．

9・5 定数係数線形微分方程式（非同次形）

前項では，次式のような，右辺＝0，すなわち同次形の微分方程式について述べた．

$$a\frac{d^2y}{dx^2}+b\frac{dy}{dx}+cy=0 \qquad (9・37)((9・16))$$

ここでは，次の非同次形の微分方程式について述べる．

$$a\frac{d^2y}{dx^2}+b\frac{dy}{dx}+cy=f(x) \qquad (9・38)$$

(1) 非同次形の定数係数線形微分方程式の一般解

(9・38) 式の微分方程式を解くのであるが，この一般解を求める場合，まず，右辺を0とした同次形の方程式

$$a\frac{d^2y}{dx^2}+b\frac{dy}{dx}+cy=0 \qquad (9・39)$$

を考える．これを非同次形 (9・38) 式の**補助方程式**という．この方程式の一般解は，1階の場合は [9・3]，2階の場合は [9・5] で述べたとおりの方法で求められる．例えば，2階の場合には二つの任意定数 A, B が含まれるが，この補助方程式の一般解を，

$$y_t=y_t(x,\ A,\ B) \qquad (9・40)$$

と書くことにする．

次に，(9・38) 式の特殊解が分かったとして（電気の計算に出てくる微分方程式では，あとで述べるように容易に特殊解が分かる），**特殊解**を，

$$y_s=y_s(x) \qquad (9・41)$$

と表すことにする．ここで，補助方程式の一般解と原方程式の特殊解との和

$$y=y_t+y_s=y_t(x,\ A,\ B)+y_s(x) \qquad (9・42)$$

を考える．この y を (9・38) 式の左辺に入れると，

$$a\frac{d^2}{dx^2}(y_t+y_s)+b\frac{d}{dx}(y_t+y_s)+c(y_t+y_s)$$

$$=\left\{a\frac{d^2y_t}{dx^2}+b\frac{dy_t}{dx}+c\,y_t\right\}+\left\{a\frac{d^2y_s}{dx^2}+b\frac{dy_s}{dx}+c\,y_s\right\} \qquad (9・43)$$

$$= 0 + f(x) = f(x)$$

つまり，(9・43) 式の第1式は y_t が補助方程式の解だから 0，第2式は y_s が元の方程式の特殊解だから $f(x)$ になり，$y = y_t + y_s$ は元の方程式 (9・38) を満足する．したがって，$y = y_t + y_s = y_t(x, A, B) + y_s(x)$ は元の方程式の解であり，任意定数を含んでいるので一般解である．

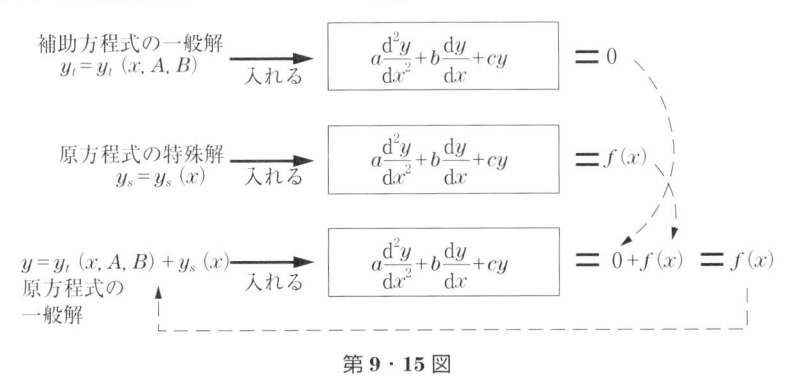

補助方程式の一般解
$y_t = y_t(x, A, B)$ →入れる→ $\boxed{a\dfrac{d^2y}{dx^2} + b\dfrac{dy}{dx} + cy} = 0$

原方程式の特殊解
$y_s = y_s(x)$ →入れる→ $\boxed{a\dfrac{d^2y}{dx^2} + b\dfrac{dy}{dx} + cy} = f(x)$

$y = y_t(x, A, B) + y_s(x)$ →入れる→ $\boxed{a\dfrac{d^2y}{dx^2} + b\dfrac{dy}{dx} + cy} = 0 + f(x) = f(x)$
原方程式の一般解

第 9・15 図

[9・6] 定数係数線形微分方程式（非同次形）の一般解

定数係数線形微分方程式（非同次形）

$$a\frac{d^2y}{dx^2} + b\frac{dy}{dx} + cy = f(x)$$

の一般解は次式で与えられる．

$$y = y_t + y_s$$

ただし，y_t：補助方程式（同次形）の一般解（過渡項）
y_s：原方程式の一つの特殊解（定常項）

過渡項，定常項については，あとで説明する．

例 9・4 $y' + y = 2$ の一般解を求めよ．

解 補助方程式 $y' + y = 0$ の特性方程式は，

$$p + 1 = 0, \quad p = -1$$

ゆえに，補助方程式の一般解は，

$$y_t = A\varepsilon^{-x}$$

$y' + y = 2$ に $y = 2$ を入れると満足する．したがって，原方程式の特殊解は，

$y_s = 2$

ゆえに，求める一般解は，$y = y_t + y_s = 2 + A\varepsilon^{-x}$　**答**

(2) 非同次形の定数係数線形微分方程式の特殊解

非同次形の定数係数線形微分方程式の一般解は，

$y = y_t + y_s$（＝〔補助方程式の一般解〕＋〔特殊解〕）

であり，補助方程式（同次形）の一般解は前節9・4で述べたから，特殊解が分かれば，この微分方程式が解けたことになる．特殊解を一般的な形で数学的に求めるのは面倒であるが，電気の計算に使う方程式の場合は形で決まっているだけでなく，回路計算で求まるので，電気の計算に限っていえば特殊解を求めるのは容易である．

例 9・5 図の回路でsw.を閉じたときの電流iを求めよ．

解 sw.を閉じた時刻$t=0$以降で，次の方程式が成り立つ．

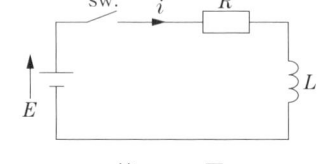

$L\dfrac{di}{dt} + Ri = E$ 　　①

第9・16図

補助方程式は$L\dfrac{di}{dt} + Ri = 0$．その特性方程式は$i = A\varepsilon^{\alpha t}$と置くことにより，

$L\alpha + R = 0,\ \alpha = -\dfrac{R}{L}$．したがって，補助方程式の一般解は，

$i_t = A\varepsilon^{-\frac{R}{L}t}$ 　　②

①式の**特殊解を定数と仮定し**，$i_s = I$（定数）を①式に入れると，

$L\dfrac{dI}{dt} + RI = E,\ 0 + RI = E$

$\therefore\ i_s = I = \dfrac{E}{R}$ 　　③

ゆえに，①式の一般解は，

$i = i_s + i_t = \dfrac{E}{R} + A\varepsilon^{-\frac{R}{L}t}$ 　　④

④式に初期条件，$t=0,\ i=0$を入れると，

9・5 定数係数線形微分方程式（非同次形）

$$0 = \frac{E}{R} + A, \quad A = -\frac{E}{R}$$

これを④式に入れ，$i = \frac{E}{R} - \frac{E}{R}\varepsilon^{-\frac{R}{L}t}$ ⑤

$$\therefore \quad i = \frac{E}{R}\left(1 - \varepsilon^{-\frac{R}{L}t}\right) \quad \text{答}$$

この答のグラフは，第 9・17 図のようになる．

さて，③式の $i_s = I = \frac{E}{R}$ の $\frac{E}{R}$ は，第 9・16 図の長時間後の直流電流，つまり**定常状態**の電流にほかならない．また，⑤式を書き直すと，

$$i = i_s + i_t = \left(\frac{E}{R}\right) + \left(-\frac{E}{R}\varepsilon^{-\frac{R}{L}t}\right) \quad (9・44)$$
$$\text{（定常項）} \quad \text{（過渡項）}$$

これを図示すると，第 9・18 図のようになる．

第 9・18 図や (9・44) 式を見ると，過渡電流 i は定常項と過渡項との和であることが分かる．そして，**定常項は特殊解**に，**過渡項は補助方程式の一般解**に相当している．これが，[9・6] で**定常項，過渡項**と付記した意味合いである．

電気回路の場合，定常項（特殊解）は回路論で求める電気量に等しい．例えば，上の例の場合で，定常電流 E/R は①式を満足するから，①式の特殊解である．それは，回路論では，本来①式のような式から出発して，この式を満足する定常電流を求めたのだから当然のことである．これらのことは交流回路でもあてはまる．

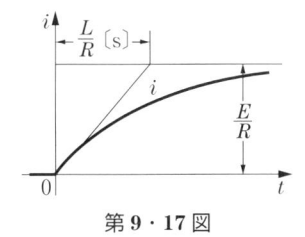

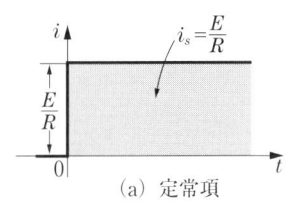

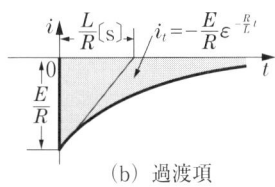

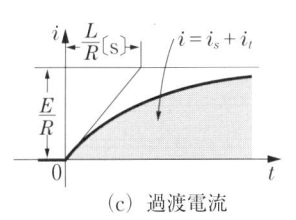

第 9・17 図

(a) 定常項

(b) 過渡項

(c) 過渡電流

第 9・18 図

例 9・6 第9・19図の回路で，$t=0$ に $e=100\sqrt{2}\sin 2\pi ft$ 〔V〕の電圧を加えたとき流れる電流 i を求めよ．

ただし，$f=50$〔Hz〕とする．

解 この回路で次の微分方程式が成り立つ．

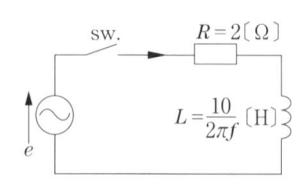

$$L\frac{di}{dt}+Ri=E_m\sin\omega t \quad \text{①}$$

①の補助方程式は，$L\dfrac{di}{dt}+Ri=0$，この式の一般解は，

$$i_t=A\varepsilon^{-\frac{R}{L}t} \quad \text{②}$$

①式の特殊解を，

$$i_s=K_1\sin\omega t+K_2\cos\omega t \quad \text{③}$$

と仮定して①式に入れると，

$$\frac{di_s}{dt}=\omega K_1\cos\omega t-\omega K_2\sin\omega t$$

だから，

$$(\omega LK_1+RK_2)\cos\omega t+(-\omega LK_2+RK_1)\sin\omega t=E_m\sin\omega t$$

この式が成り立つためには，

$$\omega LK_1+RK_2=0, \quad -\omega LK_2+RK_1=E_m.$$

この2式を連立方程式として解くと，

$$K_1=\frac{R}{R^2+\omega^2L^2}E_m, \quad K_2=\frac{-\omega L}{R^2+\omega^2L^2}E_m$$

これを③式に入れ，

$$i_s=\frac{R\,E_m}{R^2+\omega^2L^2}\sin\omega t-\frac{\omega L\,E_m}{R^2+\omega^2L^2}\cos\omega t$$

45ページ〔3・14〕の2)の式により，上式は次のようになる．

$$i_s=\frac{E_m}{\sqrt{R^2+\omega^2L^2}}\sin(\omega t-\phi), \quad \phi=\tan^{-1}\frac{\omega L}{R} \quad \text{④}$$

この i_s は交流理論で求めた電流と何ら変わりない．したがって，交流理論で得られる電気量を特殊解だとしたほうが早い．

9・5 定数係数線形微分方程式（非同次形）

ゆえに，①式の一般解は，

$$i = i_s + i_t = A\varepsilon^{-\frac{R}{L}t} + \frac{E_m}{\sqrt{R^2 + \omega^2 L^2}} \sin(\omega t - \phi) \qquad ⑤$$

これに $t = 0$, $i = 0$ を入れると，$A = \dfrac{E_m}{\sqrt{R^2 + \omega^2 L^2}} \sin\phi$

$$\therefore \quad i = \frac{E_m}{\sqrt{R^2 + \omega^2 L^2}} \left\{ \sin(\omega t - \phi) + \sin\phi\, \varepsilon^{-\frac{R}{L}t} \right\} \qquad ⑥$$

問題の数値を入れ，$i = 13.87 \{\sin(100\pi t - 78.7°) + 0.9806\varepsilon^{-62.83t}\}$ **答**

これを図示すると**第9・20図**のようになる．

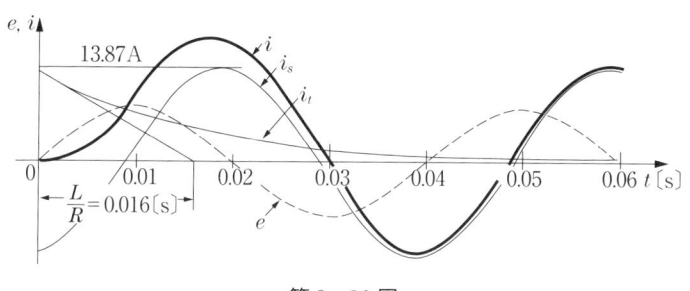

第9・20図

電気回路の場合，非同次形方程式の特殊解を求めるには回路論の結果を使うのが早いことが分かったが，**数学的に解く場合のポイント**は，例9・5では $i_s = I$（定数），例9・6では $i_s = K_1 \sin\omega t + K_2 \cos\omega t$ と仮定することである．

このような，特殊解として仮定すべき式をまとめると次のようになる．

[9・7] **定数係数線形微分方程式（非同次形）の特殊解**

定数係数線形微分方程式（非同次形）

$$a\frac{d^2 y}{dx^2} + b\frac{dy}{dx} + cy = f(x)$$

の特殊解を求めるには，$f(x)$ の形により次の特殊解を仮定し，これを上式に入れて定数 K_1, K_2 を決めればよい（電気回路の場合は，定常値が特殊解である）．

	$f(x)$	特殊解として仮定する式*
1)	a (定数)	K
2)	ax	$K_1 x + K_2$
3)	ax^2	$K_1 x^2 + K_2 x + K_3$
4)	$a\varepsilon^{bx}$	$K\varepsilon^{bx}$
5)	$a\cos bx$	$K_1 \cos bx + K_2 \sin bx$
6)	$a\sin bx$	
7)	$a\varepsilon^{bx}\cos cx$	$K_1 \varepsilon^{bx} \cos cx + K_2 \varepsilon^{bx} \sin cx$
8)	$a\varepsilon^{bx}\sin cx$	

*$f(x)$, $f'(x)$, $f''(x)$, ……に未定の係数を掛けたものの和として求まることが多い.

問題 9・7 次の微分方程式の一般解を求めよ.

(1) $\dfrac{d^2 i}{dt^2} + 2\dfrac{di}{dt} + i = 10$　　　(2) $\dfrac{d^2 i}{dt^2} + 3\dfrac{di}{dt} + 2i = 10t$

(3) $\dfrac{d^2 i}{dt^2} + 3\dfrac{di}{dt} + 2i = 100\sin 10t$　　　(4) $y'' - 2y' = 2\varepsilon^x \sin x$

問題 9・8 第9・21図の回路で, sw.を閉じたのちの C に流れる電流 i_c を求めよ. ただし, sw.を閉じる前に C には電荷がなかったものとする.

問題 9・9 第9・22図の回路において, 回路が定常状態にあるとき, $t=0$ においてスイッチ S を閉じた. 次の問に答えよ.

(1) $t>0$ において L に流れる電流を求めよ. ただし $R_1 R_2 + R_2 R_3 + R_3 R_1 = K$.

(2) (1)の電流の過渡項の時定数はいくらか(時定数とは, 例9・5でいうと L/R [s] である).

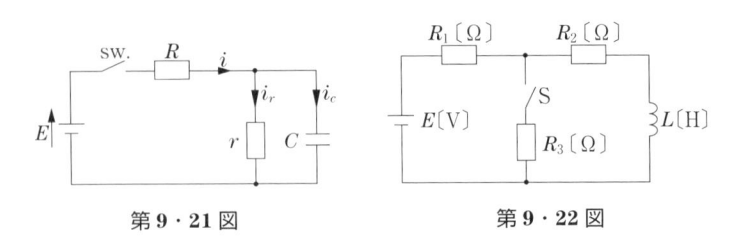

第9・21図　　　第9・22図

(3) 有限の R_3 に対して，(1)の電流が，スイッチSを閉じても，時間に対して変化しない条件を求めよ．（昭和54年2種）

問題 9・10 水量 Q〔L〕の蓄熱式温水器がある．この温水器に水を満たし，P〔W〕の電力で t_1〔h〕連続加熱したときの温度上昇（外気温との温度差）はいくらか．その後電源を切ったとき，t_2〔h〕後の温度〔℃〕はいくらか．ただし，外気温および加熱前の水温を T〔℃〕，加熱装置の熱効率を η，保温壁の熱抵抗を R〔K/W〕とし，水以外の熱容量および外気温の変化は無視するものとする．（昭和48年1種類似）

9・6 変数分離形微分方程式

変数分離形の微分方程式とは，

$$f(x)\,\mathrm{d}x = g(y)\,\mathrm{d}y \tag{9・45}$$

の形に変形できる方程式である（p.200 [9・2]）．あるいは，

$$\frac{\mathrm{d}y}{\mathrm{d}x} = \frac{f(x)}{g(y)}, \qquad \frac{\mathrm{d}y}{\mathrm{d}x} = f(x)h(y) \tag{9・46}$$

の形だ，といってもよい．

(9・45) 式の両辺を積分すれば，

$$\int f(x)\,\mathrm{d}x = \int g(y)\,\mathrm{d}y \tag{9・47}$$

この式の両辺の積分ができれば，導関数がない式が得られ，解が得られたことになる．

例 9・7 $\dfrac{\mathrm{d}y}{\mathrm{d}x} = 5$ の一般解を求めよ．

解 両辺を積分すると，

$$\int \mathrm{d}y = 5\int \mathrm{d}x \quad \therefore\quad y = 5x + C \quad \textbf{答}$$

簡単な微分方程式であるが，前項までに述べた線形微分方程式の手法では解けない．

例 9・8 $\dfrac{\mathrm{d}^2 y}{\mathrm{d}x^2} = 3x$ の一般解を求めよ．

解 $\dfrac{dy}{dx} = y'$ と置くと，与式は $\dfrac{dy'}{dx} = 3x$. 両辺を積分すると，

$$\int dy' = 3\int x\,dx, \qquad y' = \dfrac{dy}{dx} = \dfrac{3}{2}x^2 + C_1$$

再び両辺を積分して，

$$y = \dfrac{3}{2}\int x^2\,dx + C_1\int dx$$

$$\therefore\quad y = \dfrac{1}{2}x^3 + C_1 x + C_2 \quad \text{答}$$

例 9・9 $y - x\dfrac{dy}{dx} = a\left(y + \dfrac{dy}{dx}\right)$ の一般解を求めよ．

解 与式を整理すると，

$$\dfrac{1}{y(1-a)}\,dy = \dfrac{1}{a+x}\,dx$$

両辺を積分すると，

$$\int \dfrac{1}{y(1-a)}\,dy = \int \dfrac{1}{a+x}\,dx$$

$$\dfrac{1}{1-a}\int \dfrac{1}{y}\,dy = \int \dfrac{1}{a+x}\cdot\dfrac{1}{\dfrac{d(a+x)}{dx}}\,d(a+x)$$

$$\dfrac{1}{1-a}\log y = \log(a+x) + C, \quad \log y^{\frac{1}{1-a}} = \log(a+x) + \log C_1$$

$$y^{\frac{1}{1-a}} = C_1(a+x)$$

$$\therefore\quad y = C_2(a+x)^{1-a} \quad \text{答}$$

問題 9・11 $\dfrac{dy}{dx} = -\dfrac{x(1+y^2)}{y(1-x^2)}$ の一般解を求めよ．

問題 9・12 第 9・23 図のように，xz 平面に垂直で一様な，電界の強さが E 〔V/m〕の電界中の電子の運動の軌跡を求めよ．ただし，$t=0$ にお

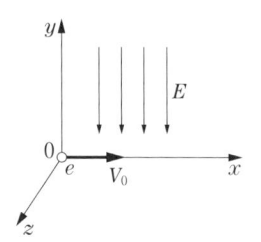

第 9・23 図

9・6 変数分離形微分方程式

ける電子の速さは x 方向に V_0 〔m/s〕であり，電子の電荷は e 〔C〕，電子の質量は m 〔kg〕であるとする．（209ページ問題9・6参照）

以上，定数係数線形微分方程式と変数分離形微分方程式の解法について述べた．このほかにも，いろいろな形の微分方程式があるが，電験第2種のためには（おそらく1種でも）いままでに述べたことで十分であろう．それで，他の形の微分方程式の解法は割愛する．

〈両辺を微分できない式〉

　$x^2-5x+6=0$ ① の解は，

　$(x-2)(x-3)=0$ から，$x=2$，$x=3$ である．

　この①式を x で微分すると，$2x-5=0$

∴ $x=2.5$ と，えらい間違いの答が出る．微分方程式では，両辺を微分したり積分したりするが，どのような場合に微分や積分をしてよいのだろうか．

　　　$3x^2+5x+7=ax^2+bx+C$ ②

の式が恒等的に（x がいくらであっても）成り立つためには，$a=3$，$b=5$，$c=7$ でなければならないことは，いうまでもない．

　ここで②式を x で微分すると，　　$6x+5=2ax+b$ ③
　もう一度微分すると，　　　　　　$6=2a$ ④　　∴　$a=3$ ⑤
　これを③に入れると，　　　　　　$b=5$ ⑥
　⑤，⑥を②式に入れ　　　　　　　$c=7$ ⑦

となって，⑤，⑥，⑦のように正しい答が得られる．

　つまり，**x がいくらであっても成り立たねばならない式**ならば，両辺を微分しても積分してもよいのである．②式は x がいくらであっても，微分でいえば x が $x+\Delta x$ であっても成り立つべき式だから，両辺を微分してもよいのである．

　①式は，ある特定の x のとき成り立つ——代数でいう方程式だから，両辺を微分してはいけないのである．

ところで，$\dfrac{\mathrm{d}y}{\mathrm{d}x}=a$[8]の解は，$y=ax+C$[9]である．このような微分方程式の解は，$x$ や y の値が特定のいくら，というのではなく，x と y との関係を求めるもので，いわば，x がいくらであっても成り立つ関係を求めているのである．

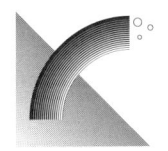

10 ラプラス変換

10・1 ラプラス変換とはどういうものか

われわれが交流回路の計算をするときは，時間の関数 $E_m \sin(\omega t + \theta)$ といった式を $E \angle \theta$ とか $\dot{E}$ とか，ベクトルに直して計算しているが，時間の関数のまま計算するのに比べて極めて簡単になる．

このように，時間の関数を時間を含まないベクトルに直すことは一種の変換である．数学でいえば，"積分する"というのは，ある関数を"原始関数に変換する"ということだといえるだろう．

$$E_m \sin(\omega t + \theta) \Rightarrow \dot{E}$$
$$f(t) \Rightarrow F(s)$$

第 10・1 図

ラプラス変換とは，ある時間の関数* $f(t)$ を元にして，次の積分によって，$f(t)$ と違う形の関数に変換することである．

$$\int_0^\infty \varepsilon^{-st} f(t) \, dt \tag{10・1}$$

この計算によって，$f(t)$ は s の関数 $F(s)$ に直される．例えば，$f(t) = \varepsilon^t$ をこの式で計算すると，8・4(3)（p.175）広義積分によって，

$$\int_0^\infty \varepsilon^{-st} \varepsilon^t \, dt = \int_0^\infty \varepsilon^{(1-s)t} \frac{1}{\dfrac{d(1-s)t}{dt}} \, d(1-s)t \,{}^{**}$$

$$= \frac{1}{1-s} \left[\varepsilon^{-(s-1)t} \right]_0^\infty = \frac{1}{s-1} \quad (ただし，s-1>0) \tag{10・2}$$

---

* t は時間でなくてもよいのだが，電気ではほとんどの場合時間である．
** ε^{-st}, ε^t などの ε は，数学では e と書くが，e を ε とした．(p.3〜4)

となって，ε^t は $\dfrac{1}{s-1}$ という s の関数に変換される．

このようなラプラス変換を使うと，微分方程式が代数的な計算で解ける．また，過渡現象の計算は直流回路の計算と同様の方法で解けるし，ラプラス変換は自動制御の理論には欠かせないものになっている．

$f(t)$ は $\int_0^\infty \varepsilon^{-st} f(t)\,dt$ の計算によって s の関数に変換されるが，この変換を簡単に $\mathcal{L}[f(t)]$ と表す．また，変換された関数は普通大文字で $F(s)$ などと表している．

すなわち，

$$\int_0^\infty \varepsilon^{-st} f(t)\,dt = \mathcal{L}[f(t)] = F(s) \tag{10・3}$$

ということである．

前ページの例でいうと，

$$\int_0^\infty \varepsilon^{-st} \varepsilon^t \,dt = \frac{1}{s-1}$$

であったが，簡単に次のように表すのである．

$$\mathcal{L}[\varepsilon^t] = \frac{1}{s-1} \quad (=F(s)) \tag{10・4}$$

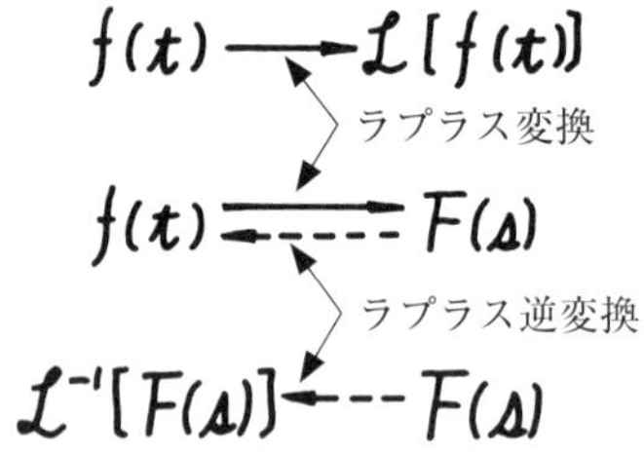

第 10・2 図

次に，s の関数 $F(s)$ が与えられて，t の関数 $f(t)$ を求めることを**ラプラス逆変換**という．そして，$\mathcal{L}^{-1}[F(s)]$ と書く．すなわち，

$$\mathcal{L}^{-1}[F(s)] = f(t) \tag{10・5}$$

上の (10・4) 式の例でいえば，次のようになる．

$$\mathcal{L}^{-1}[F(s)] = \mathcal{L}^{-1}\left[\frac{1}{s-1}\right] = \varepsilon^t \quad (=f(t)) \tag{10・6}$$

[10・1]　ラプラス変換，ラプラス逆変換

1) 関数 $f(t)$ に対して，$\int_0^\infty \varepsilon^{-st} f(t)\,dt$ を $f(t)$ の**ラプラス変換**といい，

10・2 おもな関数のラプラス変換

> 次のように表す．
> 　　$\mathcal{L}[f(t)] = F(s)$
> 2) $F(s)$ が与えられて $f(t)$ を求めることをラプラス逆変換といい，次のように表す．
> 　　$\mathcal{L}^{-1}[F(s)] = f(t)$
> 3) $f(t)$ を**原関数**（t-関数，表関数），$F(s)$ を**像関数**（s-関数，裏関数）という．

ここに現れた s は実数のこともあるが，一般には複素数である．しかし，その値がいくらか，ということはここでは考えなくてもよい．(10・2) 式では $s-1>0$, すなわち $s>1$ という制限がついたが，これも無視してよいくらいのものである．とにかく，s は t に関係ないある値を持った数値である，と理解していただきたい．

一般に $f(t)$ が与えられた関数で，$R(s, t)$ をある決まった関数として，$\int_a^b R(s, t) f(t) \mathrm{d}t$ を $f(t)$ の積分変換という．ラプラス変換は積分変換の一種であり，積分変換にはこのほかいろいろある．ラプラス逆変換を計算するには，$\dfrac{1}{2\pi j}\int_{\sigma_1 - j\infty}^{\sigma_1 + j\infty} F(s)\varepsilon^{st} \mathrm{d}t$ という難しい積分をしなければならない．しかし，この計算はしなくてもよい．なぜならば，前ページの例でいうと，ε^t のラプラス変換が $\dfrac{1}{s-1}$ ならば，$\dfrac{1}{s-1}$ の逆変換は ε^t である，と決まっているからである．

10・2　おもな関数のラプラス変換

ラプラス変換を使えば，微分方程式は代数的に，過渡現象は直流回路と同様に解ける，といったが，その計算の概略の骨組みは第 10・3 図のようである．

t-関数の微分方程式を s-関数の方程式に変換し，この方程式から代数的に計算して s-関数の電流 $I(s)$ を求め，これを t-関数の電流 i に逆変換すれば答が得られる．このような計算をするとき，いろいろな関数のラプラス変換

の公式——変換表があれば便利である．ここで，2～3の関数のラプラス変換を求めてみよう．

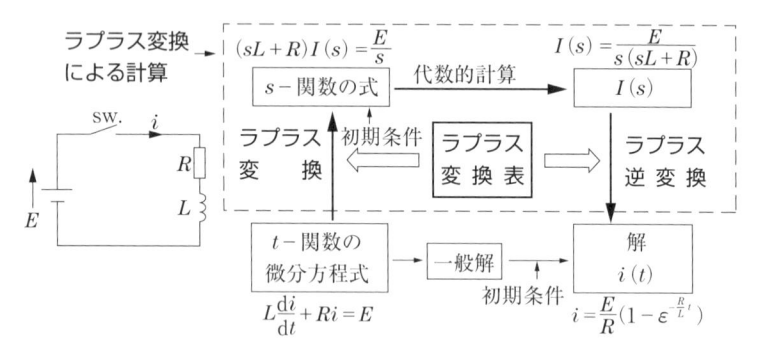

第10・3図

例 **10・1** $f(t)=1$ $(t>0)$ のラプラス変換を求めよ．

解 $\mathcal{L}[1]=\int_0^\infty \varepsilon^{-st}\cdot 1\mathrm{d}t=\left[-\frac{1}{s}\varepsilon^{-st}\right]_0^\infty=\frac{1}{s}$ （ただし，$s>0$）

ここで，第10・4図のような，$t<0$では0，$t>0$で1になる関数$f(t)$を考え，これを**単位関数**（**単位ステップ関数**）といい，$u(t)$と表している．

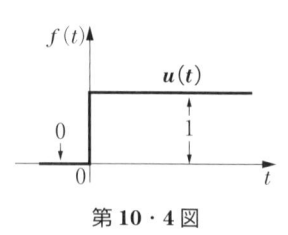

例 **10・2** $u(t)$のラプラス変換を求めよ．

解 例10・1と同じで，$\mathcal{L}[u(t)]=\dfrac{1}{s}$

第10・4図

単位ステップ関数が出たところで，**単位ランプ関数**を紹介しておこう．これは，第10・5図のような，$t<0$では0，$t>0$で$f(t)=t$の関数であり，$r(t)$と表す．この関数のラプラス変換は，要するに$f(t)=t$のラプラス変換と同じである．

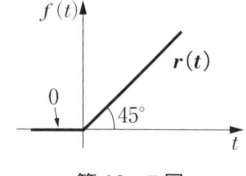

例 **10・3** $r(t)$のラプラス変換を求めよ．

第10・5図

解 部分積分法を用いることにより，

$$\mathcal{L}[r(t)]=\int_0^\infty \varepsilon^{-st}\cdot t\mathrm{d}t=\left[-\frac{t}{s}\varepsilon^{-st}\right]_0^\infty+\frac{1}{s}\int_0^\infty \varepsilon^{-st}\mathrm{d}t=\frac{1}{s^2}$$

10・2 おもな関数のラプラス変換

例 10・4 $f(t) = \varepsilon^{at}$ のラプラス変換を求めよ．

解 $\mathcal{L}[\varepsilon^{at}] = \int_0^\infty \varepsilon^{-st}\varepsilon^{at}\mathrm{d}t = \int_0^\infty \varepsilon^{-(s-a)t}\mathrm{d}t$

$$= -\frac{1}{s-a}\left[\varepsilon^{-(s-a)t}\right]_0^\infty = \frac{1}{s-a} \quad (ただし，s-a>0)$$

例 10・5 $f(t) = \sin\omega t$ のラプラス変換を求めよ．

解 56ページ[4・5]により，$\sin\omega t = \dfrac{\varepsilon^{j\omega t} - \varepsilon^{-j\omega t}}{2j}$．したがって，

$$\mathcal{L}[\sin\omega t] = \frac{1}{2j}\mathcal{L}[\varepsilon^{j\omega t} - \varepsilon^{-j\omega t}] = \frac{1}{2j}(\mathcal{L}[\varepsilon^{j\omega t}] - \mathcal{L}[\varepsilon^{-j\omega t}])$$

$$= \frac{1}{2j}\left(\frac{1}{s-j\omega} - \frac{1}{s+j\omega}\right) = \frac{1}{2j}\left\{\frac{2j\omega}{(s-j\omega)(s+j\omega)}\right\}$$

$$= \frac{\omega}{s^2+\omega^2}$$

単位ステップ関数と単位ランプ関数が出たところで，自動制御に出てくる**単位インパルス関数**について説明しよう．

第10・6図のような波形はインパルス波形と呼ばれる．この波形は，次のように表すことができる．

$$f(t) = b\{u(t) - u(t-a)\}$$

これをラプラス変換すると，

$$F(s) = b \cdot \frac{1-\varepsilon^{-as}}{s}$$

いま，$b=1/a$ととって，$a\to 0$の極限を考えると，

$$\lim_{a\to 0}\frac{1-\varepsilon^{-as}}{as} = \lim_{a\to 0}\frac{s\varepsilon^{-as}}{s} = 1$$

となる．$ab=1$としてあるから面積が1で，$a\to 0$だから時間の幅が0，高さが無限大のインパルス波形を考えたわけで，この関数を単位インパルス関数，あるいは**デルタ関数**と呼び$\delta(t)$と表す．つまり，単位インパルス関数のラプラス変換は1だ，ということにな

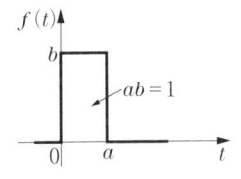

第10・6図

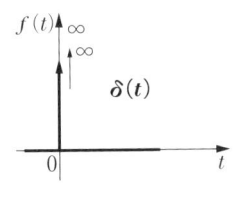

第10・7図

る．すなわち，
$$\mathcal{L}[\delta(t)] = 1$$

問題 10・1 次の t-関数をラプラス変換せよ．(1)は特に注意
(1) a (a；定数)　　(2) at　　(3) ε^{-at}　　(4) $\cos \omega t$

いままでで，大体おもな関数のラプラス変換が出てきた．まとめると次のとおりである．

[10・2] おもな関数のラプラス変換

$f(t)$	$\rightleftarrows$	$F(s)$		$f(t)$	$\rightleftarrows$	$F(s)$
(1)	$\delta(t)$	1	(5)	ε^{at}		$\dfrac{1}{s-a}$
(2)	$1(u(t))$	$\dfrac{1}{s}$	(6)	ε^{-at}		$\dfrac{1}{s+a}$
(3)	$t(r(t))$	$\dfrac{1}{s^2}$	(7)	$\sin \omega t$		$\dfrac{\omega}{s^2+\omega^2}$
(4)	t^n	$\dfrac{n!}{s^{n+1}}$	(8)	$\cos \omega t$		$\dfrac{s}{s^2+\omega^2}$

10・3 ラプラス変換の定理

次に，いくつかのラプラス変換の定理をあげよう．

定理 1. $\mathcal{L}[af(t)] = a\mathcal{L}[f(t)]$　(a；定数)

定理 2. $\mathcal{L}[f(t) + g(t)] = \mathcal{L}[f(t)] + \mathcal{L}[g(t)]$

定理1, 2をまとめると，
$$\mathcal{L}[af(t) + bg(t)] = a\mathcal{L}[f(t)] + b\mathcal{L}[g(t)]$$

ラプラス変換は積分だから，普通の積分と同様に，定数は変換記号の外に出せ，関数の和は別々に変換して和を求めればよい．この形で計算できることを**線形演算**である，という．微分や積分は線形演算である．

例　$\mathcal{L}[at + b\varepsilon^{ct}] = a\mathcal{L}[t] + b\mathcal{L}[\varepsilon^{ct}] = \dfrac{a}{s^2} + \dfrac{b}{s-c}$

定理 3. (時間的相似) $\mathcal{L}[f(t)] = F(s)$ のとき，

10・3 ラプラス変換の定理

$$\mathcal{L}[f(at)] = \frac{1}{a} F\left(\frac{s}{a}\right)$$

時間 t が a 倍になったとき，そのラプラス変換がどうなるか，という公式である．

例 $\mathcal{L}[\varepsilon^t] = \dfrac{1}{s-1}$ である．したがって，$\mathcal{L}[\varepsilon^{at}]$ は $\dfrac{1}{a} \dfrac{1}{(s/a)-1} = \dfrac{1}{s-a}$．

定理 4. $\mathcal{L}[f(t)] = F(s)$ のとき，

$$\mathcal{L}[\varepsilon^{at} f(t)] = F(s-a)$$

$f(t)$ に ε^{at} が掛かったときの公式である．

例 $\mathcal{L}[1] = \dfrac{1}{s}$ である．ε^{at} を $1 \cdot \varepsilon^{at}$ と考えれば，

$$\mathcal{L}[\varepsilon^{at} \cdot 1] = \frac{1}{s-a}$$

例 $\mathcal{L}[\sin \omega t] = \dfrac{\omega}{s^2 + \omega^2}$

$$\therefore \quad \mathcal{L}[\varepsilon^{-at} \sin \omega t] = \frac{\omega}{(s+a)^2 + \omega^2}$$

定理 5. (微分法則) $\mathcal{L}\left[\dfrac{\mathrm{d} f(t)}{\mathrm{d} t}\right] = sF(s) - f(+0)$

簡単にいえば，$\mathrm{d}/\mathrm{d}t$ は s に置き換わる．また，$f(+0)$ は $t=0$ における $f(x)$ で，過渡現象などの初期条件に相当する．

例 $\mathcal{L}\left[\dfrac{\mathrm{d} \varepsilon^{at}}{\mathrm{d} t}\right] = s \cdot \dfrac{1}{s-a} - \varepsilon^0 = \dfrac{s}{s-a} - 1 = \dfrac{a}{s-a}$

定理 6. (積分法則) $\mathcal{L}\left[\displaystyle\int_a^t f(t)\,\mathrm{d} t\right] = \dfrac{1}{s} F(s) + \dfrac{1}{s} \displaystyle\int_a^0 f(t)\,\mathrm{d} t$ \qquad (10・7)

したがって，$a = -\infty$ のときは，

$$\mathcal{L}\left[\int_{-\infty}^t f(t)\,\mathrm{d} t\right] = \frac{1}{s} F(s) + \frac{1}{s} \int_{-\infty}^0 f(t)\,\mathrm{d} t \qquad (10・8)$$

$a = 0$ のときは，

$$\mathcal{L}\left[\int_0^t f(t)\,\mathrm{d}t\right] = \frac{1}{s}F(s) \tag{10・9}$$

簡単にいえば，積分記号はラプラス変換すると $1/s$ になる，ということである．

電気の場合，静電容量にたまる電荷は，$q = \int_{-\infty}^{t} i\,\mathrm{d}t$ であるが，(10・8) 式によると，

$$\mathcal{L}[q] = \mathcal{L}\left[\int_{-\infty}^t i\,\mathrm{d}t\right] = \frac{1}{s}I(s) + \frac{1}{s}\int_{-\infty}^0 i\,\mathrm{d}t = \frac{1}{s}I(s) + \frac{Q_0}{s}$$

ということになる．ここで，Q_0 は $t=0$ に静電容量に蓄えられた電荷で，初期条件に相当する．

例 $\mathcal{L}\left[\int_0^t \varepsilon^{at}\mathrm{d}t\right] = \frac{1}{s}\cdot\frac{1}{s-a}$，$\mathcal{L}\left[\int_0^t \varepsilon^{at}\mathrm{d}t\right] = \mathcal{L}\left[\frac{1}{a}(\varepsilon^{at} - \varepsilon^0)\right]$ としても同じ結果になる．

定理 7．（最終値定理）$\lim_{t\to\infty} f(t) = \lim_{s\to 0} sF(s)$

関数 $f(t)$ のラプラス変換 $F(s)$ が分かっているとき，$t\to\infty$ のときの $f(t)$ の値，つまり最終値を求める公式であり，$sF(s)$ の分母の根の実部が負のときのみ成り立つ．

例 $\lim_{t\to\infty}(1-\varepsilon^{-at}) = 1-\varepsilon^{-\infty} = 1$ であるが，

$$F(s) = \mathcal{L}[1-\varepsilon^{-at}] = \frac{a}{s(s+a)}$$

により，

$$\lim_{s\to 0}(1-\varepsilon^{-at}) = \lim_{s\to 0} s\cdot\frac{a}{s(s+a)} = \lim_{s\to 0}\frac{a}{s+a} = 1$$

定理 8．（初期値定理）$f(0) = \lim_{s\to\infty} sF(s)$

最終値定理と同様の使い方により，$t=0$ のときの $f(t)$ の値を知ることができる公式である．

いままで述べた定理を並べると，次のとおりである．

[10・3] ラプラス変換の定理

1) $\mathcal{L}[af(t)] = a\mathcal{L}[(f(t))]$ ⎫ ⎛線形演算，逆変換も⎞
2) $\mathcal{L}[(f(t)+g(t))] = \mathcal{L}[(f(t))] + \mathcal{L}[(g(t))]$ ⎭ ⎝線形演算である．⎠

3) (時間的相似) $\mathcal{L}[f(at)] = \dfrac{1}{a} F\left(\dfrac{s}{a}\right)$

4) ($\times \varepsilon^{at}$) $\mathcal{L}[\varepsilon^{at} f(t)] = F(s-a)$

5) ($\times t$) $\mathcal{L}[tf(t)] = -\dfrac{df(s)}{ds}$

6) (微分法則) $\mathcal{L}\left[\dfrac{df(t)}{dt}\right] = sF(s) - f(+0)$

2次導関数の場合は，これを拡張して，

$$\mathcal{L}\left[\dfrac{d^2 f(t)}{dt^2}\right] = s\mathcal{L}[f'(t)] - f'(+0)$$
$$= s^2 F(s) - sf(+0) - f'(+0)$$

7) (積分法則) $\mathcal{L}\left[\displaystyle\int_a^t f(t)\,dt\right] = \dfrac{1}{s}F(s) + \dfrac{1}{s}\displaystyle\int_a^0 f(t)\,dt$

8) (最終値定理) $\displaystyle\lim_{t\to\infty} f(t) = \lim_{s\to 0} sF(s)$ ⎛$sF(s)$の分母の根の実部⎞
⎝が負のときのみ成り立つ⎠

9) (初期値定理) $f(0) = \displaystyle\lim_{s\to\infty} sF(s)$

10) (むだ時間がある関数) $\mathcal{L}[f(t-a)] = e^{-as} F(s)$

問題 10・2 次の t-関数のラプラス変換を求めよ．((6)を除く)

(1) $2 + 3t$ (2) $\varepsilon^{at} \sin \omega t$ (3) $t\cos at$

(4) $L\dfrac{di(t)}{dt}$ ただし，$t=+0$ で $i(t) = I_0$ とする．

(5) $\dfrac{1}{C}\displaystyle\int_{-\infty}^t i\,dt$ ただし，$\displaystyle\int_{-\infty}^0 i\,dt = Q_0$ とする．

(6) $F(s) = \dfrac{1+6s}{6+6s} \cdot \dfrac{1}{s}$ のとき，$t=\infty$ における $f(t)$ の値はいくらか．

10・4 逆変換の求め方

224ページ第 **10・3** 図に描いたように，例えば，過渡現象で電流 $i(t)$ を求める場合には，まず変換した電流 $I(s)$ を求め，その $I(s)$ を逆変換して $i(t)$ を求める．

このように逆変換が使われるが，逆変換は［10・2］の表および［10・3］の定理を $F(s) \to f(t)$ のように使えばよい．なお，逆変換も線形演算であって，次の計算ができる．

$$\mathcal{L}^{-1}[aF(s)+bG(s)] = a\,\mathcal{L}^{-1}[F(s)] + b\,\mathcal{L}^{-1}[G(s)]$$

例 10・6 $(as+b)/s^2$ を逆変換せよ．

解
$$\frac{as+b}{s^2} = \frac{a}{s} + \frac{b}{s^2}$$

$$\mathcal{L}^{-1}\left[\frac{as+b}{s^2}\right] = a\,\mathcal{L}^{-1}\left[\frac{1}{s}\right] + b\,\mathcal{L}^{-1}\left[\frac{1}{s^2}\right] = a+bt \quad \text{答}$$

例 10・7 $1/s(s+a)$ を逆変換せよ．

解 $\dfrac{1}{s(s+a)} = \dfrac{A}{s} + \dfrac{B}{s+a}$ として部分分数に分解すると，

$$A = \frac{1}{a}, \quad B = -\frac{1}{a}$$

$$\therefore \quad \mathcal{L}^{-1}\left[\frac{1}{s(s+a)}\right] = \frac{1}{a}\,\mathcal{L}^{-1}\left[\frac{1}{s} - \frac{1}{s+a}\right]$$

$$= \frac{1}{a}\left\{\mathcal{L}^{-1}\left[\frac{1}{s}\right] - \mathcal{L}^{-1}\left[\frac{1}{s+a}\right]\right\}$$

$$= \frac{1}{a}(1 - \varepsilon^{-at}) \quad \text{答}$$

例 10・8 $1/s^2(s+a)$ の逆変換を求めよ．

解
$$\frac{1}{s^2(s+a)} = \frac{A}{s^2} + \frac{B}{s} + \frac{C}{s+a} = \frac{1}{a^2}\left(\frac{a}{s^2} - \frac{1}{s} + \frac{1}{s+a}\right)$$

$$\mathcal{L}^{-1}\left[\frac{1}{s^2(s+a)}\right] = \frac{1}{a^2}\left\{a\,\mathcal{L}^{-1}\left[\frac{1}{s^2}\right] - \mathcal{L}^{-1}\left[\frac{1}{s}\right] + \mathcal{L}^{-1}\left[\frac{1}{s+a}\right]\right\}$$

10・4 逆変換の求め方

$$= \frac{1}{a^2}(at - 1 + \varepsilon^{-at}) \quad 答$$

上の例と [10・2] を見ると，逆変換するには $F(s)$ を分解して，分母が，s, s^2, $s-a$, $s+a$, s^2+a^2 の分数に変形しなければならないことが分かる．このため，多くの場合に例 10・7，10・8 のように部分分数分解が必要になる．

部分分数分解については，164 ページ 8・3(1) や [8・6] で述べた．ほとんどの場合に，前に述べた方法で計算できるが，もう一度書き直してみよう．

[10・4] 部分分数分解（ヘビサイドの展開定理）

$F(s) = P(s)/Q(s)$，（$P(s)$, $Q(s)$ は s の整式で，分母子は既約）について，次のように部分分数に分解できる．

1) **分母 $Q(s)$ が単根の場合**

$$Q(s) = (s-a_1)(s-a_2)\cdots\cdots(s-a_n) \qquad (10\cdot10)$$

のように，$Q(s) = 0$ が単根だけを持つときは，次の部分分数分解ができる．

$$F(s) = \frac{P(s)}{Q(s)} = \frac{A_1}{s-a_1} + \frac{A_2}{s-a_2} + \cdots\cdots + \frac{A_n}{s-a_n} \qquad (10\cdot11)$$

上式の A_1 を求めるには，両辺に $(s-a_1)$ を掛け，$s = a_1$ とする．

一般に $A_i = \left[\dfrac{P(s)}{Q(s)} \cdot (s-a_i)\right]_{s=a_i}$ （$i ; 1, 2, \cdots, n$） $(10\cdot12)$

2) **分母 $Q(s)$ に重根を含む場合**

$$Q(s) = (s-a_0)^m(s-a_1)(s-a_2)\cdots\cdots(s-a_n) \qquad (10\cdot13)$$

のように，$Q(s)=0$ の根に重根を含む場合は次の部分分数分解ができる．

$$F(s) = \frac{P(s)}{Q(s)} = \frac{A_{01}}{(s-a_0)^m} + \frac{A_{02}}{(s-a_0)^{m-1}} + \cdots\cdots + \frac{A_{0m}}{s-a_0}$$

$$+ \frac{A_1}{s-a_1} + \frac{A_2}{s-a_2} + \cdots\cdots + \frac{A_n}{s-a_n} \qquad (10\cdot14)$$

上式で，A_1, A_2, $\cdots\cdots$, A_n は，単根の場合と同じ方法で求まる．

A_{01} は，$A_{01} = \left[\dfrac{P(s)}{Q(s)} (s-a_0)^m \right]_{s=a_0}$ (10・15)

A_{02} は，上式で $\dfrac{P(s)}{Q(s)} (s-a_0)^m = H(s)$ としたとき，

$A_{02} = \left[\dfrac{dH(s)}{ds} \right]_{s=a_0} = [H'(s)]_{s=a_0}$ (10・16)

A_{03} は，$(1/2!)[H''(s)]_{s=a_0}$ で求まり，一般に A_{0i} は次式で求まる．

$A_{0i} = \{1/(i-1)!\}[H^{(i-1)}(s)]_{s=0}$ (10・17)

3) **分母 $Q(s)$ に共役複素根を含む場合**

$Q(s) = \{(s+a)^2 + b^2\}^2(s-a_1)$ (10・18)

のように，$Q(s)$ に2次因数 $\{(s+a)^2 + b^2\}$ （$=0$ の根が共役複素根になる）を含む場合は次のように部分分数に分解できる．

$F(s) = \dfrac{P(s)}{Q(s)}$

$= \dfrac{B_1 s + C_1}{\{(s+a)^2 + b^2\}^2} + \dfrac{B_2 s + C_2}{(s+a)^2 + b^2} + \dfrac{A_1}{s-a_1}$ (10・19)

なお，(10・18) 式の $(s-a_1)$ が，(10・13) 式に置き換ったときの部分分数は，(10・19) 式の第3項以降が (10・14) 式と同じ形になる．

B_1, C_1, B_2, C_2 は前に準じた方法と未定係数法を使って決定できる．

例 10・9 $F(s) = \dfrac{s+1}{(s+2)^2(s+3)}$ を逆変換せよ．

解 $F(s) = \dfrac{s+1}{(s+2)^2(s+3)} = \dfrac{A_{01}}{(s+2)^2} + \dfrac{A_{02}}{(s+2)} + \dfrac{A_1}{(s+3)}$

$A_{01} = \left[\dfrac{s+1}{s+3} \right]_{s=-2} = -1$

$A_{02} = \left[\dfrac{d}{ds} \dfrac{s+1}{s+3} \right]_{s=-2} = \left[\dfrac{2}{(s+3)^2} \right]_{s=-2} = 2$

10・4 逆変換の求め方 ・233・

$$A_1 = \left[\frac{s+1}{(s+2)^2}\right]_{s=-3} = -2$$

$$\mathcal{L}^{-1}[F(s)] = -1\,\mathcal{L}^{-1}\left[\frac{1}{(s+2)^2}\right] + 2\,\mathcal{L}^{-1}\left[\frac{1}{s+2}\right] - 2\,\mathcal{L}^{-1}\left[\frac{1}{s+3}\right]$$

$$= -t\varepsilon^{-2t} + 2\varepsilon^{-2t} - 2\varepsilon^{-3t} = (2 - t - 2\varepsilon^{-t})\varepsilon^{-2t} \quad \text{答}$$

例 10・10 $f(t) = \mathcal{L}^{-1}\left[\dfrac{5s+3}{(s-1)(s^2+2s+5)}\right]$ を求めよ.

解 $s^2 + 2s + 5 = 0$ の根は共役複素根 $-1 \pm j2$ であり,

$$s^2 + 2s + 5 = (s+1)^2 + 2^2$$

$$F(s) = \frac{5s+3}{(s-1)\{(s+1)^2 + 2^2\}} = \frac{A}{s-1} + \frac{B(s+1)+C}{(s+1)^2 + 2^2}$$

$$A = \left[\frac{5s+3}{(s+1)^2 + 2^2}\right]_{s=1} = 1$$

$$[B(s+1)+C]_{s=-1+j2} = \left[\frac{5s+3}{s-1}\right]_{s=-1+j2}$$

$$j2B + C = 3 - j2$$

$$\therefore\ B = -1,\ C = 3$$

$$\mathcal{L}^{-1}[F(s)] = \mathcal{L}^{-1}\left[\frac{1}{s-1}\right] - \mathcal{L}^{-1}\left[\frac{(s+1)}{(s+1)^2 + 2^2}\right] + 3\,\mathcal{L}^{-1}\left[\frac{1}{(s+1)^2 + 2^2}\right]$$

$$= \varepsilon^t - \varepsilon^{-t}\cos 2t + \frac{3}{2}\varepsilon^{-t}\sin 2t \quad \text{答}$$

問題 10・3 次の関数の逆ラプラス変換を求めよ.

(1) $\dfrac{3}{s}$
(2) $\dfrac{3}{2s-1}$
(3) $\dfrac{1}{s^2+2}$

(4) $\dfrac{2s}{4s^2+1}$
(5) $\dfrac{1}{s^4}$
(6) $\dfrac{3s+8}{s^2+4}$

(7) $\dfrac{1}{s^2-3s+2}$
(8) $\dfrac{2s+1}{s(s+1)(s+2)}$
(9) $\dfrac{1}{s(s^2+a^2)}$

(10) $\dfrac{s}{(s+a)^2}$
(11) $\dfrac{1}{(s+a)^2+b^2}$
(12) $\dfrac{s+5}{s^2+2s+5}$

10・5 微分方程式の解法

以下,具体的な計算例をあげて説明しよう.

(1) **1 階微分方程式**

例 10・11 $\dfrac{dy}{dt}+2y=\varepsilon^{t}$ を解け.ただし,初期条件は $y(+0)=1$ である.

解 両辺をラプラス変換する.

$$\mathcal{L}\left[\dfrac{dy(t)}{dt}\right]=sY(s)-y(+0)$$

$$\mathcal{L}[y(t)]=Y(s), \qquad \mathcal{L}[\varepsilon^{t}]=\dfrac{1}{s-1}$$

微分法則

$$\mathcal{L}\left[\dfrac{df(t)}{dt}\right]=sF(s)-f(0)$$

[10・3] 6)
第 10・8 図

だから,原方程式を $s-$関数に変換したものは,

$$sY(s)-y(+0)+2Y(s)=\dfrac{1}{s-1}$$

初期条件を入れると,

$$(s+2)Y(s)-1=\dfrac{1}{s-1}$$

上式から $Y(s)$ を求めると,

$$Y(s)=\dfrac{1}{(s-1)(s+2)}+\dfrac{1}{s+2}$$

$$\dfrac{1}{(s-1)(s+2)}=\dfrac{A}{s-1}+\dfrac{B}{s+2}=\dfrac{1}{3}\cdot\dfrac{1}{s-1}-\dfrac{1}{3}\cdot\dfrac{1}{s+2}$$

ゆえに,

$$Y(s)=\dfrac{1}{3}\cdot\dfrac{1}{s-1}+\dfrac{2}{3}\cdot\dfrac{1}{s+2}$$

これを逆変換すると,

$$y(t)=\mathcal{L}^{-1}[Y(s)]=\dfrac{1}{3}\mathcal{L}^{-1}\left[\dfrac{1}{s-1}\right]+\dfrac{2}{3}\mathcal{L}^{-1}\left[\dfrac{1}{s+2}\right]$$

$$\therefore\quad y(t)=\dfrac{1}{3}\varepsilon^{t}+\dfrac{2}{3}\varepsilon^{-2t} \quad \text{答}$$

10・5 微分方程式の解法

要するに次の手順である．

> **[10・5]　ラプラス変換による微分方程式の解法**
>
> $a\dfrac{dy}{dt}+by=f(t)$ は次の順で解く．
>
> 1) 微分法則，関数の変換公式によって，両辺をラプラス変換し $Y(s)$ の式にする．
> 2) 初期条件を入れる．
> 3) $Y(s)$ の方程式から $Y(s)$ を求める．
> 4) $Y(s)$ を逆変換し，$y(t)$ を求める．

変換公式を知っていれば，ラプラス変換によらない t-関数での解法に比べると大分簡単である．しかし，過渡現象などをラプラス変換を用いて解くのは，t-関数での解法によって物理的意味をよく理解してからにしたほうがよいであろう．

問題　10・4　次の微分方程式を解け（p.211 例 9・4 参照）．

$$\dfrac{dy}{dt}+y=2, \quad ただし，t=0 で，y=0$$

問題　10・5　第 10・9 図で，$t=0$ に sw. を閉じたときの電流 i を求めよ．（p.212 例 9・5 と同じ）

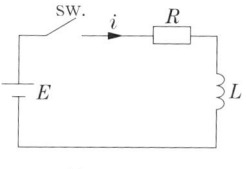

第 10・9 図

(2) 2 階微分方程式

2 階の場合も 1 階の場合と全く同様である．

例　10・12　$\dfrac{d^2y}{dt^2}+8\dfrac{dy}{dt}+25y=0$

を解け．ただし $t=0$ のとき $y=0$, $y'=3$．

解　右辺のラプラス変換は，

$$\mathcal{L}[0]=\int_0^\infty \varepsilon^{-st}\cdot 0 dt=0$$

したがって，与式をラプラス変換すると，

微分法則

$$\mathcal{L}\left[\dfrac{d^2f(t)}{dt^2}\right]=s^2F(s)-sf(0)-f'(0)$$

[10・3] 6)

第 10・10 図

$$\{s^2Y(s)-0-3\}+8\{sY(s)-0\}+25Y(s)=0$$

$$Y(s)=\frac{3}{s^2+8s+25}=\frac{3}{(s+4)^2+3^2}$$

これを逆変換すると,

$$y(t)=\mathcal{L}^{-1}[(Y(s)]=\varepsilon^{-4t}\sin 3t \quad \textbf{答}$$

問題 10・6 次の微分方程式を解け。(p.221 欄外参照)

(1) $\dfrac{d^2y}{dx^2}+4\dfrac{dy}{dx}+5y=0$, ただし, $x=0$ のとき $y=0$, $y'=2$

(2) $\dfrac{d^2y}{dx^2}+4\dfrac{dy}{dx}+4y=0$, ただし, $x=0$ のとき $y=1$, $y'=0$

(3) **積分を含む方程式**

第 10・11 図の回路で, sw. を閉じたときの電流 i をいくつかの方法で求めてみよう. ただし, $t=0$ のとき $q=Q_0$ 〔C〕, $\dfrac{Q_0}{C}<E$ とする.

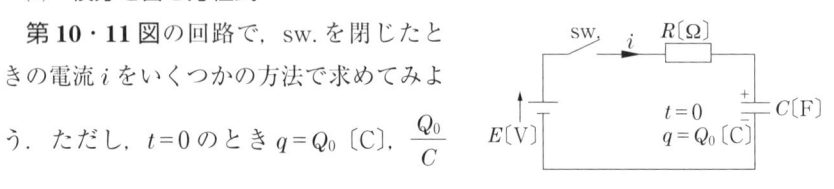

第 10・11 図

a. t-関数のままで解く(1)

q を変数として, $i=\dfrac{dq}{dt}$ だから,

$$R\frac{dq}{dt}+\frac{q}{C}=E \qquad ①$$

補助方程式 $R\dfrac{dq}{dt}+\dfrac{q}{C}=0$ に $A\varepsilon^{\alpha t}$ を入れて特性方程式 $R\alpha+\dfrac{1}{C}=0$

特性方程式から, $\alpha=-\dfrac{1}{CR}$

$$\therefore \quad q_t=A\varepsilon^{-\frac{t}{CR}} \qquad ②$$

①から特殊解は, $\dfrac{q_s}{C}=E$

$$\therefore \quad q_s=CE \qquad ③$$

したがって, ①の一般解は,

10・5 微分方程式の解法

$$q = q_t + q_s = CE + A\varepsilon^{-\frac{t}{CR}} \quad ④$$

④式に初期条件を入れると，$Q_0 = CE + A$，$A = Q_0 - CE$．これを④式に入れ，

$$q = CE(1 - \varepsilon^{-\frac{t}{CR}}) + Q_0 \varepsilon^{-\frac{t}{CR}}$$

$$\therefore \quad i = \frac{dq}{dt} = \left(\frac{E}{R} - \frac{Q_0}{CR}\right)\varepsilon^{-\frac{t}{CR}} \quad (10 \cdot 20)$$

以上のようにして i を求めることができた．

次に，変数を i として解いてみよう．

b. t-関数のままで解く(2)

i を変数として式を立てるためには，$q = \int i\,dt$．したがって，C の端子電圧を $\dfrac{1}{C}\int i\,dt$ とする．すると第10・11図の回路でキルヒホッフの法則により次式が成り立つ．

$$Ri + \frac{1}{C}\int i\,dt = E \quad ① \quad (10 \cdot 21)$$

これを微分方程式にするため，両辺を t で微分すると，

$$R\frac{di}{dt} + \frac{i}{C} = 0 \quad ②$$

この式の一般解は，

$$i = A\varepsilon^{-\frac{t}{CR}} \quad ③$$

任意定数 A を決めるためには，初期条件を入れる必要があるので，③式を積分して，

$$q = \int i\,dt = A\int \varepsilon^{-\frac{t}{CR}}\,dt = K - CRA\varepsilon^{-\frac{t}{CR}} \quad (K；任意定数) \quad ④$$

上式で $t = \infty$ では $q = CE$ だから，$K = CE$．また，$t = 0$ で $q = Q_0$ だから，

$$Q_0 = K - CRA = CE - CRA$$

$$\therefore \quad A = \frac{E}{R} - \frac{Q_0}{CR}$$

これを③式に入れて，

$$i = \left(\frac{E}{R} - \frac{Q_0}{CR}\right)\varepsilon^{-\frac{t}{CR}} \quad ((10\cdot20)と同じ解)$$

c. ラプラス変換で解く

(10・21) 式をラプラス変換する．積分公式により，

$$\mathcal{L}\left[\int_{-\infty}^{t} i\, dt\right] = \frac{1}{s}I(s) + \frac{1}{s}\int_{-\infty}^{0} i\, dt$$

$$= \frac{I(s)}{s} + \frac{Q_0}{s}$$

積分法則

$$\mathcal{L}\left[\int_a^t f(t)\,dt\right] = \frac{1}{s}F(s) + \frac{1}{s}\int_a^0 f(t)\,dt$$

[10・3] 7)

第 10・12 図

とすると，(10・21) 式を変換したものは，

$$RI(s) + \frac{1}{C}\left\{\frac{I(s)}{s} + \frac{Q_0}{s}\right\} = \frac{E}{s} \quad ① \tag{10・22}$$

上式から $I(s)$ を求めると，

$$I(s) = \left(\frac{E}{R} - \frac{Q_0}{CR}\right)\cdot\frac{1}{s + 1/CR} \quad ②$$

②式をラプラス逆変換すると，

$$i(t) = \mathcal{L}^{-1}[I(s)] = \left(\frac{E}{R} - \frac{Q_0}{CR}\right)\mathcal{L}^{-1}\left[\frac{1}{s + 1/CR}\right]$$

$$= \left(\frac{E}{R} - \frac{Q_0}{CR}\right)\varepsilon^{-\frac{t}{CR}} \quad ((10\cdot20)と同じ解)$$

と簡単に答が出る．

10・6 補助回路による過渡現象の解法

第 10・13 図(a)の回路の電流は，$L\dfrac{di}{dt} + Ri = E$ を解くことによって得られる．

もし，$t=0$ において，$i=I_0$ ならば（ほかの電源によって I_0 が流れていたとするならば），上の式をラプラス変換して，

$$L\{sI(s) - I_0\} + RI(s) = \frac{E}{s} \quad \rightarrow \quad (sL + R)I(s) = \frac{E}{s} + LI_0 \tag{10・23}$$

10・6 補助回路による過渡現象の解法

から $I(s)$ を求め，これを逆変換すれば i が求まる．(10・23) 式において，

$(sL+R)$ ············▷ 変換したインピーダンス（$Z(s)$）

$I(s)$ ············▷ 変換した電流

$\dfrac{E}{s}+LI_0$ ············▷ 変換した起電力

と考えれば，(10・23) 式は変換したインピーダンス，電流，起電力の間にオームの法則やキルヒホッフの法則が成り立つことを示している．したがって，(a)図は(b)図のような変換した回路に描き直すことができる．(b)図のような回路を**補助回路**あるいは**裏回路**（裏関数（[10・1]）の回路）と呼んでいる．

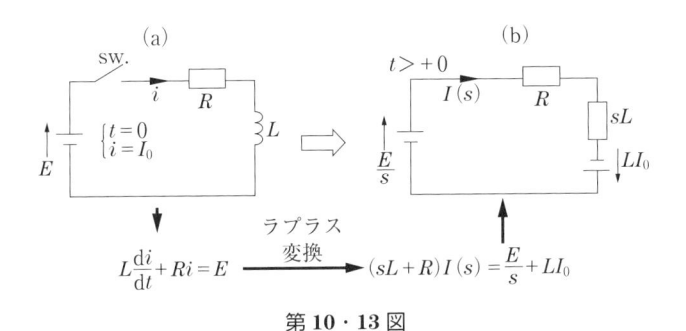

$L\dfrac{di}{dt}+Ri=E$ $\xrightarrow{\text{ラプラス変換}}$ $(sL+R)I(s)=\dfrac{E}{s}+LI_0$

第 10・13 図

第 10・14 図(a)の回路においても，

t 関数の式　　$L\dfrac{di}{dt}+Ri+\dfrac{1}{C}\int i\,dt=E$ $(t=0,\ i=I_0,\ q=Q_0)$

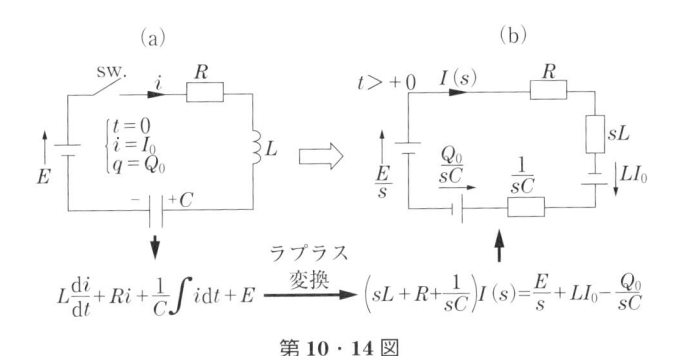

$L\dfrac{di}{dt}+Ri+\dfrac{1}{C}\int i\,dt+E$ $\xrightarrow{\text{ラプラス変換}}$ $\left(sL+R+\dfrac{1}{sC}\right)I(s)=\dfrac{E}{s}+LI_0-\dfrac{Q_0}{sC}$

第 10・14 図

変換した式　$\left(sL+R+\dfrac{1}{sC}\right)I(s)=\dfrac{E}{s}+LI_0-\dfrac{Q_0}{sC}$ 　　　(10・24)

が成り立ち，第10・14図(b)の補助回路ができる．

キルヒホッフの電流法則 $i=\Sigma i_i$ も，変換すると全く同じ形 $I(s)=\Sigma I_i(s)$ になり，全く直流回路と同様の計算で $I(s)$ が求まる．

[10・6]　補助回路による過渡現象の解法

次の変換した諸量で表した補助回路によって，直流回路と同じ方法で $I(s)$ を求めることができる．

1) a. 直流起電力 $E \rightarrow \dfrac{E}{s}+LI_0-\dfrac{Q_0}{sC}{}^{*}$ 　(I_0, Q_0 ; 初期条件)

　　b. その他の起電力 $e(t) \rightarrow E(s)+LI_0-\dfrac{Q_0}{sC}{}^{*}$

2) 電流 $i(t) \rightarrow I(s)$

3) インピーダンス

　　$R \rightarrow R$,　　$L \rightarrow sL$,　　$C \rightarrow \dfrac{1}{sC}$

（交流回路の R, $j\omega L$, $\dfrac{1}{j\omega C}$ に対応している．）

問題 10・7　216ページ問題9・8を補助回路による方法で解け．
問題 10・8　216ページ問題9・9の(1)を補助回路による方法で解け．

10・7　伝達関数と応答

自動制御ではラプラス変換が使われる．もちろん，本書で自動制御全般について述べるわけにはいかないが，ラプラス変換が応用される部分について，幾分の説明をしたい．

---

* $\dfrac{Q_0}{sC}$ のように分母に s があるのに注意．なぜ s がつくかは244ページ（10・22）式で分かる．物理的には，$t=0$ に Q_0 があるのは，直流電圧 Q_0/C（変換して Q_0/sC）があるのと同じと考えればよいであろう．

10・7 伝達関数と応答

(1) 伝達関数

自動制御のシステム，またはその部分の要素について，入力 $r(t)$，出力 $y(t)$ をラプラス変換したものを $R(s)$，$Y(s)$ とすると，次の $G(s)$ を伝達関数という．

$$G(s) = \frac{Y(s)}{R(s)} \tag{10・25}$$

例えば，第 10・15 図のような RC 回路の伝達関数は次のようになる．なお，伝達関数では，一般に初期条件を 0 とする．入力電圧を $V_i(s)$，出力電圧を $V_o(s)$ とすると，前節の補助回路の考え方から，

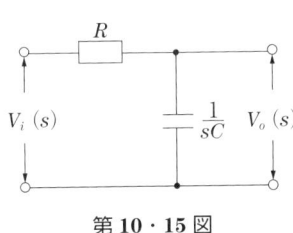

第 10・15 図

$$V_o(s) = \frac{\dfrac{1}{sC}}{R + \dfrac{1}{sC}} V_i(s) = \frac{1}{1 + sRC} V_i(s)$$

したがって，伝達関数は，

$$G(s) = \frac{V_o(s)}{V_i(s)} = \frac{1}{1 + RCs} \tag{10・26}$$

例 10・13 第 10・16 図に示すような RC 回路を 2 段接続した回路がある．この回路において，ab 端子と cd 端子間の伝達関数 $G(s) = E_2(s)/E_1(s)$ を求めよ．

ただし，$R_1 C_1 = T_1$，$R_2 C_2 = T_2$，$R_1 C_2 = T_{12}$ とせよ．（昭和 57 年 2 種）

第 10・16 図

解 第 10・16 図の回路の補助回路は，前節により，第 10・17 図のようになる．

第 10・17 図

$$E_2(s) = I_2(s) \times \frac{1}{sC_2}$$

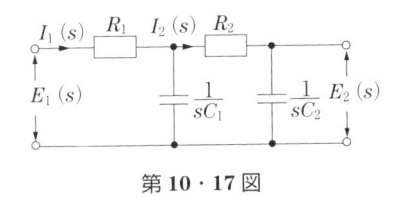

であるから，$I_2(s)$ を $I_1(s)$ の分流によって求める考え方から，$E_2(s)$ は，

$$E_2(s) = \cfrac{E_1(s)}{R_1 + \cfrac{1/sC_1 \cdot (R_2 + 1/sC_2)}{1/sC_1 + R_2 + 1/sC_2}} \times \frac{1/sC_1}{1/sC_1 + R_2 + 1/sC_2} \times \frac{1}{sC_2}$$

$$\therefore \quad G(s) = \frac{E_2(s)}{E_1(s)} = \frac{1}{R_1 R_2 C_1 C_2 s^2 + (R_1 C_1 + R_2 C_2 + R_1 C_2)s + 1}$$

$$= \frac{1}{T_1 T_2 s^2 + (T_1 + T_2 + T_{12})s + 1} \quad 答$$

例 10·14 第10·18図の直流発電機において，界磁印加電圧，界磁電流，電機子電流および負荷端子電圧をそれぞれ e_f, i_f, i および v とするとき，界磁回路および電機子回路の満たす微分方程式を導き，伝達関数 $G(s) = V(s)/E_f(s)$ を求めよ．(昭和58年2種)

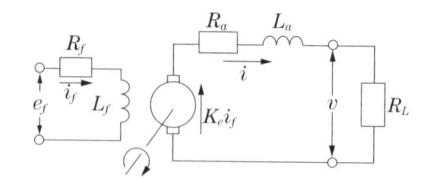

第10·18図

解 界磁回路の微分方程式は，

$$L_f \frac{di_f}{dt} + R_f i_f = e_f \qquad ①$$

電機子回路の微分方程式は，

$$L_a \frac{di}{dt} + (R_a + R_L)i = K_e i_f \qquad ②$$

v は，

$$v = R_L i \qquad ③$$

①〜③式を初期条件0としてラプラス変換すると，

$$sL_f I_f(s) + R_f I_f(s) = E_f(s) \qquad ④$$
$$sL_a I(s) + (R_a + R_L)I(s) = K_e I_f(s) \qquad ⑤$$
$$V(s) = R_L I(s) \qquad ⑥$$

④〜⑥式から，

$$G(s) = \frac{V(s)}{E_f(s)} = \frac{R_L K_e}{(L_f s + R_f)(L_a s + R_a + R_L)} \quad 答$$

問題 10·9 下図(1)(2)(3)について次の伝達関数を求めよ．

10・7 伝達関数と応答

(1) $V_o(s)/V_i(s)$　　(2) $V(s)/I(s)$　　(3) $E_o(s)/V_f(s)$

(1) $V_i(s)$ — R, L, C — $V_o(s)$　　(2) i, R, C, i_c, v　　(3) v_f, i_f, R, L_f, Ⓐ Ki_f, e_o

(2) 過渡特性（過渡応答）

自動制御のシステムつまり制御系の，入力（目標値）が突然変化したとき，その変化があってから制御系が安定状態に達するまでの出力の変化状態を，過渡特性あるいは過渡応答という．過渡特性は，普通，入力が単位ステップ関数 $u(t)$ のときの応答によって検討する．この応答を**インディシャル応答**と呼んでいる．

例えば，第 10・18 図の e_f として，$u(t)$（$t<0$ で 0，$t\geqq0$ で 1）の電圧を加えたとき，なるべく滑らかに，かつ速く安定した出力電圧になる特性が望ましいわけである．

例 10・15 出力の初期値が零である $5/(1+2s)$ の系に単位ステップ入力を加えた場合，その出力を時間関数の形で表せ．（昭和 47 年 2 種の前半）

解 (10・25) 式により，出力は $Y(s) = G(s)R(s)$．

題意により，$G(s) = \dfrac{5}{1+2s}$, $R(s) = \mathcal{L}[u(t)] = \dfrac{1}{s}$ を入れると，

$$Y(s) = \frac{5}{1+2s} \cdot \frac{1}{s} = \frac{5}{s(1+2s)}$$

出力の時間関数は，$Y(s)$ を逆ラプラス変換して，

$$y(t) = \mathcal{L}^{-1}[Y(s)] = \mathcal{L}^{-1}\left[\frac{5}{s(1+2s)}\right] = 5\mathcal{L}^{-1}\left[\frac{1}{s} - \frac{2}{1+2s}\right]$$

$$= 5\left\{\mathcal{L}^{-1}\left[\frac{1}{s}\right] - \mathcal{L}^{-1}\left[\frac{1}{s+0.5}\right]\right\} = 5(1-\varepsilon^{-0.5t}) \quad \text{答}$$

問題 10・10 伝達関数が $G(s) = \dfrac{2s^2+32s+72}{s^2+7s+12}$ である系のインディシャル応答を求めよ．

問題 10・11 伝達関数が $G(s)=7/s$ の系に，入力として $r(t)=\varepsilon^{5t}$ を与え

たときの出力を求めよ．

(3) 定常特性

第 10・19 図のように，伝達関数が $\dfrac{1}{1+Ts}$ の系に，単位ステップ入力 $u(t)$ が与えられたとき，定常状態，つまり $t \to \infty$ において出力がどうなるか調べてみよう．出力は，

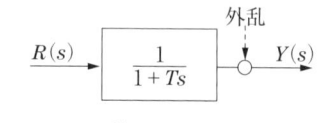

$$Y(s) = G(s)R(s) = \dfrac{1}{1+Ts} \cdot \mathcal{L}[u(t)] = \dfrac{1/T}{s+1/T} \cdot \dfrac{1}{s}$$

$$= \dfrac{1}{s} - \dfrac{1}{s+1/T} \tag{10・27}$$

第 10・19 図

これを逆変換すると，

$$y(t) = \mathcal{L}^{-1}[Y(s)] = \mathcal{L}^{-1}\left[\dfrac{1}{s}\right] - \mathcal{L}^{-1}\left[\dfrac{1}{s+1/T}\right] = 1 - \varepsilon^{-\frac{t}{T}} \tag{10・28}$$

したがって，$t \to \infty$ のときは，

$$y(\infty) = 1 - 0 = 1 \tag{10・29}$$

となって，入力の $u(t)$ ($t \geqq 1$) と等しくなる．

定常状態での｜入力－出力｜を**定常偏差**というが，この場合は定常偏差は 0 である．伝達関数が $1/(1+Ts)$ ということは，(10・26) 式と同じ形だから，電気回路でいうと，第 10・15 図の RC 回路と同じであり，定常偏差が 0 になることは当然である．

なお，(10・29) 式の計算は，最終値の定理（p.229 [10・3] 8)）を使うと，

$$\lim_{t \to \infty} y(t) = \lim_{s \to 0} sY(s) = \lim_{s \to 0} s \cdot \dfrac{1/T}{s+1/T} \cdot \dfrac{1}{s} = 1$$

となって，簡単に同じ結果が得られる．

さて，定常偏差が 0 であることが望ましいのであるが，第 10・19 図のような系では外乱（例えば，直流発電機の負荷変動）があると，たちまち定常偏差が大きくなってしまう．このため，**第 10・20 図**

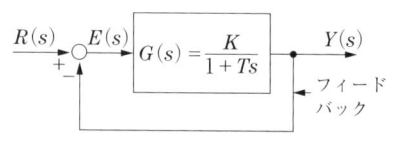

第 10・20 図

10・7 伝達関数と応答

のようなフィードバックをほどこすことが行われている．この場合の定常偏差を求めてみよう．

定常偏差は前の定義により，

$$r(t) - y(t) = \mathcal{L}^{-1}[R(s) - Y(s)]$$
$$= \mathcal{L}^{-1}[E(s)] \qquad (10\cdot30)$$

で，$t \to \infty$ としたものである．したがって，最終値定理によって，次式で求まる．

$$\lim_{t \to \infty} |r(t) - y(t)| = \lim_{s \to 0} sE(s) \qquad (10\cdot31)$$

また，第10・20図のような単純なフィードバック系では，$Y(s) = G(s)E(s)$ だから，

$$E(s) = R(s) - Y(s) = R(s) - G(s)E(s)$$

$$\therefore \quad E(s) = \frac{R(s)}{1 + G(s)}$$

(10・31) 式により，

$$\lim_{s \to 0} sE(s) = \lim_{s \to 0} \frac{sR(s)}{1 + G(s)} \qquad (10\cdot32)$$

になる．ここで，第10・20図の $G(s)$ を入れ，単位ステップ入力 $R(s) = \mathcal{L}[u(t)] = 1/s$ のときの定常偏差を求めると，

$$\text{定常偏差} = \lim_{s \to 0} \frac{sR(s)}{1 + G(s)} = \lim_{s \to 0} \frac{s \cdot (1/s)}{1 + \dfrac{K}{1 + Ts}} = \frac{1}{1 + K} \qquad (10\cdot33)$$

となる．したがって，K を非常に大きくとれば，定常偏差 $\fallingdotseq 0$ となり，偏差が小さく，かつ外乱に強い系が得られることになる．

例 10・16 第10・21図のようなブロック線図で表される制御系がある．次の問に答えよ．

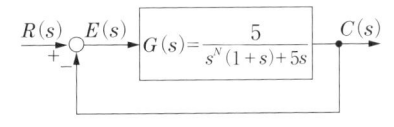

第10・21図

(1) 閉路伝達関数 $W(s) = C(s)/R(s)$ を求めよ．

(2) $N = 1$ なる場合に対して，$R(s) = 1/s$ なるステップ入力を加えたときの応答 $C(t)$ を求めよ．

(3) $N = 0$ および $N = 1$ とした場合について，$E(s)$ の定常位置偏差および

定常速度偏差を求めよ．（昭和59年2種一部省略）

解 (1) ブロック線図から，

$$C(s) = E(s) \cdot G(s) \quad ① , \qquad E(s) = R(s) - C(s) \quad ②$$

①式に②式を入れ整理すると，

$$W(s) = \frac{C(s)}{R(s)} = \frac{G(s)}{1+G(s)} = \frac{\dfrac{5}{s^N(1+s)+5s}}{1+\dfrac{5}{s^N(1+s)+5s}}$$

$$= \frac{5}{s^{N+1}+s^N+5s+5} \quad \text{答} \qquad ③$$

(2) ③式で $N=1$ とし，入力に $R(s)=1/s$ を加えたときの応答（出力）は，

$$C(s) = \frac{1}{s} \cdot \frac{5}{s^2+6s+5} = \frac{5}{s(s+1)(s+5)}$$

$$= \frac{1}{s} - \frac{5}{4} \cdot \frac{1}{s+1} + \frac{1}{4} \cdot \frac{1}{s+5} \qquad ④$$

求める $C(t)$ は，④式の $C(s)$ をラプラス逆変換して，

$$C(t) = \mathcal{L}^{-1}\left[\frac{1}{s}\right] - \frac{5}{4}\mathcal{L}^{-1}\left[\frac{1}{s+1}\right] + \frac{1}{4}\mathcal{L}^{-1}\left[\frac{1}{s+5}\right]$$

$$= 1 - \frac{5}{4}\varepsilon^{-t} + \frac{1}{4}\varepsilon^{-5t} \quad \text{答} \qquad ⑤$$

(3) **定常偏差**

定常位置偏差とは，$R(s)=1/s$（単位ステップ関数）に対する定常偏差であり，定常速度偏差とは，$R(s)=1/s^2$（単位ランプ関数）に対する定常偏差である．

(a) $N=0$ の場合．第10・21図の $G(s)$ で $N=0$ と置くと，

$$G_0(s) = \frac{5}{1(1+s)+5s} = \frac{5}{1+6s} \qquad ⑥$$

偏差 $E(s)$ を求める．$E(s) = R(s) - E(s) \cdot G_0(s)$ により，

$$E(s) = \frac{R(s)}{1+G_0(s)} = \frac{R(s)}{1+\dfrac{5}{1+6s}} = \frac{1+6s}{6+6s}R(s) \qquad ⑦$$

10・7 伝達関数と応答

定常偏差を $e(\infty)$ とすれば，最終値の定理から，

$$e(\infty) = \lim_{s \to 0} sE(s) = \lim_{s \to 0} s \cdot \frac{1}{6} \cdot \frac{1+6s}{1+s} R(s) \qquad ⑧$$

定常位置偏差 $e_p(\infty)$ は，⑧式で $R(s) = 1/s$ として，

$$e_p(\infty) = \lim_{s \to 0} s \cdot \frac{1}{6} \cdot \frac{1+6s}{1+s} \cdot \frac{1}{s} = \frac{1}{6} \quad \text{答} \qquad ⑨$$

定常速度偏差 $e_v(\infty)$ は，⑧式で $R(s) = 1/s^2$ として，

$$e_v(\infty) = \lim_{s \to 0} s \cdot \frac{1}{6} \cdot \frac{1+6s}{1+s} \cdot \frac{1}{s^2} = \infty \quad \text{答} \qquad ⑩$$

(b) $N=1$ の場合．第 10・21 図の $G(s)$ で $N=1$ と置くと，

$$G_1(s) = \frac{5}{s(1+s)+5s} = \frac{5}{s^2+6s} = \frac{5}{s(s+6)} \qquad ⑪$$

$E(s)$ は⑦式と同様に，

$$E(s) = \frac{R(s)}{1+G_1(s)} = \frac{R(s)}{1+\dfrac{5}{s(s+6)}} = \frac{s(s+6)}{s(s+6)+5} R(s)$$

定常偏差 $e(\infty)$ は，⑧式と同様に，

$$e(\infty) = \lim_{s \to 0} sE(s) = \lim_{s \to 0} \frac{s^2(s+6)}{s(s+6)+5} R(s) \qquad ⑫$$

定常位置偏差 $e_p(\infty)$ は，⑫式で $R(s) = 1/s$ として，

$$e_p(\infty) = \lim_{s \to 0} \frac{s^2(s+6)}{s(s+6)+5} \cdot \frac{1}{s} = 0 \quad \text{答}$$

定常速度偏差 $e_v(\infty)$ は，⑫式で $R(s) = 1/s^2$ として，

$$e_v(\infty) = \lim_{s \to 0} \frac{s^2(s+6)}{s(s+6)+5} \cdot \frac{1}{s^2} = \frac{6}{5} \quad \text{答}$$

問題 10・12 第 10・22 図のようなフィードバック系において，積分要素 $1/s$ がないときと，あるときとについて，ステップ入力 $R(s) = 1/s$ に対する定常偏差を求めよ．

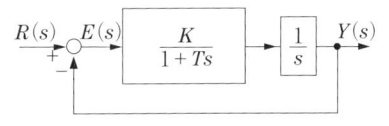

第 10・22 図

桁落ち注意

計算問題で次のような計算をした．

$$\left(\frac{66}{67} - \frac{65}{66}\right) \times 123\,400^{①} = (0.9851 - 0.9849)^{②}$$

$$\times 123\,400$$

$$= 0.0002^{③} \times 123\,400$$

$$\fallingdotseq 24.7^{④}$$

計算は間違っていないが，正しい答だろうか．①式を極力分数で計算すると，

$$\frac{66 \times 66 - 65 \times 67}{67 \times 66} \times 123\,400 = \frac{1}{4\,422} \times 123\,400 \fallingdotseq 27.9^{⑤}$$

④と⑤とでは，⑤のほうが途中で四捨五入してないから正しい．初めの計算では②で小数点以下 4 桁まで計算しているが，③にくると小数点 1, 2, 3 桁は 0 で，有効な数字は 4 桁目の 2 だけである．つまり，有効数字 1 桁だけであって，これでは答の 2 桁目から違ってくるのは当然である．

②から③にくるところで桁落ちしているのである．0.9851 と 0.9849 のように，近い値の引き算では桁落ちに注意しなければならない．

分数で計算することはこの意味では正確でよい．

11 フーリエ級数

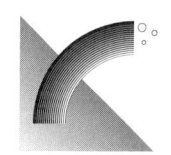

11・1 ひずみ波形とフーリエ級数

交流電圧・電流について，正弦波以外のものをひずみ波といっている．ひずみ波を分類すると次のようになる．

[11・1] ひずみ波の分類

1) **対称波** $f(\theta+\pi)=-f(\theta)$ の条件が成り立つ波形
2) **非対称波** 対称波でないもの
3) **偶関数波** $f(-\theta)=f(\theta)$ の条件が成り立つ波形
4) **奇関数波** $f(-\theta)=-f(\theta)$ の条件が成り立つ波形

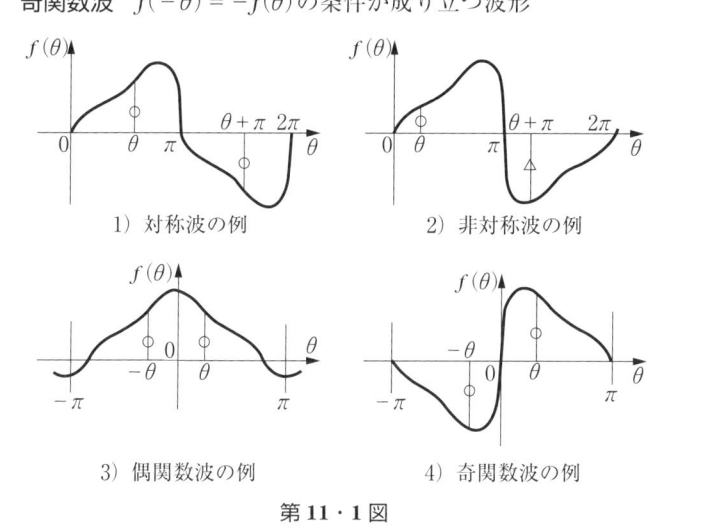

1) 対称波の例   2) 非対称波の例

3) 偶関数波の例   4) 奇関数波の例

第 11・1 図

交流電圧・電流の場合，独立変数は時間 t であるが，$\omega t=\theta$ として，θ で計算したほうが式が簡単になることは，180 ページの平均値・実効値の計算で述べたとおりであり，ここでは，すべて θ で計算することとする．

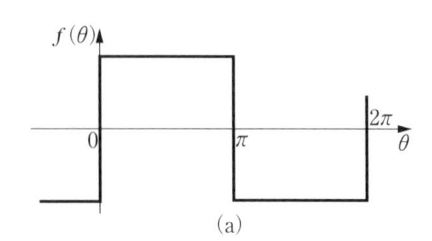

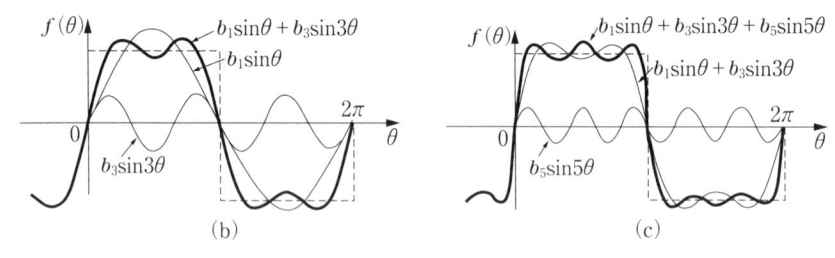

第 11・2 図

　第 11・2 図(a)は方形波であり，これは対称波であり，かつ奇関数波のひずみ波である．

　b_1，b_3 を適当な大きさの値として，
$$f(\theta) = b_1 \sin \theta + b_3 \sin 3\theta \tag{11・1}$$
のグラフを描くと，(b)図のようになる．

　また，b_1，b_3，b_5 を適当な値として，
$$f(\theta) = b_1 \sin \theta + b_3 \sin 3\theta + b_5 \sin 5\theta \tag{11・2}$$
のグラフは(c)図のようになる．

　以下，b_7，b_9，b_{11}，…を適当な値として，(11・2) 式にさらに，$b_7 \sin 7\theta$，$b_9 \sin 9\theta$，$b_{11} \sin 11\theta$，……を加えると，(a)図の方形波に限りなく近づけることができると予想できる．

　事実，方形波および方形でなくても対称波で奇関数波である波形は，次の三角関数の級数で表すことができる．
$$f(\theta) = b_1 \sin \theta + b_3 \sin 3\theta + b_5 \sin 5\theta + b_7 \sin 7\theta + \cdots$$
$$= \sum_{n=1}^{\infty} b_n \sin n\theta \quad (n；奇数) \tag{11・3}$$
さらに，一般に次のようであることが数学的に証明されている．

[11・2] フーリエ級数

a_n, b_n を適当な大きさの値とすると，すべての $\theta = 2\pi$ を周期とする周期関数は次の級数で表される．これを**フーリエ級数**といい，a_n, b_n を**フーリエ係数**という．

$$f(\theta) = a_0 + \sum_{n=1}^{\infty} a_n \cos n\theta + \sum_{n=1}^{\infty} b_n \sin n\theta$$

(11・3) 式の $b_1 \sin \theta$，$b_3 \sin 3\theta$，$b_5 \sin 5\theta$ は，交流電圧でいえば，$E_1 \sin \omega t$，$E_3 \sin 3\omega t = E_3 \sin 2\pi(3f)t$，$E_5 \sin 2\pi(5f)t$ といった項に当たり，$E_1 \sin \omega t$ は**基本波**，その他を**高調波**といっている．また，$E_3 \sin 3\omega t$ は周波数が基本波の3倍の高調波で，第3高調波といい，同様に，$E_5 \sin 5\omega t$ は第5高調波といっている．また，[11・2] の a_0 は直流分に相当している．

11・2 フーリエ係数の求め方

(1) a_0（交流電圧・電流でいえば直流分）

[11・2] の式の両辺を 0 から 2π まで定積分すると，

$$\int_0^{2\pi} f(\theta) d\theta = a_0 \int_0^{2\pi} d\theta + a_1 \int_0^{2\pi} \cos \theta d\theta + a_2 \int_0^{2\pi} \cos 2\theta d\theta + \cdots$$
$$+ b_1 \int_0^{2\pi} \sin \theta d\theta + b_2 \int_0^{2\pi} \sin 2\theta d\theta + \cdots \quad (11・4)$$

となる．ここで，m を任意の整数 1, 2, 3, …… とすると，

$$\int_0^{2\pi} \cos m\theta d\theta = \frac{1}{m} \Big[\sin m\theta \Big]_0^{2\pi} = \frac{1}{m}(0 - 0) = 0 \quad (11・5)$$

$$\int_0^{2\pi} \sin m\theta d\theta = \frac{1}{m} \Big[-\cos m\theta \Big]_0^{2\pi} = \frac{1}{m}\{-1 - (-1)\} = 0 \quad (11・6)$$

であるので，(11・4) 式の第2項以下は 0 となるから，(11・4) 式は，

$$\int_0^{2\pi} f(\theta) d\theta = a_0 \int_0^{2\pi} d\theta = a_0 \Big[\theta \Big]_0^{2\pi} = 2\pi a_0$$

$$\therefore \quad a_0 = \frac{1}{2\pi} \int_0^{2\pi} f(\theta) d\theta \quad (11・7)$$

となって，a_0 は (11・7) 式で求めることができる．すなわち，a_0 は $f(\theta)$ を 1 周期間ににわたって平均した値である．

(2) a_n (cosine の第 n 項のフーリエ係数)

本題に入る前に，次の二つの定積分を求めておこう．(175 ページ問題 8・8 参照)

$$\int_0^{2\pi} \sin m\theta \sin n\theta \, d\theta = \frac{1}{2} \int_0^{2\pi} \{\cos(m-n)\theta - \cos(m+n)\theta\} \, d\theta$$
$$= 0 \quad (m \neq n)$$

$$\int_0^{2\pi} \sin^2 n\theta \, d\theta = \frac{1}{2} \int_0^{2\pi} (1 - \cos 2n\theta) \, d\theta = \pi$$

このような定積分の結果を整理すると，次のようになる．

$$\int_0^{2\pi} \cos^2 n\theta \, d\theta = \pi \quad ①$$

$$\int_0^{2\pi} \sin^2 n\theta \, d\theta = \pi \quad ②$$

$$\int_0^{2\pi} \cos m\theta \cos n\theta \, d\theta = 0 \quad ③$$

$$\int_0^{2\pi} \sin m\theta \sin n\theta \, d\theta = 0 \quad ④$$

$$\int_0^{2\pi} \cos m\theta \sin n\theta \, d\theta = 0 \quad ⑤$$

$$\int_0^{2\pi} \sin m\theta \cos n\theta \, d\theta = 0 \quad ⑥$$

$$\int_0^{2\pi} \cos m\theta \, d\theta = 0 \quad ⑦$$

$$\int_0^{2\pi} \sin m\theta \, d\theta = 0 \quad ⑧$$

(11・8)

((11・5)(11・6))

さて，[11・2] の式 $f(\theta) = a_0 + \sum_{n=1}^{\infty} a_n \cos n\theta + \sum_{n=1}^{\infty} b_n \sin n\theta$ と，上の諸式——$\cos^2 n\theta$ と $\sin^2 n\theta$ 以外の積分は 0 になる——とを比べてみると，a_n を求

めるには，[11・2] の式の両辺に $\cos n\theta$ を掛けて積分すればよいことが分かる．

すなわち，[11・2] の式の右辺に $\cos n\theta$ を掛けて $\theta = 0 \sim 2\pi$ の定積分をすると，$\cos n\theta$ 以外の項はすべて 0 になるから，両辺に $\cos n\theta$ を掛けて積分して，

$$\int_0^{2\pi} f(\theta)\cos n\theta d\theta = a_n \int_0^{2\pi} \cos^2 n\theta d\theta = \pi a_n$$

$$\therefore \quad a_n = \frac{1}{\pi} \int_0^{2\pi} f(\theta)\cos n\theta d\theta \tag{11・9}$$

となって，a_n は (11・9) 式で求められる．

(3) **b_n (sine の第 n 項のフーリエ係数)**

前項と同様に，[11・2] の式の右辺に $\sin n\theta$ を掛けて $\theta = 0 \sim 2\pi$ の定積分をすると，$\sin n\theta$ 以外の項はすべて 0 になるから，[11・2] の式の両辺に $\sin n\theta$ を掛けて積分し，

$$\int_0^{2\pi} f(\theta)\sin n\theta d\theta = b_n \int_0^{2\pi} \sin^2 n\theta d\theta = \pi b_n$$

$$\therefore \quad b_n = \frac{1}{\pi} \int_0^{2\pi} f(\theta)\sin n\theta d\theta \tag{11・10}$$

となって，(11・10) 式によって b_n が求まる．

したがって，ある波形 $f(\theta)$ をフーリエ級数に展開するには，(11・7)，(11・9)，(11・10) 式で a_0, a_n, b_n を求め，[11・2] の式に入れればよい．

下記のまとめにおいて，例えば，a_n は $f(\theta)\cos n\theta$ の**平均の 2 倍**と記憶するとよい．

[11・3] フーリエ展開

$\theta = 2\pi$ を周期とする周期関数 $f(\theta)$ をフーリエ級数に展開するには，フーリエ係数を次式で求め，

$$a_0 = \frac{1}{2\pi} \int_0^{2\pi} f(\theta) d\theta$$

$$a_n = \frac{1}{\pi} \int_0^{2\pi} f(\theta)\cos n\theta d\theta, \qquad b_n = \frac{1}{\pi} \int_0^{2\pi} f(\theta)\sin n\theta d\theta$$

次の式に入れればよい．
$$f(\theta) = a_0 + \sum_{n=1}^{\infty} a_n \cos n\theta + \sum_{n=1}^{\infty} b_n \sin n\theta$$

例 11・1 第 11・3 図の方形波のフーリエ級数を求めよ．

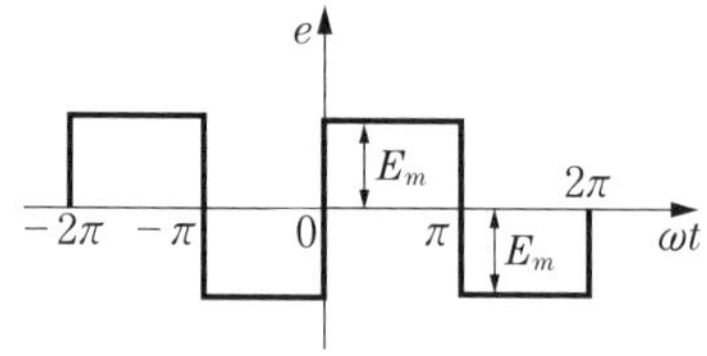

解 図の波形は，
$$f(\theta) = E_m, \quad 0 < \theta < \pi$$
$$f(\theta) = -E_m, \quad \pi < \theta < 2\pi$$

第 11・3 図

$$a_0 = \frac{1}{2\pi}\int_0^{2\pi} f(\theta)\,d\theta = \frac{1}{2\pi}\int_0^{\pi} E_m\,d\theta + \frac{1}{2\pi}\int_{\pi}^{2\pi}(-E_m)\,d\theta = 0$$

$$a_n = \frac{1}{\pi}\int_0^{\pi} E_m \cos n\theta\,d\theta + \frac{1}{\pi}\int_{\pi}^{2\pi}(-E_m)\cos n\theta\,d\theta = 0$$

$$b_n = \frac{1}{\pi}\int_0^{\pi} E_m \sin n\theta\,d\theta + \frac{1}{\pi}\int_{\pi}^{2\pi}(-E_m)\sin n\theta\,d\theta$$

$$= \frac{E_m}{\pi}\left\{\left[\frac{-\cos n\theta}{n}\right]_0^{\pi} - \left[\frac{-\cos n\theta}{n}\right]_{\pi}^{2\pi}\right\}$$

$$= \frac{E_m}{\pi}\left(-\frac{\cos n\pi}{n} + \frac{1}{n} + \frac{1}{n} - \frac{\cos n\pi}{n}\right)$$

$$= \frac{2E_m(1-\cos n\pi)}{n\pi}$$

$$= \begin{cases} 0, & n = 2, 4, 6\cdots \\ \dfrac{4E_m}{n\pi}, & n = 1, 3, 5\cdots \end{cases}$$

したがって，求めるフーリエ級数は，
$$e = \frac{4E_m}{\pi}\left(\sin \omega t + \frac{1}{3}\sin 3\omega t + \frac{1}{5}\sin 5\omega t + \cdots\cdots\right) \quad \text{答}$$

11・3 波形の種類によるフーリエ級数の特徴

前に述べた方形波のフーリエ級数では，$a_0 = 0$ であること，sine の項だけで

11・3 波形の種類によるフーリエ級数の特徴

あること，n は奇数だけであること，の3点が特徴的である．第11・3図の方形波は対称波であり，かつ奇関数波である．一般に，対称波では，$a_0 = 0$ かつ，n は奇数だけであり，奇関数波では奇関数の sine の項だけになる．このような波形の種類から見たフーリエ級数の性質を調べてみよう．このような性質を利用することによって，計算が簡単になるのである．

(1) 対称波

$\theta = 2\pi$ を周期とする周期関数が，

$$f(\theta) = a_0 + \sum_{n=1}^{\infty} a_n \cos n\theta + \sum_{n=1}^{\infty} b_n \sin n\theta \qquad ([11 \cdot 2])$$

で表されたとする．これが対称波であるとすると，

$$f(\theta + \pi) = -f(\theta) \qquad ([11 \cdot 1]1))$$

が成り立たねばならない．

$$f(\theta + \pi) = a_0 + \sum_{n=1}^{\infty} a_n \cos n(\theta + \pi) + \sum_{n=1}^{\infty} b_n \sin n(\theta + \pi) \qquad (11 \cdot 11)$$

$$-f(\theta) = -a_0 - \sum_{n=1}^{\infty} a_n \cos n\theta - \sum_{n=1}^{\infty} b_n \sin n\theta \qquad (11 \cdot 12)$$

であるから，$([11 \cdot 1]\ 1))$ が成り立つためには，$(11 \cdot 11)$ 式と $(11 \cdot 12)$ 式を比較して，

$$\left. \begin{array}{l} a_0 = -a_0 \\ \cos n(\theta + \pi) = -\cos n\theta \\ \sin n(\theta + \pi) = -\sin n\theta \end{array} \right\} \qquad (11 \cdot 13)$$

$(11 \cdot 13)$ が成り立つためには，$a_0 = 0$，n；奇数でなければならない．

したがって，対称波には a_0（直流分）を含まず，n が奇数の項だけ含まれる．

対称波に直流分が含まれないことは，波形から考えて常識的に分かることである．また，**第11・4図**のように第2高調波を含む場合を考えると，$f(\theta + \pi) = -f(\theta)$ の条件を満足しないので，n が偶数の項を含むと対称波でなくなることが

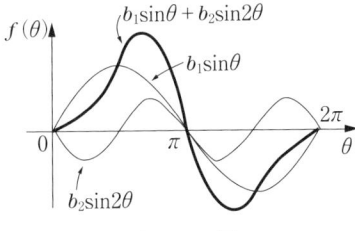

第11・4図

(2) 偶関数波

$f(\theta)$ が偶関数波であるとすると,

$$f(-\theta) = f(\theta) \qquad ([11\cdot1]3))$$

が成り立たねばならない. $f(\theta)$ と $f(-\theta)$ は,

$$f(\theta) = a_0 + \sum_{n=1}^{\infty} a_n \cos n\theta + \sum_{n=1}^{\infty} b_n \sin n\theta \qquad (11\cdot14)$$

$$f(-\theta) = a_0 + \sum_{n=1}^{\infty} a_n \cos n\theta - \sum_{n=1}^{\infty} b_n \sin n\theta \qquad (11\cdot15)$$

である. ([11・1] 3)) が成り立つためには, 上の2式の右辺が等しくなければならないが, そのためには $\sin n\theta$ の係数 b_n が0でなければならない. したがって, 偶関数波には sine の項が含まれず, a_0 と cosine の項のみが含まれる.

(3) 奇関数波

$f(\theta)$ が奇関数波であるとすると, $f(-\theta) = -f(\theta)$. ここで, $f(-\theta)$ と $-f(\theta)$ は,

$$f(-\theta) = a_0 + \sum_{n=1}^{\infty} a_n \cos n\theta - \sum_{n=1}^{\infty} b_n \sin n\theta \qquad (11\cdot16)$$

$$-f(\theta) = -a_0 - \sum_{n=1}^{\infty} a_n \cos n\theta - \sum_{n=1}^{\infty} b_n \sin n\theta \qquad (11\cdot17)$$

上の2式の右辺が等しいためには, $a_0 = 0$, $a_n = 0$ でなければならない.

[11・4] 波形の種類によるフーリエ級数の特徴

1) 対称波 $f(\theta) = \sum_{n=1}^{\infty} a_n \cos n\theta + \sum_{n=1}^{\infty} b_n \sin n\theta$ （n：奇数, $a_0 = 0$）

2) 偶関数波 $f(\theta) = a_0 + \sum_{n=1}^{\infty} a_n \cos n\theta$ （$b_n = 0$）

3) 奇関数波 $f(\theta) = \sum_{n=1}^{\infty} b_n \sin n\theta$ （$a_0 = 0$, $a_n = 0$）

$y = a_0$ （定数）および $\cos n\theta$ は偶関数, $\sin n\theta$ は奇関数であることから, 偶

11・3 波形の種類によるフーリエ級数の特徴

関数波は a_0 と $\cos n\theta$ の項だけから成り,奇関数波は $\sin n\theta$ の項だけから成ることは容易に理解できることである.

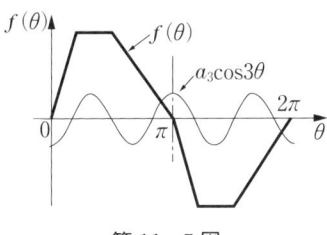

(4) 対称波の計算

以下は数式でも容易に説明できるが図で説明しよう.第11・5図の波形は**対称波**であり,奇数の項だけ含まれる.この場合 a_n は,

$$a_n = \frac{1}{\pi}\left\{\int_0^\pi f(\theta)\cos n\theta\,d\theta + \int_\pi^{2\pi} f(\theta)\cos n\theta\,d\theta\right\}$$

第11・5図

で計算できるが,図で考えると,上式の第1項と第2項とは等しくなる.ゆえに対称波の a_n は次の **0〜π** 間の積分でよい.b_n も同様である.

$$a_n = \frac{2}{\pi}\int_0^\pi f(\theta)\cos n\theta\,d\theta, \qquad b_n = \frac{2}{\pi}\int_0^\pi f(\theta)\sin n\theta\,d\theta \qquad (11\cdot18)$$

さらに,第11・6図のように,**π/2 の左右で対称な対称波は奇関数波**であり,奇数次の sine の項だけである.図で考えると,$f(\theta)\sin n\theta$ は π/2 の両側で対称になるので,次の **0〜π/2** 間の積分で計算できる.

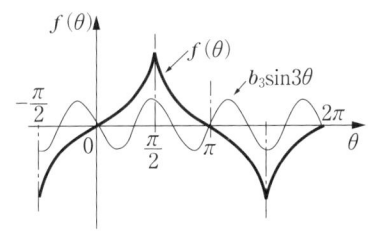

$$b_n = \frac{4}{\pi}\int_0^{\pi/2} f(\theta)\sin n\theta\,d\theta \qquad (11\cdot19)$$

第11・6図

(5) 偶関数波および奇関数波の計算

それぞれ,**0〜π** 間の積分で a_n および b_n を計算できる.

問題 11・1 下図(1)(2)(3)のフーリエ級数を求めよ.

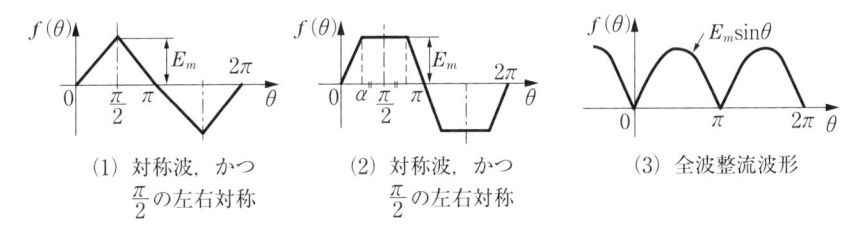

(1) 対称波,かつ $\frac{\pi}{2}$ の左右対称

(2) 対称波,かつ $\frac{\pi}{2}$ の左右対称

(3) 全波整流波形

第11・7図

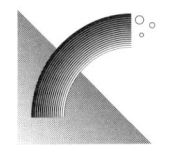

12 双曲線関数

12・1 双曲線関数の定義

　三角関数は円の図形から定義されたが，複素数の指数関数を定義することにより三角関数は次式で表されることを知った．(56 ページ [4・5])

$$\cos x = \frac{\varepsilon^{jx} + \varepsilon^{-jx}}{2}, \qquad \sin x = \frac{\varepsilon^{jx} - \varepsilon^{-jx}}{2j} \qquad (x ； 実数) \qquad (12・1)$$

一方，

$$\varepsilon^x = 1 + x + \frac{x^2}{2!} + \frac{x^3}{3!} + \frac{x^4}{4!} + \cdots\cdots \qquad (12・2)$$

$$\varepsilon^{jx} = \left(1 - \frac{x^2}{2!} + \frac{x^4}{4!} - \frac{x^6}{6!} + \cdots\cdots\right)$$
$$\qquad + j\left(x - \frac{x^3}{3!} + \frac{x^5}{5!} - \frac{x^7}{7!} + \cdots\cdots\right) \qquad (12・3)$$

の関係があるから，任意の x に対する $\cos x$ および $\sin x$ の値を知ることができる．また，$\sin^2 x + \cos^2 x = 1$ などの三角関数の公式も (12・1) 式によって証明することができる．

　それで，(12・1) 式を**三角関数の定義**と考えてよいし，図形と関係なく数式だけで計算できるという特徴もある．

　さて，双曲線関数も初めは双曲線の図形から考えられたが，三角関数の (12・1) 式に似た，次の式を双曲線関数の定義と考えたほうがスッキリする．

[12・1] 双曲線関数の定義

1) $\cosh x = \dfrac{\varepsilon^x + \varepsilon^{-x}}{2}$ $\quad \begin{pmatrix} 双曲線余弦関数（hyperbolic\ cosine） \\ ハイパボリックコサイン x と読む \end{pmatrix}$

> 2) $\sinh x = \dfrac{\varepsilon^x - \varepsilon^{-x}}{2}$ $\begin{pmatrix}\text{双曲線正弦関数}\\ \text{ハイパボリックサイン } x \text{ と読む}\end{pmatrix}$
>
> 3) $\tanh x = \dfrac{\sinh x}{\cosh x}$ $\begin{pmatrix}\text{双曲線正接関数}\\ \text{ハイパボリックタンジェント } x \text{ と読む}\end{pmatrix}$
>
> 4) $\coth x = \dfrac{1}{\tanh x}$, $\operatorname{sech} x = \dfrac{1}{\cosh x}$, $\operatorname{cosech} x = \dfrac{1}{\sinh x}$

定義式

$$\cosh x = \dfrac{\varepsilon^x + \varepsilon^{-x}}{2} \qquad\qquad ([12\cdot 1]1))$$

$$\sinh x = \dfrac{\varepsilon^x - \varepsilon^{-x}}{2} \qquad\qquad ([12\cdot 1]2))$$

から,$\cosh x$ は偶関数,$\sinh x$ は奇関数であることは明らかである.

また,第 12・1 図 の $y = \varepsilon^x/2$,$y = \varepsilon^{-x}/2$ のグラフから,$y = \cosh x$,$y = \sinh x$ および $y = \tanh x$ のグラフが図のようになることは容易に理解できる.

このグラフあるいは定義式から,$x = 0$ では,

$$\cosh 0 = 1,\ \sinh 0 = 0$$

と,三角関数と同じ値をとることを記憶しておきたい.図から,$x \to +\infty$ では $\cosh x$ と $\sinh x$ とが限りなく近くなるのも特徴である.定義式で,$x \to +\infty$ のとき,$\varepsilon^{-x} \to 0$ だから当然のことである.

定義式および,

$$\varepsilon^x = 1 + x + \dfrac{x^2}{2!} + \dfrac{x^3}{3!} + \dfrac{x^4}{4!} + \cdots\cdots$$

の展開式から,次式を容易に導くことができる.

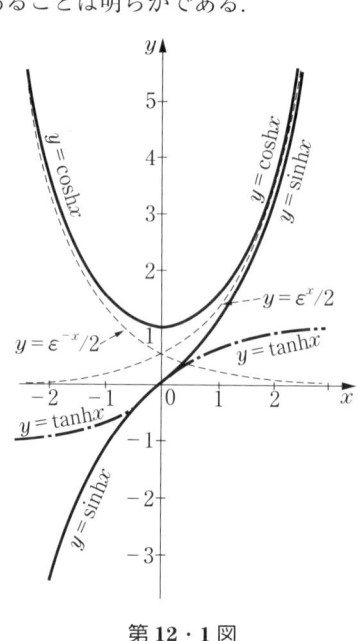

第 12・1 図

[12・2] 双曲線関数のマクローリン展開

1) $\cosh x = 1 + \dfrac{x^2}{2!} + \dfrac{x^4}{4!} + \dfrac{x^6}{6!} + \cdots\cdots$

2) $\sinh x = x + \dfrac{x^3}{3!} + \dfrac{x^5}{5!} + \dfrac{x^7}{7!} + \cdots\cdots$

12・2 双曲線関数の公式

双曲線関数の公式は，定義式を使うことによって簡単に証明できる．例えば次のとおりである．

例 12・1 $\sinh(-x) = -\sinh x$ を証明せよ．

解 定義式の x に $-x$ を入れると，

$$\sinh(-x) = \frac{\varepsilon^{-x} - \varepsilon^{x}}{2} = -\frac{\varepsilon^{x} - \varepsilon^{-x}}{2} = -\sinh x \quad \text{証明終り}$$

この式は，奇関数の条件 $f(-x) = -f(x)$ を満足していることが分かる．

例 12・2 $\dfrac{\mathrm{d}}{\mathrm{d}x}\sinh x = \cosh x$ を証明せよ．

解 定義式により，

$$\frac{\mathrm{d}}{\mathrm{d}x}\sinh x = \frac{\mathrm{d}}{\mathrm{d}x}\frac{\varepsilon^{x} - \varepsilon^{-x}}{2} = \frac{1}{2}\left(\frac{\mathrm{d}\varepsilon^{x}}{\mathrm{d}x} - \frac{\mathrm{d}\varepsilon^{-x}}{\mathrm{d}x}\right)$$

$$= \frac{1}{2}(\varepsilon^{x} + \varepsilon^{-x}) = \cosh x \quad \text{証明終り}$$

次の公式も，上の例のように容易に証明できる．三角関数の式とよく似ているが，±など違ったところがある．このような相違のあるものは**太字**で表した．

[12・3] 双曲線関数の公式

1) $\sinh(-x) = -\sinh x, \quad \cosh(-x) = \cosh x$
   $\tanh(-x) = -\tanh x$

2) $\boldsymbol{\cosh^2 x - \sinh^2 x = 1}, \quad \boldsymbol{\cosh^2 x + \sinh^2 x = \cosh 2x}$

3) $\sinh(x \pm y) = \sinh x \cosh y \pm \cosh x \sinh y$

> $$\cosh(x \pm y) = \cosh x \cosh y \pm \sinh x \sinh y$$
>
> 4) $\dfrac{\mathrm{d}}{\mathrm{d}x}\sinh x = \cosh x$, $\dfrac{\mathrm{d}}{\mathrm{d}x}\cosh x = \sinh x$, $\dfrac{\mathrm{d}}{\mathrm{d}x}\tanh x = \mathrm{sech}^2 x$
>
> 5) $\displaystyle\int \sinh x\, \mathrm{d}x = \cosh x + C$, $\displaystyle\int \cosh x\, \mathrm{d}x = \sinh x + C$
>
> （ごく基礎的なものだけをあげた．このほかについては巻末公式集付録8を参照していただきたい．）

問題 12・1 次の式を証明せよ．

(1) $\cosh^2 x - \sinh^2 x = 1$　　(2) $\displaystyle\int \cosh x\, \mathrm{d}x = \sinh x + C$

(3) $\cosh(x+y) = \cosh x \cosh y + \sinh x \sinh y$

12・3　逆双曲線関数

　x の関数 $y = f(x)$ について，x と y とを入れ換えた $x = f(y)$ を解いて，$y = g(x)$ が得られたとき，これを $y = f(x)$ の逆関数といい，$y = f^{-1}(x)$（$= g(x)$）と表した．（34ページ [3・4]）

　三角関数の場合は，$y = \sin x$ の逆関数を $y = \mathrm{Sin}^{-1} x$ と表した．双曲線の場合も，例えば，$y = \sinh x$ の逆関数を $y = \sinh^{-1} x$ と表す．

　$y = \sinh x$，すなわち $y = \dfrac{\varepsilon^x - \varepsilon^{-x}}{2}$ の x と y とを入れ換え，$x = \dfrac{\varepsilon^y - \varepsilon^{-y}}{2}$ として，この式から y を求めれば，y が $\sinh^{-1} x$ になるわけである．上式は，

$$2x = \varepsilon^y - \varepsilon^{-y}, \qquad \varepsilon^y - \varepsilon^{-y} - 2x = 0$$

$$\varepsilon^{-y}(\varepsilon^{2y} - 2x\varepsilon^y - 1) = 0$$

したがって，

$$\varepsilon^{2y} - 2x\varepsilon^y - 1 = 0$$

これを ε^y について解くと，

$$\varepsilon^y = x \pm \sqrt{x^2 + 1}$$

ε^y は正でなければならないから，$-$ を捨て，

$$\varepsilon^y = x + \sqrt{x^2 + 1}$$

12・3 逆双曲線関数

両辺の対数をとると，
$$y = \log(x + \sqrt{x^2+1})$$
すなわち，
$$\sinh^{-1} x = \log(x + \sqrt{x^2+1}) \tag{12・4}$$
となる．$\cosh^{-1} x$, $\tanh^{-1} x$ も同様に求められる．

次に，(12・4) 式を微分してみよう．

$$\begin{aligned}
\frac{d}{dx} \sinh^{-1} x &= \frac{d}{dx} \log(x + \sqrt{x^2+1}) \\
&= \frac{d \log(x + \sqrt{x^2+1})}{d(x + \sqrt{x^2+1})} \cdot \frac{d(x + \sqrt{x^2+1})}{dx} \\
&= \frac{1}{x + \sqrt{x^2+1}} \cdot \left(1 + \frac{d\sqrt{x^2+1}}{d(x^2+1)} \cdot \frac{d(x^2+1)}{dx}\right) \\
&= \frac{1}{\sqrt{x^2+1}}
\end{aligned}$$

すなわち，
$$\frac{d}{dx} \sinh^{-1} x = \frac{1}{\sqrt{x^2+1}} \tag{12・5}$$
となる．また，$\cosh^{-1} x$ などの導関数も同様に求めることができる．

(12・5) 式の両辺を積分すると，
$$\int \frac{1}{\sqrt{x^2+1}} \, dx = \sinh^{-1} x + C \tag{12・6}$$
となる．この式は $\dfrac{1}{\sqrt{x^2+1}}$ を積分するときに便利な式である．

(12・4), (12・5), (12・6) 式に相当する式を列挙すると次のようになる．

[12・4] 逆双曲線関数の公式

1) $\sinh^{-1} x = \log(x + \sqrt{x^2+1})$　　$(-\infty < x < \infty)$

　$\cosh^{-1} x = \pm \log(x + \sqrt{x^2-1})$　　$(x \geq 1)$

　$\tanh^{-1} x = \dfrac{1}{2} \log \dfrac{1+x}{1-x}$　　$(-1 < x < 1)$

2) $\dfrac{d}{dx} \sinh^{-1} x = \dfrac{1}{\sqrt{x^2+1}}$

$\dfrac{d}{dx} \cosh^{-1} x = \pm \dfrac{1}{\sqrt{x^2-1}}$ （$x \geq 1$）

$\dfrac{d}{dx} \tanh^{-1} x = \dfrac{1}{1-x^2}$ （$-1 < x < 1$）

3) $\displaystyle\int \dfrac{1}{\sqrt{x^2+1}}\, dx = \sinh^{-1} x + C$

$\displaystyle\int \dfrac{1}{\sqrt{x^2-1}}\, dx = \cosh^{-1} x + C$ （$x \geq 1$）

$\displaystyle\int \dfrac{1}{1-x^2}\, dx = \tanh^{-1} x + C$ （$-1 < x < 1$）

例 12・3 第 12・2 図(a)のように，径間 S〔m〕の水平な AB 2 点で電線が支持されている．

(1) 電線の曲線の方程式を求めよ．

(2) たるみ d〔m〕，実長 L〔m〕を求めよ．ただし，T；水平張力〔kg〕，w；電線重量〔kg/m〕．

解 (1) 任意の点 P (x, y) について，P 点における張力を T_P〔kg〕，OP 間の長さを l〔m〕とすると，(b)図のように $\vec{T_P} = -(\vec{wl} + \vec{T})$ であり，T_P は P 点の接線方向であるから，P 点の微分係数は，

$$\dfrac{dy}{dx} = \dfrac{wl}{T}$$

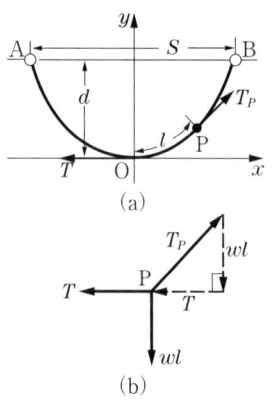

第 12・2 図

このままでは，x と y の関数の l が入っていて解けないので，両辺を微分すると，

$$\dfrac{d^2 y}{dx^2} = \dfrac{w}{T} \dfrac{dl}{dx} = \dfrac{w}{T} \sqrt{1 + \left(\dfrac{dy}{dx}\right)^2} \quad \left(\begin{array}{l} \because \ dl = \sqrt{1+(y')^2}\, dx \\ \text{p.177「曲線の長さ」参照} \end{array}\right)$$

ここで $dy/dx = p$ と置くと，次の p についての微分方程式（変数分離形）が得られる．

12・3 逆双曲線関数

$$\frac{\mathrm{d}p}{\mathrm{d}x} = \frac{w}{T}\sqrt{1+p^2}, \qquad \frac{1}{\sqrt{1+p^2}}\mathrm{d}p = \frac{w}{T}\mathrm{d}x$$

両辺を積分し，

$$\int \frac{\mathrm{d}p}{\sqrt{1+p^2}} = \int \frac{w}{T}\mathrm{d}x$$

[12・4] により，上式は，

$$\sinh^{-1} p = \frac{w}{T}x + C_1$$

題意により，$x=0$ において，$p=\mathrm{d}y/\mathrm{d}x=0$，∴ $C=0$，したがって上式は，

$$p = \frac{\mathrm{d}y}{\mathrm{d}x} = \sinh\frac{w}{T}x$$

この両辺を積分すると，[12・3] により，

$$y = \frac{T}{w}\cosh\frac{w}{T}x + C_2$$

$x=0$ において，$y=0$ とすれば $C_2 = -T/w$ となり，次の曲線の方程式をうる．

$$y = \frac{T}{w}\left(\cosh\frac{w}{T}x - 1\right) \quad 答 \tag{12・7}$$

(2) たるみ d は，$x=S/2$ における y の値であり，

$$d = \frac{T}{w}\left(\cosh\frac{wS}{2T} - 1\right) \quad 答$$

電線実長 L は 177 ページ [8・13] により，

$$L = 2\int_0^{S/2}\sqrt{1+\left(\frac{\mathrm{d}y}{\mathrm{d}x}\right)^2}\,\mathrm{d}x = 2\int_0^{S/2}\sqrt{1+\sinh^2\frac{w}{T}x}\,\mathrm{d}x$$

$$= 2\int_0^{S/2}\cosh\frac{w}{T}x\,\mathrm{d}x = \frac{2T}{w}\left[\sinh\frac{w}{T}x\right]_0^{S/2}$$

$$= \frac{2T}{w}\sinh\frac{wS}{2T} \quad 答$$

なお，[12・2] により，$\cosh x \fallingdotseq 1 + x^2/2$ を (12・7) 式に入れると，$y = \frac{w}{2T}x^2$ となり，電線の曲線の方程式は放物線で近似できることが分かる．

問題 12・2 例 12・3 の答の d と L とを，双曲線関数の無限級数の第 2 項までを用いて，近似式で表せ．

12・4 複素変数の双曲線関数

実変数 x の双曲線関数を，例えば $\sinh x = \dfrac{\varepsilon^x - \varepsilon^{-x}}{2}$ と定義したが，複素変数 $\dot{z}$ の双曲線関数も全く同じ形 $\sinh \dot{z} = \dfrac{\varepsilon^{\dot{z}} - \varepsilon^{-\dot{z}}}{2}$ で定義する．

$\dot{z}$ が純虚数 $\dot{z} = jx$ の場合は，$\sinh jx = \dfrac{\varepsilon^{jx} - \varepsilon^{-jx}}{2}$ となるが，三角関数の定義 $\sin x = \dfrac{\varepsilon^{jx} - \varepsilon^{-jx}}{2j}$ (p.57 [4・5]) により，

$$\sinh jx = \dfrac{\varepsilon^{jx} - \varepsilon^{-jx}}{2j} \cdot j = j \sin x \tag{12・8}$$

となって，双曲線関数と三角関数とが関係づけられる．(12・8) 式は，x を複素数 $\dot{z}$ に置き換えても成り立つ．これらをまとめて書くと次のとおりである．

[12・5] 複素変数の双曲線関数

1) 複素変数 $\dot{z}$ の双曲線関数を次式で定義する．

$$\cosh \dot{z} = \dfrac{\varepsilon^{\dot{z}} + \varepsilon^{-\dot{z}}}{2}, \qquad \sinh \dot{z} = \dfrac{\varepsilon^{\dot{z}} - \varepsilon^{-\dot{z}}}{2}$$

2) $\tanh \dot{z} = \dfrac{\sinh \dot{z}}{\cosh \dot{z}}, \qquad \coth \dot{z} = \dfrac{1}{\tanh \dot{z}}, \qquad \mathrm{sech}\, \dot{z} = \dfrac{1}{\cosh \dot{z}}$ など．

3) 三角関数との関係

$$\cosh j\dot{z} = \cos \dot{z}, \qquad \sinh j\dot{z} = j \sin \dot{z}, \qquad \tanh j\dot{z} = j \tan \dot{z}$$

4) $\dot{z} = x + jy$ とすると，例えば $\sinh \dot{z}$ は，

$$\sinh \dot{z} = \sinh(x + jy) = \sinh j(y - jx)$$
$$= j \sin(y - jx) = j(\sin y \cos jx - \cos y \sin jx)$$
$$= \sinh x \cos y + j \cosh x \sin y$$

12・5　分布定数回路の交流電圧・電流

送電線は，第 12・3 図のような微小なインピーダンス $\mathrm{d}\dot{Z}$ と微小なアドミタンス $\mathrm{d}\dot{Y}$ とが無数につながったものと考えることができる．このように考えた回路を分布定数回路という．送電線を分布定数回路と考えたときの，送受電端の電圧・電流の関係を導いてみよう．

$\dot{z}$：単位長当たりのインピーダンス

$\dot{y}$：単位長当たりのアドミタンス

x：送電端から測った距離

とすると，微小区間の $\mathrm{d}\dot{Z}$ と $\mathrm{d}\dot{Y}$ は，

$$\mathrm{d}\dot{Z} = \dot{z}\mathrm{d}x, \quad \mathrm{d}\dot{Y} = \dot{y}\mathrm{d}x \text{ である．}$$

距離 x の点の電圧 $\dot{E}(x)$ を簡単に $\dot{E}$，電流 $\dot{I}(x)$ を簡単に $\dot{I}$ とすると，$\mathrm{d}x$ の間の $\dot{E}$，$\dot{I}$ の増分は，

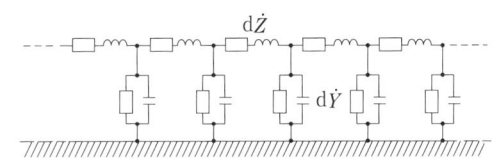

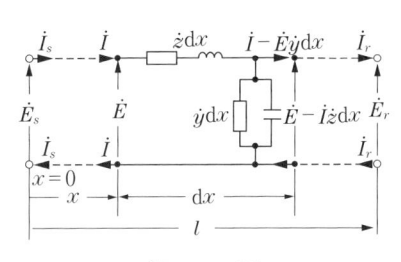

$$\mathrm{d}\dot{E} = -\dot{I}\mathrm{d}\dot{Z} = -\dot{I}\dot{z}\mathrm{d}x, \quad \mathrm{d}\dot{I} = -\dot{E}\mathrm{d}\dot{Y} = -\dot{E}\dot{y}\mathrm{d}x$$

上式から，

$$\frac{\mathrm{d}\dot{E}}{\mathrm{d}x} = -\dot{I}\dot{z}, \quad \frac{\mathrm{d}\dot{I}}{\mathrm{d}x} = -\dot{E}\dot{y} \tag{12・9}$$

上式では，x の関数 $\dot{E}$ と $\dot{I}$ とが入り交じっているので，一つの変数の式にするため，第 1 式を x で微分する．

$$\frac{\mathrm{d}^2\dot{E}}{\mathrm{d}x^2} = -\dot{z}\frac{\mathrm{d}\dot{I}}{\mathrm{d}x} = \dot{y}\dot{z}\dot{E}, \quad \frac{\mathrm{d}^2\dot{E}}{\mathrm{d}x^2} - \dot{y}\dot{z}\dot{E} = 0 \tag{12・10}$$

この微分方程式の解を，$E = A\varepsilon^{\alpha x}$ と仮定して入れると，

$$\alpha^2 - \dot{y}\dot{z} = 0, \quad \alpha = \pm\sqrt{\dot{y}\dot{z}}$$

したがって解は，

$$\dot{E} = A\varepsilon^{\sqrt{\dot{y}\dot{z}}\,x} + B\varepsilon^{-\sqrt{\dot{y}\dot{z}}\,x} \tag{12・11}$$

上式と (12・9) 式の第 1 式とから，$\dot{I}$ は，

$$\dot{I} = -\frac{1}{\dot{z}} \cdot \frac{d\dot{E}}{dx} = -\frac{1}{\dot{z}}\left(\sqrt{\dot{y}\dot{z}}\, A\varepsilon^{\sqrt{\dot{y}\dot{z}}\,x} - \sqrt{\dot{y}\dot{z}}\, B\varepsilon^{-\sqrt{\dot{y}\dot{z}}\,x}\right)$$

$$\therefore\quad \dot{I} = -\sqrt{\frac{\dot{y}}{\dot{z}}}\, A\varepsilon^{\sqrt{\dot{y}\dot{z}}\,x} + \sqrt{\frac{\dot{y}}{\dot{z}}}\, B\varepsilon^{-\sqrt{\dot{y}\dot{z}}\,x} \tag{12・12}$$

$x=0$ で $\dot{E}=\dot{E}_s$, $\dot{I}=\dot{I}_s$ とすると,

(12・11) 式から,　$A+B=\dot{E}_s$

(12・12) 式から,　$-\sqrt{\dfrac{\dot{y}}{\dot{z}}}\, A + \sqrt{\dfrac{\dot{y}}{\dot{z}}}\, B = \dot{I}_s$

上の 2 式から, 次のように任意定数 A, B が決まる.

$$A = \frac{\dot{E}_s}{2} - \frac{1}{2}\sqrt{\frac{\dot{z}}{\dot{y}}}\,\dot{I}_s, \qquad B = \frac{\dot{E}_s}{2} + \frac{1}{2}\sqrt{\frac{\dot{z}}{\dot{y}}}\,\dot{I}_s$$

したがって, $\dot{E}$ は (12・11) 式にこの A, B を入れ,

$$\dot{E} = \left(\frac{\dot{E}_s}{2} - \frac{1}{2}\sqrt{\frac{\dot{z}}{\dot{y}}}\,\dot{I}_s\right)\varepsilon^{\sqrt{\dot{y}\dot{z}}\,x} + \left(\frac{\dot{E}_s}{2} + \frac{1}{2}\sqrt{\frac{\dot{z}}{\dot{y}}}\,\dot{I}_s\right)\varepsilon^{-\sqrt{\dot{y}\dot{z}}\,x}$$

$$= \frac{\varepsilon^{\sqrt{\dot{y}\dot{z}}\,x} + \varepsilon^{-\sqrt{\dot{y}\dot{z}}\,x}}{2}\cdot \dot{E}_s - \sqrt{\frac{\dot{z}}{\dot{y}}}\,\dot{I}_s\,\frac{\varepsilon^{\sqrt{\dot{y}\dot{z}}\,x} - \varepsilon^{-\sqrt{\dot{y}\dot{z}}\,x}}{2}$$

$$= \dot{E}_s \cosh\sqrt{\dot{y}\dot{z}}\,x - \sqrt{\frac{\dot{z}}{\dot{y}}}\,\dot{I}_s \sinh\sqrt{\dot{y}\dot{z}}\,x \tag{12・13}$$

ここで,
$$\left.\begin{array}{l} \sqrt{\dfrac{\dot{z}}{\dot{y}}} = \dot{Z}_0 \text{ (特性インピーダンスという)} \\[6pt] \sqrt{\dot{y}\dot{z}} = \dot{\gamma} \text{ (伝搬定数という)} \end{array}\right\} \tag{12・14}$$

とすれば, (12・13) 式は,

$$\dot{E} = \dot{E}_s \cosh\dot{\gamma}x - \dot{Z}_0 \dot{I}_s \sinh\dot{\gamma}x \tag{12・15}$$

同様に (12・12) 式から,

$$\dot{I} = -\frac{1}{\dot{Z}_0}\dot{E}_s \sinh\dot{\gamma}x + \dot{I}_s \cosh\dot{\gamma}x \tag{12・16}$$

が得られる. 上式で, x を送電線の全長 l とすれば, $\dot{E}$, $\dot{I}$ は受電端電圧・電流 $\dot{E}_r$, $\dot{I}_r$ となるから, 上の 2 式は次式で表される.

12・5 分布定数回路の交流電圧・電流   •269•

$$\begin{pmatrix} \dot{E}_r \\ \dot{I}_r \end{pmatrix} = \begin{pmatrix} \cosh \dot{\gamma} l & -\dot{Z}_0 \sinh \dot{\gamma} l \\ -\dfrac{1}{\dot{Z}_0} \sinh \dot{\gamma} l & \cosh \dot{\gamma} l \end{pmatrix} \begin{pmatrix} \dot{E}_s \\ \dot{I}_s \end{pmatrix} \quad (12 \cdot 17)$$

また，両辺に $\begin{pmatrix} \cosh \dot{\gamma} l & -\dot{Z}_0 \sinh \dot{\gamma} l \\ -\dfrac{1}{\dot{Z}_0} \sinh \dot{\gamma} l & \cosh \dot{\gamma} l \end{pmatrix}^{-1}$ を掛ければ（p.98 参照），

$$\begin{pmatrix} \dot{E}_s \\ \dot{I}_s \end{pmatrix} = \begin{pmatrix} \cosh \dot{\gamma} l & \dot{Z}_0 \sinh \dot{\gamma} l \\ \dfrac{1}{\dot{Z}_0} \sinh \dot{\gamma} l & \cosh \dot{\gamma} l \end{pmatrix} \begin{pmatrix} \dot{E}_r \\ \dot{I}_r \end{pmatrix} \quad (12 \cdot 18)$$

となる．この式は数学の式ではないが，記憶しておいてもよいのでまとめておこう．

［12・6］ 分布定数回路として扱った送電線の式

$\dot{E}_s, \dot{I}_s$：送電端電圧，電流

$\dot{E}_r, \dot{I}_r$：受電端電圧，電流

$\dot{y}, \dot{z}$：単位長当たりのアドミタンス，インピーダンス

$\sqrt{\dfrac{\dot{z}}{\dot{y}}} = \dot{Z}_0$：特性インピーダンス，$\sqrt{\dot{y}\dot{z}} = \dot{\gamma}$：伝搬定数

としたとき，

$$\begin{pmatrix} \dot{E}_s \\ \dot{I}_s \end{pmatrix} = \begin{pmatrix} \cosh \dot{\gamma} l & \dot{Z}_0 \sinh \dot{\gamma} l \\ \dfrac{1}{\dot{Z}_0} \sinh \dot{\gamma} l & \cosh \dot{\gamma} l \end{pmatrix} \begin{pmatrix} \dot{E}_r \\ \dot{I}_r \end{pmatrix}$$

上の式は，ディメンションを考え，$\cosh 0 = 1$，$\sinh 0 = 0$ を考え合わせると記憶しやすいであろう．

問題 12・3 第12・5図のような線路の両端に集中したインピーダンス $\dot{Z}_1$ および $\dot{Z}_2$ を通じて起電力 $\dot{E}_1, \dot{E}_2$ を結合したとき，線路端電位差 $\dot{V}_1$ および $\dot{V}_2$ を計算せよ．ただし，線路の単位長当たりのインピーダンスとアドミタンスは，それぞれ $\dot{z}$ および $\dot{y}$ であり，線路長を l とする．（昭和37年2種）

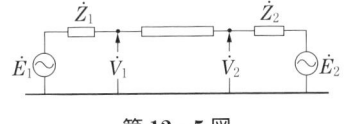

第12・5図

問題 12・4 長さ l 〔km〕の全長にわたって線路定数一定の無損失分布定数回路がある．受電端を開放したときの送電端から見たインピーダンスは $-jx_0$ 〔Ω〕，同じく短絡したときは jx_s 〔Ω〕であった．線路定数 L 〔H/km〕，C 〔F/km〕を求めよ．ただし，答は三角関数で表せ．

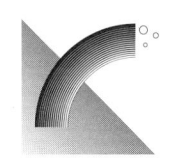

13 進行波と偏微分方程式

　雷サージのように，持続時間がごく短い電圧・電流の状態は，送電線の電線を進む波，すなわち**進行波**として解析する．ここでは，進行波のあらましの様子を説明し，偏微分方程式によって進行波を表す式が得られることを説明する．進行波の解析のためには，偏微分方程式によって得られた結果だけを知っていれば十分であるが，進行波を表す式を得る過程を知ることは進行波についての理解を深めるのに有意義であろう．また，偏微分方程式とはどういうものかを知る一つの例として見ていただきたい．

13・1　進行波

(1) 一般的な波

　ロープなどの一端を振動すると，山のように変形した形が進むのが見られる．これは一種の波であるが，波とはある媒質（例えばロープ）の変化した状態が伝わっていく現象であるといえる．波には水面の波，音の波その他いろいろあるが，共通した性質がある．進行波に関係した性質をあげると次のようである．

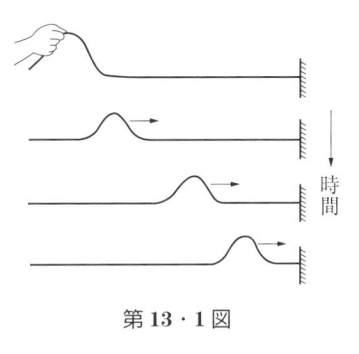

第 13・1 図

　a. 波は**エネルギーを伝える**現象である．
　b. 媒質での損失がないときは，媒質が変化した状態，つまり**波形が変わらない**で進む．
　c. 異なる媒質の境界では**反射**が起き，波の形が変化する．逆に媒質が一様なら波形は変わらない（水面の波などを想像していただきたい）．
　d. **重ね合わせの理**が成り立つ．第 13・2 図のように，A，B の波が左右から進むとき，(c)図の状態では，変化の状態は AB の和になり，エネルギーの損

失がなければ，(d)図のように，ABの波は元の波形のままで進む．

(2) 進行波

進行波は，導体を進む電圧および電流の波である．導体には必ずインダクタンス L とキャパシタンス C とがある．実在する導体には抵抗 R や漏れコンダクタンス G があるが，R や G があると波が減衰したり変形したりするので，簡単な解析を行うためには R，G を無視し，第 13・3 図のような L と C のみの**無損失分布定数線路**として扱う．

例えば，第 13・4 図(a)のように，スイッチ sw. をごく短い時間（〔μs〕のオーダー）閉じて開くと，導体上の電位と電流の分布は図のような方形になり，この電位・電流の分布が(b)図，(c)図のように波として進む．ここで分布というのは，(a)図のように，1，2，……，n のような点を考えたとき，各点の電位および電流の大きさがどのようになるか，ということである．

進行波の性質をあげると次のようである．

a. 進行波はエネルギーを伝える．

エネルギーは静電および電磁エネルギーとして伝搬する．例えば，水面の波は水面が高くなったときは位置のエネルギーとなり，低くなる途中ではそれが運動のエネルギーに変わる．このように，エ

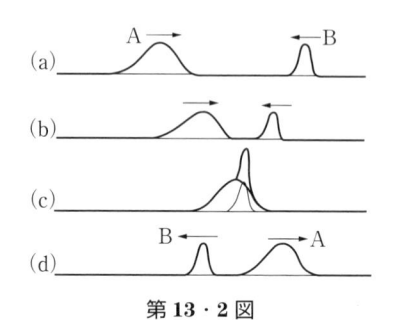

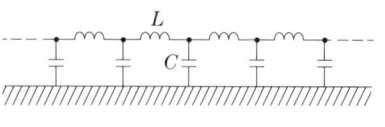

第 13・2 図

第 13・3 図

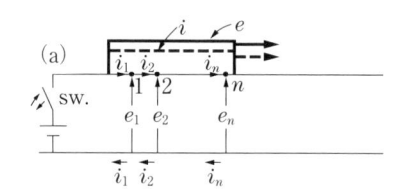

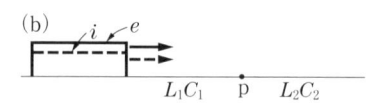

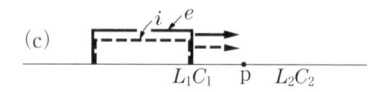

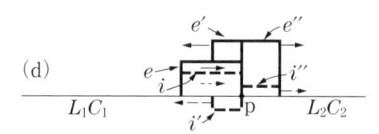

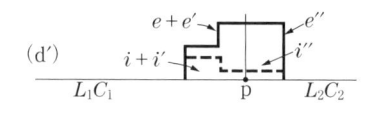

第 13・4 図

ネルギーの形を変えることによって波を生じると考えられる．進行波も，eとCとによる静電エネルギーとiとLとによる電磁エネルギーの間でエネルギーの受け渡しをすることによって，波として進むと考えられる．したがって，ある点の静電エネルギーと電磁エネルギーの大きさは等しい．

　b. 電圧波と電流波とは**相似形**である．静電および電磁エネルギーによって波を生じるので，当然電圧波と電流波とは**対**になって生じる．また，ある点の静電・電磁エネルギーが等しいのだから，電圧と電流の分布状態，すなわち波形は相似形になる．

　c. 無損失線路では**波形を変えないで**進む．進行波の波形は第13・4図のように方形波とは限らないが，どのような波形でも元の波形を保ったまま進む．

　d. 進む速さは，架空電線の場合，光速と同じ約 **300m/μs** である．ケーブルのように媒質が誘電体のような場合は異なる．

　e. 第13・4図のように，線路定数が異なる線路の接合点では**反射波** e', i' を生じる．この反射波は，また波形を変えないで進む．

　f. **重ねの理**が成り立つ．(d)図の侵入波 e, i と反射波 e', i' とを重ねたものが各点の電圧・電流分布になり(d')図のようになる．ee', ii' とは互いに干渉することなくそれぞれ同じ波形を保って進む．また，p点の両側，p−0，p+0 の点では電圧・電流とも等しいので，(d')図のように，$e''=e+e'$, $i''=i+i'$ の関係の e'', i'' の波を生じる．これを**透過波**という．

13・2　進行波の微分方程式

(1) 微分方程式の立式

　第13・3図のような LC 分布定数回路で，ある点を $x=0$ として，x の点に**第13・5図**のような微小距離 dx を考える．ここで，

　　　L：単位長当たりのインダクタンス〔H/m〕

　　　C：単位長当たりのキャパシタンス〔F/m〕

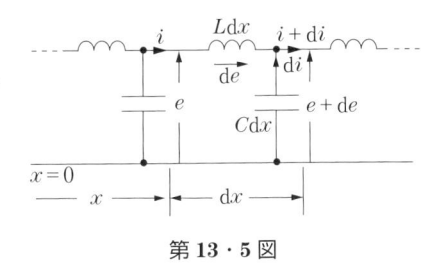

第 13・5 図

とする．x の点の電圧，電流を e, i で表すが，e, i ともに，距離 x と時間 t との関数であるから，$e(x, t)$，$i(x, t)$ という **2 変数の関数**であるが，これを簡単に e, i と表したのである．また，図の e, i の矢印は**正の基準方向**（p.5 [1・2]）であることに留意されたい．de, di などの矢印も，また x の矢印も同じく正の基準方向である．

なお，前章の分布定数回路，第 12・4 図も第 13・5 図に似ているが，前章の $\dot{E}, \dot{I}$ はいわば静止ベクトルで，時間の関数ではなく距離 x だけの関数であり，ここで扱う e, i は時間と距離の 2 変数の関数であるが単なる実数（虚数を含まない）である点が異なっている．

さて，距離の増分 dx の間における電圧の増分を de とすると，この間のインダクタンスは Ldx であるから，

$$de = -Ldx \frac{\partial i}{\partial t} \tag{13・1}$$

上式の微分 de は，正しくは，

$$de = \frac{\partial e}{\partial x} dx$$

とすべきであるから，これを（13・1）に入れると次式になる．

$$\frac{\partial e}{\partial x} = -L \frac{\partial i}{\partial t} \tag{13・2}$$

同様に i の増分は，$dq = Cdx \cdot e$，$i = \partial q / \partial t$ であることから，

$$di = -Cdx \frac{\partial e}{\partial t}$$

また，$di = \frac{\partial i}{\partial x} dx$ とすると，

$$\frac{\partial i}{\partial x} = -C \frac{\partial e}{\partial t} \tag{13・3}$$

（13・2），（13・3）式では，変数 e, i が入り混じっているので，e, i それぞれ単独の式にする．このために，（13・2）式の両辺を x について偏微分すると，

13・2 進行波の微分方程式

$$\frac{\partial^2 e}{\partial x^2} = -L\frac{\partial^2 i}{\partial x \partial t} \tag{13・4}$$

また，(13・3) 式の両辺を t について偏微分すると，

$$\frac{\partial^2 i}{\partial t \partial x} = \frac{\partial^2 i}{\partial x \partial t} = -C\frac{\partial^2 e}{\partial t^2} \tag{13・5}$$

(13・4)，(13・5) 式から，$\partial^2 i/\partial x \partial t$ を消去すると，

$$\frac{\partial^2 e}{\partial x^2} = LC\frac{\partial^2 e}{\partial t^2} \tag{13・6}$$

同様の方法で，(13・2)，(13・3) 式から e を消去すると，i についての次式を得る．

$$\frac{\partial^2 i}{\partial x^2} = LC\frac{\partial^2 i}{\partial t^2} \tag{13・7}$$

(13・6) 式は $e(x, t)$ についての微分方程式，(13・7) 式は $i(x, t)$ についての微分方程式であるが，偏微分を含むので**偏微分方程式**という．これに対して，第9章で述べた微分方程式を**常微分方程式**という．また，(13・6)(13・7) 式は**波動方程式**と呼んでいる．

(2) **波動方程式の一般解**（「ダランベールの解」という）

波動方程式 (13・6) の一般解として，$x+At$（このディメンションは距離である）を変数とする**任意の関数** $f(x+At)$ を仮定し，これが (13・6) 式を満足するかどうか計算してみる．すなわち，$e=f(x+At)$ とすると，

$$\frac{\partial e}{\partial x} = \frac{\partial}{\partial x}\{f(x+At)\} = \frac{\partial f(x+At)}{\partial (x+At)} \cdot \frac{\partial (x+At)}{\partial x} = f'(x+At)$$

$$左辺 = \frac{\partial^2 e}{\partial x^2} = \frac{\partial}{\partial x}f'(x+At) = \frac{\partial f'(x+At)}{\partial (x+At)} \cdot \frac{\partial (x+At)}{\partial x} = f''(x+At)$$

一方，

$$\frac{\partial e}{\partial t} = \frac{\partial}{\partial t}\{f(x+At)\} = \frac{\partial f(x+At)}{\partial (x+At)} \cdot \frac{\partial (x+At)}{\partial t} = Af'(x+At)$$

$$右辺 = LC\frac{\partial^2 e}{\partial t^2} = LC\frac{\partial}{\partial t}Af'(x+At) = LCA^2 f''(x+At)$$

したがって，右辺＝左辺，すなわち，

$$f''(x+At) = LCA^2 f''(x+At)$$

$$A = \pm \frac{1}{\sqrt{LC}} \tag{13・8}$$

ならば，$e=f(x+At)$ は（13・6）式を満足する．いま，

$$\frac{1}{\sqrt{LC}} = v \tag{13・9}$$

とすると，$A=\pm v$ であることを考慮して（13・6）式の**一般解**は次式になる．

$$e = f_1(x-vt) + f_2(x+vt) \tag{13・10}$$

また，電流 i についての波動方程式（13・7）も（13・6）式と同じ形だから，その一般解は次式のとおりである．

$$i = g_1(x-vt) + g_2(x+vt) \tag{13・11}$$

一般解の（13・10），（13・11）式の f_1, f_2, g_1, g_2 は任意の関数であった．常微分方程式の一般解は，階数と同じ数の任意定数が含まれたが，偏微分方程式では，任意定数に代って任意の関数になるわけである．

(3) 一般解は波動性を示している

初めに，波動方程式の一般解のうち，次の（13・10）式の第1項だけを考えてみる．

$$e = f_1(x-vt) \tag{13・12}$$

この式で，時間が $t=t_0$ における e の値は次式になる．

$$e = f_1(x-vt_0) \tag{13・13}$$

$t=t_0$ というのは，時刻を t_0 に固定し，その瞬間を考える，ということであり，（13・13）式の変数は x だけであって，横軸を距離 x にとれば，**第13・6図**のようなグラフで表される．この波形は任意関数 f_1 によって決まるものである．

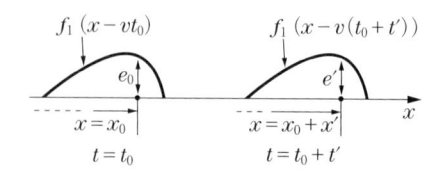

次に，$x=x_0$ として，

$$e_0 = f_1(x_0 - vt_0) \tag{13・14}$$

とすると，e_0 は，$t=t_0$ の瞬間における x_0 の点における電圧 e を表している．

第 13・6 図

13・2 進行波の微分方程式

次に，時刻が $t = t_0 + t'$，距離が $x = x_0 + x'$ の点の電圧 e' を考えると，その e' は次式で表される．

$$e' = f_1\{(x_0 + x') - v(t_0 + t')\} \tag{13・15}$$

ここで，e_0 と e' とが等しくなる条件を考えると，(13・14)，(13・15) から，

$$x_0 - vt_0 = (x_0 + x') - v(t_0 + t')$$
$$x' - vt' = 0, \quad x' = vt' \tag{13・16}$$

すなわち，(13・16) 式は，ある時刻 t_0 から t' だけたった時刻において，距離が $x' = vt'$ だけ増えた点の電圧 e' は，初め考えた e_0 と等しいことを表す．

したがって，**(13・12)** 式は，任意関数 f_1 で与えられる波形を変えないで，e の分布が速さ v 〔m/s〕で，x が増加する方向に進むことを示している．

同様に，波動方程式の一般解 (13・10) 式の第2項，

$$e = f_2(x + vt) \tag{13・17}$$

について，同様の式を並べると，

$$e_0 = f_2(x_0 + vt_0) \tag{13・18}$$
$$e' = f_2\{(x_0 + x') + v(t_0 + t')\} \tag{13・19}$$

e_0 と e' とが等しくなる条件を考え，

$$x_0 + vt_0 = (x_0 + x') + v(t_0 + t')$$

により，

$$x' = -vt' \tag{13・20}$$

(13・20) 式は，t_0 から t' 〔s〕後の，$x = x_0 + x' = x_0 - vt'$ の点の e が，e_0 ($t = t_0$, $x = x_0$) に等しいことを示しており，したがって，(13・17) 式は任意関数 f_2 で与えられる波形を変えないで，e の分布が速さ v 〔m/s〕で，**x が減少する方向に進む**ことを示している．

したがって，波動方程式の一般解

$$e = f_1(x - vt) + f_2(x + vt) \tag{(13・10)}$$

は，第1項が，x が増加する方向——いわば前進する方向，第2項は後進する方向の電圧波を表すことになり，導体の上には，このような**前進波と後進波**とが，互いに干渉することなく存在しうることを示している．また，電流についての，

$$i = g_1(x - vt) + g_2(x + vt) \tag{(13・11)}$$

も全く同様である．このような電圧・電流の波を進行波といっているのである．

さて，この波の進む速さ v は，すでに $((13・9))$ $v=\dfrac{1}{\sqrt{LC}}$ と求められている．

すなわち，単位長当たりの L と C とが分かれば，進行波の速さが分かることになる．

第13・3図のように，導体が1本で大地を帰路とする場合，2本の平行な導体を往復する線路の場合，および同軸の線路の場合の各場合について，L と C を計算し v を求めると，導体周囲の誘電率が1のときは，どの場合も理論的には v は光速に等しく 300m/μs になる．また，電力ケーブルのような場合は，絶縁物の比誘電率を ε_s とすると，(13・9) 式から，v は光速の $1/\sqrt{\varepsilon_s}$ になるわけである．

(4) 電圧波と電流波の関係

(13・3) 式 $\dfrac{\partial i}{\partial x}=-C\dfrac{\partial e}{\partial t}$ の両辺を x で積分すると，

$$i=-C\int\dfrac{\partial e}{\partial t}\,\mathrm{d}x$$

これに，(13・10) 式 $e=f_1(x-vt)+f_2(x+vt)$ を入れると，次の i が求まる．

$$i=\sqrt{\dfrac{C}{L}}f_1(x-vt)-\sqrt{\dfrac{C}{L}}f_2(x+vt) \qquad (13・21)$$

ここで，

$$\sqrt{\dfrac{L}{C}}=Z \qquad (13・22)$$

とし，電圧の前進波を $f_1(x-vt)=e_f$ とすると，電流の前進波 $\sqrt{\dfrac{C}{L}}f_1(x-vt)=i_f$ は，

$$i_f=\dfrac{e_f}{Z} \qquad (13・23)$$

電圧の後進波を $f_2(x+vt)=e_b$ とすると，電流の後進波 $-\sqrt{\dfrac{C}{L}}f_2(x+vt)=$

13·3 進行波計算のポイント

i_b は，

$$i_b = -\frac{e_b}{Z} \qquad (13·24)$$

となる．電流の後進波に−がつくのは，i_b の正方向も第 13·5 図の i の方向に決めてあるからである．

(13·22) 式の Z は**サージインピーダンス***と呼ばれ，単位は〔Ω〕である．

なお，**第 13·7 図**のように，平行した 2 導体に進行波があるときの電圧・電流の関係は，

$$\begin{bmatrix} e_1 \\ e_2 \end{bmatrix} = \begin{bmatrix} Z_s & Z_m \\ Z_m & Z_s \end{bmatrix} \begin{bmatrix} i_1 \\ i_2 \end{bmatrix} \qquad (13·25)$$

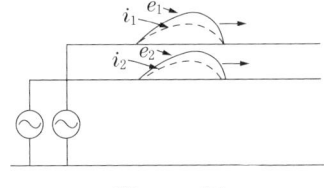

第 13·7 図

で表され，Z_s を自己サージインピーダンス，Z_m を相互サージインピーダンスという．

(5) 任意関数の決め方

任意関数 f_1，f_2 によって進行波の波形が決まるが，任意関数の決め方には，次の二つがある．

a. $t=0$ における線路上の電圧・電流分布によって決める．これは**初期条件**である．

b. ある位置；例えば $x=0$ の点での，電圧・電流の時間変化によって決める．

以上，進行波について述べたが，(13·2)，(13·3) 式から出発し，あとは数学によって微分方程式の一般解を得て，これによって進行波の諸性質が分かるということは，大変面白いことであり，また，数学の力に驚かされる．

13·3　進行波計算のポイント

むかし 1 種に，以上述べたような進行波の理論的な根拠を述べる問題が出題されたことがあったが，ほとんどの計算は，次のような結果だけ知っていれば

---

*サージインピーダンスの概数
　ケーブル 1 条　　　50Ω，　　2 導体架空線 1 条　　400Ω
　4 導体架空線 1 条　250Ω，　　変圧器コイル　　　　5000Ω

解ける問題である．

> **[13・1] 進行波計算のポイント**
> 1) 簡単のため，無損失の LC 分布定数回路で考える．
> 2) 異なるサージインピーダンスの接続点以外では，電圧波 $e(x, t)$ と電流波 $i(x, t)$ とは，一定の相似の波形を保って進む．
> 3) 線路定数が，L〔H/m〕，C〔F/m〕のとき，進行波の速さは $1/\sqrt{LC}$ であり，架空線では約 300〔m/μs〕，ケーブルでは約 $300/\sqrt{\varepsilon_s}$〔m/μs〕である．
> 4) $Z=\sqrt{L/C}$〔Ω〕をサージインピーダンスという．前進波も後進波も，その電流の正方向を同じ方向に決めたとき，同時刻，同一位置の電圧・電流には次の関係がある．
>
>   進行波が電流の正方向と同じ方向に進むとき　$i = \dfrac{e}{Z}$
>
>   進行波が電流の正方向と反対方向に進むとき　$i = -\dfrac{e}{Z}$
>
> 5) 異なるサージインピーダンスの線路の接続点や開放端，短絡端あるいは他のインピーダンスの接続点では反射波を生じる．
> 6) 反射波を求める基本的な考え方は，あらゆる時刻において，「接続点の両側の電圧・電流は等しい」ということである．
> 7) 反射波も進行波であり，1)〜4)の性質を持っている．
> 8) 接続点への侵入波や反射波などがある場合の線路上の電圧・電流分布は，各進行波を重ねることによって求まる．
> 9) 異なるサージインピーダンスの接続点から透過する進行波は，接続点であらゆる時刻について，透過波＝侵入波＋反射波である．

ここでは，進行波計算に習熟するのが目的ではないので，次に簡単な計算例をあげるにとどめる．

例 13・1 線路の開放端に電圧波 $e_i(t)$ が侵入したとき，開放端の電位はどうなるか．

解 侵入電流波を i_i，反射電圧・電流波を e_r, i_r とする．

13・3 進行波計算のポイント

開放端では常に電流は 0 だから，
$$i_i + i_r = 0, \quad \therefore \quad i_r = -i_i$$
したがって，Z をサージインピーダンスとし，
$$e_r = -Zi_r = Zi_i = e_i$$
開放端の電圧は，
$$e_i + e_r = 2e_i, \quad 2e_i(t) \quad \text{答}$$
電圧波，電流波を方形波として図示すると第 13・8 図のようになる．

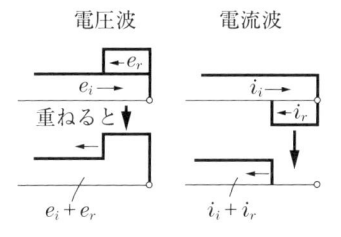

第 13・8 図

例 13・2 サージインピーダンスがそれぞれ Z_1, Z_2 ($Z_2 > Z_1$) の線路の接続点に，Z_1 から進行波が侵入した場合の反射波と透過波を求めよ．

解 透過波電圧・電流を e_t, i_t とする．
接続点では常に次式が成り立つ．
$$e_i + e_r = e_t \quad ①$$
$$i_i + i_r = i_t \quad ②$$

一般に，$i_i = \dfrac{e_i}{Z_1}$，$i_r = -\dfrac{e_r}{Z_1}$，$i_t = \dfrac{e_t}{Z_2}$

の関係があるから，これを②式に入れると，
$$\frac{e_i}{Z_1} - \frac{e_r}{Z_1} = \frac{e_t}{Z_2} \quad ③$$

①③式を連立して，e_r, e_t を求めると，
$$e_r = \frac{Z_2 - Z_1}{Z_1 + Z_2} e_i \quad \text{答} \quad ④$$

$$e_t = \frac{2Z_2}{Z_1 + Z_2} e_i \quad \text{答} \quad ⑤$$

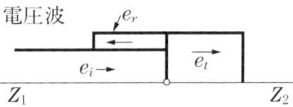

電流波は，④⑤式を用いて，
$$i_r = -\frac{e_r}{Z_1} = -\frac{Z_2 - Z_1}{Z_1 + Z_2} i_i \quad \text{答} \quad ⑥$$

$$i_t = \frac{e_t}{Z_2} = \frac{2Z_1}{Z_1 + Z_2} i_i \quad \text{答} \quad ⑦$$

第 13・9 図

侵入波を方形波として図示すると，第 13・9 図のようになる．

e_i, i_i を＋とすれば，④式から e_r は＋，⑥式から i_r は－になる．

例 13・3 サージインピーダンスがそれぞれ Z_1, Z_2 ($Z_2 < Z_1$) の線路の接続点に，Z_1 から方形進行波が侵入した場合の進行波を図示せよ．

解 e_i, i_i を＋とすれば，前問，④により e_r は－，⑥により i_r は＋であり，第 13・10 図のようになる．

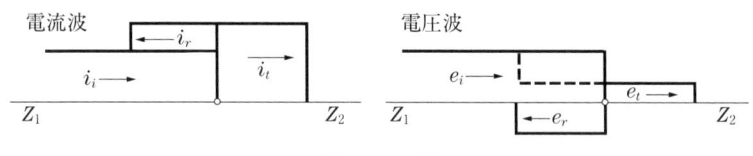

第 13・10 図

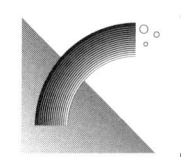

14 ベクトル解析とはどういうものか

　空間にある物体に力が働くとき，その力や物体の速度は大きさと方向を持っているのでベクトルである．ベクトル解析は，このようなベクトルについての数学である．

　交流計算でも，電圧・電流をベクトルで表すが，それは複素ベクトルとでもいうもので，ベクトル解析で扱うベクトルは，それとは違った本来的なベクトルである．

　2種ではベクトル解析を必要とする問題は出たことはない．しかし，やや高級な電磁気の本では必ずベクトル解析が使われるし，電磁気の記述はベクトル解析を使うことによって明確になるので，ベクトル解析とはどういうものか知ることは有意義なことと思う．

14・1　スカラ量とベクトル量

　ものの個数，体積，電気抵抗，誘電率など，大きさだけで表される量を**スカラ量**という．これに対して，力のように大きさと方向を持つ量を**ベクトル量**という．電界の強さや磁界の強さは本来力で表されるものであって，ベクトル量である．なお，電位や磁位は方向を持つ量ではないのでスカラ量である．

　ベクトルを図示するには，線分の長さで大きさを，矢印によって向きを表す．交流理論のベクトル（以下これを複素ベクトルという）と同じであるが，複素ベクトルは平面上にあるのに対して，ここでいうベクトルは一般に**3次元の空間にある**点が違っている．

　ベクトルを記述するときは，*A*, *B*, *C*, *a*, *b*, *c* などと太字で書く．電界は ***E***，磁界は ***H*** である．ペンで書くときは普通第14・1図のように書く．スカラ量は普通の印刷体で，*A*, *B*, *C*, *a*, *b*, *c* などと書く．

𝔸, 𝔹, ℂ　𝔼, ℍ
A　*B*　*C*　　*E*　*H*

第14・1図

長さ1のベクトルを単位ベクトルといい，第14・2図のように，x, y, z軸方向の単位ベクトル i, j, k を**基本ベクトル**という．

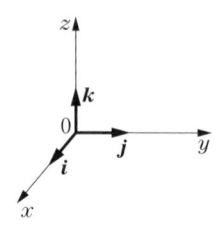

スカラ c とベクトル A との積 cA は，A を大きさだけ c 倍（ただし，$c<0$ のときは向きが反対）したベクトル図である．

第14・3図のように，点 $\mathrm{P}(x, y, z)$ が与えられたとき，原点 O を始点，P を端点（終点）とするベクトル r は位置ベクトルと呼ばれ，次式で与えられる．

$$r = x\boldsymbol{i} + y\boldsymbol{j} + z\boldsymbol{k} \tag{14・1}$$

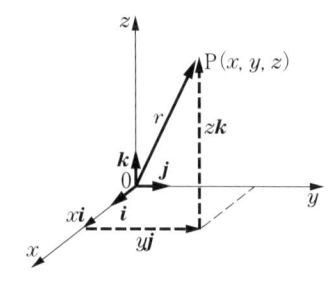

第14・2図

第14・3図

14・2 ベクトルの加減算

ベクトル A と B との和は，複素ベクトルと同様に平行四辺形（あるいは三角形）で求められ，その和が C であれば，次のように表す．

$$C = A + B \tag{14・2}$$

ベクトル B に対し，大きさが同じで向きが反対のベクトルを $-B$ で表す．
ベクトル A から B を減ずる**引き算**を，下記のように定義する．

$$A - B = A + (-B) \tag{14・3}$$

普通の計算と同様に，ベクトルの和についても，次の交換・結合法則が成り立つことは明らかである．

(交換法則)　$A + B = B + A$

(結合法則)　$A + (B + C) = (A + B) + C$

14・3 ベクトルのスカラ積とベクトル積

(1) スカラ積（内積）

ベクトル A, B について，$A \cdot B$ をスカラ積といい，次のように定義する．

$$A \cdot B = |A||B|\cos\theta = AB\cos\theta \tag{14・4}$$

ただし，A, B は A, B の大きさ，θ は A, B が成す角であり，積 $A \cdot B$ は

14・3 ベクトルのスカラー積とベクトル積

スカラー量である（第 4・4 図）．内積とも呼ばれる．

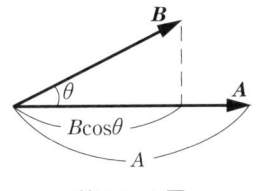

スカラー積の性質

1. $\boldsymbol{A} \cdot \boldsymbol{B} = \boldsymbol{B} \cdot \boldsymbol{A}$ （交換法則）
2. $\boldsymbol{A} \cdot (\boldsymbol{B} + \boldsymbol{C}) = \boldsymbol{A} \cdot \boldsymbol{B} + \boldsymbol{A} \cdot \boldsymbol{C}$ （分配法則）
3. $\boldsymbol{i} \cdot \boldsymbol{j} = \boldsymbol{j} \cdot \boldsymbol{k} = \boldsymbol{k} \cdot \boldsymbol{i} = 0$
4. $\boldsymbol{A} \cdot \boldsymbol{A} = A^2$, $\sqrt{\boldsymbol{A} \cdot \boldsymbol{A}} = A = |\boldsymbol{A}|$
5. $\boldsymbol{i} \cdot \boldsymbol{i} = \boldsymbol{j} \cdot \boldsymbol{j} = \boldsymbol{k} \cdot \boldsymbol{k} = 1$
6. $\left. \begin{array}{l} \boldsymbol{A} = A_x \boldsymbol{i} + A_y \boldsymbol{j} + A_z \boldsymbol{k} \\ \boldsymbol{B} = B_x \boldsymbol{i} + B_y \boldsymbol{j} + B_z \boldsymbol{k} \end{array} \right\}$ のとき

   $\boldsymbol{A} \cdot \boldsymbol{B} = A_x B_x + A_y B_y + A_z B_z$

7. $\cos\theta = \dfrac{\boldsymbol{A} \cdot \boldsymbol{B}}{|\boldsymbol{A}||\boldsymbol{B}|}$

第 14・4 図

例 14・1 一つの質点に一定の力 $\boldsymbol{F}$ が働いて変位 $\boldsymbol{d}$ を生じたときの仕事を求めよ．

解 仕事 W は力 $\boldsymbol{F}$ の $\boldsymbol{d}$ 方向の成分の大きさ $|\boldsymbol{F}|\cos\theta$ と，$\boldsymbol{d}$ の大きさ $|\boldsymbol{d}|$ との積で表される（第 14・4 図で $\boldsymbol{A} \to \boldsymbol{d}$, $\boldsymbol{B} \to \boldsymbol{F}$ と置き換える）．したがって，$\boldsymbol{F}$ と $\boldsymbol{d}$ との成す角を θ とすれば，

$$W = |\boldsymbol{F}||\boldsymbol{d}|\cos\theta = \boldsymbol{F} \cdot \boldsymbol{d}$$

(2) ベクトル積（外積）

ベクトル $\boldsymbol{A}$, $\boldsymbol{B}$ について，$\boldsymbol{A} \times \boldsymbol{B}$ をベクトル積といい，次のように定義する．

$$\boldsymbol{V} = \boldsymbol{A} \times \boldsymbol{B} = \boldsymbol{v}_1 AB\sin\theta \qquad (14\cdot5)$$

ただし，$\boldsymbol{v}_1$; $\boldsymbol{A}$, $\boldsymbol{B}$, $\boldsymbol{v}_1$ の順に右手系*を成す単位ベクトル

A, B; $\boldsymbol{A}$, $\boldsymbol{B}$ の大きさ

θ; $\boldsymbol{A}$, $\boldsymbol{B}$ の成す角

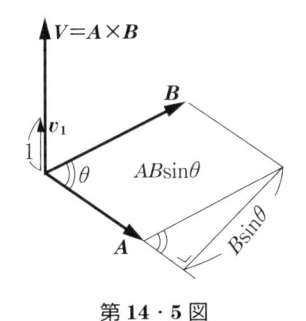

すなわち，$\boldsymbol{A} \times \boldsymbol{B}$ は，その大きさが第 14・5 図の平行四辺形の面積に等しいベクトルで，その方

第 14・5 図

---

*右手の親指が $\boldsymbol{A}$，人差指が $\boldsymbol{B}$ の方向のとき，中指が $\boldsymbol{v}_1$ の方向を示す系．

向は A, B が作る平面と垂直な v_1 の方向である．この積はまた，**外積**とも呼ばれる．

定義から，次式が成り立つ．

$$A \times B = -B \times A \tag{14・6}$$

つまり，ベクトル積は交換法則が成り立たない（スカラ積は成り立つ）．

ベクトル積の性質

1. 次の分配法則が成り立つ（証明は省略）

$$A \times (B + C) = A \times B + A \times C$$

2. $i \times i = j \times j = k \times k = 0$

3. $i \times j = k$, $j \times k = i$, $k \times i = j$

4. $\left. \begin{array}{l} A = A_x i + A_y j + A_z k \\ B = B_x i + B_y j + B_z k \end{array} \right\}$ のとき

$$A \times B = (A_y B_z - A_z B_y) i + (A_z B_x - A_x B_z) j + (A_x B_y - A_y B_x) k$$

この結果は次の行列式で表される．

$$A \times B = \begin{vmatrix} i & j & k \\ A_x & A_y & A_z \\ B_x & B_y & B_z \end{vmatrix}$$

問題 14・1 次の二つのベクトルのスカラ積とベクトル積を求めよ．

$$A = 0.6i + 4j - 3k, \quad B = 4i + 0j + 10k$$

問題 14・2 $A = 3i - 2j + 2k$, $B = 2i + 2j - k$ の二つのベクトルは直交することを示せ．

14・4　ベクトルの微分・積分

(1) **ベクトルの微分**

ベクトル V がスカラの変数 t の変化に伴って変化するとき，V は**変数 t の関数**または**ベクトル関数**といい，次のように書く．

$$V = V(t) \tag{14・7}$$

ΔV を，$\Delta V = V(t + \Delta t) - V(t)$ として，V の導関数を次式で定義する．

$$\frac{dV}{dt} = \lim_{\Delta t \to 0} \frac{\Delta V}{\Delta t} \tag{14・8}$$

ベクトルの微分演算

$$\frac{d}{dt}(uV) = u\frac{dV}{dt} + \frac{du}{dt}V$$

$$\frac{d}{dt}(V \cdot W) = V \cdot \frac{dW}{dt} + \frac{dV}{dt} \cdot W$$

$$\frac{d}{dt}(V \times W) = V \times \frac{dW}{dt} + \frac{dV}{dt} \times W$$

例 14・2 $V(t) = a + tb$ を t で微分せよ.

解 $V = a + tb$ は, ベクトル a の終点を通り, b に平行で b の t 倍にあたる点と a の始点を結ぶベクトルの方程式を表す (第 14・6 図). 問題の微分は次のようになる.

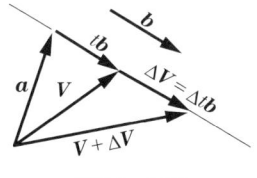

第 14・6 図

$$\frac{dV}{dt} = \frac{d(a+tb)}{dt} = \lim_{\Delta t} \frac{a + (t + \Delta t)b - (a + tb)}{\Delta t} = b$$

(2) **ベクトルの積分**

ベクトルの積分は微分逆演算である. $W(t)$ の導関数を $v(t)$ とすれば, 不定積分は,

$$\int V(t)\,dt = W(t) + C \tag{14・9}$$

$V(t)$ の $t = t_1$ から $t = t_2$ までの**定積分**は次式で与えられる.

$$\int_{t_1}^{t_2} V(t)\,dt = W(t_2) - W(t_1) \tag{14・10}$$

例 14・3 $a(t) = (2-4t)i - 6t^2 j + 8t^3 k$ のとき, $\int a(t)\,dt$ を求めよ.

解 $\int a(t)\,dt = \int (2-4t)\,dt\,i - \int 6t^2\,dt\,j + \int 8t^3\,dt\,k$

$$= (2t - 2t^2)i - 2t^3 j + 2t^4 k$$

14・5　スカラ場とベクトル場

空間に電荷があれば, その空間の各点に対して電位がある. 電位はスカラ量

であり，このようにある種のスカラ量の分布がある空間を**スカラ場**という．また，空間の任意の点の位置の関数として表されるスカラ関数を**スカラ点関数**という．同様に，電界の強さはベクトル量であり，その空間をベクトル量の分布がある空間としてみたとき，その空間を**ベクトル場**，ベクトルを位置の関数として表したとき**ベクトル点関数**という．

14・6　ベクトルの線積分と電位

ベクトル場 $\boldsymbol{V}(x, y, z) = V_x\boldsymbol{i} + V_y\boldsymbol{j} + V_z\boldsymbol{k}$ の中で，弧の長さ s $(a \leq s \leq b)$ を変数とする曲線 C：$\boldsymbol{r} = \boldsymbol{r}(s) = r_x\boldsymbol{i} + r_y\boldsymbol{j} + r_z\boldsymbol{k}$ を考え，その単位接線ベクトルを $\boldsymbol{T}$ としたとき，

$$\int_a^b \boldsymbol{V} \cdot \boldsymbol{T} \, ds \quad (14・11)$$

をベクトル場 $\boldsymbol{V}$ の曲線 C に沿っての**線積分**といい，

$$\int_C \boldsymbol{V} \cdot \boldsymbol{T} \, ds, \quad \int_C \boldsymbol{V} \cdot d\boldsymbol{r} \text{ と表す．}$$

第 14・7 図

（14・11）式において，$\boldsymbol{V} \cdot \boldsymbol{T} = |\boldsymbol{V}||\boldsymbol{T}| \cos\theta = V \times 1 \cos\theta = V \cos\theta$ であり，スカラの積分であって，（14・10）式とは違う．

第 8 章積分法にも線積分が出たが，第 14・8 図のような電界中の B 点に対する A 点の電位は，

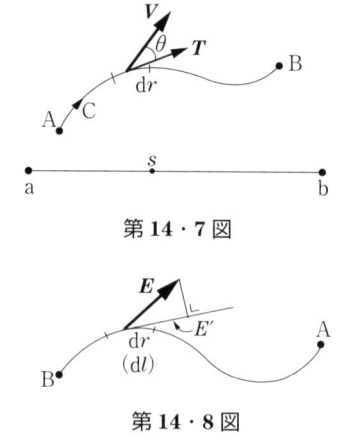

第 14・8 図

$$V_{AB} = -\int_C E' \, dl$$

で求まった（188 ページ）．ここに E' は $\boldsymbol{E}$ の接線成分であった（188 ページでは A，B を ab，E' を E としてある）．

ここで述べた（14・11）の表現によれば，「E' が $\boldsymbol{E}$ の接線成分である」という注釈をつけないで，単に次のように書くだけで，電位の式が表現できるわけである．

14・7　面積分

$$V_{AB} = -\int_b^a \boldsymbol{E} \cdot \boldsymbol{T} \mathrm{d}s \quad \text{あるいは,} \quad V_{AB} = -\int_C \boldsymbol{E} \cdot \mathrm{d}\boldsymbol{r} \qquad (14 \cdot 12)$$

ここに，$-\boldsymbol{E} \cdot \mathrm{d}\boldsymbol{r}$ は電界中で単位電荷を $\mathrm{d}\boldsymbol{r}$ だけ動かすに要する仕事である（p.285 例 14・1 参照）．いま，電界中に等電位面を考え，等電位面に沿って単位電荷を $\mathrm{d}\boldsymbol{r}$ だけ動かしたとしたら，等電位であるため仕事は0であり，$-\boldsymbol{E} \cdot \mathrm{d}\boldsymbol{r} = 0$ となる．もし $|\boldsymbol{E}| \neq 0$ ならば，$\boldsymbol{E}$ と $\mathrm{d}\boldsymbol{r}$ とは直交しなければならない（スカラ積の定義）．したがって，等電位面と電界 $\boldsymbol{E}$ とは直交する，という大切な結論が得られる．

14・7　面積分

第8章（p.189）でも面積分を述べたが，これに似たものである．ベクトル場 $\boldsymbol{V} = V_x \boldsymbol{i} + V_y \boldsymbol{j} + V_z \boldsymbol{k}$ の中に曲面 S を考え，S を微小部分 $\mathrm{d}S$ に分け，S の外側向きの単位法線ベクトルを $\boldsymbol{N}$ とすれば，$\boldsymbol{V}$ の法線方向の成分は $\boldsymbol{V} \cdot \boldsymbol{N}$ である．微小部分全体を加え合わせた極限を考えて，

$$\iint_S \boldsymbol{V} \cdot \boldsymbol{N} \mathrm{d}S \qquad (14 \cdot 13)$$

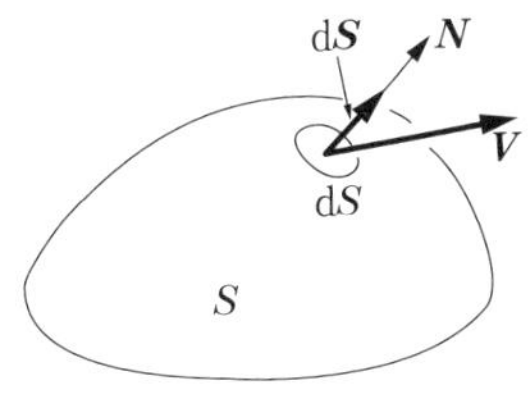

を $\boldsymbol{V}$ の上の**面積分**という．また，$\boldsymbol{N}\mathrm{d}S$ は，大きさが $\mathrm{d}S$ で方向が $\boldsymbol{N}$ の方向のベクトルとも考えられ，次の**面ベクトル**を定義する．

$$\mathrm{d}\boldsymbol{S} = \boldsymbol{N}\mathrm{d}S$$

第 14・9 図

すると，(14・13) 式は次のように書くことができる．

$$\iint_S \boldsymbol{V} \cdot \mathrm{d}\boldsymbol{S} \qquad (14 \cdot 14)$$

190 ページで，ガウスの定理は実数の面積分で，$\iint_S E\mathrm{d}S = \dfrac{Q}{\varepsilon}$ で表されることを述べたが，その場合の E には少し面倒な説明がついた．しかし，(14・14) の表現によれば，$\boldsymbol{E}$ を電界の強さそのものとして，ガウスの定理は次式で表されることになる．

$$\iint_S \boldsymbol{E} \cdot \mathrm{d}S = \frac{Q}{\varepsilon} \qquad (14\cdot 15)$$

14・8 勾配 (gradient)

スカラ場——例えば電位の場——を考え，その空間の点関数——例えば電位——を $V(x, y, z)$ とする．

ここで，$\dfrac{\partial V}{\partial x}$ を考えると，V が電位であれば，x 方向の電位傾度——電位の勾配（こうばい）である．

この勾配を x 方向という方向を持ったベクトル量と考えれば，$\dfrac{\partial V}{\partial x}\boldsymbol{i}$ と表され，同様に y 方向および z 方向の勾配 $\dfrac{\partial V}{\partial y}\boldsymbol{j}$，$\dfrac{\partial V}{\partial z}\boldsymbol{k}$ が考えられる．ここで，これらのベクトルの和を，このスカラ場（電位の場）の勾配といい，grad V で表す*1．つまり**勾配**の定義は，

$$\mathrm{grad}\, V = \frac{\partial V}{\partial x}\boldsymbol{i} + \frac{\partial V}{\partial y}\boldsymbol{j} + \frac{\partial V}{\partial z}\boldsymbol{k} \qquad (14\cdot 16)$$

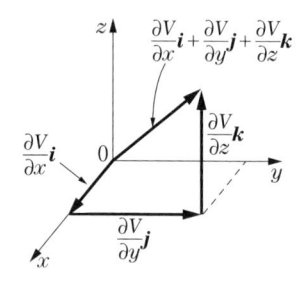

第 14・10 図

である．さらに，(14・16) 式で，記号的に V を括弧の外に出し，$\left(\boldsymbol{i}\dfrac{\partial}{\partial x} + \boldsymbol{j}\dfrac{\partial}{\partial y} + \boldsymbol{k}\dfrac{\partial}{\partial z}\right)V$ としたとき，括弧の中を次のように置く．

$$\nabla = \boldsymbol{i}\frac{\partial}{\partial x} + \boldsymbol{j}\frac{\partial}{\partial y} + \boldsymbol{k}\frac{\partial}{\partial z} \qquad (14\cdot 17)$$

この記号 ∇ [2] を用いれば，(14・16) 式の grad V は次式のように表される．

$$\mathrm{grad}\, V = \nabla V \qquad (14\cdot 18)$$

---

*1　grad V はグラジェント V と読む．
*2　∇ は Hamilton の演算子と呼ばれるもので，ナブラあるいは atled (delta の逆) と読む．

電界 E の x, y, z 軸成分を E_x, E_y, E_z とすると,

$$E = E_x \boldsymbol{i} + E_y \boldsymbol{j} + E_z \boldsymbol{k} \tag{14・19}$$

一方, x 方向の微小距離 Δx の間の電位差 ΔV は, $\Delta V = -E_x \Delta x$ であり, したがって,

$$E_x = -\frac{\partial V}{\partial x}, \quad \text{同様に} \quad E_y = -\frac{\partial V}{\partial y}, \quad E_z = -\frac{\partial V}{\partial z}$$

である. これを (14・19) 式に入れると,

$$E = -\left(\frac{\partial V}{\partial x}\boldsymbol{i} + \frac{\partial V}{\partial y}\boldsymbol{j} + \frac{\partial V}{\partial z}\boldsymbol{k}\right)$$

したがって,

$$E = -\operatorname{grad} V, \quad \text{あるいは} \quad E = -\nabla V \tag{14・20}$$

これは, 電界の強さ E と電位の関係を表したものである. (14・12) 式も同じ関係を表しているが, (14・20) 式は微分形, (14・12) 式は積分形である.

14・9 発散 (divergence)

ある電荷密度 ρ で電荷が分布している空間を考える. このような空間は, ρ のスカラ場であると同時に電界 E のベクトル場でもある. ガウスの定理は (14・15) のとおり $\iint_S E \cdot d\boldsymbol{S} = \dfrac{Q}{\varepsilon}$ であったが, いま考えた空間の中に体積 Δv を考えて,

$$\lim_{\Delta v \to 0} \frac{1}{\Delta v} \iint_S E \cdot d\boldsymbol{S} \tag{14・21}$$

を求めると, $\lim_{\Delta v \to 0} \dfrac{\Delta Q}{\Delta v} \dfrac{1}{\varepsilon} = \dfrac{\rho}{\varepsilon}$ であることから, (14・21) 式は $\dfrac{\rho}{\varepsilon}$ に等しいことになる. ここに考えた, (14・21) 式を E の**発散**といい, div E (ダイバージェンス E) で表す. すなわち,

$$\operatorname{div} \boldsymbol{E} = \lim_{\Delta v \to 0} \frac{1}{\Delta v} \iint_S \boldsymbol{E} \cdot d\boldsymbol{S} \tag{14・22}$$

と E の発散を定義する. そして, E が電界のとき div $E = \rho/\varepsilon$ である.

電界の場合, div E は空間の点に発生する電気力線の割合を表しているも

と考えることができる．このような考え方で計算すると，$\boldsymbol{E}$ の x, y, z 成分を E_x, E_y, E_z として，

$$\operatorname{div} \boldsymbol{E} = \frac{\partial E_x}{\partial x} + \frac{\partial E_y}{\partial y} + \frac{\partial E_z}{\partial z} \tag{14・23}$$

という式が得られる．ここで，（14・17）式の ∇ を持ち出すと，

$$\nabla \cdot \boldsymbol{E} = \left(\boldsymbol{i} \frac{\partial}{\partial x} + \boldsymbol{j} \frac{\partial}{\partial y} + \boldsymbol{k} \frac{\partial}{\partial y} \right)(E_x \boldsymbol{i} + E_y \boldsymbol{j} + E_z \boldsymbol{k}) = \frac{\partial E_x}{\partial x} + \frac{\partial E_y}{\partial y} + \frac{\partial E_z}{\partial z}$$

だから，（14・23）式は次のようにも書くことができる．

$$\operatorname{div} \boldsymbol{E} = \nabla \cdot \boldsymbol{E} \quad (\operatorname{grad} V = \nabla V \text{と似かよっている}) \tag{14・24}$$

$\boldsymbol{E}$ が電界の場合は，$\operatorname{div} \boldsymbol{E} = \dfrac{\rho}{\varepsilon}$

$$\therefore \quad \frac{\partial E_x}{\partial x} + \frac{\partial E_y}{\partial y} + \frac{\partial E_z}{\partial z} = \frac{\rho}{\varepsilon} \tag{14・25}$$

であるから，電界 $\boldsymbol{E}$ が分かれば，電荷分布 ρ を求めることができる．また，$\operatorname{div} \boldsymbol{E} = 0$ ならば，その点には電荷がないことを表している．

例 14・4 電界の方向が原点から放射状であって，原点からの距離に比例して強くなる電界は $\boldsymbol{E} = K(x\boldsymbol{i} + y\boldsymbol{j} + z\boldsymbol{k})$ と表される．このような電界を作る電荷分布はどのような分布か．

解 電荷密度分布は，

$$\rho = \varepsilon \operatorname{div} \boldsymbol{E} = \varepsilon \left(\frac{\partial E_x}{\partial x} + \frac{\partial E_y}{\partial y} + \frac{\partial E_z}{\partial z} \right) \quad ①$$

題意により，

$$E_x = Kx, \quad E_y = Ky, \quad E_z = Kz \quad ②$$

②式を①式に入れると，

$$\rho = 3\varepsilon K$$

すなわち，原点を中心に一様に $3\varepsilon K$ の密度で電荷が分布している．

14・10　回転（rotation または curl）

強さが $\boldsymbol{E}$ の電界（ベクトル場）の A 点の B 点に対する電位は（14・12）のように，

14・10　回転 (rotation または curl)

$$V_{AB} = -\int_C \boldsymbol{E} \cdot d\boldsymbol{r} \quad\quad ((14 \cdot 12))$$

で求められた．このような電位は，経路Cがどのようであっても同じ値になることが物理的に確かめられる．このような空間は，**保存的な場**と呼ばれている．いま，経路CをA点から一周りしてAに戻る経路に選ぶと，電位は0であるから，(14・12) 式の右辺は0になる．これを数式で，次のように表す．

$$\oint_C \boldsymbol{E} \cdot d\boldsymbol{r} = 0 \quad\quad (14 \cdot 26)$$

さて，アンペアの周回積分の法則を (14・26) 式の形で表すと，$\boldsymbol{H}$ を磁界，I を経路Cの中の電流として，次式のようになる．

$$\oint_C \boldsymbol{H} \cdot d\boldsymbol{r} = I \quad\quad (14 \cdot 27)$$

ここで，接地電流のように空間に電流が分布している場合を考え，その電流密度分布を $\boldsymbol{G}$ とする．$\boldsymbol{G}$ は電流の方向をその方向とするベクトルである．その空間には，その電流によって磁界を生じる．その磁界を $\boldsymbol{H}$ とする．また，その空間の中に微小面積 ΔS をとり，ΔS の周辺を積分路Cとする線積分 $\oint_C \boldsymbol{H} \cdot d\boldsymbol{r}$ を考えて，次の極限をとる．

$$\lim_{\Delta S \to 0} \frac{1}{\Delta S} \oint \boldsymbol{H} \cdot d\boldsymbol{r} = \frac{\oint \boldsymbol{H} \cdot d\boldsymbol{r}}{dS} \quad\quad (14 \cdot 28)$$

上式はスカラ量であるが，その大きさは，ΔS の向きによって変わってくる．上式の値が最大になるような ΔS を見い出し，その面の法線単位ベクトルを $\boldsymbol{N}$ としたとき，

$$\boldsymbol{N} \left[\frac{\oint \boldsymbol{H} \cdot d\boldsymbol{r}}{dS} \right]_{最大値}$$

を，ベクトル $\boldsymbol{H}$ の**回転**である，と定義し，rot $\boldsymbol{H}$ と書く．すなわち，

$$\text{rot } \boldsymbol{H} = \boldsymbol{N} \left[\frac{\oint \boldsymbol{H} \cdot d\boldsymbol{r}}{dS} \right]_{最大値} \quad\quad (14 \cdot 29)$$

上式のベクトルは，$\boldsymbol{H}$ が電流密度分布 $\boldsymbol{G}$ によるものだとすると，その方向が $\boldsymbol{G}$ と同じであり，その大きさは $|\boldsymbol{G}|$ に等しい．すなわち，$\boldsymbol{H}$ を磁界とすれ

ば，
$$\mathrm{rot}\,\boldsymbol{H} = \boldsymbol{G} \tag{14・30}$$
また，電流が流れていない点では，
$$\mathrm{rot}\,\boldsymbol{H} = 0 \tag{14・31}$$
となる．したがって，電流による磁界では必ず rot $\boldsymbol{H}$ が 0 でないところがある．

これに対して，電界では，(14・26) 式が成り立つから，電界のどの点でも rot $\boldsymbol{E}$ は 0 である．この点が，磁界と電界との根本的な違いである．静電界は保存的な場であって，径路に無関係な電位を考えられたが，磁界では直接に電位に相当するものは考えられない．磁界は非保存的な場である．

次に，(14・29) の右辺をやや面倒な計算で変形すると次のようになる．
$$\mathrm{rot}\,\boldsymbol{H} = \left(\frac{\partial H_z}{\partial y} - \frac{\partial H_y}{\partial z}\right)\boldsymbol{i} + \left(\frac{\partial H_x}{\partial z} - \frac{\partial H_z}{\partial x}\right)\boldsymbol{j} + \left(\frac{\partial H_y}{\partial x} - \frac{\partial H_x}{\partial y}\right)\boldsymbol{k} \tag{14・32}$$

一方，286 ページのベクトル積の行列式と，291 ページの ∇ の (14・17) 式を組み合わせ，
$$\nabla \times \boldsymbol{H} = \begin{vmatrix} \boldsymbol{i} & \boldsymbol{j} & \boldsymbol{k} \\ \dfrac{\partial}{\partial x} & \dfrac{\partial}{\partial y} & \dfrac{\partial}{\partial z} \\ H_x & H_y & H_z \end{vmatrix}$$

を計算すると，(14・32) 式の右辺になることが分かる．したがって，
$$\mathrm{rot}\,\boldsymbol{H} = \nabla \times \boldsymbol{H} \tag{14・33}$$

前前節から述べた，勾配，発散，回転をこの形で並べると，次のようになる．何か数学の整った美しさを感じるのは私だけだろうか．

$\mathrm{grad}\,A = \nabla A$

$\mathrm{div}\,\boldsymbol{A} = \nabla \cdot \boldsymbol{A}$

$\mathrm{rot}\,\boldsymbol{A} = \nabla \times \boldsymbol{A}$

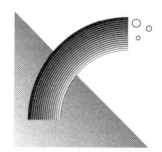

付録

付1 展開公式

(1) $(a \pm b)^2 = a^2 \pm 2ab + b^2$

(2) $(a \pm b)^3 = a^3 \pm 3a^2b + 3ab^2 \pm b^3$

(3) $(a + b + c)^2 = a^2 + b^2 + c^2 + 2ab + 2bc + 2ca$

(4) $(a + b)(a - b) = a^2 - b^2$

(5) $(x + a)(x + b) = x^2 + (a + b)x + ab$

(6) $(ax + b)(cx + d) = acx^2 + (ad + bc)x + bd$

(7) $(x + a)(x + b)(x + c) = x^3 + (a + b + c)x^2 + (ab + bc + ca)x + abc$

(8) $(a + b)(a^2 - ab + b^2) = a^3 + b^3$

(9) $(a - b)(a^2 + ab + b^2) = a^3 - b^3$

(10) $(a^2 + ab + b^2)(a^2 - ab + b^2) = a^4 + a^2b^2 + b^4$

(11) $(a + b + c)(a^2 + b^2 + c^2 - ab - bc - ca) = a^3 + b^3 + c^3 - 3abc$

付2 比例

(1) $a : b = c : d$ を**比例式**といい，この式が成り立つとき，a, b, c, d は**比例する**という．

この式は，比の値をとって $\dfrac{a}{b} = \dfrac{c}{d}$ と書くことができる．

(2) 比例式の定理

$\dfrac{a}{b} = \dfrac{c}{d}$ ならば，次の式が成り立つ．

1) $ad = bc$

2) $\dfrac{b}{a} = \dfrac{d}{c}$ （反転の理）

3) $\dfrac{a}{c} = \dfrac{b}{d}$

4) $\dfrac{a + b}{b} = \dfrac{c + d}{d}$ （合比の理）

5) $\dfrac{a-b}{b} = \dfrac{c-d}{d}$ （除比の理）

6) $\dfrac{a+b}{a-b} = \dfrac{c+d}{c-d}$ （合除比の理）

(3) 連比例式

$\dfrac{a_1}{b_1} = \dfrac{a_2}{b_2} = \dfrac{a_3}{b_3} = \cdots\cdots$ を連比例式といい，$a_1 = kb_1$，$a_2 = kb_2$，$\cdots$ とすると便利である．

$\dfrac{a_1}{b_1} = \dfrac{a_2}{b_2} = \dfrac{a_3}{b_3} = \cdots = \dfrac{a_n}{b_n} = k$ であって，$p, q, \cdots, r$ を任意の数として，次式が成り立つ．

$$k = \dfrac{a_1 + a_2 + \cdots a_n}{b_1 + b_2 + \cdots b_n} = \dfrac{pa_1 + qa_2 + \cdots + ra_n}{pb_1 + qb_2 + \cdots + rb_n}$$

(4) 比例関係

1) y が x に**正比例**するとき，$y \propto x$，あるいは $y = kx$ $(k \neq 0)$ と表す．

2) y が x に**反比例**するとき，$y \propto \dfrac{1}{x}$，あるいは $y = \dfrac{k}{x}$ $(k \neq 0)$ で表す．

3) そのほか，$z \propto xy$，$z \propto kx^2$，$z \propto k\dfrac{x}{y}$ などの比例関係がある．

(5) 比例配分

ある量 A を $a : b : c : \cdots$ に比例配分すると次のようになる．

$\dfrac{aA}{a+b+c+\cdots}$, $\quad \dfrac{bA}{a+b+c+\cdots}$, $\quad \dfrac{cA}{a+b+c+\cdots}$, $\quad \cdots\cdots$

付3　幾何

(1) 平行線

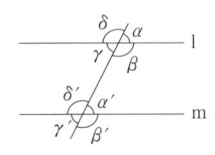

平行線 l, m において，

1) 同位角　$\alpha = \alpha'$，$\beta = \beta'$，$\gamma = \gamma'$，$\delta = \delta'$

2) 錯角　　$\gamma = \alpha'$，$\beta = \delta'$

3) 同側内角は補角を成す．
$\beta + \alpha' = 180°$，$\gamma + \delta' = 180°$

付 3・1 図

(2) 三角形

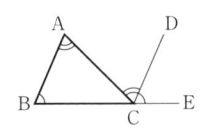

1) 三角形の内角の和は 2 直角である．

2) 三角形の一つの外角は，その内対角の和に等しい．

付 3・2 図

(3) 二等辺三角形
　1) 二等辺三角形の二つの底角は等しい．
　2) 二等辺三角形の頂角の二等分線は底辺を垂直に二等分する．
(4) 三角形の辺の関係
　　　三角形の2辺の和は残りの1辺より大きく，2辺の差は残りの1辺より小さい．

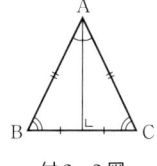

付3・3図

(5) 直角三角形
　1) 三平方の定理
　　　$a^2 + b^2 = c^2$
　2) 直角三角形の斜辺の中点は，三つの頂点から等距離にある．すなわち，
　　　AM = BM = CM
　3) 三角形 ABC，三角形 CBH，三角形 ACH は相似である．

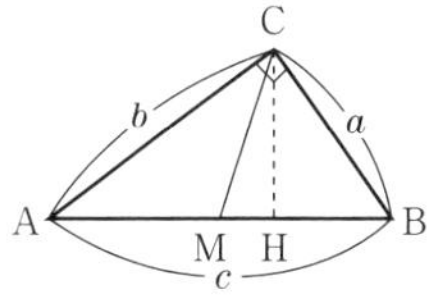

付3・4図

(6) 三角形の合同の条件
　1) 3辺がそれぞれ等しい．
　2) 2辺とそれをはさむ角が等しい．
　3) 1辺とその両端の角が等しい．
(7) 三角形の重心，外心，内心
　1) 三角形の三つの中線は1点 G で交わり，G を**重心**という．
　　　$\dfrac{AG}{MG} = \dfrac{BG}{NG} = \dfrac{CG}{DG} = \dfrac{2}{1}$

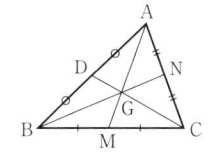

付3・5図

　2) 三角形の三つの辺の垂直二等分線は1点で交わり，この点を**外心**という．外心と三つの頂点との距離は等しく，外心は三角形の外接円の中心である．
　3) 三角形の三つの内角の二等分線は1点で交わり，この点を**内心**という．内心と3辺との距離は等しく，内心は内接円の中心である．
(8) 三角形の辺の比例関係
　　　三角形 ABC の底辺 BC に平行な直線が他の2辺と交わる点を DE として，
　　　$\dfrac{AD}{DB} = \dfrac{AE}{EC}, \quad \dfrac{AD}{AB} = \dfrac{AE}{AC} = \dfrac{DE}{BC}$

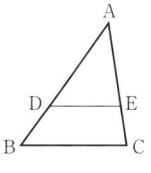

付3・6図

(9) 平行四辺形の性質
　1) 相対する辺は平行で等しい．

2) 相対する角は等しい．
3) 対角線は平行四辺形を合同な二つの三角形に分ける．
4) 対角線は互いに他を二等分する．

(10) 円
1) 同じ弧に対する円周角は，中心角の 1/2 に等しい．
2) 同じ弧の上に立つ円周角はすべて等しい．
3) 半円の上に立つ円周角は常に直角である．

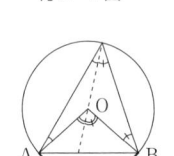

付 3・7 図

付 3・8 図

付 4　三角法（基本的な定義・定理は本文を見られたい）

(1) 加法定理

$$\sin(\alpha \pm \beta) = \sin\alpha\cos\beta \pm \cos\alpha\sin\beta, \qquad \cos(\alpha \pm \beta) = \cos\alpha\cos\beta \mp \sin\alpha\sin\beta$$

$$\tan(\alpha \pm \beta) = \frac{\tan\alpha \pm \tan\beta}{1 \mp \tan\alpha\tan\beta}$$

(2) 倍角の公式

$$\sin 2\alpha = 2\sin\alpha\cos\alpha = \frac{2\tan\alpha}{1+\tan^2\alpha}$$

$$\cos 2\alpha = \cos^2\alpha - \sin^2\alpha = 2\cos^2\alpha - 1 = 1 - 2\sin^2\alpha$$

$$\tan 2\alpha = \frac{2\tan\alpha}{1-\tan^2\alpha}$$

(3) 3 倍角の公式

$$\sin 3\alpha = 3\sin\alpha - 4\sin^3\alpha, \qquad \cos 3\alpha = 4\cos^3\alpha - 3\cos\alpha$$

$$\tan 3\alpha = \frac{3\tan\alpha - \tan^3\alpha}{1 - 3\tan^2\alpha}$$

(4) 半角の公式

$$\sin\frac{\alpha}{2} = \pm\sqrt{\frac{1-\cos\alpha}{2}}, \qquad \cos\frac{\alpha}{2} = \pm\sqrt{\frac{1+\cos\alpha}{2}}$$

(5) 和を積に直す式

$$\sin\alpha \pm \sin\beta = 2\sin\frac{\alpha\pm\beta}{2}\cos\frac{\alpha\mp\beta}{2}, \qquad \cos\alpha + \cos\beta = 2\cos^2\frac{\alpha+\beta}{2}\cos\frac{\alpha-\beta}{2}$$

$$\cos\alpha - \cos\beta = -2\sin\frac{\alpha+\beta}{2}\sin\frac{\alpha-\beta}{2}, \qquad \tan\alpha \pm \tan\beta = \frac{\sin(\alpha\pm\beta)}{\cos\alpha\cos\beta}$$

(6) 積を和に直す式

$$\sin\alpha\cos\beta = \frac{1}{2}\{\sin(\alpha+\beta) + \sin(\alpha-\beta)\}, \qquad \cos\alpha\sin\beta = \frac{1}{2}\{\sin(\alpha+\beta) - \sin(\alpha-\beta)\}$$

付　録

$$\sin\alpha\sin\beta = \frac{1}{2}\{\cos(\alpha-\beta) - \cos(\alpha+\beta)\}, \quad \cos\alpha\cos\beta = \frac{1}{2}\{\cos(\alpha-\beta) + \cos(\alpha+\beta)\}$$

(7) 三角形の性質

三角形 ABC の内角を ABC,その対辺を a, b, c,その和を $a+b+c=2s$,外接円の半径を R とする.

1) 正弦定理

$$\frac{a}{\sin A} = \frac{b}{\sin B} = \frac{c}{\sin C} = 2R$$

2) 余弦定理(1)

$$a = b\cos C + c\cos B, \qquad b = c\cos A + a\cos C, \qquad c = a\cos B + b\cos A$$

3) 余弦定理(2)

$$a^2 = b^2 + c^2 - 2bc\cos A, \qquad b^2 = c^2 + a^2 - 2ca\cos B, \qquad c^2 = a^2 + b^2 - 2ab\cos C$$

4) 三角形の面積

$$S = \frac{1}{2}ab\sin C = \frac{1}{2}bc\sin A = \frac{1}{2}ca\sin B$$

$$= \sqrt{s(s-a)(s-b)(s-c)} \quad (\text{ヘロンの公式})$$

$$= \frac{abc}{4R}$$

付5　微分法,おもな関数の導関数

関数	導関数	関数	導関数
x^n	nx^{n-1}	$\mathrm{Cos}^{-1}x$	$\dfrac{-1}{\sqrt{1-x^2}}$
ε^x	ε^x		
a^x $(a>0)$	$a^x\log a$	$\mathrm{Tan}^{-1}x$	$\dfrac{1}{1+x^2}$
x^x $(x>0)$	$x^x(1+\log x)$		
$\log x$	$\dfrac{1}{x}$	$\mathrm{Cot}^{-1}x$	$\dfrac{-1}{1+x^2}$
$\log_a x$	$\dfrac{1}{x\log_\varepsilon a}$	$\mathrm{Sec}^{-1}x$	$\dfrac{1}{|x|\sqrt{x^2-1}}$
$\sin x$	$\cos x$	$\mathrm{Cosec}^{-1}x$	$\dfrac{-1}{|x|\sqrt{x^2-1}}$
$\cos x$	$-\sin x$		
$\tan x$	$\sec^2 x$	$\sinh x$	$\cosh x$
$\cot x$	$-\mathrm{cosec}^2 x$	$\cosh x$	$\sinh x$
$\sec x$	$\sec x\tan x$	$\tanh x$	$\mathrm{sech}^2 x$
$\mathrm{cosec}\, x$	$-\mathrm{cosec}\,x\cot x$	$\coth x$	$-\mathrm{cosech}^2 x$
$\mathrm{Sin}^{-1}x$	$\dfrac{1}{\sqrt{1-x^2}}$	$\mathrm{sech}\,x$	$-\mathrm{sech}\,x\tanh x$
		$\mathrm{cosech}\,x$	$-\mathrm{cosech}\,x\coth x$

付6 基本的な関数の不定積分（積分定数は省略してある）

関数	不定積分
$x^n \ (n \neq -1)$	$\dfrac{x^{n+1}}{n+1}$
$(ax+b)^n \ (n \neq -1)$	$\dfrac{(ax+b)^{n+1}}{a(n+1)}$
$\dfrac{1}{x^2}$	$-\dfrac{1}{x}$
$\dfrac{1}{x^3}$	$-\dfrac{1}{2x^2}$
$\dfrac{1}{(x-a)^n} \ (n \neq 1)$	$-\dfrac{1}{(n-1)(x-a)^{n-1}}$
$\dfrac{1}{x}$	$\log|x|$
$\dfrac{1}{x-a}$	$\log|x-a|$
$\dfrac{1}{ax+b}$	$\dfrac{1}{a}\log|ax+b|$
$\dfrac{1}{a^2-x^2}$	$\dfrac{1}{2a}\log\left|\dfrac{a+x}{a-x}\right|$
$\dfrac{1}{(x-a)(x-b)}$	$\dfrac{1}{a-b}\log\left|\dfrac{x-a}{x-b}\right|$
$\dfrac{1}{ax^2+bx}$	$\dfrac{1}{b}\log\left|\dfrac{x}{ax+b}\right|$
$\dfrac{1}{1+x^2}$	$\tan^{-1}x$
$\dfrac{1}{a^2+x^2}$	$\dfrac{1}{a}\tan^{-1}\dfrac{x}{a}$
$\dfrac{1}{x^2+x+1}$	$\dfrac{2}{\sqrt{3}}\tan^{-1}\dfrac{2x+1}{\sqrt{3}}$
$\dfrac{1}{(a^2+x^2)^2}$	$\dfrac{1}{2a^2}\left(\dfrac{1}{a^2+x^2}+\dfrac{1}{a}\tan^{-1}\dfrac{x}{a}\right)$
$\dfrac{x}{a^2+x^2}$	$\dfrac{1}{2}\log(a^2+x^2)$
$\dfrac{1}{ax^2+bx+c} \ (a \neq 0)$	$\dfrac{1}{\sqrt{b^2-4ac}}\log\dfrac{b+2ax-\sqrt{b^2-4ac}}{b+2ax+\sqrt{b^2-4ac}} \ (b^2-4ac>0)$
	$-\dfrac{2}{b+2ax} \ (b^2-4ac=0)$
	$\dfrac{2}{\sqrt{4ac-b^2}}\tan^{-1}\dfrac{b+2ax}{\sqrt{4ac-b^2}} \ (b^2-4ac<0)$
$\sqrt{x}$	$\dfrac{2}{3}\sqrt{x^3}$
$\sqrt{ax+b}$	$\dfrac{2}{3a}\sqrt{(ax+b)^3}$

付　録

関数	不定積分
$x\sqrt{ax^2+b}$	$\dfrac{1}{3a}\sqrt{(ax^2+b)^3}$
$\dfrac{1}{x\sqrt{ax+b}}$	$\dfrac{1}{\sqrt{b}}\log\dfrac{\sqrt{ax+b}-\sqrt{b}}{\sqrt{ax+b}+\sqrt{b}}$　$(b>0)$
	$\dfrac{1}{\sqrt{-b}}\tan^{-1}\sqrt{\dfrac{ax+b}{-b}}$　$(b<0)$
$\dfrac{x}{\sqrt{a^2-x^2}}$	$\sin^{-1}\dfrac{x}{a}$
$\dfrac{1}{\sqrt{(x-a)(b-x)}}$	$2\sin^{-1}\sqrt{\dfrac{x-a}{b-a}}$
$\dfrac{1}{\sqrt{ax-bx^2}}$	$\dfrac{2}{\sqrt{b}}\sin^{-1}\sqrt{\dfrac{b}{a}x}$
$\dfrac{x}{\sqrt{x^2\pm a^2}}$	$\sqrt{x^2\pm a^2}$
$\dfrac{x}{\sqrt{a^2\pm x^2}}$	$\pm\sqrt{a^2\pm x^2}$
$\dfrac{1}{\sqrt{x^2\pm a^2}}$	$\log(x+\sqrt{x^2\pm a^2})$
$\dfrac{1}{\sqrt{(x-a)(x-b)}}$	$2\log(\sqrt{x-a}+\sqrt{x-b})$
$\sqrt{a^2-x^2}$	$\dfrac{x}{2}\sqrt{a^2-x^2}+\dfrac{a^2}{2}\sin^{-1}\dfrac{x}{a}$
$\sqrt{a^2+x^2}$	$\dfrac{x}{2}\sqrt{a^2+x^2}+\dfrac{a^2}{2}\log|x+\sqrt{a^2+x^2}|$
$\sqrt{x^2-a^2}$	$\dfrac{x}{2}\sqrt{x^2-a^2}-\dfrac{a^2}{2}\log|x+\sqrt{x^2-a^2}|$
$\sin x$	$-\cos x$
$\cos x$	$\sin x$
$\tan x$	$-\log|\cos x|$
$\cot x$	$\log|\sin x|$
$\sin^2 x$	$\dfrac{x}{2}-\dfrac{\sin 2x}{4}$
$\cos^2 x$	$\dfrac{x}{2}+\dfrac{\sin 2x}{4}$
$\sin^3 x$	$-\dfrac{1}{3}\cos x\sin^2 x-\dfrac{2}{3}\cos x$
$\cos^3 x$	$\dfrac{1}{3}\cos^2 x\sin x+\dfrac{2}{3}\sin x$
ε^x	ε^x
a^x	$\dfrac{a^x}{\log a}$
$\log x$	$x\log x-x$

関数	不定積分
$\log_a x$	$\dfrac{x \log x - x}{\log a}$
$x\varepsilon^x$	$\varepsilon^x(x-1)$
$x \log x$	$\dfrac{x^2}{2} \log x - \dfrac{x^2}{4}$
$\operatorname{Sin}^{-1} x$	$x \operatorname{Sin}^{-1} x + \sqrt{1-x^2}$
$\operatorname{Cos}^{-1} x$	$x \operatorname{Cos}^{-1} x - \sqrt{1-x^2}$
$\operatorname{Tan}^{-1} x$	$x \operatorname{Tan}^{-1} x - \dfrac{1}{2} \log\,(1+x^2)$

付7　ラプラス変換の公式

(1) 演算

$f(t)$	$F(s)$
$f(t) + g(t)$	$F(s) + G(s)$
$af(t)$	$aF(s)$
$f(at)$	$\dfrac{1}{a} F\left(\dfrac{s}{a}\right)$
$\varepsilon^{at} f(t)$	$F(s-a)$
$t f(t)$	$-\dfrac{\mathrm{d}F(s)}{\mathrm{d}s}$
$t^n f(t)$	$(-1)^n \dfrac{\mathrm{d}^n}{\mathrm{d}s^n} F(s)$
$\dfrac{\mathrm{d}f(t)}{\mathrm{d}t}$	$sF(s) - f(+0)$
$\dfrac{\mathrm{d}^2 f(t)}{\mathrm{d}t^2}$	$s^2 F(s) - sf(+0) - f'(+0)$
$\displaystyle\int_a^t f(t)\,\mathrm{d}t$	$\dfrac{1}{s} F(s) + \dfrac{1}{s} \displaystyle\int_a^0 f(t)\,\mathrm{d}t$
$\displaystyle\lim_{t \to \infty} f(t)$	$\displaystyle\lim_{s \to 0} sF(s)$ ($sF(s)$ の分母の根がすべて負の実数部を持っているときのみ成立する)
$\displaystyle\lim_{t \to 0} f(t)$	$\displaystyle\lim_{s \to \infty} sF(s)$

付　録

(2) 関数のラプラス変換

$f(t)$	$F(s)$	$f(t)$	$F(s)$
$\delta(t)$	1	$\cos\omega t$	$\dfrac{s}{s^2+\omega^2}$
$1,\ (u(t))$	$\dfrac{1}{s}$	$1-\cos\omega t$	$\dfrac{\omega^2}{s(s^2+\omega^2)}$
$t,\ (r(t))$	$\dfrac{1}{s^2}$	$\sin(\omega t+\theta)$	$\dfrac{s\sin\theta+\omega\cos\theta}{s^2+\omega^2}$
t^n	$\dfrac{n!}{s^{n+1}}$	$\cos(\omega t+\theta)$	$\dfrac{s\cos\theta-\omega\sin\theta}{s^2+\omega^2}$
ε^{at}	$\dfrac{1}{s-a}$	$\varepsilon^{-at}\sin\omega t$	$\dfrac{\omega}{(s+a)^2+\omega^2}$
ε^{-at}	$\dfrac{1}{s+a}$	$\varepsilon^{-at}\cos\omega t$	$\dfrac{s+a}{(s+a)^2+\omega^2}$
$t\varepsilon^{at}$	$\dfrac{1}{(s-a)^2}$	$\sinh at$	$\dfrac{a}{s^2-a^2}$
$1-\varepsilon^{-at}$	$\dfrac{a}{s(s+a)}$	$\cosh at$	$\dfrac{s}{s^2-a^2}$
$\sin\omega t$	$\dfrac{\omega}{s^2+\omega^2}$		

付8　双曲線関数の公式

(1) 定義

$$\cosh x = \frac{\varepsilon^x + \varepsilon^{-x}}{2} = \frac{\varepsilon^{2x}+1}{2\varepsilon^x} = \frac{1+\varepsilon^{-2x}}{2\varepsilon^{-x}}, \qquad \sinh x = \frac{\varepsilon^x - \varepsilon^{-x}}{2} = \frac{\varepsilon^{2x}-1}{2\varepsilon^x} = \frac{1-\varepsilon^{-2x}}{2\varepsilon^x}$$

$$\tanh x = \frac{\sinh x}{\cosh x} = \frac{\varepsilon^x-\varepsilon^{-x}}{\varepsilon^x+\varepsilon^{-x}}, \qquad \coth x = \frac{1}{\tanh x}, \qquad \text{sech}\, x = \frac{1}{\cosh x}$$

$$\text{cosech}\, x = \frac{1}{\sinh x}$$

(2) 相互関係

$\sinh(-x) = -\sinh x, \qquad \cosh(-x) = \cosh x,$

$\tanh(-x) = -\tanh x, \qquad \cosh^2 x - \sinh^2 x = 1$

$(\cosh x \pm \sinh x)^n = \cosh nx \pm \sinh nx$

$$\sinh x = \frac{\tanh x}{\sqrt{1-\tanh^2 x}}, \qquad \cosh x = \frac{1}{\sqrt{1-\tanh^2 x}}$$

$$A\cosh x + B\sinh x = \begin{cases} \sqrt{A^2-B^2}\ \cosh(x+\tanh^{-1}(B/A)) & (|B|\leq A) \\ \sqrt{B^2-A^2}\ \sinh(x+\tanh^{-1}(A/B)) & (|A|\leq B) \end{cases}$$

(3) 加法定理

$\sinh(x \pm y) = \sinh x \cosh y \pm \cosh x \sinh y$

$$\cosh(x \pm y) = \cosh x \cosh y \pm \sinh x \sinh y$$

(4) 和から積を求める式

$$\sinh x \pm \sinh y = 2 \sinh \frac{x \pm y}{2} \cosh \frac{x \mp y}{2}$$

$$\cosh x + \cosh y = 2 \cosh \frac{x+y}{2} \cosh \frac{x-y}{2}$$

$$\cosh x - \cosh y = 2 \sinh \frac{x+y}{2} \sinh \frac{x-y}{2}$$

(5) 積から和を求める式

$$\sinh x \sinh y = \frac{1}{2} \{\cosh(x+y) - \cosh(x-y)\}$$

$$\sinh x \cosh y = \frac{1}{2} \{\sinh(x+y) + \sinh(x-y)\}$$

$$\cosh x \sinh y = \frac{1}{2} \{\sinh(x+y) - \sinh(x-y)\}$$

$$\cosh x \cosh y = \frac{1}{2} \{\cosh(x+y) + \cosh(x-y)\}$$

(6) 半数変数

$$\sinh \frac{x}{2} = \pm \sqrt{\frac{\cosh x - 1}{2}} \quad (\pm は x と同符号)$$

$$\cosh \frac{x}{2} = \sqrt{\frac{\cosh x + 1}{2}}, \qquad \tanh \frac{x}{2} = \frac{\cosh x - 1}{\sinh x} = \frac{\sinh x}{\cosh x + 1}$$

(7) 2倍の変数

$$\sinh 2x = 2 \sinh x \cosh x = \frac{2 \tanh x}{1 - \tanh^2 x}$$

$$\cosh 2x = 2 \cosh^2 x - 1 = 1 + 2 \sinh^2 x = \cosh^2 x + \sinh^2 x$$

$$\tanh 2x = \frac{2 \tanh x}{1 + \tanh^2 x}$$

(8) 微 分

$$\frac{d}{dx} \cosh x = \sinh x, \qquad \frac{d}{dx} \sinh x = \cosh x, \qquad \frac{d}{dx} \tanh x = \mathrm{sech}^2 x$$

(9) 積 分

$$\int \cosh x \, dx = \sinh x, \qquad \int \sinh x \, dx = \cosh x, \qquad \int \tanh x \, dx = \log \cosh x$$

$$\int x \cosh x \, \mathrm{d}x = x \sinh x - \cosh x, \qquad \int x \sinh x \, \mathrm{d}x = x \cosh x - \sinh x$$

(10) 逆双曲線関数

$$\cosh^{-1} x = \pm \log(x + \sqrt{x^2 - 1}) \quad (x > 1)$$

$$\sinh^{-1} x = \log(x + \sqrt{x^2 + 1})$$

$$\tanh^{-1} x = \frac{1}{2} \log \frac{1 + x}{1 - x} \quad (|x| < 1)$$

$$\frac{\mathrm{d}}{\mathrm{d}x} \cosh^{-1} x = \pm \frac{1}{\sqrt{x^2 - 1}} \quad (x > 1)$$

$$\frac{\mathrm{d}}{\mathrm{d}x} \sinh^{-1} x = \frac{1}{\sqrt{x^2 + 1}}$$

$$\frac{\mathrm{d}}{\mathrm{d}x} \tanh^{-1} x = \frac{1}{1 - x^2} \quad (|x| < 1)$$

$$\int \frac{\mathrm{d}x}{\sqrt{x^2 - 1}} = \cosh^{-1} x \quad (x > 1)$$

$$\int \frac{\mathrm{d}x}{\sqrt{x^2 + 1}} = \sinh^{-1} x$$

$$\int \frac{\mathrm{d}x}{1 - x^2} = \tanh^{-1} x \quad (|x| < 1)$$

$$\qquad\qquad\quad = \coth^{-1} x \quad (|x| > 1)$$

(11) 双曲線関数と三角関数の関係

$$\sinh jx = j \sin x, \qquad \cosh jx = \cos x, \qquad \tanh jx = j \tan x$$

$$\sinh x = -j \sin jx, \qquad \cosh x = \cos jx, \qquad \tanh x = -j \tan jx$$

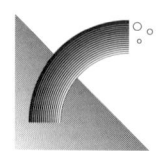

解　答

1　数と式 (p.3)

1・1

(1) $\dfrac{6}{(x-1)(x+1)}$,　　(2) $\dfrac{(x+1)(x+2)}{(x-2)(x-1)}$

1・2　第1回反射の拡散照度が $E_1 = \dfrac{\rho F_0}{S}$ であるから，それによる光束は，

$$F_1 = SE_1 = \rho F_0$$

この光束による第2回反射の拡散照度は，

$$E_2 = \dfrac{\rho F_1}{S} = \rho^2 \dfrac{F_0}{S}$$

同様に，

$$E_3 = \rho^3 \dfrac{F_0}{S},\ \ E_4 = \rho^4 \dfrac{F_0}{S},\ \ \cdots\cdots$$

これらの合計は，

$$E_k = \dfrac{F_0}{S}(\rho + \rho^2 + \rho^3 + \rho^4 + \cdots\cdots)$$

(　) の中は無限等比級数であり，[1・12] で $a = \rho$, $r = \rho$ を入れ，

$$E_k = \dfrac{F_0}{S} \cdot \dfrac{\rho}{1-\rho}$$

2　方程式・演習問題 (p.28)

2・1

(1) 左辺を展開して整理すると，

$$ax^2 + (2a+b)x + a+b+c = 0$$

これが恒等式であるためには，[1・6] (p.8) によって，

$$a = 0,\ 2a+b = 0,\ a+b+c = 0$$

これを解いて，

$$a = b = c = 0\ \ \text{答}$$

(2) 右辺を整理すると，

$$x^2 + x + 1 = ax^2 + (-4a+b)x + 4a - 2b + c$$

解　答

[1・7] (p.9) によって,
$$1=a, \quad 1=-4a+b, \quad 1=4a-2b+c$$
これを解いて,
$$a=1, \quad b=5, \quad c=7 \quad 答$$

(3) 与式は,
$$\frac{1}{(x-1)(x-2)} = \frac{(a+b)x-2a-b}{(x-1)(x-2)}$$
分子について, $a+b=0, \quad -2a-b=1$ から,
$$a=-1, \quad b=1 \quad 答$$
(別解) 両辺に $x-1$ を掛けると,
$$\frac{1}{x-2} = a + \frac{b}{x-2} \cdot (x-1)$$
x の値がいくらであっても成り立つから, $x-1=0$ とすると $x=1$
$$\therefore \quad a=-1$$
同様に, 両辺に $x-2$ を掛けて, $b=1$

(4) $a=-1, \quad b=2$

(5) $a=-1, \quad b=2, \quad c=-1$

2・2

(1) $x^3=1, \quad x^3-1=0, \quad (x-1)(x^2+x+1)=0$
$$\therefore \quad x=1, \quad x^2+x+1=0 \quad \to \quad x=1, \quad \frac{-1 \pm j\sqrt{3}}{2} \quad 答$$

(2) $x=1$ は根であることを考慮し, 左辺を因数分解し,
$$(x-1)(x^2-2x-2)=0 \quad \to \quad x=1, \quad 1 \pm \sqrt{3} \quad 答$$

(3) $x=1$ は根である. 与式 $=(x-1)(x-2)(x-3)=0$ から,
$$x=1, \ 2, \ 3 \quad 答$$

(4) $x=-2$ ($x=1$ は分母を 0 とするから解ではない)

2・3

(1) 第 1 式から, $y=2x-1$
これを第 2 式に代入して, $2x^2-x-3=0$
$$\therefore \quad (2x-3)(x+1)=0$$
$$\therefore \quad x=\frac{3}{2}, \ -1$$
$$\therefore \quad (x, \ y) = \left(\frac{3}{2}, \ 2\right), \ (-1, \ -3) \quad 答$$

(2) $(x, y) = \left(\dfrac{8}{3}, -\dfrac{2}{3}\right)$, $(1, 1)$

(3) $(x, y) = (3, 4)$, $(-4, -3)$

(4) $(x, y) = (0, 1)$, $(1, 0)$

2・4

(1) 与式は $\sqrt{x+3} = 3$. 両辺を 2 乗して, $x+3 = 9$

　　∴ $x = 6$　答

(2) 両辺を 2 乗し方程式を解くと, $x = 0, 3$. $x = 0$ は原方程式を満足しないから, $x = 3$　答

(3) 3

(4) 両辺を 2 乗し, $2x+1+2\sqrt{(x+2)(x-1)} = 9$

以下問(1)(2)と同様にして, $x = 2$　答

2・5

(1) $2x$ を移項して, $3x < 9$. 両辺を 3 で割って, $x < 3$　答

(2) 移項して整理すると, $-2x < -4$

両辺を -2 で割ると不等号の向きが変わって, $x > 2$　答

(3) $x \geqq 2$

(4) 両辺に 4 を掛けて, $4x - 20 > 80 - x$, $5x > 100$

　　∴ $x > 20$　答

2・6

(1) ①式から, $-x > -8$　∴ $x < 8$ ……①′

②式から, $5x > 15$　∴ $x > 3$ ……②′

①′②′ 式を同時に満たす x は, $3 < x < 8$　答

(2) ①式から, $x \leqq 4$ ……①′, ②式から, $x > 2$ ……②′

①′②′ 式を同時に満たす x は,

　　$2 < x \leqq 4$　答

2・7

(1) 与式は, $(x-1)(x-3) < 0$

x	⋯	1	⋯	3	⋯
$x-1$	$-$	0	$+$	$+$	$+$
$x-3$	$-$	$-$	$-$	0	$+$
$(x-1)(x-3)$	$+$	0	$-$	0	$+$

上の表から, $1 < x < 3$　答

(2)　$x<-1$　または　$x>3$
　(3)　$x=2$
　(4)　$(x-2)^2+2>0$　この式は常に成り立つから絶対不等式である．

2・8　①-②+③の計算をすると，

$$\dot{Z}_{ps}-\dot{Z}_{st}+\dot{Z}_{tp}=2\dot{Z}_p$$

$$\therefore\quad \dot{Z}_p=\frac{\dot{Z}_{ps}-\dot{Z}_{st}+\dot{Z}_{tp}}{2}\quad 答$$

上式で，$p\leftarrow s\leftarrow t\leftarrow p$ の入れ換えをすると，

$$\dot{Z}_s=\frac{\dot{Z}_{ps}+\dot{Z}_{st}-\dot{Z}_{tp}}{2},\quad \dot{Z}_t=\frac{-\dot{Z}_{ps}+\dot{Z}_{st}+\dot{Z}_{tp}}{2}\quad 答$$

2・9　$R_{ab}+R_{bc}+R_{ca}=S$，$R_{ab}R_{bc}R_{ca}=M$ とすると，①②③式は，

$$R_a=\frac{M}{S\cdot R_{bc}}\cdots\text{④}\qquad R_b=\frac{M}{S\cdot R_{ca}}\cdots\text{⑤}\qquad R_c=\frac{M}{S\cdot R_{ab}}\cdots\text{⑥}$$

$$\therefore\quad R_{bc}=\frac{M}{SR_a}\cdots\text{⑦}\qquad R_{ca}=\frac{M}{SR_b}\cdots\text{⑧}\qquad R_{ab}=\frac{M}{SR_c}\cdots\text{⑨}$$

⑦⑧⑨式を辺々相加えると，

$$S=\frac{M}{S}\left(\frac{1}{R_a}+\frac{1}{R_b}+\frac{1}{R_c}\right)\cdots\text{⑩}$$

⑦⑧式を辺々相乗すると，

$$R_{bc}R_{ca}=\frac{M^2}{S^2}\cdot\frac{1}{R_aR_b},\qquad \frac{M}{R_{ab}}=\frac{M^2}{S^2}\cdot\frac{1}{R_aR_b}$$

$$\therefore\quad R_{ab}=\frac{S^2}{M}R_aR_b\cdots\text{⑪}$$

これに⑩式を入れると，

$$R_{ab}=\left(\frac{1}{R_a}+\frac{1}{R_b}+\frac{1}{R_c}\right)R_aR_b=\frac{R_aR_b+R_bR_c+R_cR_a}{R_c}\quad 答$$

$a\leftarrow b\leftarrow c\leftarrow a$ の入れ換えをすると，

$$R_{bc}=\frac{R_aR_b+R_bR_c+R_cR_a}{R_a},\quad R_{ca}=\frac{R_aR_b+R_bR_c+R_cR_a}{R_b}\quad 答$$

2・10　C_1, C_2 の静電容量を C_1, C_2 とすると，各端子電圧は静電容量に反比例するから，全電圧を V として，

$$V_1=\frac{C_2}{C_1+C_2}V\cdots\text{①}$$

同形同大だから C_1, C_2 は比誘電率に比例するので，$C_1=K\varepsilon_{s1}$，$C_2=K\varepsilon_{s2}$ と書ける．

これを①式に入れると，

$$V_1 = \frac{\varepsilon_{s2}}{\varepsilon_{s1}+\varepsilon_{s2}} V \cdots\cdots ②$$

同様に，

$$V_2 = \frac{\varepsilon_{s1}}{\varepsilon_{s1}+\varepsilon_{s2}} V \cdots\cdots ③$$

題意の $V_1 > V_2$ に②③式を入れると，

$$\frac{\varepsilon_{s2}}{\varepsilon_{s1}+\varepsilon_{s2}} V > \frac{\varepsilon_{s1}}{\varepsilon_{s1}+\varepsilon_{s2}} V$$

両辺の $\varepsilon_{s1}+\varepsilon_{s2}$, V を約すと，

$$\varepsilon_{s2} > \varepsilon_{s1} \quad 答$$

2・11 空気と絶縁物の部分のそれぞれの静電容量を C_a, C_i, 端子電圧を V_a, V_i, 電界の強さを E_a, E_i とする．電極の面積を S 〔m²〕とすると，

$$C_a = \frac{\varepsilon_0 S}{0.3\,d} \text{〔F〕} \cdots\cdots ① \qquad C_i = \frac{\varepsilon_0 \varepsilon_s S}{0.7\,d} \text{〔F〕} \cdots\cdots ②$$

したがって，

$$V_a = \frac{C_i}{C_a + C_i} \times 0.5\,d E_r \text{〔V〕}$$

空気の電界の強さはこれを $0.3\,d$ で割り，

$$E_a = \frac{V_a}{0.3\,d} = \frac{C_i}{C_a + C_i} \cdot \frac{5}{3} E_r \text{〔V〕}$$

この式に①②式を入れると，

$$E_a = \frac{5\varepsilon_s}{7+3\varepsilon_s} E_r \text{〔V〕} \cdots\cdots ③$$

空気の部分で火花放電を起こさないためには，$E_a < E_r$ であればよいから，これに③式を入れ，

$$\frac{5\varepsilon_s}{7+3\varepsilon_s} E_r < E_r \quad \text{から} \quad \varepsilon_s < 3.5 \quad 答$$

3 関数 (p.31)

3・1

(1) $\log_6 36 = 2$ (2) $\log_9 3 = \frac{1}{2}$ (3) $\log_\varepsilon 1 = 0$ (4) $3^4 = 81$

(5) $10^{-3} = 0.001$ (6) $\varepsilon^1 = \varepsilon$

解　　答

3・2

(1) 4　　(2) -1　　(3) 電卓を用いて，2.7726　　(4) 8　　(5) 2

(6) 電卓を用いて，$e^3 = 20.086$

3・3

(1) $a^0 = 1$　　∴　$\log_a 1 = 0$

　　$a^1 = a$　　∴　$\log_a a = 1$

(2) $\log_a M = r$, $\log_a N = s$ と置けば，$M = a^r$, $N = a^s$, $MN = a^{r+s}$

　　∴　$\log_a MN = r + s = \log_a M + \log_a N$

(3) 同様に，

$$\frac{M}{N} = a^{r-s} \quad ∴ \quad \log_a \frac{M}{N} = r - s = \log_a M - \log_a N$$

$$\log_a \frac{1}{N} = \log_a 1 - \log_a N = -\log_a N$$

(4) 同様に，

$M^p = (a^r)^p = a^{rp}$

　　∴　$\log_a M^p = rp = p \log_a M$

(5) $\log_b M = p$ と置けば，$M = b^p$．両辺の対数をとると，

$\log_a M = p \log_a b \quad ∴ \quad p = \log_b M = \dfrac{\log_a M}{\log_a b}$

3・4

$$\theta = \frac{l}{r} \quad ∴ \quad l = r\theta$$

半径 r の円の面積は πr^2．同じ円の扇形の面積は中心角の大きさに比例するから，

$$\frac{S}{\pi r^2} = \frac{\theta}{2\pi} \quad ∴ \quad S = \frac{1}{2} r^2 \theta$$

3・5 〔長さ〕/〔長さ〕であるからディメンションはない．これを無次元といい〔0〕で表す．

3・6

$$r\Delta\theta = \frac{1}{2} D\Delta\theta$$

3・7

(1) $1\,000° = 360° \times 2 + 280°$　　　$280° \times \dfrac{\pi}{180} = \dfrac{14}{9} \pi$ 〔rad〕

(2) $-120° + 360° = 240°$ 　　$240° \times \dfrac{\pi}{180} = \dfrac{4}{3}\pi$ 〔rad〕

(3) $\dfrac{10}{3}\pi = \left(3 + \dfrac{1}{3}\right)\pi = 2\pi + \dfrac{4}{3}\pi$ 〔rad〕　　$\dfrac{4}{3}\pi \times \dfrac{180°}{\pi} = 240°$

(4) $-\dfrac{\pi}{3} + 2\pi = \dfrac{5}{3}\pi$ 〔rad〕　　$\dfrac{5}{3}\pi \times \dfrac{180°}{\pi} = 300°$

3・8

2) 次のように式を変形する．

$$a\sin\theta + b\cos\theta = \sqrt{a^2+b^2}\left(\dfrac{a}{\sqrt{a^2+b^2}} \times \sin\theta + \dfrac{b}{\sqrt{a^2+b^2}}\cos\theta\right)$$

xy 平面に長さ r の動径を考え，$\sqrt{a^2+b^2} = r$ であるとすると，a は x に，b は y に相当する．したがって，動径の角を α とすると，

$$\dfrac{a}{\sqrt{a^2+b^2}} = \dfrac{x}{r} = \cos\alpha \qquad \dfrac{b}{\sqrt{a^2+b^2}} = \dfrac{y}{r} = \sin\alpha$$

　∴　$a\sin\theta + b\cos\theta = r(\cos\alpha\sin\theta + \sin\alpha\cos\theta) = r\sin(\theta + \alpha)$ （加法定理）

ここに，$\dfrac{y}{x} = \dfrac{b}{a} = \tan\alpha$

3) $\sin(\alpha+\beta) = \sin\alpha\cos\beta + \cos\alpha\sin\beta$（加法定理）に，$\alpha = \beta = \theta$ を入れると，

$\sin 2\theta = 2\sin\theta\cos\theta$

ここで，$\cos(\alpha+\beta) = \cos\alpha\cos\beta - \sin\alpha\sin\beta$ に，$\alpha = \beta = \theta$ を入れると，

$\cos 2\theta = \cos^2\theta - \sin^2\theta$

$\sin^2\theta + \cos^2\theta = 1$ の関係を使うと，

$\cos 2\theta = 2\cos^2\theta - 1 = 1 - 2\sin^2\theta$

4) $\cos 2\theta = 1 - 2\sin^2\theta$ から，

$$\sin^2\theta = \dfrac{1 - \cos 2\theta}{2}$$

ここで，θ を $\theta/2$ に入れ換えると，　　$\sin^2\dfrac{\theta}{2} = \dfrac{1 - \cos\theta}{2}$

$\cos 2\theta = 2\cos^2\theta - 1$ から同様に，　　$\cos^2\dfrac{\theta}{2} = \dfrac{1 + \cos\theta}{2}$

5) 加法定理により，

$\cos(\alpha - \beta) = \cos\alpha\cos\beta + \sin\alpha\sin\beta$

$\cos(\alpha + \beta) = \cos\alpha\cos\beta - \sin\alpha\sin\beta$

両辺の差を求めると，

解 答

$$\cos(\alpha-\beta)-\cos(\alpha+\beta)=2\sin\alpha\sin\beta$$
$$\therefore \quad \sin\alpha\sin\beta=\frac{1}{2}\{\cos(\alpha-\beta)-\cos(\alpha+\beta)\}$$

6) 加法定理により,
$$\sin(\alpha+\beta)=\sin\alpha\cos\beta+\cos\alpha\sin\beta$$
$$\sin(\alpha-\beta)=\sin\alpha\cos\beta-\cos\alpha\sin\beta$$
辺々相加えると,
$$\sin(\alpha+\beta)+\sin(\alpha-\beta)=2\sin\alpha\cos\beta$$
ここで, $\alpha+\beta=A$, $\alpha-\beta=B$ とすると, $\alpha=\dfrac{A+B}{2}$, $\beta=\dfrac{A-B}{2}$

$$\therefore \quad \sin A+\sin B=2\sin\frac{A+B}{2}\cos\frac{A-B}{2}$$
A を α, B を β に置き直すと,
$$\sin\alpha+\sin\beta=2\sin\frac{\alpha+\beta}{2}\cos\frac{\alpha-\beta}{2}$$

3・9
(a)図の場合　　高さ $=\mathrm{AH}=b\sin C$
(b)図の場合　　$\mathrm{AH}=b=b\sin 90°=b\sin C$
(c)図の場合　　$\mathrm{AH}=b\sin(180°-C)=b\sin C$
$$\therefore \quad S=\frac{1}{2}\mathrm{BC}\cdot\mathrm{AH}=\frac{1}{2}a\cdot b\sin C$$

3・10 問題 3・9 により,
$$S=\frac{1}{2}a\cdot b\sin C=\frac{1}{2}bc\sin A=\frac{1}{2}ca\sin B$$
各辺に $2/abc$ を掛け逆数をとれば,
$$\frac{a}{\sin A}=\frac{b}{\sin B}=\frac{c}{\sin C}$$
第 3・19 図のように, B を通る直径を BA′ とすれば, ∠A, ∠A′ は円弧の上に立つ円周角だから A = A′, 三角形 A′BC は直角三角形だから,
$$\sin A'=\frac{a}{2R}=\sin A \qquad \therefore \quad \frac{a}{\sin A}=2R=\frac{b}{\sin B}=\frac{c}{\sin C}$$

3・11 第 3・18 図(a)から,
$$a=b\cos C+c\cos B\cdots\cdots\text{①}$$
abc を入れ換えて,

$b = c\cos A + a\cos C$ ……②　　　$c = a\cos B + b\cos A$ ……③

①×a －②×b －③×c を計算すると，

$a^2 - b^2 - c^2 = -2bc\cos A$　　　∴　$a^2 = b^2 + c^2 - 2bc\cos A$

3・12

(1) $b = \sqrt{c^2 + a^2 - 2ca\cos B}$ に与えられた数値を入れると，

$$b = \sqrt{(\sqrt{3}-1)^2 + 2^2 - 2\times(\sqrt{3}-1)\times 2\times \cos 30°}$$

$$= \sqrt{3 - 2\sqrt{3} + 1 + 4 - (2\sqrt{3}-2)\times 2\times \frac{\sqrt{3}}{2}}$$

$$= \sqrt{8 - 2\sqrt{3} - 6 + 2\sqrt{3}} = \sqrt{2}\quad 答$$

(2) $\cos A = \dfrac{(\sqrt{2})^2 + (\sqrt{3}+1)^2 - 2^2}{2\times\sqrt{2}\times(\sqrt{3}+1)} = \dfrac{2 + 3 + 2\sqrt{3} + 1 - 4}{2\sqrt{2}\times(\sqrt{3}+1)}$

$$= \dfrac{\sqrt{3}+1}{\sqrt{2}(\sqrt{3}+1)} = \dfrac{1}{\sqrt{2}}$$

$0° < A < 180°$ であるから，$A = 45°$　　答

3・13

$$\angle A = \sin^{-1}\frac{a}{b} = \cos^{-1}\frac{c}{b} = \tan^{-1}\frac{a}{c}$$

3・14

$\operatorname{Sin}^{-1} x = y$ とすると，$x = \sin y$．

与式 $= \sin(\operatorname{Sin}^{-1} x) = \sin y = x$　　答

3・15　$\operatorname{Sin}^{-1} x = y_1$，$\operatorname{Cos}^{-1} x = y_2$ とすれば，

$$x = \sin y_1 = \cos y_2 = \sin\left(\frac{\pi}{2} - y_2\right)\quad ∴\quad y_1 = \frac{\pi}{2} - y_2$$

与式 $= \operatorname{Sin}^{-1} x + \operatorname{Cos}^{-1} x = y_1 + y_2 = \left(\dfrac{\pi}{2} - y_2\right) + y_2 = \dfrac{\pi}{2}$　　答

3・16　$\operatorname{Sin}^{-1} x = y$ とすると，$x = \sin y$

右辺 $= \operatorname{Cos}^{-1}\sqrt{1 - x^2} = \operatorname{Cos}^{-1}\sqrt{1 - \sin^2 y} = \operatorname{Cos}^{-1}(\cos y) = y = \operatorname{Sin}^{-1} x$

4　複素数と記号法（p.49）

4・1

(1) $\dfrac{\sqrt{8}}{\sqrt{-2}} = \dfrac{2\sqrt{2}}{j\sqrt{2}} = -j2$　　答

(2) $\sqrt{-2}\times\sqrt{-3} = j\sqrt{2}\times j\sqrt{3} = -\sqrt{2\times 3} = -\sqrt{6}$　　答

(3) $\sqrt{(-2)\times(-3)} = \sqrt{6}$　　答

4・2　与式の分母子に $r - jx_c$ を掛け整理すると，

解　　答　　　　　　　　　　　　　　　　　　　　　　　　　　•315•

$$\frac{-jrx_c}{x_0 x_c + jr(x_0 - x_c)} = \frac{-jrx_c \{x_0 x_c - jr(x_0 - x_c)\}}{\{x_0 x_c + jr(x_0 - x_c)\}\{x_0 x_c - jr(x_0 - x_c)\}}$$

$$= \frac{-r^2 x_c (x_0 - x_c)}{x_0^2 x_c^2 + r^2 (x_0 - x_c)^2} - j \frac{r x_0 x_c^2}{x_0^2 x_c^2 + r^2 (x_0 - x_c)^2} \quad 答$$

4・3 (a)(b)図のインピーダンスを $\dot{Z}_1$, $\dot{Z}_2$ とすれば，$\dot{Z}_1 = \dot{Z}_2$ が等価な条件である．

$$\dot{Z}_2 = \frac{-jx_{c2}r_2}{r_2 - jx_{c2}} = \frac{r_2 x_{c2}^2}{r_2^2 + x_{c2}^2} - j \frac{r_2^2 x_{c2}}{r_2^2 + x_{c2}^2}$$

これが $\dot{Z}_1 = r_1 - jx_{c1}$ と等しい条件は，[4・2] 6) により，

$$r_1 = \frac{r_2 x_{c2}^2}{r_2^2 + x_{c2}^2} \quad \text{かつ} \quad x_{c1} = \frac{r_2^2 x_{c2}}{r_2^2 + x_{c2}^2} \quad 答$$

4・4 複素数 $\dot{Z}_1$ を $\dot{Z}_2$ で割った複素数の絶対値は，複素数 $\dot{Z}_1$ の絶対値を $\dot{Z}_2$ の絶対値で割ったものに等しい．

4・5
(1) $\dot{Z}_1 = a + jb$, $\dot{Z}_2 = c + jd$ とすれば，$|\dot{Z}_1 + \dot{Z}_2| \leq |\dot{Z}_1| + |\dot{Z}_2|$ を証明するには次式を証明すればよい．

$$|(a+jb)+(c+jd)| \leq |a+jb| + |c+jd|$$

上式を変形すると次のようになる．

$$\sqrt{(a+c)^2 + (b+d)^2} \leq \sqrt{a^2+b^2} + \sqrt{c^2+d^2}$$

両辺を 2 乗して，

$$(a+c)^2 + (b+d)^2 \leq a^2 + b^2 + 2\sqrt{(a^2+b^2)(c^2+d^2)} + c^2 + d^2$$

$$ac + bd \leq \sqrt{(a^2+b^2)(c^2+d^2)}$$

$$(ac)^2 + 2abcd + (bd)^2 \leq (ac)^2 + (bd)^2 + (ad)^2 + (bc)^2$$

$$\therefore \quad 0 \leq (ad - bc)^2$$

上式の右辺は，$ad = bc$ か $ad \neq bc$ かのどちらかの場合しかない．$ad \neq bc$ のときは $0 < (ad-bc)^2$ であるから，さかのぼって見ると $|\dot{Z}_1 + \dot{Z}_2| < |\dot{Z}_1| + |\dot{Z}_2|$ である．

$ad = bc$，すなわち $\dfrac{a}{b} = \dfrac{c}{d}$ のときは，$0 = (ad-bc)^2$ であって，$|\dot{Z}_1 + \dot{Z}_2| = |\dot{Z}_1| + |\dot{Z}_2|$ である．

（数式によらないで，複素平面上で $|\dot{Z}_1|$，$|\dot{Z}_2|$，$|\dot{Z}_1 + \dot{Z}_2|$ を辺とする三角形を考えれば容易に理解できる）

(2) $\dot{Z}_1 = a + jb$, $\dot{Z}_2 = c + jd$ とすれば，

左辺 $= \overline{(a+jb+c+jd)} = \overline{(a+c)+j(b+d)} = a+c-j(b+d)$

右辺 $= \overline{a+jb} + \overline{c+jd} = a-jb+c-jd = a+c-j(b+d) =$ 左辺

4・6

$$\frac{r_1(\cos\theta_1+j\sin\theta_1)}{r_2(\cos\theta_2+j\sin\theta_2)} = \frac{r_1}{r_2} \cdot \frac{(\cos\theta_1+j\sin\theta_1)(\cos\theta_2-j\sin\theta_2)}{(\cos\theta_2+j\sin\theta_2)(\cos\theta_2-j\sin\theta_2)}$$

$$= \frac{r_1}{r_2} \cdot \frac{\cos\theta_1\cos\theta_2+\sin\theta_1\sin\theta_2+j(\sin\theta_1\cos\theta_2-\cos\theta_1\sin\theta_2)}{\cos^2\theta_2+\sin^2\theta_2}$$

$$= \frac{r_1}{r_2}\{\cos(\theta_1-\theta_2)+j\sin(\theta_1-\theta_2)\} \quad (\because \cos^2\theta_2+\sin^2\theta_2=1)$$

4・7 絶対値 r_1, 偏角 θ_1 の複素数を絶対値 r_2, 偏角 θ_2 の複素数で割ると, 絶対値 r_1/r_2, 偏角 $\theta_1-\theta_2$ の複素数になる.

4・8 $x^3=1$ は $x^3=\varepsilon^{j2\pi n}$ $\quad\therefore\quad x=\varepsilon^{j2\pi n/3}$

m を $0, 1, 2\cdots\cdots$ という整数として, $n=3m$ のときは,

$$x=\varepsilon^{j2\pi m}=1$$

$n=3m+1$ のときは,

$$x=\varepsilon^{j(2\pi m+2\pi/3)}=1\times\varepsilon^{j2\pi/3}=\cos\left(\frac{2}{3}\pi\right)+j\sin\left(\frac{2}{3}\pi\right)=-\frac{1}{2}+j\frac{\sqrt{3}}{2}$$

同様に $n=3m+2$ のときは,

$$-\frac{1}{2}-j\frac{\sqrt{3}}{2}$$

$\quad\therefore\quad x=1, \ -\frac{1}{2}+j\frac{\sqrt{3}}{2}, \ -\frac{1}{2}-j\frac{\sqrt{3}}{2}$ 　答

4・9

$a^2=\varepsilon^{j4\pi/3}=-\dfrac{1}{2}-j\dfrac{\sqrt{3}}{2}$ 　答

$a^3=\varepsilon^{j2\pi/3}=\varepsilon^{j2\pi}=1$ 　答

$a^4=aa^3=a\cdot 1=a$ 　答

$1+a+a^2=1+\left(-\dfrac{1}{2}+j\dfrac{\sqrt{3}}{2}\right)+\left(-\dfrac{1}{2}-j\dfrac{\sqrt{3}}{2}\right)=0$ 　答

4・10 左辺を指数関数で表すと,

$$\sin(\alpha+\beta)=\frac{\varepsilon^{j(\alpha+\beta)}-\varepsilon^{-j(\alpha+\beta)}}{2j}$$

右辺 $=\dfrac{\varepsilon^{j\alpha}-\varepsilon^{-j\alpha}}{2j}\cdot\dfrac{\varepsilon^{j\beta}+\varepsilon^{-j\beta}}{2}+\dfrac{\varepsilon^{j\alpha}+\varepsilon^{-j\alpha}}{2}\cdot\dfrac{\varepsilon^{j\beta}-\varepsilon^{-j\beta}}{2j}$

$$=\frac{1}{4j}(\varepsilon^{j(\alpha+\beta)}+\varepsilon^{j(\alpha-\beta)}-\varepsilon^{-j(\alpha-\beta)}-\varepsilon^{-j(\alpha+\beta)}+\varepsilon^{j(\alpha+\beta)}-\varepsilon^{j(\alpha-\beta)}+\varepsilon^{-j(\alpha-\beta)}-\varepsilon^{-j(\alpha+\beta)})$$

解　答

$$= \frac{1}{4j}(2\varepsilon^{j(\alpha+\beta)} - 2\varepsilon^{-j(\alpha+\beta)})$$

$$= \frac{\varepsilon^{j(\alpha+\beta)} - \varepsilon^{-j(\alpha+\beta)}}{2j} = 左辺$$

4・11

(1) $\dot{Z} = r\varepsilon^{j\theta}$ の共役複素数は $\overline{Z} = r\varepsilon^{-j\theta}$ である．$\dot{Z}_1 = A\varepsilon^{j\alpha}$，$\dot{Z}_2 = B\varepsilon^{j\beta}$ とすれば，$\dot{Z}_1\dot{Z}_2 = AB\varepsilon^{j(\alpha+\beta)}$．これの共役複素数は，

$$左辺 = \overline{(\dot{Z}_1\dot{Z}_2)} = AB\varepsilon^{-j(\alpha+\beta)} = A\varepsilon^{-j\alpha} \cdot B\varepsilon^{-j\beta} = \overline{Z_1} \cdot \overline{Z_2} = 右辺$$

(2) 同様に，

$$\frac{\dot{Z}_1}{\dot{Z}_2} = \left(\frac{A}{B}\right)\varepsilon^{j(\alpha-\beta)}$$

$$左辺 = \overline{\left(\frac{\dot{Z}_1}{\dot{Z}_2}\right)} = \left(\frac{A}{B}\right)\varepsilon^{-j(\alpha-\beta)} = \frac{A\varepsilon^{-j\alpha}}{B\varepsilon^{-j\beta}} = \frac{\overline{Z_1}}{\overline{Z_2}} = 右辺$$

4・12

(1) $\dot{E} = 60 + j80$ 〔V〕　　$|\dot{E}| = \sqrt{60^2 + 80^2} = 100$

$\theta = \tan^{-1}(80/60) = 53.13°\ (0.9273$ 〔rad〕$)$

∴　$\dot{E} = 100 \times (\cos 53.13° + j\sin 53.13°) = 100\underline{/53.13°}$

$= 100\varepsilon^{j0.9273}\ (= 100\varepsilon^{j53.13°})$ 〔V〕　　**答**

(2) $\dot{I} = I\varepsilon^{j\theta} = I\underline{/\theta} = I(\cos\theta + j\sin\theta) = I\cos\theta + jI\sin\theta$ 〔A〕　　**答**

4・13　第4・6図の $\dot{E}$ は $\dot{E} = E\varepsilon^{j\varphi}$．このベクトルは $e = \sqrt{2}\ E\sin(\omega t + \varphi)$ を表す．e' は $e' = -e = -\sqrt{2}\ E\sin(\omega t + \varphi)$．第4・6図の手順によって複素数で表せば $-E\varepsilon^{j\varphi} = -\dot{E}$ となる．

また，$-\dot{E} = \dot{E} \times (-1) = E\varepsilon^{j\varphi} \times \varepsilon^{j\pi} = E\varepsilon^{j(\varphi+\pi)}$，つまり $\dot{E} = E\varepsilon^{j\varphi}$ より180°進んだベクトルで，したがって逆向きであり，大きさは等しい．

4・14

$\dot{E}_a = E$

$\dot{E}_b = E\underline{/240°} = E(\cos 240° + j\sin 240°) = E\left(-\dfrac{1}{2} - j\dfrac{\sqrt{3}}{2}\right)$

$\dot{E}_c = E\underline{/120°} = E(\cos 120° + j\sin 120°) = E\left(-\dfrac{1}{2} - j\dfrac{\sqrt{3}}{2}\right)$

$\dot{V}_{ab} = \dot{E}_a - \dot{E}_b = E - E\left(-\dfrac{1}{2} - j\dfrac{\sqrt{3}}{2}\right) = \left(\dfrac{3}{2} + j\dfrac{\sqrt{3}}{2}\right)E$ 〔V〕　　**答**

$\dot{V}_{bc} = \dot{E}_b + \dot{E}_c = E\left(-\dfrac{1}{2} - j\dfrac{\sqrt{3}}{2}\right) + E\left(-\dfrac{1}{2} + j\dfrac{\sqrt{3}}{2}\right) = -E$ 〔V〕　　**答**

$$\dot{V}_{ca} = -\dot{E}_c - \dot{E}_a = -E\left(-\frac{1}{2} + j\frac{\sqrt{3}}{2}\right) - E = \left(-\frac{1}{2} - j\frac{\sqrt{3}}{2}\right)E \text{ [V]} \quad \text{答}$$

4・15

$$\dot{V}_{ab} = E - \left(-\frac{1}{2} - j\frac{\sqrt{3}}{2}\right)E = \left(\frac{3}{2} + j\frac{\sqrt{3}}{2}\right)E$$

$$\dot{I} = \dot{V}_{ab}\dot{Y} = \dot{V}_{ab}\left(\frac{1}{r_1 + jx} + \frac{1}{r_2 - jx_c}\right) = \dot{V}_{ab}\frac{r_1 + r_2 + j(x - x_c)}{(r_1 + jx)(r_2 - jx_c)}$$

$\dot{I}$ の大きさは,

$$|\dot{I}| = |\dot{V}_{ab}| \frac{|r_1 + r_2 + j(x - x_c)|}{|r_1 + jx||r_2 - jx_c|} = \left|\frac{3}{2} + j\frac{\sqrt{3}}{2}\right| \frac{\sqrt{(r_1 + r_2)^2 + (x - x_c)^2}}{\sqrt{(r_1^2 + x^2)(r_2^2 + x_c^2)}} E$$

$$\left|\frac{3}{2} + j\frac{\sqrt{3}}{2}\right| = \sqrt{3} \qquad \therefore \quad |\dot{I}| = \sqrt{\frac{3\{(r_1 + r_2)^2 + (x - x_c)^2\}}{(r_1^2 + x^2)(r_2^2 + x_c^2)}} E$$

4・16 $\dot{I}_1 = \dot{I}_2 \varepsilon^{-j30°}$ であれば題意を満足する.

$$\therefore \quad \frac{E}{\dot{Z}_1} = \frac{E\varepsilon^{-j30°}}{\dot{Z}_2 + R - jx_c}$$

E で約し逆数をとると,

$$\dot{Z}_1 \varepsilon^{-j30°} = \dot{Z}_2 + R - jx_c \qquad (r_1 + jx_1)\left(\frac{\sqrt{3}}{2} - j\frac{1}{2}\right) = r_2 + R + j(x_2 - x_c)$$

$$\frac{\sqrt{3}}{2} r_1 + \frac{1}{2} x_1 + j\left(\frac{\sqrt{3}}{2} x_1 - \frac{1}{2} r_1\right) = r_2 + R + j(x_2 - x_c)$$

上式が成り立つためには,

$$\frac{\sqrt{3}}{2} r_1 + \frac{1}{2} x_1 = r_2 + R \quad \text{かつ} \quad \frac{\sqrt{3}}{2} x_1 - \frac{1}{2} r_1 = x_2 - x_c$$

$$\therefore \quad R = \frac{1}{2}(\sqrt{3} r_1 + x_1 - 2r_2), \quad x_c = \frac{1}{2}(r_1 - \sqrt{3} x_1 + 2x_2) \quad \text{答}$$

4・17 a 相相電圧を基準にして,

$$\dot{V}_{ab} = 100 - a^2 100 = 100\left\{1 - \left(-\frac{1}{2} - j\frac{\sqrt{3}}{2}\right)\right\} = 150 + j50\sqrt{3} \text{ [V]}$$

$$\therefore \quad P + jQ = \dot{V}_{ab}\overline{I} = (150 + j50\sqrt{3})(10 - j5)$$
$$= 1500 + 250\sqrt{3} + j(500\sqrt{3} - 750)$$
$$= 1933 + j116$$

$$\therefore \quad P = 1933 \text{ [W]}, \quad Q = 116 \text{ [V・A]} \quad (遅れ) \quad \text{答}$$

4・18 図から,

解　答

$$\dot{I} = \frac{E_s \varepsilon^{j\theta} - E_r}{\dot{Z}}$$

1相の受電電力は,

$$P + jQ = E_r \overline{\dot{I}}, \qquad \left(\overline{\frac{\dot{Z}_1}{\dot{Z}_2}}\right) = \frac{\overline{\dot{Z}_1}}{\overline{\dot{Z}_2}}, \qquad \overline{(\dot{Z}_1 + \dot{Z}_2)} = \overline{\dot{Z}_1} + \overline{\dot{Z}_2}$$

だから,

$$P + jQ = E_r \left(\overline{\frac{E_s \varepsilon^{j\theta} - E_r}{Z\varepsilon^{j\phi}}}\right) = E_r \cdot \frac{E_s \varepsilon^{-j\theta} - E_r}{Z\varepsilon^{-j\phi}} = \frac{E_r E_s}{Z} \varepsilon^{j(\phi-\theta)} - \frac{E_r^2}{Z} \varepsilon^{j\phi}$$

この式の実部は,

$$P = \frac{E_r E_s}{Z} \cos(\phi - \theta) - \frac{E_r^2}{Z} \cos\phi$$

虚部は,

$$Q = \frac{E_r E_s}{Z} \sin(\phi - \theta) - \frac{E_r^2}{Z} \sin\phi$$

$\cos\phi = \dfrac{r}{Z}$, $\sin\phi = \dfrac{x}{Z}$ を入れ, 3相分として3倍して,

$$\left.\begin{array}{l} P_3 = 3\left\{\dfrac{E_r E_s}{Z} \cos(\phi - \theta) - \dfrac{r E_r^2}{Z^2}\right\} \\[2mm] Q_3 = 3\left\{\dfrac{E_r E_s}{Z} \sin(\phi - \theta) - \dfrac{x E_r^2}{Z^2}\right\} \text{(遅れ)} \end{array}\right\} \text{答}$$

5　図形と複素ベクトルの軌跡 (p.65)

5・1

(1)　$(x_1, y_1) = (1, 2)$, $(x_2, y_2) = (3, 6)$ の 2 点間の距離は,

$$l = \sqrt{(x_1 - x_2)^2 + (y_1 - y_2)^2} = \sqrt{(1-3)^2 + (2-6)^2} = \sqrt{20} = 2\sqrt{5} \quad \text{答}$$

最短で等距離の点は, 2点を結ぶ線分の中点だから, [5・2] 式で $m=1$, $n=1$ として,

$$x = \frac{x_1 + x_2}{2} = \frac{1+3}{2} = 2 \qquad y = \frac{y_1 + y_2}{2} = \frac{2+6}{2} = 4$$

したがって, 求める点の座標は (2, 4)　答

(2)　$l = \sqrt{(-6-2)^2 + (4-2)^2} = \sqrt{68} = 2\sqrt{17}$　答

$$x = \frac{-6+2}{2} = -2 \qquad y = \frac{4+2}{2} = 3 \qquad \therefore \quad (-2, 3) \quad \text{答}$$

5・2　線分 BC の中点 M の座標は $\left(\dfrac{x_2 + x_3}{2}, \dfrac{y_2 + y_3}{2}\right)$, 重心 G は線分 MA を $1:2$ に分ける点であるから, その x 座標は,

の式から,

$$\frac{2\times\dfrac{x_2+x_3}{2}+1x_1}{1+2}=\frac{x_1+x_2+x_3}{3}$$

y座標も同様に求まり G 点の座標は,

$$\left(\frac{x_1+x_2+x_3}{3},\ \frac{y_1+y_2+y_3}{3}\right)\quad 答$$

この式は, x_1, x_2, x_3, および y_1, y_2, y_3 について対称であるから, 頂点 B, C についての中線を考えても同じ式になり, 三つの中線は重心で互いに交わることになる.

5・3 図 5・3 から,

$$\frac{\varepsilon-\varepsilon_1}{r-r_1}=\frac{\varepsilon_2-\varepsilon_1}{r_2-r_1}$$

上式を整理して,

$$\varepsilon=\frac{\varepsilon_2-\varepsilon_1}{r_2-r_1}r+\frac{\varepsilon_1 r_2-\varepsilon_2 r_1}{r_2-r_1}\quad 答$$

5・4 $R=R_0(1+\alpha_0 t)$ の式は $R=R_0+\alpha_0 R_0 t$ で, 切片 $b=R_0$, $m=\alpha_0 R_0$ の直線を表す. $T[℃]$ を基準とするということは, 縦軸を $t=T$ に移したことに相当するから, $b=R_T$, $m=\alpha_0 R_0$ の直線であり,

$$R=R_T+\alpha_0 R_0(t-T)=R_T\left\{1+\frac{\alpha_0 R_0}{R_T}(t-T)\right\}$$

ここで, $R_T=R_0(1+\alpha_0 T)$ を入れると,

$$R=R_T\left\{1+\frac{\alpha_0}{1+\alpha_0 T}(t-T)\right\}$$

$$\therefore\ \alpha_T=\frac{\alpha_0}{1+\alpha_0 T}\quad 答$$

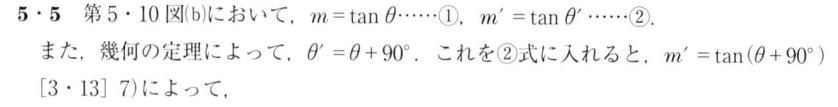

5・5 第 5・10 図(b)において, $m=\tan\theta$ ……①, $m'=\tan\theta'$ ……②. また, 幾何の定理によって, $\theta'=\theta+90°$. これを②式に入れると, $m'=\tan(\theta+90°)$. [3・13] 7)によって,

$$m'=-\frac{1}{\tan\theta}\quad\therefore\ mm'=-1$$

5・6 (1) 与式を次のように変形する.

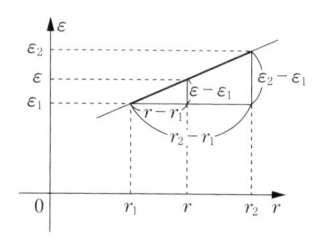

図 5・3

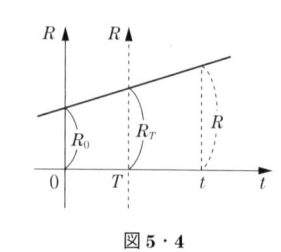

図 5・4

解　答

$$x^2 - 2\times 2x + 4 + y^2 - 2y + 1 - 5 + 1 = 0$$
$$(x-2)^2 + (y-1)^2 = 2^2$$

したがって，円の中心は (2, 1)，半径 2　**答**

(2) 与式を 2 で割り変形すると，

$$x^2 - 2x + y^2 + 4y + \frac{5}{2} = 0 \qquad (x-1)^2 + (y+2)^2 - 1 - 4 + \frac{5}{2} = 0$$

$$(x-1)^2 + (y+2)^2 = \left(\sqrt{\frac{5}{2}}\right)^2$$

したがって，円の中心 (1, -2)，半径 $\sqrt{\dfrac{5}{2}}$　**答**

5・7　送受電端の相電圧を E_s, E_r，線路電流を I，負荷の遅れ力率を $\cos\theta$ とする．
$\dot{E}_s = E_r + (r+jx)(I\cos\theta - jI\sin\theta)$ の式から，

$$E_s^2 = (E_r + rI\cos\theta + xI\sin\theta)^2 + (xI\cos\theta - rI\sin\theta)^2$$

両辺を 3 倍すると，$\sqrt{3}\,E = V$（線間電圧）により，

$$V_s^2 = (V_r + r\sqrt{3}\,I\cos\theta + x\sqrt{3}\,I\sin\theta)^2 + (x\sqrt{3}\,I\cos\theta - r\sqrt{3}\,I\sin\theta)^2$$

ここで，$\sqrt{3}\,I\cos\theta = \dfrac{P}{V_r}$, $\sqrt{3}\,I\sin\theta = \dfrac{Q}{V_r}$ とすると，

$$V_s^2 = \left(V_r + \frac{rP}{V_r} + \frac{xQ}{V_r}\right)^2 + \left(\frac{xP}{V_r} - \frac{rP}{V_r}\right)^2$$

この式を整理すると，

$$\left(P + \frac{rV_r^2}{r^2+x^2}\right)^2 + \left(Q + \frac{xV_r^2}{r^2+x^2}\right)^2 = \left(\frac{V_s V_r}{\sqrt{r^2+x^2}}\right)^2$$

この式は中心 $\left(\dfrac{-rV_r^2}{r^2+x^2},\ \dfrac{-xV_r^2}{r^2+x^2}\right)$，半径 $\dfrac{V_s V_r}{\sqrt{r^2+x^2}}$ の
円であり，図 5・7 のような円線図が得られる．この図
から最大電力は，$P_m = \dfrac{V_s V_r}{\sqrt{r^2+x^2}} - \dfrac{rV_r^2}{r^2+x^2}$　**答**

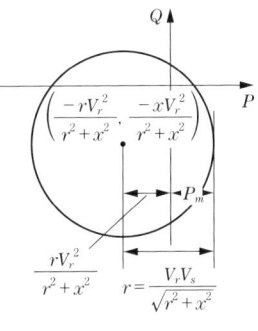

図 5・7

5・8　二つの連立方程式の根は交点の座標を与えるから，直線が接線であるためには，
その根が二重根でなければならない．直線の方程式から，$y = 3x + k$，これを円の方程
式に入れると，

$$x^2 + (3x+k)^2 - 1 = 0 \qquad 10x^2 + 6kx + k^2 - 1 = 0$$

$$x = \frac{-6k \pm \sqrt{36k^2 - 40\times(k^2-1)}}{20}$$

x の根が二重根であるためには，

から，
$$k = \pm\sqrt{10} \quad \text{答}$$

5・9 座標を第5・14図のようにしたとき，放物線は一般に次式で表される．
$$y = ax^2 + bx + c \cdots\cdots ①$$

第5・14図から，次の x, y は①式を満足する．

$$\begin{cases} x=0 \\ y=0 \end{cases} \quad \begin{cases} x=S \\ y=H \end{cases} \quad \begin{cases} x=\dfrac{S}{2} \\ y=\dfrac{H}{2}-D \end{cases}$$

これを①式に入れると
$$a = \frac{4D}{S^2} \qquad b = \frac{H-4D}{S} \qquad c = 0$$

したがって，求める方程式は，
$$y = \frac{4D}{S^2}x^2 + \frac{H-4D}{S}x \quad \text{答}$$

5・10
$$\dot{I} = (g_0 - jb_0)E + \frac{E}{r + jx} \cdots\cdots ①$$

①式で r は $0 \sim \infty$ まで変化し，他は一定である．$r+jx$ のベクトル軌跡は図5・10の直線Ⓐであり，$\dfrac{E}{r+jx}$ はこの逆図形に E を乗じたものだから，半円Ⓑになる．①式の第1項を，$g_0E - jb_0E = \dot{I}_0$ とすると，$\dot{I}$ のベクトル軌跡はⒷの軌跡を $\dot{I}_0$ だけ平行移動したものである．したがって，$\dot{I}$ の軌跡は中心：
$$\left(g_0E, \ -\left(b_0 + \frac{1}{2x}\right)E\right), \ \text{半径}: \frac{E}{2x} \text{の半円} \quad \text{答}$$

図5・10

（このベクトル軌跡は誘導電動機の円線図の原理である．）

5・11 L_1, R に流れる電流を $\dot{I}_1$, L_2 に流れる電流を $\dot{I}_2$ とすると，
$$(R + j\omega L_1)\dot{I}_1 + j\omega M \dot{I}_2 = \dot{E} \qquad j\omega M \dot{I}_1 + j\omega L_2 \dot{I}_2 = \dot{E}$$

この2元1次方程式を解くと，

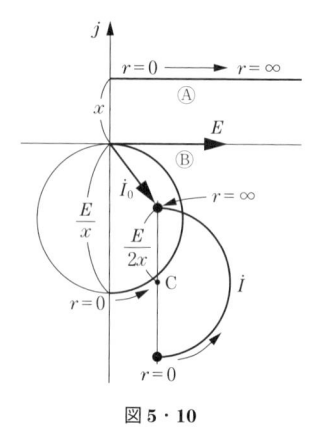

解　答

$$\dot{I} = \frac{j\omega(L_2-M)\dot{E}}{\omega^2(M^2-L_1L_2)+j\omega RL_2}$$

$\dot{E}$ を基準ベクトルとすると，$\dot{V}$ は，

$$\dot{V} = R\dot{I} = \frac{j\omega R(L_2-M)E}{\omega^2(M^2-L_1L_2)+j\omega RL_2} = \frac{1}{\dfrac{L_2}{(L_2-M)E}+j\dfrac{\omega(L_1L_2-M^2)}{R(L_2-M)E}}$$

ここで，$\dfrac{\omega(L_1L_2-M^2)}{R(L_2-M)E} = \lambda$ とすると，上式は，

$$\dot{V} = \frac{1}{\dfrac{L_2}{(L_2-M)E}+j\lambda}$$

で，$\begin{cases} R=0 \text{ のとき } \lambda = +\infty \\ R=\infty \text{ のとき } \lambda = 0 \end{cases}$

上式の分母は図の j 軸と平行な直線．$\dot{V}$ はこれの逆図形であるから，$\dot{V}$ の軌跡は，

中心 $\left(\dfrac{L_2-M}{2L_2}E, 0\right)$，半径 $\dfrac{L_2-M}{2L_2}E$ の図の半円である．**答**

5・12 受電端電流は，

$$\dot{I} = \frac{E_s\varepsilon^{j\theta}-E_r}{Z\varepsilon^{j\phi}}$$

受電端 3 相複素電力（遅れ＋）は，

$$\dot{W} = P+jQ = 3E_r\bar{I} = 3E_r \cdot \frac{E_s\varepsilon^{-j\theta}-E_r}{Z\varepsilon^{-j\phi}}$$

$$= \frac{3E_rE_s\varepsilon^{j\phi}}{Z}\varepsilon^{-j\theta} + \frac{-3E_r^2\varepsilon^{j\phi}}{Z}$$

上式は，$\dot{A}+\dot{B}\varepsilon^{-j\theta}$ の形をしており，5・8(5)(p.81) により，図のような，

中心 $\left(-\dfrac{3E_r^2}{Z}\cos\phi, -\dfrac{3E_r^2}{Z}\sin\phi\right)$，半径 $\dfrac{3E_rE_s}{Z}$

の円である．この図から受電最大電力は，

$$P_m = \frac{3E_rE_s}{Z} - \frac{3E_r^2}{Z}\cos\phi$$

図 5・11

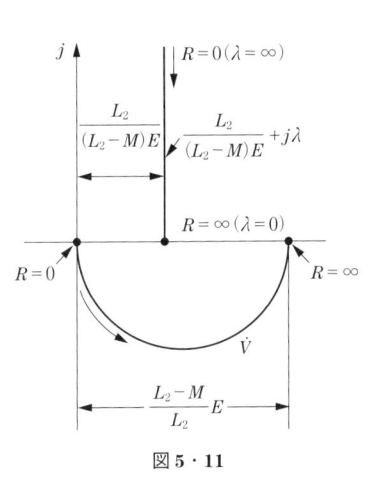

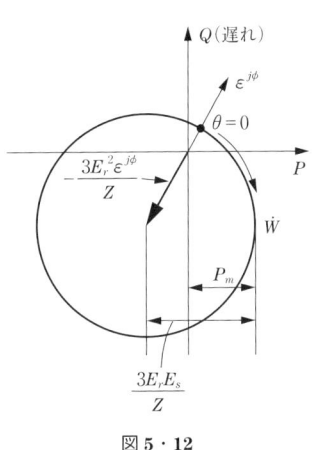

図 5・12

である。($Z=\sqrt{r^2+x^2}$, $\cos\phi = \dfrac{r}{\sqrt{r^2+x^2}}$ と置くと問題 5・7（p.71）の答と一致することが分かる）

6 行列式と行列（p.85）

6・1

(1) 第1行で展開すると，
$$D = 1 \times \begin{vmatrix} 3 & 4 \\ 6 & 7 \end{vmatrix} = 21 - 24 = -3 \quad \textbf{答}$$

(2) 第1行で展開
$$D = \begin{vmatrix} 1 & 1 \\ 3 & 4 \end{vmatrix} - \begin{vmatrix} 1 & 1 \\ 2 & 4 \end{vmatrix} + \begin{vmatrix} 1 & 1 \\ 2 & 3 \end{vmatrix} = (4-3) - (4-2) + (3-2) = 0 \quad \textbf{答}$$

(3) 第1列で展開
$$D = -1 \times \begin{vmatrix} 2 & 3 \\ 6 & 7 \end{vmatrix} = 4 \quad \textbf{答}$$

(4) 第1列で展開
$$D = 1 \times \begin{vmatrix} 5 & 6 & 7 \\ 3 & 4 & 6 \\ 5 & 6 & 7 \end{vmatrix} - 1 \times \begin{vmatrix} 2 & 3 & 4 \\ 3 & 4 & 6 \\ 5 & 6 & 7 \end{vmatrix}$$

$$= 5 \begin{vmatrix} 4 & 6 \\ 6 & 7 \end{vmatrix} - 3 \begin{vmatrix} 6 & 7 \\ 6 & 7 \end{vmatrix} + 5 \begin{vmatrix} 6 & 7 \\ 4 & 6 \end{vmatrix} - \left(2 \begin{vmatrix} 4 & 6 \\ 6 & 7 \end{vmatrix} - 3 \begin{vmatrix} 3 & 4 \\ 6 & 7 \end{vmatrix} + 5 \begin{vmatrix} 3 & 4 \\ 4 & 6 \end{vmatrix} \right)$$

$$= 5 \times (-8) - 3 \times 0 + 5 \times 8 - \{2 \times (-8) - 3 \times (-3) + 5 \times 2\}$$

$$= -3 \quad \textbf{答}$$

6・2

(1) 第1行と第3行が同じだから0

(2) 第1列と第3列が比例しているから0

(3) 第2行 − 第1行，第3行 − 第1行の計算をすると，
$$\begin{vmatrix} 1 & 2 & 3 \\ 0 & 2 & 2 \\ 0 & 5 & 6 \end{vmatrix} = \begin{vmatrix} 2 & 2 \\ 5 & 6 \end{vmatrix} = 2 \quad \textbf{答}$$

(4) 第1列に第2，3，4列を加えると，
$$\begin{vmatrix} 10 & 2 & 3 & 4 \\ 10 & 1 & 4 & 3 \\ 10 & 4 & 2 & 1 \\ 10 & 3 & 1 & 2 \end{vmatrix}$$

解　　答

各行から第1行を引き,

$$\begin{vmatrix} 10 & 2 & 3 & 4 \\ 0 & -1 & 1 & -1 \\ 0 & 2 & -1 & -3 \\ 0 & 1 & -2 & -2 \end{vmatrix} = 10 \begin{vmatrix} -1 & 1 & -1 \\ 2 & -1 & -3 \\ 1 & -2 & -2 \end{vmatrix} = 10 \begin{vmatrix} -1 & 1 & -1 \\ 0 & 1 & -5 \\ 0 & -1 & -3 \end{vmatrix}$$

$$= -10 \begin{vmatrix} 1 & -5 \\ -1 & -3 \end{vmatrix} = -10 \times (-3 - 5) = 80 \quad 答$$

6・3

(1) $\triangle = \begin{vmatrix} 1 & 1 \\ 1 & -2 \end{vmatrix} = -3 \neq 0$　　$\begin{vmatrix} 3 & 1 \\ 0 & -2 \end{vmatrix} = -6$　　$\begin{vmatrix} 1 & 3 \\ 1 & 0 \end{vmatrix} = -3$

∴ $x = \dfrac{-6}{-3} = 2$, $y = \dfrac{-3}{-3} = 1$　答

(2) $\triangle = \begin{vmatrix} 1 & 1 & 1 \\ 2 & -1 & 1 \\ 5 & 3 & -3 \end{vmatrix} = \begin{vmatrix} 1 & 1 & 1 \\ 0 & -3 & -1 \\ 0 & -2 & -8 \end{vmatrix} = \begin{vmatrix} 3 & 1 \\ 2 & 8 \end{vmatrix} = 22 \neq 0$

$\begin{vmatrix} 6 & 1 & 1 \\ 3 & -1 & 1 \\ 2 & 3 & -3 \end{vmatrix} = 22$,　　$\begin{vmatrix} 1 & 6 & 1 \\ 2 & 3 & 1 \\ 5 & 2 & -3 \end{vmatrix} = 44$,　　$\begin{vmatrix} 1 & 1 & 6 \\ 2 & -1 & 3 \\ 5 & 3 & 2 \end{vmatrix} = 66$

$x = \dfrac{22}{22} = 1$, $y = \dfrac{44}{22} = 2$, $z = \dfrac{66}{22} = 3$　答

(3) $\triangle = \begin{vmatrix} 1 & 1 & 0 \\ 0 & 1 & -1 \\ 1 & 2 & 1 \end{vmatrix} = \begin{vmatrix} 1 & 1 & 0 \\ 0 & 1 & -1 \\ 0 & 1 & 1 \end{vmatrix} = \begin{vmatrix} 1 & -1 \\ 1 & 1 \end{vmatrix} = 2 \neq 0$

$\begin{vmatrix} 6 & 1 & 0 \\ -1 & 1 & -1 \\ 15 & 2 & 1 \end{vmatrix} = 4$,　　$\begin{vmatrix} 1 & 6 & 0 \\ 0 & -1 & -1 \\ 1 & 15 & 1 \end{vmatrix} = 8$,　　$\begin{vmatrix} 1 & 1 & 6 \\ 0 & 1 & -1 \\ 1 & 2 & 15 \end{vmatrix} = 10$

∴ $x = \dfrac{4}{2} = 2$, $y = \dfrac{8}{2} = 4$, $z = \dfrac{10}{2} = 5$　答

6・4

(1) $\begin{bmatrix} 3+6 & 2+3 \\ 1+2 & 4+5 \end{bmatrix} = \begin{bmatrix} 9 & 5 \\ 3 & 9 \end{bmatrix}$　答

(2) $\begin{bmatrix} 5 \times 2 + 3 \times 1 & 5 \times 2 + 3 \times 3 \\ 2 \times 2 + 6 \times 1 & 2 \times 2 + 6 \times 3 \end{bmatrix} = \begin{bmatrix} 13 & 19 \\ 10 & 22 \end{bmatrix}$　答

(3) $\begin{bmatrix} a_1x+b_1y+c_1z \\ a_2x+b_2y+c_2z \\ a_3x+b_3y+c_3z \end{bmatrix}$ 答

6・5

(1) $\begin{vmatrix} 3 & 5 \\ 2 & 4 \end{vmatrix}=2, \quad \begin{bmatrix} 3 & 5 \\ 2 & 4 \end{bmatrix}_t = \begin{bmatrix} 3 & 2 \\ 5 & 4 \end{bmatrix}$

$\therefore \begin{bmatrix} 3 & 5 \\ 2 & 4 \end{bmatrix}^{-1} = \frac{1}{2}\begin{bmatrix} 4 & -5 \\ -2 & 3 \end{bmatrix} = \begin{bmatrix} 2 & -2.5 \\ -1 & 1.5 \end{bmatrix}$ 答

(2) $\begin{vmatrix} 1 & 1 & 1 \\ 0 & 1 & 0 \\ 0 & 2 & 1 \end{vmatrix} = \begin{vmatrix} 1 & 0 \\ 2 & 1 \end{vmatrix} = 1, \quad \begin{bmatrix} 1 & 1 & 1 \\ 0 & 1 & 0 \\ 0 & 2 & 1 \end{bmatrix}_t = \begin{bmatrix} 1 & 0 & 0 \\ 1 & 1 & 2 \\ 1 & 0 & 1 \end{bmatrix}$

$\therefore \begin{bmatrix} 1 & 1 & 1 \\ 0 & 1 & 0 \\ 0 & 2 & 1 \end{bmatrix}^{-1} = \frac{1}{1}\begin{bmatrix} \begin{vmatrix}1 & 2\\0 & 1\end{vmatrix} & -\begin{vmatrix}1 & 2\\1 & 1\end{vmatrix} & \begin{vmatrix}1 & 1\\1 & 0\end{vmatrix} \\ -\begin{vmatrix}0 & 0\\0 & 1\end{vmatrix} & \begin{vmatrix}1 & 0\\1 & 1\end{vmatrix} & -\begin{vmatrix}1 & 0\\1 & 0\end{vmatrix} \\ \begin{vmatrix}0 & 0\\1 & 2\end{vmatrix} & -\begin{vmatrix}1 & 0\\1 & 2\end{vmatrix} & \begin{vmatrix}1 & 0\\1 & 1\end{vmatrix} \end{bmatrix} = \begin{bmatrix} 1 & 1 & -1 \\ 0 & 1 & 0 \\ 0 & -2 & 1 \end{bmatrix}$ 答

(3) $\begin{vmatrix} a & b \\ c & d \end{vmatrix}=ad-bc=\triangle \neq 0, \quad \begin{bmatrix} a & b \\ c & d \end{bmatrix}_t = \begin{bmatrix} a & c \\ b & d \end{bmatrix}$

$\therefore \begin{bmatrix} a & b \\ c & d \end{bmatrix}^{-1} = \frac{1}{ad-bc}\begin{bmatrix} d & -b \\ -c & a \end{bmatrix} = \begin{bmatrix} \dfrac{d}{\triangle} & -\dfrac{b}{\triangle} \\ -\dfrac{c}{\triangle} & \dfrac{a}{\triangle} \end{bmatrix}$ 答

(4) $\begin{bmatrix} 1 & 2 \\ 3 & 1 \end{bmatrix}\begin{bmatrix} x \\ y \end{bmatrix} = \begin{bmatrix} 7 \\ 11 \end{bmatrix}$ ……①

$\begin{vmatrix} 1 & 2 \\ 3 & 1 \end{vmatrix}=-5 \quad \begin{bmatrix} 1 & 2 \\ 3 & 1 \end{bmatrix}^{-1} = \frac{1}{-5}\begin{bmatrix} 1 & -2 \\ -3 & 1 \end{bmatrix}$

①式の両辺にこれを掛けると,

$\begin{bmatrix} 1 & 0 \\ 0 & 1 \end{bmatrix}\begin{bmatrix} x \\ y \end{bmatrix} = \frac{1}{-5}\begin{bmatrix} 1 & -2 \\ -3 & 1 \end{bmatrix}\begin{bmatrix} 7 \\ 11 \end{bmatrix}$

$\begin{bmatrix} x \\ y \end{bmatrix} = \frac{1}{-5}\begin{bmatrix} 1\times 7+(-2)\times 11 \\ (-3)\times 7+1\times 11 \end{bmatrix} = \frac{1}{-5}\begin{bmatrix} -15 \\ -10 \end{bmatrix} = \begin{bmatrix} 3 \\ 2 \end{bmatrix}$

$\therefore x=3, \ y=2$ 答

解　答

6・6

(1) $\begin{bmatrix} A & B \\ C & D \end{bmatrix} = \begin{bmatrix} 1 & 0 \\ \dfrac{1}{\dot{Z}_2} & 1 \end{bmatrix} \begin{bmatrix} 1 & \dot{Z}_1 \\ 0 & 1 \end{bmatrix}$

$\begin{bmatrix} 1 & 0 \\ \dfrac{1}{\dot{Z}_2} & 1 \end{bmatrix} = \begin{bmatrix} 1 & \dot{Z}_1 \\ \dfrac{1}{\dot{Z}_2} & 1+\dfrac{\dot{Z}_1}{\dot{Z}_2} \end{bmatrix} \begin{bmatrix} 1 & 0 \\ \dfrac{1}{\dot{Z}_2} & 1 \end{bmatrix} = \begin{bmatrix} 1+\dfrac{\dot{Z}_1}{\dot{Z}_2} & \dot{Z}_1 \\ \dfrac{1}{\dot{Z}_2}\left(2+\dfrac{\dot{Z}_1}{\dot{Z}_2}\right) & 1+\dfrac{\dot{Z}_1}{\dot{Z}_2} \end{bmatrix}$ 答

(2) $\begin{bmatrix} A & B \\ C & D \end{bmatrix} = \begin{bmatrix} 1 & \dot{Z} \\ 0 & 1 \end{bmatrix}\begin{bmatrix} 1 & 0 \\ \dot{Y} & 1 \end{bmatrix}\begin{bmatrix} 1 & \dot{Z} \\ 0 & 1 \end{bmatrix}$, $\begin{bmatrix} 1 & 0 \\ \dot{Y} & 1 \end{bmatrix}\begin{bmatrix} 1 & \dot{Z} \\ 0 & 1 \end{bmatrix} = \begin{bmatrix} 1+\dot{Z}\dot{Y} & \dot{Z} \\ \dot{Y} & 1 \end{bmatrix}$

$\begin{bmatrix} 1+\dot{Z}\dot{Y} & \dot{Z} \\ \dot{Y} & 1 \end{bmatrix}\begin{bmatrix} 1 & \dot{Z} \\ 0 & 1 \end{bmatrix} = \begin{bmatrix} 1+3\dot{Z}\dot{Y}+(\dot{Z}\dot{Y})^2 & (3+4\dot{Z}\dot{Y}+(\dot{Z}\dot{Y})^2)\dot{Z} \\ (2+\dot{Z}\dot{Y})\dot{Y} & 1+3\dot{Z}\dot{Y}+(\dot{Z}\dot{Y})^2 \end{bmatrix}$ 答

6・7 $\dot{I}_a=120$, $\dot{I}_b=0$, $\dot{I}_c=0$ とすると,

$\begin{bmatrix} \dot{I}_0 \\ \dot{I}_1 \\ \dot{I}_2 \end{bmatrix} = \dfrac{1}{3}\begin{bmatrix} 1 & 1 & 1 \\ 1 & a & a^2 \\ 1 & a^2 & a \end{bmatrix}\begin{bmatrix} 120 \\ 0 \\ 0 \end{bmatrix} = \dfrac{1}{3}\begin{bmatrix} 120 \\ 120 \\ 120 \end{bmatrix} = \begin{bmatrix} 40 \\ 40 \\ 40 \end{bmatrix}$

答　$\dot{I}_0 = \dot{I}_1 = \dot{I}_2 = 40$〔A〕

逆算すると,

$\begin{bmatrix} \dot{I}_a \\ \dot{I}_b \\ \dot{I}_c \end{bmatrix} = \begin{bmatrix} 1 & 1 & 1 \\ 1 & a^2 & a \\ 1 & a & a^2 \end{bmatrix}\begin{bmatrix} 40 \\ 40 \\ 40 \end{bmatrix} = \begin{bmatrix} 120 \\ 0 \\ 0 \end{bmatrix}$

答　$\dot{I}_a = 120$, $\dot{I}_b = 0$, $\dot{I}_c = 0$

6・8 $\dot{I}_a=0$, $\dot{I}_b=I$, $\dot{I}_c=-I$ とすると,

$\begin{bmatrix} \dot{I}_0 \\ \dot{I}_1 \\ \dot{I}_2 \end{bmatrix} = \dfrac{1}{3}\begin{bmatrix} 1 & 1 & 1 \\ 1 & a & a^2 \\ 1 & a^2 & a \end{bmatrix}\begin{bmatrix} 0 \\ I \\ -I \end{bmatrix} = \dfrac{1}{3}\begin{bmatrix} 0 \\ (a-a^2)I \\ (a^2-a)I \end{bmatrix} = \begin{bmatrix} 0 \\ j\dfrac{\sqrt{3}}{3}I \\ -j\dfrac{\sqrt{3}}{3}I \end{bmatrix}$

答　$\dot{I}_0=0$, $\dot{I}_1=j\sqrt{3}\,I/3$, $\dot{I}_2=-j\sqrt{3}\,I/3$, $\dot{I}_2=-\dot{I}_1$

6・9 第 6・23 図から, $\dot{V}_a=0$, $\dot{V}_b=a^2\dot{E}-\dot{E}$, $\dot{V}_c=a\dot{E}-\dot{E}$

$\begin{bmatrix} \dot{V}_0 \\ \dot{V}_1 \\ \dot{V}_2 \end{bmatrix} = \dfrac{1}{3}\begin{bmatrix} 1 & 1 & 1 \\ 1 & a & a^2 \\ 1 & a^2 & a \end{bmatrix}\begin{bmatrix} 0 \\ (a^2-1)\dot{E} \\ (a-1)\dot{E} \end{bmatrix} = \dfrac{1}{3}\begin{bmatrix} (a^2+a-2)\dot{E} \\ (a^3-a+a^3-1)\dot{E} \\ (a^4-a^2+a^2-a)\dot{E} \end{bmatrix}$

$$= \frac{\dot{E}}{3}\begin{bmatrix} a^2+a+1-3 \\ 2-a-a^2 \\ a-a \end{bmatrix} = \frac{\dot{E}}{3}\begin{bmatrix} -3 \\ 3 \\ 0 \end{bmatrix} = \begin{bmatrix} -\dot{E} \\ \dot{E} \\ 0 \end{bmatrix}$$

答 $\dot{V}_0 = -\dot{E}$, $\dot{V}_1 = \dot{E}$, $\dot{V}_2 = 0$

6・10 bc 相 2 線短絡時の 3 相回路故障条件は，
$\dot{V}_b = \dot{V}_c \cdots\cdots$①, $\dot{I}_a = 0 \cdots\cdots$②, $\dot{I}_b = -\dot{I}_c \cdots\cdots$③

①式を対称分で表すと，
$$\dot{V}_a + a^2\dot{V}_1 + a\dot{V}_2 = \dot{V}_0 + a\dot{V}_1 + a^2\dot{V}_2 \qquad (a^2-a)\dot{V}_1 = (a^2-a)\dot{V}_2$$
$\therefore \dot{V}_1 = \dot{V}_2 \cdots\cdots$①′

②③式を対称分を求める式に入れると，
$$\begin{bmatrix} \dot{I}_0 \\ \dot{I}_1 \\ \dot{I}_2 \end{bmatrix} = \frac{1}{3}\begin{bmatrix} 1 & 1 & 1 \\ 1 & a & a^2 \\ 1 & a^2 & a \end{bmatrix}\begin{bmatrix} 0 \\ \dot{I}_b \\ -\dot{I}_b \end{bmatrix} = \frac{1}{3}\begin{bmatrix} 0 \\ (a-a^2)\dot{I}_b \\ (a^2-a)\dot{I}_b \end{bmatrix}$$

$\therefore \dot{I}_0 = 0 \cdots\cdots$②′

$$\dot{I}_1 = -\dot{I}_2 \left(= j\frac{\sqrt{3}}{3}\dot{I}_b\right) \cdots\cdots$$③′

これを発電機の基本式に入れると，
$$\begin{bmatrix} \dot{V}_0 \\ \dot{V}_1 \\ \dot{V}_2 \end{bmatrix} = \begin{bmatrix} 0 \\ E_a - \dot{Z}_1\dot{I}_1 \\ \dot{Z}_2\dot{I}_1 \end{bmatrix}$$

①′式により，
$$E_a - \dot{Z}_1\dot{I}_1 = \dot{Z}_2\dot{I}_1$$

$$\therefore \dot{I}_1 = \frac{E_a}{\dot{Z}_1+\dot{Z}_2}, \quad \dot{I}_2 = \frac{-E_a}{\dot{Z}_1+\dot{Z}_2}, \quad (\dot{I}_0=0)$$

$$\therefore \dot{I}_b = \dot{I}_0 + a^2\dot{I}_1 + a\dot{I}_2 = \frac{(a^2-a)E_a}{\dot{Z}_1+\dot{Z}_2} = -j\frac{\sqrt{3}\,E_a}{\dot{Z}_1+\dot{Z}_2} \quad \text{答}$$

$\dot{Z}_1 = \dot{Z}_2$ とすると，
$$\dot{I}_b = -j\frac{\sqrt{3}\,E_a}{2\dot{Z}_1}$$

3 線短絡電流は，
$$\dot{I}_{3LS} = \frac{E_a}{\dot{Z}_1} \qquad \therefore \frac{|\dot{I}_b|}{|\dot{I}_{3LS}|} = \frac{\sqrt{3}\,E_a}{2Z_1} \times \frac{Z_1}{E_a} = \frac{\sqrt{3}}{2} = 0.866 \text{ 倍} \quad \text{答}$$

6・11 bc 相 2 線地絡時の 3 相回路故障条件は，
$\dot{V}_b = \dot{V}_c = 0 \cdots\cdots$①, $\dot{I}_a = 0 \cdots\cdots$②

解　答

①式から，

$$\begin{bmatrix} \dot{V}_0 \\ \dot{V}_1 \\ \dot{V}_2 \end{bmatrix} = \frac{1}{3}\begin{bmatrix} 1 & 1 & 1 \\ 1 & a & a^2 \\ 1 & a^2 & a \end{bmatrix}\begin{bmatrix} \dot{V}_a \\ 0 \\ 0 \end{bmatrix} = \begin{bmatrix} \dot{V}_a/3 \\ \dot{V}_a/3 \\ \dot{V}_a/3 \end{bmatrix}$$

$$\therefore \quad \dot{V}_0 = \dot{V}_1 = \dot{V}_2 \left(= \frac{\dot{V}_a}{3}\right) \cdots\cdots ①'$$

②式から，

$$\dot{I}_0 + \dot{I}_1 + \dot{I}_2 = 0 \cdots\cdots ②'$$

発電機の基本式を書き換えると，

$$\begin{bmatrix} \dot{I}_0 \\ \dot{I}_1 \\ \dot{I}_2 \end{bmatrix} = \begin{bmatrix} -\dot{V}_0/\dot{Z}_0 \\ (E_a - \dot{V}_1)/\dot{Z}_1 \\ -\dot{V}_2/\dot{Z}_2 \end{bmatrix}$$

①'②'式の関係から，

$$-\frac{\dot{V}_0}{\dot{Z}_0} + \frac{E_a - \dot{V}_0}{\dot{Z}_1} - \frac{\dot{V}_0}{\dot{Z}_2} = 0 \qquad \therefore \quad \dot{V}_0 = \frac{\dot{Z}_0 \dot{Z}_2 E_a}{\dot{Z}_0 \dot{Z}_1 + \dot{Z}_1 \dot{Z}_2 + \dot{Z}_2 \dot{Z}_0} \cdots\cdots ③$$

したがって，発電機の基本式により，

$$\dot{I}_0 = -\frac{\dot{V}_0}{\dot{Z}_0} = \frac{-\dot{Z}_2 E_a}{\dot{Z}_0 \dot{Z}_1 + \dot{Z}_1 \dot{Z}_2 + \dot{Z}_2 \dot{Z}_0}$$

一方，$\dot{I}_0 = \frac{1}{3}(\dot{I}_a + \dot{I}_b + \dot{I}_c)$，$\dot{I}_a = 0$ だから，$\dot{I}_b + \dot{I}_c = 3\dot{I}_0$．この $\dot{I}_b + \dot{I}_c$ は地絡電流 $\dot{I}_g$ に等しいから，

$$\dot{I}_g = 3\dot{I}_0 = \frac{-3\dot{Z}_2 E_a}{\dot{Z}_0 \dot{Z}_1 + \dot{Z}_1 \dot{Z}_2 + \dot{Z}_2 \dot{Z}_0} \quad 答$$

$|\dot{Z}_0| = \infty$ のときの $\dot{V}_0$ は，③式の分母子を $\dot{Z}_0$ で割り，

$$\dot{V}_0 = \frac{\dot{Z}_2 E_a}{\dot{Z}_1 + \frac{\dot{Z}_1 \dot{Z}_2}{Z_0} + \dot{Z}_2}, \quad \dot{Z}_1 = \dot{Z}_2, \quad |\dot{Z}_0| = \infty$$

とすると，

$$\dot{V}_0 = \frac{E_a}{2}$$

中性点非接地系統の a 相 1 線地絡時の V_0 は問題 6・9 により　$\dot{V}_0 = -\dot{E}$．ゆえに bc 相 2 線地絡のときは，逆位相で大きさが 1/2 である．　答

7 微分法 (p.111)

7・1

(1) $\dfrac{d2x^2}{dx} = 2\dfrac{dx^2}{dx} = 2\times(2x^{2-1}) = 4x$　**答**

$f'(2) = 4\times 2 = 8$　**答**

(2) $\dfrac{d}{dx}(x^2 - 2x + 3) = \dfrac{dx^2}{dx} - 2\dfrac{dx}{dx} + 0 = 2x - 2$　**答**

$f'(2) = 2\times 2 - 2 = 2$　**答**

(3) $\dfrac{d}{dx}5(x^2 - 7) = 5\dfrac{d}{dx}(x^2 - 7) = 5\times(2x - 0) = 10x$　**答**

$f'(2) = 10\times 2 = 20$　**答**

7・2

(1) $\dfrac{d3\sin x}{dx} = 3\dfrac{d\sin x}{dx} = 3\cos x$　**答**

(2) $\dfrac{dx^5}{dx} - 2\dfrac{d\cos x}{dx} = 5x^4 + 2\sin x$　**答**

(3) $\dfrac{dx^n}{dx} - n\dfrac{d\varepsilon^x}{dx} = nx^{n-1} - n\varepsilon^x = n(x^{n-1} - \varepsilon^x)$　**答**

(4) $\sin x\dfrac{d\varepsilon^x}{dx} + \varepsilon^x\dfrac{d\sin x}{dx} = \varepsilon^x\sin x + \varepsilon^x\cos x = \varepsilon^x(\sin x + \cos x)$　**答**

(5) $\dfrac{d\log x^3}{dx} = \dfrac{d3\log x}{dx} = 3\dfrac{d\log x}{dx} = \dfrac{3}{x}$　**答**

(6) $\dfrac{d}{dx}(x\sin x\cos x) = \sin x\cos x$

$\dfrac{dx}{dx} + x\dfrac{d}{dx}(\sin x\cos x) = \sin x\cos x\times 1 + x\left(\cos x\dfrac{d\sin x}{dx} + \sin x\dfrac{d\cos x}{dx}\right)$

$= \sin x\cos x + x(\cos^2 x - \sin^2 x)$　**答**

(7) $\dfrac{d}{dx}\left(\dfrac{1}{x}\right) = \dfrac{d}{dx}(x^{-1}) = -1x^{-1-1} = -\dfrac{1}{x^2}$　**答**

(8) $\dfrac{d}{dx}\dfrac{\log x}{x} = \dfrac{1}{x^2}\left(x\dfrac{d\log x}{dx} - \log x\dfrac{dx}{dx}\right) = \dfrac{1}{x^2}\left(x\times\dfrac{1}{x} - \log x\times 1\right)$

$$= \frac{1}{x^2}(1-\log x) \quad \text{答}$$

または,

$$\frac{d}{dx}\log x \cdot x^{-1} = x^{-1}\frac{d}{dx}\log x + \log x \frac{dx^{-1}}{dx} = x^{-1} \times \frac{1}{x} + \log x\left(-\frac{1}{x^2}\right)$$

$$= \frac{1}{x^2}(1-\log x) \quad \text{答}$$

(9) $\displaystyle \frac{d}{dx}\left(\frac{7(x-1)\sin x}{(x-1)^2}\right) = 7\frac{d}{dx}\left(\frac{\sin x}{x-1}\right)$

$$= \frac{7}{(x-1)^2}\left\{(x-1)\frac{d\sin x}{dx} - \sin x \frac{d(x-1)}{dx}\right\}$$

$$= \frac{7}{(x-1)^2}\{(x-1)\cos x - \sin x\} \quad \text{答}$$

7・3

(1) $x^2+x+1=t$ と置けば,

$$y' = \frac{dt^3}{dx} = \frac{dt^3}{dt}\frac{dt}{dx} = 3t^2\frac{d(x^2+x+1)}{dx} = 3(x^2+x+1)^2(2x+1) \quad \text{答}$$

(2) $\displaystyle y' = \frac{d(2x-5)^{\frac{1}{2}}}{dx} = \frac{d(2x-5)^{\frac{1}{2}}}{d(2x-5)} \cdot \frac{d(2x-5)}{dx} = \frac{1}{2}(2x-5)^{\frac{1}{2}-1} \times 2 = (2x-5)^{-\frac{1}{2}}$

$$= \frac{1}{\sqrt{2x-5}} \quad \text{答}$$

(3) $\displaystyle \frac{x}{x^2+1}=t$ と置けば,

$$y' = \frac{dt^5}{dx} = \frac{dt^5}{dt}\frac{dt}{dx} = 5t^4\frac{d}{dx}\frac{x}{x^2+1}$$

$$= 5t^4 \cdot \frac{1}{(x^2+1)^2}\left\{(x^2+1)\frac{dx}{dx} - x\frac{d}{dx}(x^2+1)\right\}$$

$$= 5t^4 \cdot \frac{1}{(x^2+1)^2} \times (x^2+1-2x^2)$$

$$= 5\left(\frac{x}{x^2+1}\right)^4 \cdot \frac{(1-x^2)}{(x^2+1)^2} = \frac{5x^4(1-x^2)}{(x^2+1)^6} \quad \text{答}$$

(4) $\displaystyle y' = \frac{d}{dx}(x-1)^2(x^2+x+3)^3$

$$= (x^2+x+3)^3 \frac{\mathrm{d}(x-1)^2}{\mathrm{d}x} + (x-1)^2 \frac{\mathrm{d}}{\mathrm{d}x}(x^2+x+3)^3$$

$$= (x^2+x+3)^3 \frac{\mathrm{d}(x-1)^2}{\mathrm{d}(x-1)} \frac{\mathrm{d}(x-1)}{\mathrm{d}x} + (x-1)^2 \frac{\mathrm{d}(x^2+x+3)^3}{\mathrm{d}(x^2+x+3)} \frac{\mathrm{d}(x^2+x+3)}{\mathrm{d}x}$$

$$= (x^2+x+3)^3 \cdot 2(x-1) \cdot 1 + (x-1)^2 \cdot 3(x^2+x+3)^2 \cdot (2x+1)$$

$$= (x^2+x+3)^2 (x-1) \{2(x^2+x+3) + 3(x-1)(2x+1)\}$$

$$= (x^2+x+3)^2 (8x^2-x+3)(x-1) \quad \text{答}$$

(5) $\dfrac{\mathrm{d}}{\mathrm{d}x} x(x^2+1)^{\frac{1}{2}} = (x^2+1)^{\frac{1}{2}} \dfrac{\mathrm{d}x}{\mathrm{d}x} + x \dfrac{\mathrm{d}}{\mathrm{d}x}(x^2+1)^{\frac{1}{2}}$

$$= \sqrt{x^2+1} + x \cdot \frac{1}{2}(x^2+1)^{-\frac{1}{2}} \cdot 2x$$

$$= \sqrt{x^2+1} + \frac{x^2}{\sqrt{x^2+1}} = \frac{(x^2+1)+x^2}{\sqrt{x^2+1}}$$

$$= \frac{2x^2+1}{\sqrt{x^2+1}} \quad \text{答}$$

(6) $2x+1 = t$ とすれば,

$$y' = \frac{\mathrm{d}}{\mathrm{d}x}\log t^3 = \frac{\mathrm{d}\log t^3}{\mathrm{d}t^3} \cdot \frac{\mathrm{d}t^3}{\mathrm{d}t} \cdot \frac{\mathrm{d}t}{\mathrm{d}x} = \frac{1}{t^3} \cdot 3t^2 \cdot \frac{\mathrm{d}(2x+1)}{\mathrm{d}x} = \frac{3}{t} \times 2$$

$$= \frac{6}{2x+1} \quad \text{答}$$

(7) $y' = \dfrac{\mathrm{d}\log (x-1)/(x+1)}{\mathrm{d}((x-1)/(x+1))} \cdot \dfrac{\mathrm{d}}{\mathrm{d}x}\dfrac{x-1}{x+1}$

$$= \frac{x+1}{x-1} \cdot \frac{1}{(x+1)^2}\left\{(x+1)\frac{\mathrm{d}(x-1)}{\mathrm{d}x} - (x-1)\frac{\mathrm{d}(x+1)}{\mathrm{d}x}\right\}$$

$$= \frac{1}{(x-1)(x+1)}(x+1-x+1)$$

$$= \frac{2}{x^2-1} \quad \text{答}$$

(8) $\dfrac{\mathrm{d}}{\mathrm{d}x}(x^2+1)\varepsilon^{2x} = \varepsilon^{2x}\dfrac{\mathrm{d}}{\mathrm{d}x}(x^2+1) + (x^2+1)\dfrac{\mathrm{d}}{\mathrm{d}x}\varepsilon^{2x}$

$$= \varepsilon^{2x} \cdot (2x+0) + (x^2+1)\frac{\mathrm{d}\varepsilon^{2x}}{\mathrm{d}2x} \cdot \frac{\mathrm{d}2x}{\mathrm{d}x}$$

$$= 2x\varepsilon^{2x} + 2(x^2+1)\varepsilon^{2x}$$

$$= 2(x^2+x+1)\varepsilon^{2x} \quad \text{答}$$

(9) $\cot x = \dfrac{\cos x}{\sin x}$

$$(\cot x)' = \dfrac{d}{dx}\dfrac{\cos x}{\sin x} = \dfrac{1}{(\sin x)^2}\left(\sin x \dfrac{d\cos x}{dx} - \cos x \dfrac{d\sin x}{dx}\right)$$

$$= \dfrac{-1}{\sin^2 x}(\sin^2 x + \cos^2 x) = \dfrac{-1}{\sin^2 x} \quad \text{答}$$

(10) $\dfrac{d}{dx}\cos^2 x = \dfrac{d\cos^2 x}{d\cos x}\dfrac{d\cos x}{dx} = 2\cos x \cdot (-\sin x)$

$$= -2\sin x \cos x \quad \text{答}$$

(11) $y' = \dfrac{d\sin(x^2+1)}{d(x^2+1)}\dfrac{d(x^2+1)}{dx} = 2x\cos(x^2+1) \quad \text{答}$

(12) $(\varepsilon^x \cos 2x)' = \cos 2x(\varepsilon^x)' + \varepsilon^x(\cos 2x)' = \cos 2x \cdot \varepsilon^x - 2\sin 2x \cdot \varepsilon^x$

$$= (\cos 2x - 2\sin 2x)\varepsilon^x \quad \text{答}$$

7・4

(1) $y = (x+1)^4(2x-1)^3$ の対数は，$\log y = 4\log(x+1) + 3\log(2x-1)$

x で微分し，

$$\dfrac{d\log y}{dy}\dfrac{dy}{dx} = 4\dfrac{d\log(x+1)}{d(x+1)}\dfrac{d(x+1)}{dx} + 3\dfrac{d\log(2x-1)}{d(2x-1)}\dfrac{d(2x-1)}{dx}$$

$$\dfrac{1}{y}\dfrac{dy}{dx} = \dfrac{4}{x+1} + \dfrac{6}{2x-1} = \dfrac{14x+2}{(x+1)(2x-1)}$$

$$\therefore \quad \dfrac{dy}{dx} = \dfrac{14x+2}{(x+1)(2x-1)} \times (x+1)^4(2x-1)^3$$

$$= 2(7x+1)(x+1)^3(2x-1)^2 \quad \text{答}$$

(2) $y = a^x$ の対数をとり，

$\log y = x\log a$

微分すると，

$$\dfrac{d\log y}{dy}\dfrac{dy}{dx} = \log a \dfrac{dx}{dx}, \quad \dfrac{1}{y}\dfrac{dy}{dx} = \log a$$

$$\therefore \quad \dfrac{dy}{dx} = a^x \log a \quad \text{答}$$

(3) $y = x^{\varepsilon^x}$ の対数をとり，

$\log y = \varepsilon^x \log x$

微分すると，

$$\frac{1}{y}\frac{dy}{dx} = \log x \frac{d\varepsilon^x}{dx} + \varepsilon^x \frac{d\log x}{dx} = \varepsilon^x \left(\log x + \frac{1}{x}\right)$$

$$\therefore \quad \frac{dy}{dx} = x^{\varepsilon^x}\varepsilon^x\left(\log x + \frac{1}{x}\right) \quad 答$$

7・5

(1) $y = \sin x$ と置くと,

$$y' = \cos x = \sin\left(x+\frac{\pi}{2}\right), \qquad y'' = \cos\left(x+\frac{\pi}{2}\right) = \sin\left(x+2\frac{\pi}{2}\right)$$

$$y''' = \cos\left(x+2\frac{\pi}{2}\right) = \sin\left(x+3\frac{\pi}{2}\right)$$

これを繰り返すと,

$$y^{(n)} = \sin\left(x+n\frac{\pi}{2}\right) \quad 答$$

(2) $y = \cos x$ と置くと,

$$y' = -\sin x = \cos\left(x+\frac{\pi}{2}\right), \qquad y'' = -\sin\left(x+\frac{\pi}{2}\right) = \cos\left(x+2\frac{\pi}{2}\right)$$

$$y^{(n)} = \cos\left(x+n\frac{\pi}{2}\right) \quad 答$$

(3) $y = \log(1+x)$ と置くと,

$$y' = \frac{1}{1+x}, \qquad y'' = -\frac{1}{(1+x)^2}, \qquad y''' = \frac{2}{(1+x)^3}$$

$$\therefore \quad y^{(n)} = (-1)^{n-1}\frac{(n-1)!}{(1+x)^n} \quad 答$$

7・6

(1) $y = 2x^2 - 8x + 5$, $y' = 4x - 8$, $y' = 4(x-2) = 0$, $x = 2$

x		2	
y'	−	0	+
y	↘	−3	↗

$x = 2$ で極小値 -3 答

(2) $y = x^3 + 3x^2 - 9x + 8$, $y' = 3x^2 + 6x - 9 = (3x+9)(x-1) = 0$
$x = -3, \ x = 1$

解　答

x		-3		1	
y'	$+$	0	$-$	0	$+$
y	↗	35	↘	3	↗

$x=-3$ で極大値 35, $x=1$ で極小値 3　答

(3)　$y = \dfrac{x}{1+x^2}$

$$y' = \dfrac{1}{(1+x^2)^2}(1+x^2 - x \cdot 2x) = \dfrac{1-x^2}{(1+x^2)^2} = 0$$

$x=1$, $x=-1$

x		-1		1	
y'	$-$	0	$+$	0	$-$
y	↘	$-1/2$	↗	$1/2$	↘

$x=-1$ で極小値 $-1/2$, $x=1$ で極大値 $1/2$　答

(4)　$y = 3\sin\theta + 4\cos\theta$

θ で微分すると,

$$y' = 3\cos\theta - 4\sin\theta = 0$$

$$\theta = \tan^{-1}\dfrac{3}{4} = 0.6435 \text{〔rad〕}(\fallingdotseq 39°)$$

または,

$$0.6435 + \pi = 3.7851 \text{〔rad〕}(\fallingdotseq 219°)$$

図 7・6 のグラフを参照して,

$\left. \begin{array}{l} \theta = 0.6435 \text{ で極大値 } 5 \\ \theta = 3.7851 \text{ で極小値 } -5 \end{array} \right\}$　答

7・7　η の分母子を I で割ると,

$$\eta = \dfrac{E}{E + IR + \dfrac{W_i}{I}} = \dfrac{E}{y}$$

$y = IR + \dfrac{W_i}{I}$ が最小になるとき η は最大になる.

$$y' = R - \dfrac{W_i}{I^2} = 0, \qquad I^2 R = W_i, \qquad I = \pm\sqrt{\dfrac{W_i}{R}}$$

$-$ は物理的に適さないから捨てる.

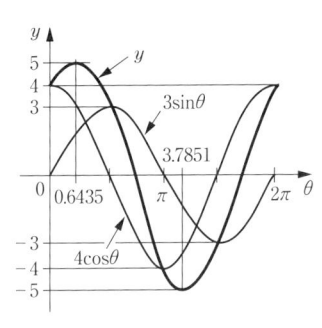

図 7・6

I		$\sqrt{W_i/R}$	
y'	$-$	0	$+$
y	↘	y_{min}	↗

$I^2R = W_i$ のとき, y は最小, η は最大になる. 答

$\left(y = IR + \dfrac{W_i}{I} \text{ において, } IR \times \dfrac{W_i}{I} = RW_i \text{（一定）であるから, 代数的に (p.138) } IR = \dfrac{W_i}{I} \text{ のとき, } y \text{ は最小になる.} \right)$

7・8 $\varepsilon = \varepsilon^1$ であるから例 7・18 により,

$$\varepsilon = 1 + 1 + \frac{1}{2!} + \frac{1}{3!} + \frac{1}{4!} + \cdots\cdots = 2.7083 \quad 答$$

7・9

(1) $f(x) = (1-x)^{-1}$ とすれば,

$f'(x) = (1-x)^{-2}$ $f'(0) = 1$

$f''(x) = 2(1-x)^{-3}$ $f''(0) = 2$

$f'''(x) = 3!(1-x)^{-4}$ $f'''(0) = 3!$

$f''''(x) = 4!(1-x)^{-5}$ $f''''(0) = 4!$

∴ $f(x) = 1 + 1 \cdot x + \dfrac{2}{2!} x^2 + \dfrac{3!}{3!} x^3 + \dfrac{4!}{4!} x^4 + \cdots\cdots$

$= 1 + x + x^2 + x^3 + x^4 + \cdots\cdots$ （$|x| < 1$） 答

(2) $f(x) = (1+x)^{-\frac{1}{2}}$ とすれば, $f(0) = 1$

$f'(x) = -\dfrac{1}{2}(1+x)^{-\frac{3}{2}}$ $f'(0) = -\dfrac{1}{2}$

$f''(x) = \dfrac{3}{4}(1+x)^{-\frac{5}{2}}$ $f''(0) = \dfrac{3}{4}$

$f'''(x) = -\dfrac{15}{8}(1+x)^{-\frac{7}{2}}$ $f'''(0) = -\dfrac{15}{8}$

$f^{(4)}(x) = \dfrac{105}{16}(1-x)^{-\frac{9}{2}}$ $f^{(4)}(0) = \dfrac{105}{16}$

∴ $(1+x)^{-\frac{1}{2}} = 1 - \dfrac{1}{2} x + \dfrac{3}{4 \cdot 2!} x^2 - \dfrac{15}{8 \cdot 3!} x^3 + \dfrac{105}{16 \cdot 4!} x^4 + \cdots\cdots$

$= 1 - \dfrac{1}{2} x + \dfrac{3}{8} x^2 - \dfrac{5}{16} x^3 + \dfrac{35}{128} x^4 + \cdots\cdots$ 答

解　　答

(3) $f(x) = \dfrac{\sin x}{\cos x}$ とすれば, $f(0) = 0$

$$f'(x) = \dfrac{\cos^2 x + \sin^2 x}{\cos^2 x} = \dfrac{1}{\cos^2 x}, \qquad f'(0) = 1$$

$$f''(x) = \dfrac{2\cos x \cdot \sin x}{\cos^4 x} = \dfrac{2\sin x}{\cos^3 x}, \qquad f''(0) = 0$$

$$f'''(x) = \dfrac{2(\cos^4 x + 3\cos^2 x \cdot \sin^2 x)}{\cos^6 x} = \dfrac{2(\cos^2 x + 3\sin^2 x)}{\cos^4 x}$$

$$= \dfrac{2}{\cos^2 x} + \dfrac{6\sin^2 x}{\cos^4 x}, \qquad f'''(0) = 2$$

$$f^{(4)}(x) = \dfrac{4\cos x \sin x}{\cos^4 x} + \dfrac{6(2\sin x \cos^5 x + 4\sin^3 x \cdot \cos^3 x)}{\cos^8 x}$$

$$f^{(4)}(0) = 0$$

∴ $\tan x = x + \dfrac{2}{3!}x^3 + \cdots\cdots = x + \dfrac{1}{3}x^3 + \left(\dfrac{2}{15}x^5 + \cdots\cdots\right)$ 　答

7・10

(1) $1 - x$, 　(2) $1 + x$, 　(3) $1 + \dfrac{1}{2}x$, 　(4) $1 - \dfrac{1}{2}x$

7・11 問題の左辺は,

$$(1 + q_r \cos\varphi + q_x \sin\varphi) \times \left\{1 + \left(\dfrac{q_x \cos\varphi - q_r \sin\varphi}{1 + q_r \cos\varphi + q_x \sin\varphi}\right)^2\right\}^{\frac{1}{2}} - 1$$

$$\fallingdotseq (1 + q_r \cos\varphi + q_x \sin\varphi) \times \left\{1 + \dfrac{1}{2}\left(\dfrac{q_x \cos\varphi - q_r \sin\varphi}{1 + q_r \cos\varphi + q_x \sin\varphi}\right)^2\right\} - 1$$

$$= q_r \cos\varphi + q_x \sin\varphi + \dfrac{1}{2}\dfrac{(q_x \cos\varphi - q_r \sin\varphi)^2}{1 + q_r \cos\varphi + q_x \sin\varphi}$$

上式で第2項分母の $q_r \cos\varphi + q_x \sin\varphi$ を無視すれば右辺となる.

7・12

(1) $\dfrac{\partial z}{\partial x} = \dfrac{\partial}{\partial x}(x^2 + y^2)^{\frac{1}{2}} = \dfrac{\partial (x^2 + y^2)^{\frac{1}{2}}}{\partial (x^2 + y^2)}\dfrac{\partial (x^2 + y^2)}{\partial x}$

$$= \dfrac{1}{2}(x^2 + y^2)^{-\frac{1}{2}} \cdot 2x = \dfrac{x}{\sqrt{x^2 + y^2}}$$

また,

$$z_y = \dfrac{y}{\sqrt{x^2 + y^2}} \qquad 答$$

(2) $\dfrac{\partial}{\partial x}\log(x^2+y^3) = \dfrac{\partial \log(x^2+y^3)}{\partial(x^2+y^3)}\dfrac{\partial(x^2+y^3)}{\partial x} = \dfrac{1}{x^2+y^3}\cdot 2x = \dfrac{2x}{x^2+y^3}$

また,

$$z_y = \dfrac{3y^2}{x^2+y^3} \quad 答$$

7・13

(1) 問題 7・12 により,

$$z_x = \dfrac{x}{\sqrt{x^2+y^2}}, \qquad z_y = \dfrac{y}{\sqrt{x^2+y^2}}$$

$$z_{xx} = \dfrac{\partial z_x}{\partial x} = \dfrac{\partial}{\partial x} x(x^2+y^2)^{-\frac{1}{2}} = (x^2+y^2)^{-\frac{1}{2}}\dfrac{\partial x}{\partial x} + x\dfrac{\partial}{\partial x}(x^2+y^2)^{-\frac{1}{2}}$$

$$= \dfrac{1}{\sqrt{x^2+y^2}} - \dfrac{x^2}{\sqrt{(x^2+y^2)^3}} = \dfrac{y^2}{\sqrt{(x^2+y^2)^3}} \quad 答$$

$$z_{xy} = z_{yx} = \dfrac{\partial}{\partial y} x(x^2+y^2)^{-\frac{1}{2}} = x\dfrac{\partial}{\partial y}(x^2+y^2)^{-\frac{1}{2}} = \dfrac{-xy}{\sqrt{(x^2+y^2)^3}} \quad 答$$

$$z_{yy} = \dfrac{x^2}{\sqrt{(x^2+y^2)^3}} \quad 答$$

(2) 問題 7・12 により,

$$z_x = \dfrac{2x}{x^2+y^3}, \qquad z_y = \dfrac{3y^2}{x^2+y^3}$$

$$z_{xx} = \dfrac{\partial z_x}{\partial x} = 2\dfrac{\partial}{\partial x}\dfrac{x^2}{x^2+y^3} = \dfrac{2}{(x^2+y^3)^2}\left\{(x^2+y^3)\dfrac{\partial x}{\partial x} - x\dfrac{\partial(x^2+y^3)}{\partial x}\right\}$$

$$= \dfrac{2(y^3-x^2)}{(x^2+y^3)^2} \quad 答$$

$$z_{xy} = z_{yx} = \dfrac{\partial z_x}{\partial y} = 2\dfrac{\partial}{\partial y}\dfrac{x}{x^2+y^3} = 2x\dfrac{\partial}{\partial y}\dfrac{1}{x^2+y^3} = \dfrac{-6xy^2}{(x^2+y^3)^2} \quad 答$$

$$z_{yy} = \dfrac{\partial z_y}{\partial y} = 3\dfrac{\partial}{\partial y}\dfrac{y^2}{x^2+y^3} = \dfrac{3}{(x^2+y^3)^2}\left\{(x^2+y^3)\dfrac{\partial y^2}{\partial y} - y^2\dfrac{\partial(x^2+y^3)}{\partial y}\right\}$$

$$= \dfrac{3(2x^2y-y^4)}{(x^2+y^3)^2} \quad 答$$

7・14

(1) $f(x,\ y) = x^2 - xy + y^2 - 4x - y + 1$

 $f_x = 2x - y - 4 = 0, \qquad f_y = -x + 2y - 1 = 0$

この連立方程式を解くと,

解　　答

$x=3$, $y=2$
$f_{xx}=2$, $f_{xy}=-1$, $f_{yy}=2$
$f_{xx} \cdot f_{yy} - f_{xy}{}^2 = 2\times 2 - (-1)^2 = 3 > 0$

ゆえに極値は存在する.
$f_{xx}=2>0$. ゆえに $x=3$, $y=2$ で $f(x, y)$ は極小値.
$f(3, 2) = 3^2 - 3\times 2 + 2^2 - 4\times 3 - 2 + 1 = -6$
∴ $x=3$, $y=2$, で極小値 -6 答

(2) $f(x, y) = x^3 - 3xy + y^3$
$f_x = 3x^2 - 3y = 0$, $f_y = -3x + 3y^2 = 0$

連立して解くと,
$\left.\begin{array}{l} x=0 \\ y=0 \end{array}\right\} \cdots\cdots ①$　　$\left.\begin{array}{l} x=1 \\ y=1 \end{array}\right\} \cdots\cdots ②$

$f_{xx} = 6x$, $f_{xy} = -3$, $f_{yy} = 6y \cdots\cdots ③$

極値の存在を調べる.
①式では,
$f_{xx}f_{yy} - f_{xy}{}^2 = -9 < 0$　存在しない.
②式では,
$f_{xx}f_{yy} - f_{xy}{}^2 = 6\times 6 - (-3)^2 = 27 > 0$

ゆえに, $x=1$, $y=1$ で極値が存在し, $f_{xx}(1, 1) = 6 > 0 \to$ 極小
$f(1, 1) = 1^3 - 3\times 1\times 1 + 1^3 = -1$
∴ $x=1$, $y=1$ で極小値 -1　答

8 積分法 (p.153)

8・1

(1) $\displaystyle\int (x^3 - 5x^2 + 9)\,dx = \int x^3 dx - 5\int x^2 dx + 9\int dx$

$\displaystyle = \frac{1}{3+1}x^{3+1} - \frac{5}{2+1}x^{2+1} + 9x + C$

$\displaystyle = \frac{x^4}{4} - \frac{5x^3}{3} + 9x + C$　答

(2) $\displaystyle\int (2x-1)(3x-2)\,dx = \int (6x^2 - 7x + 2)\,dx = 6\int x^2 dx - 7\int x\,dx + 2\int dx$

$\displaystyle = 2x^3 - \frac{7x^2}{2} + 2x + C$　答

(3) $\displaystyle\int 6x^{-5}dx = 6\int x^{-5}dx = \frac{6}{-5+1}x^{-5+1}+C = -\frac{3}{2}x^{-4}+C = \frac{-3}{2x^4}+C$ 答

(4) $\displaystyle\int \left(x-\frac{1}{\sqrt{x}}\right)^2 dx = \int \left(x^2-2\sqrt{x}+\frac{1}{x}\right)dx = \int x^2 dx - 2\int x^{\frac{1}{2}}dx + \int \frac{1}{x}dx$

$\displaystyle = \frac{x^3}{3} - 2\frac{x^{\frac{1}{2}+1}}{\frac{1}{2}+1} + \log|x| + C$

$\displaystyle = \frac{x^3}{3} - \frac{4\sqrt{x^3}}{3} + \log|x| + C$ 答

(5) $\displaystyle\int (3\varepsilon^x - 5\sin x)dx = 3\int \varepsilon^x dx - 5\int \sin x\, dx = 3\varepsilon^x + 5\cos x + C$ 答

(6) $\displaystyle\int \frac{x^2+2x+1}{x}dx = \int x\,dx + 2\int dx + \int \frac{1}{x}dx$

$\displaystyle = \frac{x^2}{2} + 2x + \log|x| + C$ 答

8·2

(1) $\displaystyle\int (2x+1)^2 dx = \int (2x+1)^2 \frac{1}{\frac{d(2x+1)}{dx}}d(2x+1)$

$\displaystyle = \frac{1}{2}\int (2x+1)^2 d(2x+1) = \frac{1}{6}(2x+1)^3 + C$ 答

(2) $\displaystyle E_m \int \sin(3\omega t + \pi)\frac{1}{\frac{d(3\omega t+\pi)}{dt}}d(3\omega t+\pi) = -\frac{E_m}{3\omega}\cos(3\omega t+\pi) + C$ 答

(3) $\displaystyle E_m \int \varepsilon^{-3t}\frac{1}{\frac{d(-3t)}{dt}}d(-3t) = -\frac{E_m}{3}\varepsilon^{-3t} + C$ 答

(4) $x-1=t$ と置けば，

$x=t+1$ ∴ $dx=dt$

$\displaystyle\int \frac{dx}{\sqrt{x-1}} = \int \frac{dt}{\sqrt{t}} = \int t^{-\frac{1}{2}}dt = \frac{1}{-\frac{1}{2}+1}t^{-\frac{1}{2}+1} + C$

$= 2\sqrt{t} + C = 2\sqrt{x-1} + C$ 答

(5) $4x-3=t$ と置けば，

$$x = \frac{t+3}{4} \qquad \therefore \ dx = \frac{1}{4} dt$$

$$\int \frac{1}{4x-3} dx = \frac{1}{4} \int \frac{1}{t} dt = \frac{1}{4} \log|t| + C = \frac{1}{4} \log|4x-3| + C \quad 答$$

8・3

(1) $f(x) = x, \ g(x) = \sin x$

$f'(x) = 1, \ G(x) = -\cos x$

$$\therefore \int x \sin x \, dx = -x \cos x + \int \cos x \, dx = -x \cos x + \sin x + C \quad 答$$

(2) $f(x) = \log x, \ g(x) = x$

$f'(x) = \dfrac{1}{x}, \ G(x) = \dfrac{x^2}{2}$

$$\therefore \int \log x \cdot x \, dx = \frac{x^2}{2} \log x - \int \frac{1}{x} \cdot \frac{x^2}{2} dx = \frac{x^2}{2} \log x - \frac{x^2}{4} + C$$

$$= \frac{x^2}{4}(2\log x - 1) + C \quad 答$$

(3) $f(t) = \sin \beta t, \ g(t) = \varepsilon^{\alpha t}$ と置くと,

$f'(t) = \beta \cos \beta t, \ G(t) = \dfrac{1}{\alpha} \varepsilon^{\alpha t}$

$$\therefore \ I = \int \sin \beta t \cdot \varepsilon^{\alpha t} dt = \sin \beta t \cdot \frac{1}{\alpha} \varepsilon^{\alpha t} - \int \beta \cos \beta t \cdot \frac{1}{\alpha} \varepsilon^{\alpha t} dt$$

$$= \frac{1}{\alpha} \varepsilon^{\alpha t} \sin \beta t - \frac{\beta}{\alpha} \int \cos \beta t \cdot \varepsilon^{\alpha t} dt \cdots\cdots ①$$

ここで再び, $f(t) = \cos \beta t, \ g(t) = \varepsilon^{\alpha t}$ とすると,

$f'(t) = -\beta \sin \beta t, \ G(t) = \dfrac{1}{\alpha} \varepsilon^{\alpha t}$

$$\therefore \int \cos \beta t \cdot \varepsilon^{\alpha t} dt = \cos \beta t \cdot \frac{1}{\alpha} \varepsilon^{\alpha t} + \frac{\beta}{\alpha} \int \sin \beta t \cdot \varepsilon^{\alpha t} dt$$

$$= \frac{1}{\alpha} \varepsilon^{\alpha t} \cos \beta t + \frac{\beta}{\alpha} I$$

これを①式に入れると,

$$I = \frac{1}{\alpha} \varepsilon^{\alpha t} \sin \beta t - \frac{\beta}{\alpha^2} \varepsilon^{\alpha t} \cos \beta t - \frac{\beta^2}{\alpha^2} I$$

$$\left(1+\frac{\beta^2}{\alpha^2}\right)I = \frac{\varepsilon^{at}}{\alpha^2}(\alpha \sin \beta t - \beta \cos \beta t)$$

$$\therefore \quad I = \frac{\varepsilon^{at}}{\alpha^2+\beta^2}(\alpha \sin \beta t - \beta \cos \beta t) + C \quad \text{答}$$

8・4

(1) $\dfrac{1}{9-x^2} = \dfrac{1}{(3+x)(3-x)} = \dfrac{a}{3+x} + \dfrac{b}{3-x}$

と置くと,

$$a = \frac{1}{6}, \quad b = \frac{1}{6}$$

$$\int \frac{1}{9-x^2}\,dx = \frac{1}{6}\int \frac{1}{3+x}\,dx + \frac{1}{6}\int \frac{1}{3-x}\,dx$$

$$= \frac{1}{6}(\log|3+x| - \log|3-x|) + C = \frac{1}{6}\log\frac{|3+x|}{|3-x|} + C \quad \text{答}$$

(2) $\dfrac{2x-1}{(x-2)(x-3)} = \dfrac{a}{x-2} + \dfrac{b}{x-3}$ と置くと, $a=-3$, $b=5$.

$$\int \frac{2x-1}{(x-2)(x-3)}\,dx = -3\int \frac{dx}{x-2} + 5\int \frac{dx}{x-3}$$

$$= -3\log|x-2| + 5\log|x-3| + C \quad \text{答}$$

(3) $\dfrac{x^2+1}{(x+1)(x+2)^2} = \dfrac{a}{x+1} + \dfrac{b}{x+2} + \dfrac{c}{(x+2)^2}$ と置いて分母を払うと,

$$x^2+1 = a(x+2)^2 + b(x+1)(x+2) + c(x+1)$$

上式で, $x=-1$ とすると, $a=2$. $x=-2$ とすると, $c=-5$.
上式を整理すると,

$$x^2+1 = (a+b)x^2 + (4a+3b+c)x + 4a+2b+c$$

上式が恒等的に等しいためには,

$$a+b=1, \quad b=1-a=-1$$

$$\int \frac{x^2+1}{(x+1)(x+2)^2}\,dx = 2\int \frac{1}{x+1}\,dx - \int \frac{1}{x+2}\,dx - 5\int \frac{1}{(x+2)^2}\,dx$$

$$= 2\log|x+1| - \log|x+2|$$

$$\quad -5\int \frac{1}{(x+2)^2} \frac{1}{\dfrac{d(x+2)}{dx}}\,d(x+2) + C$$

$$= \log \frac{|x+1|^2}{|x+2|} - 5 \frac{(x+2)^{-2+1}}{-2+1} + C$$

$$= \log \frac{|x+1|^2}{|x+2|} + \frac{5}{x+2} + C \quad \text{答}$$

8・5

(1) $\sin A \sin B = \dfrac{1}{2} \{\cos(A-B) - \cos(A+B)\}$

$$\int \sin ax \sin bx \, dx = \frac{1}{2} \int \{\cos(a-b)x - \cos(a+b)x\} \, dx$$

$$= \frac{1}{2} \left\{ \frac{1}{a-b} \sin(a-b)x - \frac{1}{a+b} \sin(a+b)x \right\} + C \quad \text{答}$$

ただし，$a-b=0$ のときは上の計算はできない．このときは，

$$\sin ax \sin bx = \sin^2 ax$$

$$\int \sin^2 ax \, dx = \frac{1}{2} \int (1 - \cos 2ax) \, dx = \frac{x}{2} - \frac{1}{4a} \sin 2ax + C \quad \text{答}$$

(2) $\tan \dfrac{x}{2} = t$ と置けば，

$$dx = \frac{2}{1+t^2} \, dt, \quad \sin x = \frac{2t}{1+t^2}, \quad \cos x = \frac{1-t^2}{1+t^2}, \quad \tan x = \frac{2t}{1-t^2} \ \text{である．}$$

$$\therefore \int \frac{1}{\sin x \cos x} \, dx = \int \frac{1+t^2}{2t} \cdot \frac{1+t^2}{1-t^2} \cdot \frac{2}{1+t^2} \, dt$$

$$= \int \frac{1+t^2}{t(1-t^2)} \, dt = \int \left(\frac{1}{t} - \frac{1}{1+t} + \frac{1}{1-t} \right) dt$$

$$= \log|t| - \log|1+t| - \log|1-t| + C$$

$$= \log \left| \frac{t}{1-t^2} \right| + C$$

$$= \log \left| \frac{2t}{1-t^2} \right| - \log 2 + C \quad (-\log 2 \ \text{を} \ C \ \text{に含め})$$

$$= \log|\tan x| + C \quad \text{答}$$

（分子 $= \sin^2 x + \cos^2 x$ でも積分できる）

8・6

(1) $\displaystyle \int_0^{\pi/2} \cos x \, dx = \Big[\sin x \Big]_0^{\frac{\pi}{2}} = \sin \frac{\pi}{2} - \sin 0 = 1 - 0 = 1 \quad \text{答}$

(2) $\int_0^\pi \cos x \, dx = [\sin x]_0^\pi = \sin \pi - \sin 0 = 0 - 0 = 0$ 答

(3) $\int_1^5 \dfrac{dx}{x} = [\log |x|]_1^5 = \log 5 - \log 1 = \log 5$ 答

8・7

(1) $\int_{-1}^2 (3x^2 - 2x^3) \, dx = \left[x^3 - \dfrac{1}{2}x^4\right]_{-1}^2 = 2^3 - (-1)^3 - \dfrac{1}{2}\{2^4 - (-1)^4\} = \dfrac{3}{2}$ 答

(2) $\int_0^{2\pi} \sin^2 x \, dx = \dfrac{1}{2} \int_0^{2\pi} (1 - \cos 2x) \, dx = \dfrac{1}{2}\left[x - \dfrac{1}{2}\sin 2x\right]_0^{2\pi} = \pi$ 答

(3) $1 - x = t$ と置くと，

$x = 1 - t$, $dx = -dt$, $x = 0 \to t = 1$, $x = 1 \to t = 0$

∴ $\int_0^1 \sqrt{1-x} \, dx = -\int_1^0 \sqrt{t} \, dt = -\int_1^0 t^{\frac{1}{2}} \, dt = -\left[\dfrac{2}{3} t^{\frac{3}{2}}\right]_1^0 = \dfrac{2}{3}$ 答

8・8

(1) $\int_{-1}^3 \dfrac{dx}{x^2 + 7x + 10} = \int_{-1}^3 \dfrac{dx}{(x+2)(x+5)} = \int_{-1}^3 \left\{\dfrac{1}{3(x+2)} - \dfrac{1}{3(x+5)}\right\} dx$

$= \left[\dfrac{1}{3} \log \dfrac{|x+2|}{|x+5|}\right]_{-1}^3 = \dfrac{1}{3}\left(\log \dfrac{5}{8} - \log \dfrac{1}{4}\right)$

$= \dfrac{1}{3} \log \dfrac{5}{2}$ 答

(2) $\varepsilon^x = t$ と置くと，

$x = \log t$, $dx = \dfrac{1}{t} dt$, $x = 0 \to t = 1$, $x = \log 3 \to t = 3$

∴ $\int_0^{\log 3} \dfrac{dx}{\varepsilon^x + 5 + 6\varepsilon^{-x}} = \int_1^3 \dfrac{1}{t + 5 + 6/t} \dfrac{1}{t} dt = \int_1^3 \dfrac{dt}{t^2 + 5t + 6}$

$= \int_1^3 \dfrac{dt}{(t+2)(t+3)} = \int_1^3 \left(\dfrac{1}{t+2} - \dfrac{1}{t+3}\right) dt$

$= \left[\log \dfrac{|t+2|}{|t+3|}\right]_1^3 = \log \dfrac{5}{6} - \log \dfrac{3}{4}$

$= \log \dfrac{10}{9}$ 答

(3) a. $m \neq n$ のとき，

$\int_0^{2\pi} \sin m\theta \sin n\theta \, d\theta = \dfrac{1}{2} \int_0^{2\pi} \{\cos(m-n)\theta - \cos(m+n)\theta\} \, d\theta$

$$= \frac{1}{2}\left[\frac{\sin(m-n)\theta}{m-n} - \frac{\sin(m+n)\theta}{m+n}\right]_0^{2\pi}$$
$$= 0 \quad \text{答}$$

b. $m = n$ のとき，上の第2式から，
$$I = \frac{1}{2}\int_0^{2\pi}(1-\cos 2m\theta)\,d\theta = \frac{1}{2}\left[\theta - \frac{\sin 2m\theta}{2m}\right]_0^{2\pi} = \pi \quad \text{答}$$

(4) $f(x) = x$, $g(x) = \varepsilon^x$ と置くと，
$f'(x) = 1$, $G(x) = \varepsilon^x$
$$\int_0^1 x\varepsilon^x\,dx = [x\varepsilon^x]_0^1 - \int_0^1 \varepsilon^x\,dx = (\varepsilon - 0) - (\varepsilon - 1) = 1 \quad \text{答}$$

(5) $f(x) = x$, $g(x) = \varepsilon^{-x}$ と置くと，
$f'(x) = 1$, $G(x) = -\varepsilon^{-x}$
$$\int_0^1 x\varepsilon^{-x}\,dx = [-x\varepsilon^{-x}]_0^1 - \int_0^1 \varepsilon^{-x}\,dx = -\varepsilon^{-1} + [-\varepsilon^{-x}]_0^1 = -\varepsilon^{-1} + (-\varepsilon^{-1} + 1)$$
$$= 1 - \frac{2}{\varepsilon} \quad \text{答}$$

(6) $f(x) = x$, $g(x) = \sin x$ と置くと，
$f'(x) = 1$, $G(x) = -\cos x$
$$\int_0^\pi x \sin x\,dx = [x(-\cos x)]_0^\pi + \int_0^\pi \cos x\,dx = (\pi - 0) + [\sin x]_0^\pi = \pi \quad \text{答}$$

8・9 $\omega t = \theta$ とすれば，
$v(\theta) = V_{1m}\sin\theta + V_{3m}\sin(3\theta - \varphi)$

$$V_{av} = \frac{1}{\pi}\int_0^\pi |V_{1m}\sin\theta + V_{3m}\sin(3\theta - \varphi)|\,d\theta$$
$$= \frac{V_{1m}}{\pi}\int_0^\pi \sin\theta\,d\theta + \frac{V_{3m}}{\pi}\int_0^\pi \sin(3\theta - \varphi)\,d\theta$$
$$= \frac{V_{1m}}{\pi}[-\cos\theta]_0^\pi + \frac{V_{3m}}{3\pi}[-\cos(3\theta - \varphi)]_0^\pi$$
$$= \frac{2}{\pi}\left(V_{1m} + \frac{V_{3m}}{3}\cos\varphi\right) \quad \text{答}$$

8・10 対称波であり，かつ $\theta = \dfrac{\pi}{2}$ の両側が対称だから，$\theta = 0 \sim \dfrac{\pi}{2}$ の間で計算すればよい．

(1) 平均値 $E_{av} = \dfrac{1}{\pi/2}\displaystyle\int_0^{\pi/2}\dfrac{E_m}{\pi/2}\theta\,d\theta = \dfrac{4E_m}{\pi^2}\displaystyle\int_0^{\pi/2}\theta\,d\theta = \dfrac{4E_m}{\pi^2}\left[\dfrac{\theta^2}{2}\right]_0^{\pi/2} = \dfrac{E_m}{2}$ 答

または，

$$E_{av} = \dfrac{\text{三角形の面積}}{\pi} = \dfrac{E_m \cdot \pi/2}{\pi} = \dfrac{E_m}{2} \quad \text{答}$$

(2) 実効値 $E_{eff} = \sqrt{\dfrac{1}{\pi/2}\displaystyle\int_0^{\pi/2}\left(\dfrac{E_m}{\pi/2}\theta\right)^2 d\theta} = \dfrac{2E_m}{\pi}\sqrt{\dfrac{2}{\pi}\displaystyle\int_0^{\pi/2}\theta^2 d\theta}$

$= \dfrac{2E_m}{\pi}\sqrt{\dfrac{2}{\pi}\left[\dfrac{\theta^3}{3}\right]_0^{\pi/2}} = \dfrac{E_m}{\sqrt{3}}$ 答

8・11 $\omega t = \theta$ とすれば，電力は，

$$P = \dfrac{1}{2\pi}\int_0^{2\pi} p(\theta)\,d\theta = \dfrac{1}{2\pi}\int_0^{2\pi} v(\theta)i(\theta)\,d\theta \cdots\cdots ①$$

$\begin{cases} v(\theta) = \sqrt{2}\,V_1\sin\theta + \sqrt{2}\,V_3\sin 3\theta \\ i(\theta) = \sqrt{2}\,I_1\sin\theta + \sqrt{2}\,I_3\sin 3\theta \end{cases}$

であるから，①式の積分は，次の四つの関数の積分の和である．

$\begin{cases} \text{a. } 2V_1I_1\sin\theta\sin\theta \\ \text{b. } 2V_3I_3\sin 3\theta\sin 3\theta \\ \text{c. } 2V_1I_3\sin\theta\sin 3\theta \\ \text{d. } 2V_3I_1\sin 3\theta\sin\theta \end{cases}$

問題 8・8(3)によると，

$$I = \int_0^{2\pi}\sin m\theta \sin n\theta\,d\theta$$

の値は，$m \neq n$ のとき 0，$m = n$ のとき π である．

したがって，a～d の積分は，

a；$2\pi V_1 I_1$，b；$2\pi V_3 I_3$，c；0，d；0

となり，これを①式に入れると，

$$P = \dfrac{1}{2\pi}(2\pi V_1 I_1 + 2\pi V_3 I_3)$$

$= V_1 I_1 + V_3 I_3$ 答 （同じ周波数の間のみに電力を生ずる）

8・12

(1) 全球面の面積は $4\pi r^2$，

$$\omega = \dfrac{S}{r^2} = \dfrac{4\pi r^2}{r^2} = 4\pi \;\text{〔sr〕}$$

(2) 半球は，2π 〔sr〕

(3)　$\omega = 2\pi(1-\cos 60°) = 2\pi(1-1/2) = \pi$ 〔sr〕

8・13

$$dF = I d\omega, \qquad F = \int dF = I_0 \int d\omega$$

この場合，$\int d\omega$ は全球面の立体角になるから，

$$F = 4\pi I_0 \text{ 〔lm〕}$$

8・14　第8・22図の半径 r，厚さ dr の部分の静電容量の逆数の微分は，

$$d\left(\frac{1}{c}\right) = \frac{dr}{\varepsilon \cdot 2\pi r l}$$

$$\therefore \quad \frac{1}{C_0} = \int d\left(\frac{1}{c}\right) = \frac{1}{2\pi\varepsilon l}\int_a^b \frac{1}{r}dr = \frac{1}{2\pi\varepsilon l}\log\frac{b}{a}$$

$$\therefore \quad C_0 = \frac{2\pi\varepsilon l}{\log\dfrac{b}{a}} \quad \text{答}$$

9　微分方程式と過渡現象 (p.191)

9・1

(1) 重力の加速度は下向きだから，上向きを＋とすれば，

$$\frac{dv}{dt} = -g \quad \text{答}$$

(2) $v = \dfrac{dh}{dt}$ を上式に入れると，

$$\frac{d^2 h}{dt^2} = -g \quad \text{答}$$

9・2　C の電荷を q とすれば，

$$L\frac{di}{dt} + Ri + \frac{q}{C} = E$$

$i = \dfrac{dq}{dt}$ を上式に入れて，

$$L\frac{d^2 q}{dt^2} + R\frac{dq}{dt} + \frac{q}{C} = E$$

9・3　キルヒホッフの法則により，

$$L_1\frac{di_1}{dt} + R_1 i_1 + L_2\frac{di_2}{dt} + R_2 i_2 = E \cdots\cdots ①$$

$$L_2\frac{\mathrm{d}i_2}{\mathrm{d}t}+R_2i_2+L_3\frac{\mathrm{d}i_3}{\mathrm{d}t}+R_3i_3\cdots\cdots ②$$

$$i_1=i_2+i_3\cdots\cdots ③$$

②③式から i_3 を消去すると，

$$L_3\frac{\mathrm{d}i_1}{\mathrm{d}t}+R_3i_1=(L_2+L_3)\frac{\mathrm{d}i_2}{\mathrm{d}t}+(R_2+R_3)i_2\cdots\cdots ④$$

①④式から i_1 を消去するために，①式に L_3 を掛け，④式に L_1 を掛けて引き算をすると，

$$(L_1R_3-L_3R_1)i_1=(L_1L_2+L_2L_3+L_3L_1)\frac{\mathrm{d}i_2}{\mathrm{d}t}+\{L_1(R_2+R_3)+L_3R_2\}i_2-L_3E\cdots\cdots ⑤$$

両辺を t で微分すると，

$$(L_1R_3-L_3R_1)\frac{\mathrm{d}i_1}{\mathrm{d}t}=(L_1L_2+L_2L_3+L_3L_1)\frac{\mathrm{d}^2i_2}{\mathrm{d}t^2}+\{L_1(R_2+R_3)+L_3R_2\}\frac{\mathrm{d}i_2}{\mathrm{d}t}\cdots\cdots ⑥$$

⑤⑥式を①式に入れると，

$$\frac{\mathrm{d}^2i_2}{\mathrm{d}t^2}+\frac{L_1(R_2+R_3)+L_2(R_3+R_1)+L_3(R_1+R_2)}{L_1L_2+L_2L_3+L_3L_1}\frac{\mathrm{d}i_2}{\mathrm{d}t}+\frac{R_1R_2+R_2R_3+R_3R_1}{L_1L_2+L_2L_3+L_3L_1}i_2$$

$$=\frac{R_3E}{L_1L_2+L_2L_3+L_3L_1}\quad 答$$

9・4 第9・12図の回路では $R_i=\dfrac{q}{C}$ が成り立つ．

$i=-\dfrac{\mathrm{d}q}{\mathrm{d}t}$ とすると上式は，

$$R\frac{\mathrm{d}q}{\mathrm{d}t}+\frac{q}{C}=0\cdots\cdots ①$$

この①式の一般解を $q=A\varepsilon^{\alpha t}$ と仮定して①式に入れると，

$$R\alpha A\varepsilon^{\alpha t}+\frac{A\varepsilon^{\alpha t}}{C}=0,\qquad RC\alpha+1=0$$

$$\therefore\quad \alpha=-\frac{1}{RC}$$

①式の一般解は，

$$q=A\varepsilon^{-\frac{t}{RC}}\cdots\cdots ②$$

$t=+0$ において $q=Q_0$ だから，これを②式に入れ，

$$Q_0=A\varepsilon^0=A$$

解　　答

ゆえに，この初期条件を満足する特殊解は，

$$q = Q_0 \varepsilon^{-\frac{t}{RC}} \cdots\cdots ③$$

$i = -\dfrac{dq}{dt}$ に③式を入れると，

$$i = -Q_0 \dfrac{d}{dt}\varepsilon^{-\frac{t}{RC}} = \dfrac{Q_0}{RC}\varepsilon^{-\frac{t}{RC}} \cdots\cdots ④$$

③④式からグラフは図9・4のようになる．図のように θ_1 を決めると，$t=0$ における q の微分係数 $q'(0)$ は，

$$q'(0) = \tan\theta_1$$

$$\therefore \quad \tan\theta_1 = \dfrac{dq}{dt}\bigg|_{t=0} = Q_0 \dfrac{d}{dt}\varepsilon^{-\frac{t}{RC}}\bigg|_{t=0} = -\dfrac{Q_0}{RC}$$

図9・4

接線と t 軸との交点を t_1 とすると，

$$\dfrac{Q_0}{t_1} = \dfrac{Q_0}{RC} \quad \therefore \quad t_1 = RC \ [\mathrm{s}]$$

i のグラフについても同じ値になる．

答　$q = Q_0 \varepsilon^{-\frac{t}{RC}}$ [C]，$i = \dfrac{Q_0}{RC}\varepsilon^{-\frac{t}{RC}}$ [A]，RC [s]

9・5

(1) 特性方程式は，

$$p^2 + 3p + 2 = 0, \quad (p+1)(p+2) = 0$$

$$\therefore \quad \alpha = -1, \quad \beta = -2$$

したがって，[9・5] 1) により，一般解は，

$$i = A\varepsilon^{-t} + B\varepsilon^{-2t} \cdots\cdots ① \quad 答$$

$t=0$，$i=1$ を入れると，

$$A + B = 1 \cdots\cdots ②$$

①式を微分して，

$$\dfrac{di}{dt} = -A\varepsilon^{-t} - 2B\varepsilon^{-2t}$$

$t=0$，$\dfrac{di}{dt}=0$ を入れると，

$$-A - 2B = 0 \cdots\cdots ③$$

②③式を連立方程式として解くと，$A=2$，$B=-1$．これを①式に入れて次の特殊解

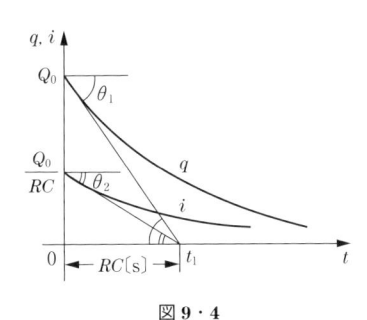

をうる.

$$i = 2\varepsilon^{-t} - \varepsilon^{-2t} \quad 答$$

(2) 特性方程式は,

$$p^2 + p + 2 = 0, \qquad p = -\frac{1}{2} \pm j\frac{\sqrt{7}}{2}$$

したがって, [9・5] 3)により, 一般解は,

$$i = \varepsilon^{-\frac{1}{2}t}\left(A\cos\frac{\sqrt{7}}{2}t + B\sin\frac{\sqrt{7}}{2}t\right) \cdots\cdots ① \quad 答$$

①式に $t=0$, $i=1$ を入れると,

$$A = 1 \cdots\cdots ②$$

①式を微分して,

$$\frac{di}{dt} = -\frac{1}{2}\varepsilon^{-\frac{1}{2}t}\left(A\cos\frac{\sqrt{7}}{2}t + B\sin\frac{\sqrt{7}}{2}t\right)$$
$$+ \varepsilon^{-\frac{1}{2}t}\left(-\frac{\sqrt{7}}{2}A\sin\frac{\sqrt{7}}{2}t + \frac{\sqrt{7}}{2}B\cos\frac{\sqrt{7}}{2}t\right) \cdots\cdots ③$$

③式に $t=0$, $\dfrac{di}{dt}=0$ を入れると,

$$-\frac{1}{2}A + \frac{\sqrt{7}}{2}B = 0 \cdots\cdots ④$$

②④式から,

$$B = \frac{1}{\sqrt{7}} \cdots\cdots ⑤$$

②⑤式を①式に入れて次の特殊解をうる.

$$i = \varepsilon^{-\frac{1}{2}t}\left(\cos\frac{\sqrt{7}}{2}t + \frac{1}{\sqrt{7}}\sin\frac{\sqrt{7}}{2}t\right) \quad 答$$

(3) 特性方程式は,

$$p^2 + 2p + 1 = 0, \qquad (p+1)^2 = 0$$

したがって, 解は二重解 $p = -1$.

ゆえに, [9・5] 2)により, 一般解は,

$$i = \varepsilon^{-t}(A + Bt) \cdots\cdots ① \quad 答$$

①式に $t=0$, $i=1$ を入れると,

$$A = 1 \cdots\cdots ②$$

①式を微分し,

解　　答

$$\frac{\mathrm{d}i}{\mathrm{d}t} = -\varepsilon^{-t}(A+Bt) + \varepsilon^{-t}B$$

これに $t=0$, $\frac{\mathrm{d}i}{\mathrm{d}t}=0$ を入れると,

$$-A+B=0 \quad \therefore \quad B=A=1 \cdots\cdots ③$$

③式を①式に入れて, 次の特殊解をうる.

$$i = \varepsilon^{-t}(1+t) \quad 答$$

9・6

$$m\frac{\mathrm{d}^2 y}{\mathrm{d}t^2} = Be\frac{\mathrm{d}x}{\mathrm{d}t} \cdots\cdots ① \qquad -m\frac{\mathrm{d}^2 x}{\mathrm{d}t^2} = Be\frac{\mathrm{d}y}{\mathrm{d}t} \cdots\cdots ②$$

①②式の両辺を積分すると,

$$\frac{\mathrm{d}y}{\mathrm{d}t} = \frac{Be}{m}x + C_1 \cdots\cdots ③ \qquad \frac{\mathrm{d}x}{\mathrm{d}t} = -\left(\frac{Be}{m}\right)y + C_2 \cdots\cdots ④$$

③④式に $t=0$, $x=0$, $y=0$, $\frac{\mathrm{d}x}{\mathrm{d}t}=V_0$, $\frac{\mathrm{d}y}{\mathrm{d}t}=0$ を入れて C_1, C_2 を求めると, $C_1=0$, $C_2=V_0$. したがって, ③④式は,

$$\frac{\mathrm{d}y}{\mathrm{d}t} = \frac{Be}{m}x \cdots\cdots ⑤ \qquad \frac{\mathrm{d}x}{\mathrm{d}t} = V_0 - \left(\frac{Be}{m}\right)y \cdots\cdots ⑥$$

②式に⑤式を入れ,

$$\frac{\mathrm{d}^2 x}{\mathrm{d}t^2} + \left(\frac{Be}{m}\right)^2 x = 0 \cdots\cdots ⑦$$

⑦式の特性方程式は,

$$p^2 + \left(\frac{Be}{m}\right)^2 = 0, \qquad p = \pm j\frac{Be}{m}(=\pm j\beta)$$

したがって, ⑦式の一般解は, [9・5] 3) により,

$$x = A_0 \cos\frac{Be}{m}t + B_0 \sin\frac{Be}{m}t \cdots\cdots ⑧$$

y は, ⑥式から,

$$y = \left(-\frac{\mathrm{d}x}{\mathrm{d}t} + V_0\right)\frac{m}{Be} = A_0 \sin\frac{Be}{m}t - B_0 \cos\frac{Be}{m}t + \frac{mV_0}{Be} \cdots\cdots ⑨$$

$t=0$, $x=0$, $y=0$ を⑧⑨式に入れると, ⑧式から, $A_0=0$, ⑨式から, $B_0=\dfrac{mV_0}{Be}$.

これを⑧⑨式に入れ,

$$x = \frac{mV_0}{Be}\sin\frac{Be}{m}t \cdots\cdots ⑩ \qquad y = -\frac{mV_0}{Be}\cos\frac{Be}{m}t + \frac{mV_0}{Be}\cdots\cdots ⑪$$

⑩⑪式から，t を消去することを考える．

⑩式から $\sin\dfrac{Be}{m}t = \dfrac{Be}{mV_0}x$

⑪式から $\cos\dfrac{Be}{m}t = 1 - \dfrac{Be}{mV_0}y$

$\sin^2\dfrac{Be}{m}t + \cos^2\dfrac{Be}{m}t = 1$ にこれを入れ，

$$\left(\frac{Be}{mV_0}x\right)^2 + \left(1 - \frac{Be}{mV_0}y\right)^2 = 1, \qquad x^2 + \left(y - \frac{mV_0}{Be}\right)^2 = \left(\frac{mV_0}{Be}\right)^2$$

したがって，電子の運動の軌跡は，中心 $\left(0, \dfrac{mV_0}{Be}\right)$，半径 $\dfrac{mV_0}{Be}$ の円である．　　答

$\left(\begin{array}{l}\text{電子に働く力は常に } BeV_0 \text{ で運動の方向と直角である．ゆえに，等速円運動をする．}\\ \text{遠心力 } \dfrac{mV_0}{r} \text{ と } BeV_0 \text{ とは等しいから } r = \dfrac{mV_0}{Be} \text{ である．}\end{array}\right)$

9・7

(1) 補助方程式は，

$$\frac{d^2 i}{dt^2} + 2\frac{di}{dt} + i = 0 \cdots\cdots ①$$

特性方程式は，

$$p^2 + 2p + 1 = 0, \qquad (p+1)^2 = 0, \qquad p = -1 \text{（二重解）}$$

①式の一般解は，

$$i_t = \varepsilon^{-t}(A + Bt) \cdots\cdots ②$$

原方程式の特殊解を $i_t = I$（定数）として原方程式に入れると，

$$I = 10 = i_s \cdots\cdots ③$$

②③式により，

$$i = 10 + \varepsilon^{-t}(A + Bt) \qquad 答$$

(2) 補助方程式は，

$$\frac{d^2 i}{dt^2} + 3\frac{di}{dt} + 2i = 0 \cdots\cdots ①$$

特性方程式は，

$$p^2 + 3p + 2 = 0, \qquad (p+2)(p+1) = 0, \qquad p = -2, \ -1.$$

したがって①式の一般解は，

解　答

$$i_t = A\varepsilon^{-2t} + B\varepsilon^{-t} \cdots\cdots ②$$

原方程式の特殊解を，

$$i_s = K_1 t + K_2 \cdots\cdots ③$$

と仮定する．

$$\frac{di_s}{dt} = K_1, \qquad \frac{d^2 i_s}{dt^2} = 0$$

だから，原方程式に③式を入れると，

$$3K_1 + 2(K_1 t + K_2) = 10t \cdots\cdots ④$$

④式から，

$$2K_1 = 10, \qquad 3K_1 + 2K_2 = 0$$

ゆえに，

$$K_1 = 5, \ K_2 = -7.5, \ i_s = 5t - 7.5 \cdots\cdots ⑤$$

②式と⑤式とにより，

$$i = A\varepsilon^{-2t} + B\varepsilon^{-t} + 5t - 7.5 \quad 答$$

(3) 補助方程式は，

$$\frac{d^2 i}{dt^2} + 3\frac{di}{dt} + 2i = 0 \cdots\cdots ①$$

特性方程式は，

$$p^2 + 3p + 2 = 0$$

前問と同様に，

$$i_t = A\varepsilon^{-2t} + B\varepsilon^{-t} \cdots\cdots ② \qquad i_s = (A_0 \cos 10t + B_0 \sin 10t) \cdots\cdots ③$$

と仮定すると，

$$\frac{di_s}{dt} = -10A_0 \sin 10t + 10B_0 \cos 10t$$

$$\frac{d^2 i_s}{dt^2} = -100A_0 \cos 10t - 100B_0 \sin 10t$$

$$\therefore \ (-100A_0 \cos 10t - 100B_0 \sin 10t) + 3(-10A_0 \sin 10t + 10B_0 \cos 10t)$$
$$+ 2 \times (A_0 \cos 10t + B_0 \sin 10t)$$
$$= 100 \sin 10t$$

$$(-100B_0 - 30A_0 + 2B_0) \sin 10t + (-100A_0 + 30B_0 + 2A_0) \cos 10t = 100 \sin 10t$$

上式から，

$$-30A_0 - 98B_0 = 100, \qquad -98A_0 + 30B_0 = 0$$

連立して解くと，

$$A_0 = 0.2856, \ B_0 = -0.9330$$

これを③式に入れ，
$$i_s = -0.2856\cos 10t - 0.9330\sin 10t$$
$$\therefore \quad i = i_s + i_t = -0.2856\cos 10t - 0.9330\sin 10t + A\varepsilon^{-2t} + B\varepsilon^{-t} \quad \text{答}$$

(4) 補助方程式は，
$$y'' - 2y' = 0$$
$y_t = A\varepsilon^{px}$ とすると特性方程式は，
$$p^2 - 2p = 0, \quad p = 0, \ 2$$
$$y_t = A + B\varepsilon^{2x} \cdots\cdots ①$$
$$y_s = K_1\varepsilon^x \sin x + K_2\varepsilon^x \cos x$$
と置くと，
$$y_s{}' = (K_1 - K_2)\varepsilon^x \sin x + (K_1 + K_2)\varepsilon^x \cos x$$
$$y_s{}'' = -2K_2\varepsilon^x \sin x + 2K_1\varepsilon^x \cos x$$
これを原方程式に入れると，
$$-2K_1\varepsilon^x \sin x - 2K_2\varepsilon^x \cos x = 2\varepsilon^x \sin x$$
$$K_1 = -1, \quad K_2 = 0$$
$$\therefore \quad y_s = -\varepsilon^x \sin x \cdots\cdots ②$$
①式と②式とにより，
$$y = A + B\varepsilon^{2x} - \varepsilon^x \sin x \quad \text{答}$$

9・8 C の電荷を q とすると，
$$i_c = \frac{dq}{dt}$$

C の端子電圧は $\dfrac{q}{C}$ だから，

$$i_r = \frac{q}{rC}$$

$$i = i_r + i_c = \frac{dq}{dt} + \frac{q}{rC}$$

キルヒホッフの法則により，

$$Ri + ri_r = R\frac{dq}{dt} + (R+r)\frac{q}{rC} = E \cdots\cdots ①$$

①式の特性方程式は，

$$Rp + \frac{R+r}{rC} = 0, \quad p = -\frac{R+r}{RrC}, \quad q_t = A\varepsilon^{-\frac{R+r}{RrC}t}$$

①式の特殊解を $q_s = Q_0$（定数）とすると，

解　　答

$$q_s = Q_0 = \frac{rC}{R+r}E \qquad \therefore \quad q = q_t + q_s = \frac{rC}{R+r}E + A\varepsilon^{-\frac{R+r}{RrC}t}$$

$t=0$, $q=0$ を入れて A を求めると,

$$A = -\frac{rC}{R+r}E \qquad \therefore \quad q = \left(1 - \varepsilon^{-\frac{R+r}{RrC}t}\right)\frac{rC}{R+r}E$$

$$i_c = \frac{dq}{dt} = \frac{E}{R}\varepsilon^{-\frac{R+r}{RrC}t} \quad 答$$

9・9

(1) L に流れる電流を i_L, R_3 に流れる電流を i_3 とする．S を閉じる前の定常電流は,

$$i_L = \frac{E}{R_1 + R_2} \text{〔A〕} \cdots\cdots ①$$

$t>0$ において次の方程式が成り立つ.

$$\begin{cases} R_1(i_L + i_3) + L\dfrac{di_L}{dt} + R_2 i_L = E \cdots\cdots ② \\ L\dfrac{di_L}{dt} + R_2 i_L - R_3 i_3 = 0 \cdots\cdots ③ \end{cases}$$

③式から,

$$i_3 = \frac{L}{R_3}\frac{di_L}{dt} + \frac{R_2}{R_3}i_L$$

これを②式に入れると,

$$L\left(1 + \frac{R_1}{R_3}\right)\frac{di_L}{dt} + \left(R_1 + R_2 + \frac{R_1 R_2}{R_3}\right)i_L = E$$

$R_1 R_2 + R_2 R_3 + R_3 R_1 = K$ を入れると,

$$L(R_1 + R_3)\frac{di_L}{dt} + K i_L = R_3 E \cdots\cdots ④$$

④式の補助方程式の一般解 i_{Lt} は,

$$i_{Lt} = A\varepsilon^{-\frac{K}{L(R_1+R_3)}t}$$

④式の特殊解は $i_{Ls} = I$（定数）として,

$$i_{Ls} = I = \frac{R_3 E}{K} \qquad \therefore \quad i_L = i_{Lt} + i_{Ls} = \frac{R_3 E}{K} + A\varepsilon^{-\frac{K}{L(R_1+R_3)}t} \cdots\cdots ⑤$$

①式により, $t=0$ のとき $i_L = \dfrac{E}{R_1 + R_2}$, これを入れ,

$$\frac{R_3 E}{K} + A = \frac{E}{R_1 + R_2}$$

$$\therefore \quad A = \frac{E}{R_1 + R_2} - \frac{R_3 E}{K} = \frac{K - R_2 R_3 - R_3 R_1}{K(R_1 + R_2)} E = \frac{R_1 R_2}{K(R_1 + R_2)} E$$

この A を⑤式に入れ，

$$i_L = \left(R_3 + \frac{R_1 R_2}{R_1 + R_2} \varepsilon^{-\frac{K}{L(R_1 + R_3)} t} \right) \frac{E}{K} \quad [\mathrm{A}] \cdots\cdots ⑥ \quad 答$$

(2) 時定数 T は，

$$T = \frac{1}{\dfrac{K}{L(R_1 + R_3)}} = \frac{L(R_1 + R_3)}{K} \quad [\mathrm{s}] \quad 答$$

(3) ⑥式の過渡項が 0 であれば i_L は変化しない．そのためには，$R_1 = 0$ または $R_2 = 0$ 答

9・10 水の温度上昇を θ [K]，時間を t [h] とする．水の比熱は，1 [W・h] = 0.86 [kcal] を考慮して，1 [kcal/(K・kg)] = 1 [kcal/(K・L)] = $\dfrac{1}{0.86}$ [W・h/(K・L)]．Q [L] の水の熱容量は，$\dfrac{Q}{0.86}$ [W・h/K]．ゆえに加熱時の方程式は，

$$\frac{Q}{0.86} \frac{d\theta}{dt} + \frac{1}{R} \theta = \eta P \cdots\cdots ①$$

①式の一般解は，

$$\theta = \eta PR + A\varepsilon^{-\frac{0.86}{QR} t}$$

$t = 0$，$\theta = 0$ を入れ，

$$\theta = \eta PR \left(1 - \varepsilon^{-\frac{0.86}{QR} t} \right)$$

$t = t_1$ における温度上昇は，

$$\theta_{t_1} = \eta PR \left(1 - \varepsilon^{-\frac{0.86}{QR} t_1} \right) \quad [\mathrm{K}] \cdots\cdots ② \quad 答$$

電源を切った後の温度低下の方程式は，

$$\frac{Q}{0.86} \frac{d\theta}{dt} + \frac{\theta}{R} = 0$$

これを解くと，

$$\theta = B\varepsilon^{-\frac{0.86}{QR} t}$$

解　答

$t=0$, $\theta=\theta_{t_1}$ を入れ,

$$\theta=\theta_{t_1}\varepsilon^{-\frac{0.86}{QR}t}$$

$t=t_2$ における温度は,

$$T_{t_2}=T+\theta_{t_1}\varepsilon^{-\frac{0.86}{QR}t_2}$$

これに②式を入れ,

$$T_{t_2}=T+\eta PR\left(1-\varepsilon^{-\frac{0.86}{QR}t_1}\right)\varepsilon^{-\frac{0.86}{QR}t_2}\ [℃]\quad 答$$

9・11　与式を整理すると,

$$\frac{y}{1+y^2}\,dy=\frac{-x}{1-x^2}\,dx=\left\{\frac{1}{2(1+x)}-\frac{1}{2(1-x)}\right\}dx$$

両辺を積分すると,

$$\int\frac{y}{1+y^2}\,dy=\frac{1}{2}\int\frac{1}{1+x}\,dx-\frac{1}{2}\int\frac{1}{1-x}\,dx$$

$$\frac{1}{2}\log(1+y^2)=\frac{1}{2}\log(1+x)+\frac{1}{2}\log(1-x)+C$$

$C=\frac{1}{2}\log C_1$ と置くと,

$$\log(1+y^2)=\log(1+x)+\log(1-x)+\log C_1$$
$$\log(1+y^2)=\log C_1(1-x^2)$$
$$1+y^2=C_1(1-x^2)$$
$$\therefore\quad y=\sqrt{C_1(1-x^2)-1}\quad 答$$

9・12　電子は電界によって電界と反対方向すなわち y 軸方向に力を受ける．x 軸方向に働く力はない．したがって,

$$\frac{dx}{dt}=V_0 \cdots\cdots ①\qquad m\frac{d^2y}{dt^2}=Ee \cdots\cdots ②$$

②式の両辺を積分すると,

$$m\frac{dy}{dt}=Eet+C_1$$

$t=0$ では $\frac{dy}{dt}=0$ だから, $C_1=0$

$$\therefore\quad m\frac{dy}{dt}=Eet\cdots\cdots ③$$

①,③式を積分し,

$$x = V_0 t + C_2 \cdots\cdots ④ \quad (C_2 = 0) \qquad y = \frac{Ee}{2m} t^2 \cdots\cdots ⑤$$

④⑤式から t を消去すると,

$$y = \frac{Ee}{2mV_0^2} x^2 \quad (放物線) \quad 答$$

10 ラプラス変換 (p.221)

10・1

(1) $\mathcal{L}[a] = a\int_0^\infty \varepsilon^{-st} \cdot 1 \mathrm{d}t = \dfrac{a}{s}$ 答 $(\because \mathcal{L}[1] = 1/s)$

(2) $\mathcal{L}[at] = a\int_0^\infty \varepsilon^{-st} t \mathrm{d}t = \dfrac{a}{s^2}$ 答 $(\because \mathcal{L}[t] = 1/s^2)$

(3) $\mathcal{L}[\varepsilon^{-at}] = \int_0^\infty \varepsilon^{-st}\varepsilon^{-at} \mathrm{d}t = \int_0^\infty \varepsilon^{-(s+a)t} \mathrm{d}t = \dfrac{1}{s+a}\left[\varepsilon^{-(s+a)t}\right]_0^\infty$

$= \dfrac{1}{s+a}$ 答

(4) $\cos \omega t = \dfrac{\varepsilon^{j\omega t} + \varepsilon^{-j\omega t}}{2}$ (p.56[4・5])

$\mathcal{L}[\cos \omega t] = \dfrac{1}{2}\mathcal{L}[\varepsilon^{j\omega t} + \varepsilon^{-j\omega t}] = \dfrac{1}{2}\left(\dfrac{1}{s - j\omega} + \dfrac{1}{s + j\omega}\right) = \dfrac{s}{s^2 + \omega^2}$ 答

10・2

(1) $\mathcal{L}[2 + 3t] = 2\mathcal{L}[1] + 3\mathcal{L}[t] = \dfrac{2}{s} + \dfrac{3}{s^2}$ 答

(2) $\mathcal{L}[\varepsilon^{at} f(t)] = F(s - a)$ (定理)

$f(t) = \sin \omega t$ とすると,

$$F(s) = \mathcal{L}[\sin \omega t] = \dfrac{\omega}{s^2 + \omega^2}$$

$$\mathcal{L}[\varepsilon^{at} \sin \omega t] = F(s - a) = \dfrac{\omega}{(s - a)^2 + \omega^2} \quad 答$$

(3) $\mathcal{L}[tf(t)] = -\dfrac{\mathrm{d}F(s)}{\mathrm{d}s}$ (定理)

$f(t) = \cos at$ とすると,

解　　答

$$F(s) = \mathcal{L}[\cos at] = \frac{s}{s^2+a^2}$$

$$\mathcal{L}[t\cos at] = -\frac{d}{ds}\frac{s}{s^2+a^2} = \frac{s^2-a^2}{(s^2+a^2)^2} \quad 答$$

(4) $\mathcal{L}\left[L\dfrac{di(t)}{dt}\right] = L\mathcal{L}\left[\dfrac{di(t)}{dt}\right] = L\{sI(s)-i(+0)\} = L\{sI(s)-I_0\}$　答

(5) $\mathcal{L}\left[\dfrac{1}{C}\displaystyle\int_{-\infty}^{t}idt\right] = \dfrac{1}{C}\left\{\mathcal{L}\left[\displaystyle\int_{-\infty}^{t}idt\right]\right\} = \dfrac{1}{C}\left\{\dfrac{I(s)}{s} + \dfrac{1}{s}\displaystyle\int_{-\infty}^{0}idt\right\}$

$$= \frac{1}{C}\left\{\frac{I(s)}{s} + \frac{Q_0}{s}\right\} \quad 答$$

(6) $\displaystyle\lim_{t\to\infty}f(t) = \lim_{s\to 0}sF(s)$　（定理）

$$\lim_{t\to\infty}f(t) = \lim_{s\to 0}s\cdot\frac{1+6s}{6+6s}\cdot\frac{1}{s} = \frac{1}{6} \quad 答$$

10・3

(1) $\mathcal{L}^{-1}\left[\dfrac{3}{s}\right] = 3\,\mathcal{L}^{-1}\left[\dfrac{1}{s}\right] = 3\times 1 = 3$　答

(2) $\mathcal{L}^{-1}\left[\dfrac{3}{2s-1}\right] = \dfrac{3}{2}\,\mathcal{L}^{-1}\left[\dfrac{1}{s-\frac{1}{2}}\right] = \dfrac{3}{2}\varepsilon^{\frac{1}{2}t}$　答

(3) $\mathcal{L}^{-1}\left[\dfrac{1}{s^2+2}\right] = \dfrac{1}{\sqrt{2}}\,\mathcal{L}^{-1}\left[\dfrac{\sqrt{2}}{s^2+(\sqrt{2})^2}\right] = \dfrac{1}{\sqrt{2}}\sin\sqrt{2}\,t$　答

(4) $\mathcal{L}^{-1}\left[\dfrac{2s}{4s^2+1}\right] = \dfrac{2}{4}\,\mathcal{L}^{-1}\left[\dfrac{s}{s^2+(1/2)^2}\right] = \dfrac{1}{2}\cos\dfrac{1}{2}t$　答

(5) $\mathcal{L}^{-1}\left[\dfrac{1}{s^4}\right] = \dfrac{1}{3\,!}\,\mathcal{L}^{-1}\left[\dfrac{3\,!}{s^{3+1}}\right] = \dfrac{t^3}{6}$　答

(6) $\mathcal{L}^{-1}\left[\dfrac{3s+8}{s^2+4}\right] = 3\,\mathcal{L}^{-1}\left[\dfrac{s}{s^2+2^2}\right] + 4\,\mathcal{L}^{-1}\left[\dfrac{2}{s^2+2^2}\right] = 3\cos 2t + 4\sin 2t$　答

(7) $\dfrac{1}{s^2-3s+2} = \dfrac{1}{(s-2)(s-1)} = \dfrac{1}{s-2} - \dfrac{1}{s-1}$

$\mathcal{L}^{-1}\left[\dfrac{1}{s^2-3s+2}\right] = \mathcal{L}^{-1}\left[\dfrac{1}{s-2}\right] - \mathcal{L}^{-1}\left[\dfrac{1}{s-1}\right] = \varepsilon^{2t} - \varepsilon^{t}$　答

(8) $\dfrac{2s+1}{s(s+1)(s+2)} = \dfrac{1}{2s} + \dfrac{1}{s+1} - \dfrac{3}{2(s+2)}$

$$\mathcal{L}^{-1}[F(s)] = \frac{1}{2}\mathcal{L}^{-1}\left[\frac{1}{s}\right] + \mathcal{L}^{-1}\left[\frac{1}{s+1}\right] - \frac{3}{2}\mathcal{L}^{-1}\left[\frac{1}{s+2}\right]$$

$$= \frac{1}{2} + \varepsilon^{-t} - \frac{3}{2}\varepsilon^{-2t} \quad \text{答}$$

(9) $\dfrac{1}{s(s^2+a^2)} = \dfrac{A}{s} + \dfrac{Bs+C}{s^2+a^2}$

$A = \left[\dfrac{1}{s^2+a^2}\right]_{s=0} = \dfrac{1}{a^2}, \quad s^2+a^2=0 \rightarrow s=\pm ja$

$[Bs+C]_{s=ja} = \left[\dfrac{1}{s}\right]_{ja}, \quad jaB+C = \dfrac{1}{ja}, \quad B = -\dfrac{1}{a^2}, \quad C=0$

$\mathcal{L}^{-1}\left[\dfrac{1}{s(s^2+a^2)}\right] = \dfrac{1}{a^2}\mathcal{L}^{-1}\left[\dfrac{1}{s}\right] - \dfrac{1}{a^2}\mathcal{L}^{-1}\left[\dfrac{s}{s^2+a^2}\right] = \dfrac{1}{a^2}(1-\cos at) \quad \text{答}$

(10) $\dfrac{s}{(s+a)^2} = \dfrac{A}{(s+a)^2} + \dfrac{B}{s+a}$

$A = [s]_{s=-a} = -a, \quad B = \left[\dfrac{\mathrm{d}s}{\mathrm{d}s}\right]_{s=-a} = 1$

$\mathcal{L}^{-1}\left[\dfrac{s}{(s+a)^2}\right] = -a\mathcal{L}^{-1}\left[\dfrac{1}{(s+a)^2}\right] + \mathcal{L}^{-1}\left[\dfrac{1}{s+a}\right]$

$\qquad = -at\varepsilon^{-at} + \varepsilon^{-at} = (1-at)\varepsilon^{-at} \quad \text{答}$

(11) $\mathcal{L}^{-1}\left[\dfrac{1}{(s+a)^2+b^2}\right] = \dfrac{1}{b}\mathcal{L}^{-1}\left[\dfrac{b}{(s+a)^2+b^2}\right] = \dfrac{1}{b}\varepsilon^{-at}\sin bt \quad \text{答}$

(12) $F(s) = \dfrac{s+5}{s^2+2s+5} = \dfrac{s+1+4}{(s+1)^2+2^2}$

$\mathcal{L}^{-1}[F(s)] = \mathcal{L}^{-1}\left[\dfrac{s+1}{(s+1)^2+2^2}\right] + 2\mathcal{L}^{-1}\left[\dfrac{2}{(s+1)^2+2^2}\right]$

$\qquad = \varepsilon^{-t}\cos 2t + 2\varepsilon^{-t}\sin 2t \quad \text{答}$

10・4 両辺をラプラス変換すると,

$sY(s) - y(+0) + Y(s) = 2/s$

$y(+0) = 0$ だから,

$(s+1)Y(s) = 2/s$

$Y(s) = \dfrac{2}{s(s+1)} = \dfrac{A}{s} + \dfrac{B}{s+1} = \dfrac{2}{s} - \dfrac{2}{s+1}$

逆変換すると,

解　答

$$y(t) = 2\left\{ \mathcal{L}^{-1}\left[\frac{1}{s}\right] - \mathcal{L}^{-1}\left[\frac{1}{s+1}\right]\right\} = 2(1-\varepsilon^{-t}) \quad 答$$

10・5　$L\dfrac{di}{dt} + Ri = E$ をラプラス変換して,

$$L\{sI(s) - i(+0)\} + RI(s) = \frac{E}{s}$$

$i(+0) = 0$ として $I(s)$ を求めると,

$$I(s) = \frac{E}{s(sL+R)} = \frac{E/L}{s\left(s+\dfrac{R}{L}\right)} = \frac{E}{R}\left(\frac{1}{s} - \frac{1}{s+\dfrac{R}{L}}\right)$$

これを逆変換すると,

$$i(t) = \mathcal{L}^{-1}[I(s)] = \frac{E}{R}\left\{\mathcal{L}^{-1}\left[\frac{1}{s}\right] - \mathcal{L}^{-1}\left[\frac{1}{s+R/L}\right]\right\}$$

$$= \frac{E}{R}\left(1 - \varepsilon^{-\frac{R}{L}t}\right) \quad 答$$

10・6

(1)　与式をラプラス変換すると,

$$\{s^2 Y(s) - s\cdot 0 - 2\} + 4\{sY(s) - 0\} + 5Y(s) = 0$$

$$Y(s) = \frac{2}{s^2 + 4s + 5} = \frac{2}{(s+2)^2 + 1}$$

逆変換すると,

$$y(x) = \mathcal{L}^{-1}[Y(s)] = 2\mathcal{L}^{-1}\left[\frac{1}{(s+2)^2 + 1}\right] = 2\varepsilon^{-2x}\sin x \quad 答$$

(2)　与式をラプラス変換すると,

$$\{s^2 Y(s) - 1\cdot s - 0\} + 4\{sY(s) - 1\} + 4Y(s) = 0$$

$$Y(s) = \frac{s+4}{(s+2)^2} = \frac{A}{(s+2)^2} + \frac{B}{s+2}, \qquad A = [s+4]_{s=-2} = 2$$

これを上式に入れ,

$$\frac{s+4}{(s+2)^2} = \frac{2 + sB + 2B}{(s+2)^2} \quad \rightarrow \quad B = 1$$

$$\mathcal{L}^{-1}[Y(s)] = 2\mathcal{L}^{-1}\left[\frac{1}{(s+2)^2}\right] + \mathcal{L}^{-1}\left[\frac{1}{s+2}\right] = 2x\varepsilon^{-2x} + \varepsilon^{-2x} = (1+2x)\varepsilon^{-2x} \quad 答$$

10・7　図 10・7 の補助回路から,

$$I_c(s) = \frac{E/s}{R + \dfrac{r \times (1/sC)}{r + (1/sC)}} \times \frac{r}{r + (1/sC)}$$

$$= \frac{E}{R} \cdot \frac{1}{s + \dfrac{R+r}{RrC}}$$

図 10・7

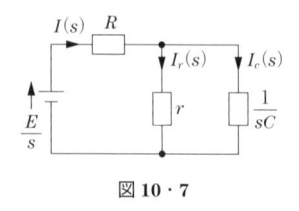

$$i_c = \mathcal{L}^{-1}[I_c(s)] = \frac{E}{R} \varepsilon^{-\frac{R+r}{RrC} t} \quad \text{答}$$

10・8 $t>0$ における補助回路は,図 10・8 となる.

ただし,$I_0 = \dfrac{E}{R_1+R_2}$ ……①

キルヒホッフの法則により,

$$\begin{cases} (R_1+R_3)I(s) - R_3 I_L(s) = \dfrac{E}{s} \cdots\cdots ② \\ -R_3 I(s) + (R_2+R_3+sL)I_L(s) = LI_0 \cdots\cdots ③ \end{cases}$$

図 10・8

②式+③式により,

$$R_1 I(s) + (R_2+sL)I_L(s) = \frac{E}{s} + LI_0 \cdots\cdots ④$$

③式×R_1+④式×R_3 により,

$$\{R_1 R_2 + R_3 R_1 + R_2 R_3 + (R_1+R_3)sL\} I_L(s) = \frac{R_3 E}{s} + (R_1+R_3)LI_0$$

$$I_L(s) = \frac{R_3 E}{s\{K+(R_1+R_3)sL\}} + \frac{(R_1+R_3)LI_0}{K+(R_1+R_3)sL}$$

$$= \frac{R_3 E}{(R_1+R_3)L} \cdot \frac{1}{s\left\{\dfrac{K}{(R_1+R_3)L}+s\right\}} + \frac{I_0}{\dfrac{K}{(R_1+R_3)L}+s}$$

$$\frac{1}{s(s+a)} = \frac{1}{a}\left(\frac{1}{s} - \frac{1}{s+a}\right)$$

であるから,

$$I_L(s) = \frac{R_3 E}{K}\left\{\frac{1}{s} - \frac{1}{s+\dfrac{K}{(R_1+R_3)L}}\right\} + \frac{I_0}{s+\dfrac{K}{(R_1+R_3)L}}$$

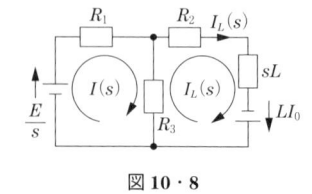

解　答

$$= \frac{R_3 E}{K} \cdot \frac{1}{s} + \left(I_0 - \frac{R_3 E}{K}\right) \cdot \frac{1}{s + \dfrac{K}{(R_1+R_3)L}}$$

$$I_0 - \frac{R_3 E}{K} = \frac{E}{R_1+R_2} - \frac{R_3 E}{R_1 R_2 + R_2 R_3 + R_3 R_1} = \frac{R_1 R_2 E}{(R_1+R_2)K}$$

$$\therefore \ I_L(s) = \frac{E}{K}\left(\frac{R_3}{s} + \frac{R_1 R_2}{R_1+R_2} \cdot \frac{1}{s + \dfrac{K}{(R_1+R_3)L}}\right)$$

$$i_L = \mathcal{L}^{-1}[I_L(s)] = \frac{E}{K}\left(R_3 + \frac{R_1 R_2}{R_1+R_2}\varepsilon^{-\frac{Kt}{(R_1+R_3)L}}\right)\,[\mathrm{A}] \quad 答$$

10・9

(1) 補助回路から $V_0(s)$ は次のように求まる．

$$V_0(s) = \frac{1/sC}{R+sL+1/sC}V_i(s) = \frac{1}{LCs^2+RCs+1}V_i(s)$$

$$\therefore \ G(s) = \frac{V_0(s)}{V_i(s)} = \frac{1}{LCs^2+RCs+1} \quad 答$$

(2) $\mathcal{L}[i] = I(s)$, $\mathcal{L}[i_c] = I_c(s)$, $\mathcal{L}[v] = V(s)$ とすると，

$$V(s) = \frac{1}{sC}\cdot I_c(s), \quad I_c(s) = \frac{R}{R+1/sC}I(s)$$

ゆえに，

$$V(s) = \frac{1}{sC}\cdot \frac{R}{R+1/sC}I(s) = \frac{R}{1+RCs}I(s)$$

$$\therefore \ G(s) = \frac{V(s)}{I(s)} = \frac{R}{1+RCs} \quad 答$$

(3) v_f, i_f, e_0 をラプラス変換したものを $V_f(s)$, $I_f(s)$, $E_0(s)$ と表す．
$e_0(t) = Ki_f(t)$ をラプラス変換すると，

$$E_0(s) = KI_f(s)\cdots\cdots①$$

回路から，

$$I_f(s) = \frac{V_f(s)}{R+sL_f}$$

これを①式に入れると，

$$E_0(s) = \frac{KV_f(s)}{R+sL_f} \qquad \therefore \ G(s) = \frac{E_0(s)}{V_f(s)} = \frac{K}{R+L_f s} \quad 答$$

10・10 出力のラプラス変換は，

$$Y(s) = G(s)\mathcal{L}[u(t)] = G(s) \cdot \frac{1}{s} = \frac{2s^2+32s+72}{s(s^2+7s+12)} = \frac{2s^2+32s+72}{s(s+3)(s+4)}$$

$$= \frac{6}{s} + \frac{2}{s+3} - \frac{6}{s+4}$$

したがって，インディシャル応答は，

$$y(t) = \mathcal{L}^{-1}[Y(s)] = 6\mathcal{L}^{-1}\left[\frac{1}{s}\right] + 2\mathcal{L}^{-1}\left[\frac{1}{s+3}\right] - 6\mathcal{L}^{-1}\left[\frac{1}{s+4}\right]$$

$$= 6 + 2\varepsilon^{-3t} - 6\varepsilon^{-4t} \quad \text{答}$$

10・11 $r(t) = \varepsilon^{5t}$ のラプラス変換は，

$$R(s) = \mathcal{L}[\varepsilon^{5t}] = \frac{1}{s-5}$$

したがって出力は，

$$Y(s) = G(s)R(s) = \frac{7}{s(s-5)} = \frac{-7}{5s} + \frac{7}{5(s-5)}$$

ラプラス逆変換すると，

$$y(t) = \mathcal{L}^{-1}[Y(s)] = \frac{7}{5}\left\{-\mathcal{L}^{-1}\left[\frac{1}{s}\right] + \mathcal{L}^{-1}\left[\frac{1}{s-5}\right]\right\}$$

$$= \frac{7}{5}\{-1+\varepsilon^{5t}\} \quad (t=\infty\text{で，}y(t)=\infty\text{になる}) \quad \text{答}$$

10・12 積分要素がないときは，$G(s) = \dfrac{K}{1+Ts}$ として，

$$\text{定常偏差} = \lim_{s\to 0} sE(s) = \lim_{s\to 0} \frac{sR(s)}{1+G(s)} = \lim_{s\to 0} \frac{s \cdot 1/s}{1+\dfrac{K}{1+Ts}} = \lim_{s\to 0} \frac{1+Ts}{1+Ts+K}$$

$$= \frac{1}{1+K} \quad \text{答}$$

積分要素があるときは，$G(s) = \dfrac{K}{1+Ts} \cdot \dfrac{1}{s}$ として，

$$\text{定常偏差} = \lim_{s\to 0} sE(s) = \lim_{s\to 0} \frac{sR(s)}{1+G(s)} = \lim_{s\to 0} \frac{s \cdot 1/s}{1+\dfrac{K}{1+Ts} \cdot \dfrac{1}{s}}$$

$$= \lim_{s\to 0} \frac{s(1+Ts)}{s(1+Ts)+K} = 0 \quad \text{答}$$

解　答　•365•

11　フーリエ級数 （p.249）

11・1

(1) 対称波かつ奇関数波だから，

$$f(\theta) = \sum_{n=1}^{\infty} b_n \sin n\theta \quad (n：奇数)$$

$\pi/2$ の左右対称だから，

$$b_n = \frac{4}{\pi} \int_0^{\pi/2} f(\theta) \sin n\theta \, d\theta \quad (n：奇数)$$

$$f(\theta) = \frac{E_m}{\pi/2}\theta = \frac{2E_m}{\pi}\theta$$

$$b_n = \frac{8E_m}{\pi^2} \int_0^{\pi/2} \theta \cdot \sin n\theta \, d\theta$$

$$= \frac{8E_m}{\pi^2} \left\{ \left[-\frac{1}{n}\theta \cdot \cos n\theta \right]_0^{\pi/2} + \int_0^{\pi/2} 1 \cdot \left(\frac{1}{n}\cos n\theta\right) d\theta \right\}$$

$$= \frac{8E_m}{n\pi^2} \left\{ -\left(\frac{\pi}{2}\cos\frac{n\pi}{2} - 0\right) + \frac{1}{n}[\sin n\theta]_0^{\pi/2} \right\}$$

$$= \frac{8E_m}{n\pi^2} \left(0 + \frac{1}{n}\sin\frac{n\pi}{2}\right)$$

$$= \begin{cases} \dfrac{8E_m}{n^2\pi^2} & n：1,\ 5,\ 9,\ 13,\ \cdots\cdots \\ -\dfrac{8E_m}{n^2\pi^2} & n：3,\ 7,\ 11,\ 15,\ \cdots\cdots \end{cases}$$

$$\therefore\ f(\theta) = \frac{8E_m}{\pi^2}\left(\sin\theta - \frac{1}{3^2}\sin 3\theta + \frac{1}{5^2}\sin 5\theta - \cdots\cdots\right) \quad 答$$

(2) 対称波かつ奇関数波ゆえ，

$$f(\theta) = \sum_{n=1}^{\infty} b_n \sin n\theta \quad (n：奇数)$$

$\pi/2$ の左右対称ゆえ，

$$b_n = \frac{4}{\pi} \int_0^{\pi/2} f(\theta) \sin n\theta \, d\theta$$

$$\begin{cases} f(\theta) = \dfrac{E_m}{\alpha}\theta & (0 < \theta < \alpha) \\ f(\theta) = E_m & \left(\alpha < \theta < \dfrac{\pi}{2}\right) \end{cases}$$

$$b_n = \frac{4E_m}{\pi}\left(\frac{1}{\alpha}\int_0^\alpha \theta\sin n\theta d\theta + \int_\alpha^{\pi/2}\sin n\theta d\theta\right)$$

$$\int_0^\alpha \theta\sin n\theta d\theta = -\frac{1}{n}\left\{[\theta\cos n\theta]_0^\alpha - \int_0^\alpha \cos n\theta d\theta\right\}$$

$$= -\frac{1}{n}\left\{\alpha\cos n\alpha - \frac{1}{n}[\sin n\theta]_0^\alpha\right\}$$

$$= -\frac{1}{n}\left(\alpha\cos n\alpha - \frac{1}{n}\sin n\alpha\right)$$

$$\int_\alpha^{\pi/2}\sin n\theta d\theta = -\frac{1}{n}[\cos n\theta]_\alpha^{\pi/2} = -\frac{1}{n}(0-\cos n\alpha) = \frac{1}{n}\cos n\alpha$$

$$\therefore\ b_n = \frac{4E_m}{\pi}\left\{-\frac{1}{\alpha n}\left(\alpha\cos n\alpha - \frac{1}{n}\sin n\alpha\right) + \frac{1}{n}\cos n\alpha\right\} = \frac{4E_m}{\alpha n^2\pi}\sin n\alpha$$

$$\therefore\ f(\theta) = \frac{4E_m}{\alpha\pi}\left(\sin\alpha\sin\theta + \frac{\sin 3\alpha}{3^2}\sin 3\theta + \frac{\sin 5\alpha}{5^2}\sin 5\theta + \cdots\right)\quad 答$$

(3) 偶関数波ゆえ，

$$f(\theta) = a_0 + \sum_{n=1}^\infty a_n \cos n\theta$$

$$a_0 = \frac{1}{2\pi}\int_0^{2\pi} f(\theta)d\theta\quad (\pi/2\text{ごとに同じ値})$$

$$= \frac{1}{\pi/2}\int_0^{\pi/2} f(\theta)d\theta$$

$$f(\theta) = E_m\sin\theta\quad (0<\theta<\pi/2)$$

$$\therefore\ a_0 = \frac{2E_m}{\pi}\int_0^{\pi/2}\sin\theta d\theta = \frac{2E_m}{\pi}[-\cos\theta]_0^{\pi/2} = \frac{2E_m}{\pi}$$

$$\begin{cases}f(\theta) = E_m\sin\theta\quad (0<\theta<\pi) \\ f(\theta) = -E_m\sin\theta\quad (\pi<\theta<2\pi)\end{cases}$$

$$a_n = \frac{E_m}{\pi}\left\{\int_0^\pi \sin\theta\cos n\theta d\theta - \int_\pi^{2\pi}\sin\theta\cos n\theta d\theta\right\}$$

$$I(\theta) = \int\sin\theta\cos n\theta d\theta\text{ と置くと，}$$

$$a_n = \frac{E_m}{\pi}\{[I(\theta)]_0^\pi - [I(\theta)]_0^{2\pi}\} = \frac{E_m}{\pi}\{I(\pi)-I(0)-(I(0)-I(\pi))\}$$

$$= \frac{2E_m}{\pi}\{I(\pi)-I(0)\}$$

解　　答

$$I(\theta) = \int \sin\theta \cos n\theta \, d\theta = \frac{1}{2}\int \{\sin(n+1)\theta - \sin(n-1)\theta\} \, d\theta$$

$$= \frac{1}{2}\left\{\frac{-1}{n+1}\cos(n+1)\theta + \frac{1}{n-1}\cos(n-1)\theta\right\} + C$$

$n = 1, 3, 5, \cdots\cdots$ のとき,

$$I(\pi) = \frac{1}{2}\left\{\frac{-1}{n+1}\cdot 1 + \frac{1}{n-1}\cdot 1\right\} + C = \frac{1}{n^2-1} + C = I(0)$$

$n = 2, 4, 6, \cdots\cdots$ のとき,

$$I(\pi) = \frac{-1}{n^2-1} + C, \qquad I(0) = \frac{1}{n^2-1} + C$$

したがって, a_n の値は, $n = 1, 3, 5, \cdots\cdots$ のとき,

$$a_n = \frac{2E_m}{\pi}\{I(\pi) - I(0)\} = 0$$

$n = 2, 4, 6, \cdots\cdots$ のとき,

$$a_n = \frac{2E_m}{\pi}\frac{-2}{n^2-1} = \frac{2E_m}{\pi}\frac{-2}{(n-1)(n+1)}$$

$$\therefore \quad f(\theta) = \frac{2E_m}{\pi}\left(1 - \frac{2\cos 2\theta}{1\cdot 3} - \frac{2\cos 4\theta}{3\cdot 5} - \frac{2\cos 6\theta}{5\cdot 7}\right) \quad 答$$

12 双曲線関数 (p.259)

12・1

(1) $\cosh^2 x - \sinh^2 x = \left(\dfrac{\varepsilon^x + \varepsilon^{-x}}{2}\right)^2 - \left(\dfrac{\varepsilon^x - \varepsilon^{-x}}{2}\right)^2 = \dfrac{1}{4}(2\varepsilon^0 + 2\varepsilon^0) = 1 =$ 右辺

(2) $\displaystyle\int \sinh x \, dx = \frac{1}{2}\int (\varepsilon^x - \varepsilon^{-x}) \, dx = \frac{\varepsilon^x + \varepsilon^{-x}}{2} + C = \cosh x + C =$ 右辺

(3) 右辺 $= \cosh x \cosh y + \sinh x \sinh y$

$$= \frac{1}{4}\{(\varepsilon^x + \varepsilon^{-x})(\varepsilon^y + \varepsilon^{-y}) + (\varepsilon^x - \varepsilon^{-x})(\varepsilon^y - \varepsilon^{-y})\}$$

$$= \frac{1}{4}(2\varepsilon^x\varepsilon^y + 2\varepsilon^{-x}\varepsilon^{-y}) = \frac{1}{2}\{\varepsilon^{x+y} + \varepsilon^{-(x+y)}\}$$

$$= \cosh(x+y) = 左辺$$

12・2 $\cosh x \fallingdotseq 1 + x^2/2$ によって近似すると,

$$d = \frac{T}{w}\left(\cosh\frac{wS}{2T} - 1\right) = \frac{T}{w}\left\{1 + \frac{1}{2}\left(\frac{wS}{2T}\right)^2 - 1\right\} = \frac{wS^2}{8T} \quad 答$$

$\sinh x \fallingdotseq x + x^3/6$ によって近似すると,

$$L = \frac{2T}{w} \sinh \frac{wS}{2T} = \frac{2T}{w} \left\{ \frac{wS}{2T} + \frac{1}{6} \left(\frac{wS}{2T} \right)^3 \right\} = S + \frac{w^2 S^3}{24 T^2} \quad 答$$

または，$d^2 = \dfrac{w^2 S^4}{64 T^2}$ を使うと，

$$L = S + \frac{w^2 S^3}{24 T^2} \times \frac{64 T^2}{w^2 S^4} \times d^2 = S + \frac{8 d^2}{3S} \quad 答$$

12・3

$$\begin{bmatrix} \dot{V}_1 \\ \dot{I}_1 \end{bmatrix} = \begin{bmatrix} \cosh \dot{\gamma} l & \dot{Z}_0 \sinh \dot{\gamma} l \\ \dfrac{1}{\dot{Z}_0} \sinh \dot{\gamma} l & \cosh \dot{\gamma} l \end{bmatrix} \begin{bmatrix} \dot{V}_2 \\ \dot{I}_2 \end{bmatrix} \quad ただし,\ \dot{\gamma} = \sqrt{\dot{z}\dot{y}},\ \dot{Z}_0 = \sqrt{\dot{z}/\dot{y}}$$

の式を次のように置く．

$$\begin{bmatrix} \dot{V}_1 \\ \dot{I}_1 \end{bmatrix} = \begin{bmatrix} \dot{A} & \dot{B} \\ \dot{C} & \dot{D} \end{bmatrix} \begin{bmatrix} \dot{V}_2 \\ \dot{I}_2 \end{bmatrix} \cdots\cdots ①$$

$\dot{V}_1 = \dot{A}\dot{V}_2 + \dot{B}\dot{I}_2$ に $\dot{I}_2 = \dfrac{\dot{V}_2 - \dot{E}_2}{\dot{Z}_2}$ を入れると，

$$\dot{V}_1 = \left(\dot{A} + \frac{\dot{B}}{\dot{Z}_2} \right) \dot{V}_2 - \frac{\dot{B}}{\dot{Z}_2} \dot{E}_2 \cdots\cdots ②$$

$$\dot{Z}_2 \dot{V}_1 = (\dot{Z}_2 \dot{A} + \dot{B}) \dot{V}_2 - \dot{B} \dot{E}_2 \cdots\cdots ③$$

①式から，$\dot{I}_1 = \dot{C}\dot{V}_2 + \dot{D}\dot{I}_2$

これに $\dot{I}_1 = \dfrac{\dot{E}_1 - \dot{V}_1}{\dot{Z}_1},\ \dot{I}_2 = \dfrac{\dot{V}_2 - \dot{E}_2}{\dot{Z}_2}$ を入れ整理すると，

$$\dot{Z}_2 \dot{E}_1 + \dot{D}\dot{Z}_1 \dot{E}_2 = (\dot{C}\dot{Z}_1 \dot{Z}_2 + \dot{D}\dot{Z}_1) \dot{V}_2 + \dot{Z}_2 \dot{V}_1 \cdots\cdots ④$$

④式の $\dot{Z}_2 \dot{V}_1$ に③式を入れ整理すると，

$$\dot{V}_2 = \frac{\dot{Z}_2 \dot{E}_1 + (\dot{D}\dot{Z}_1 + \dot{B}) \dot{E}_2}{\dot{D}\dot{Z}_1 + \dot{A}\dot{Z}_2 + \dot{B} + \dot{C}\dot{Z}_1 \dot{Z}_2} = \frac{\dot{Z}_2 \dot{E}_1 + (\dot{Z}_1 \cosh \dot{\gamma} l + \dot{Z}_0 \sinh \dot{\gamma} l) \dot{E}_2}{(\dot{Z}_1 + \dot{Z}_2) \cosh \dot{\gamma} l + \left(\dot{Z}_0 + \dfrac{\dot{Z}_1 \dot{Z}_2}{\dot{Z}_0} \right) \sinh \dot{\gamma} l} \quad 答$$

これを③式に入れ，

$$\dot{V}_1 = \frac{(\dot{Z}_2 \cosh \dot{\gamma} l + \dot{Z}_0 \sinh \dot{\gamma} l) \dot{E}_1 + \dot{Z}_1 \dot{E}_2}{(\dot{Z}_1 + \dot{Z}_2) \cosh \dot{\gamma} l + \left(\dot{Z}_0 + \dfrac{\dot{Z}_1 \dot{Z}_2}{\dot{Z}_0} \right) \sinh \dot{\gamma} l} \quad 答$$

12・4 $\dot{z} = j\omega L,\ \dot{y} = j\omega C$ とすると，

$$\dot{Z}_0 = \sqrt{\frac{\dot{z}}{\dot{y}}} = \sqrt{\frac{L}{C}},\qquad \dot{\gamma} = \sqrt{\dot{z}\dot{y}} = j\omega \sqrt{LC}$$

解　答

$$\begin{bmatrix}\dot{V}_s \\ \dot{I}_s\end{bmatrix}=\begin{bmatrix}\cosh j\omega\sqrt{LC}\,l & \sqrt{\dfrac{L}{C}}\sinh j\omega\sqrt{LC}\,l \\ \sqrt{\dfrac{C}{L}}\sinh j\omega\sqrt{LC}\,l & \cosh j\omega\sqrt{LC}\,l\end{bmatrix}\begin{bmatrix}\dot{V}_r \\ \dot{I}_r\end{bmatrix}$$

三角関数に直すと,

$$\begin{bmatrix}\dot{V}_s \\ \dot{I}_s\end{bmatrix}=\begin{bmatrix}\cos\omega\sqrt{LC}\,l & j\sqrt{\dfrac{L}{C}}\sin\omega\sqrt{LC}\,l \\ j\sqrt{\dfrac{C}{L}}\sin\omega\sqrt{LC}\,l & \cos\omega\sqrt{LC}\,l\end{bmatrix}\begin{bmatrix}\dot{V}_r \\ \dot{I}_r\end{bmatrix}$$

受電端を開放したとき, 送電端から見たインピーダンスは, $\dot{I}_r=0$ として,

$$\dfrac{\dot{V}_s}{\dot{I}_s}=-j\sqrt{\dfrac{L}{C}}\dfrac{1}{\tan\omega\sqrt{LC}\,l}=-jx_0$$

$$\therefore\quad \sqrt{\dfrac{L}{C}}=x_0\tan\omega\sqrt{LC}\,l\cdots\cdots\text{①}$$

受電端を短絡したときのそれは, $\dot{V}_r=0$ として,

$$\dfrac{\dot{V}_s}{\dot{I}_s}=j\sqrt{\dfrac{L}{C}}\tan\omega\sqrt{LC}\,l=jx_s\quad\therefore\quad\sqrt{\dfrac{L}{C}}=x_s\dfrac{1}{\tan\omega\sqrt{LC}\,l}\cdots\cdots\text{②}$$

①②式の両辺を辺々相乗して,

$$\dfrac{L}{C}=x_0x_s,\quad \sqrt{\dfrac{L}{C}}=\sqrt{x_0x_s}\cdots\cdots\text{③}$$

①式を②式で割ると,

$$1=\dfrac{x_0}{x_s}\tan^2\omega\sqrt{LC}\,l,\quad \tan\omega\sqrt{LC}\,l=\sqrt{\dfrac{x_s}{x_0}}$$

$$\sqrt{LC}=\dfrac{1}{\omega l}\tan^{-1}\sqrt{\dfrac{x_s}{x_0}}\cdots\cdots\text{④}$$

④式に③式を掛けると,

$$L=\dfrac{\sqrt{x_0x_s}}{\omega l}\tan^{-1}\sqrt{\dfrac{x_s}{x_0}}\quad\text{答}$$

④式を③式で割ると,

$$C=\dfrac{1}{\omega l\sqrt{x_0x_s}}\tan^{-1}\sqrt{\dfrac{x_s}{x_0}}\quad\text{答}$$

14　ベクトル解析とはどういうものか（p.283）

14・1　スカラ積

$\boldsymbol{A}\cdot\boldsymbol{B}=A_xB_x+A_yB_y+A_zB_z=0.6\times4+4\times0+(-3)\times10=-27.6$　答

ベクトル積

$$A \times B = \begin{vmatrix} i & j & k \\ A_x & A_y & A_z \\ B_x & B_y & B_z \end{vmatrix} = \begin{vmatrix} i & j & k \\ 0.6 & 4 & -3 \\ 4 & 0 & 10 \end{vmatrix} = (40-0)i + (-12-6)j + (0-16)k$$

$$= 40i - 18j - 16k \quad 答$$

14・2

$A \cdot B = A_x B_x + A_y B_y + A_z B_z = 3 \times 2 + (-2) \times 2 + 2 \times (-1) = 0$

$|A| = \sqrt{A \cdot A} = \sqrt{A_x^2 + A_y^2 + A_z^2} = \sqrt{3^2 + (-2)^2 + 2^2} \neq 0$

$|B| = \sqrt{2^2 + 2^2 + (-1)^2} \neq 0$

$A \cdot B = |A||B|\cos\theta = 0$

$|A| \neq 0, \quad |B| \neq 0$

∴ $\cos\theta = 0, \quad \theta = 90°$

ゆえに A, B は直交する.

チャレンジ問題

問1 行列式（キルヒホッフの法則，網目電流）

図の6個の抵抗はすべて1〔Ω〕である．図のメッシュ（網目）1……4に，図の矢印の方向のメッシュ電流 I_1……I_4 が流れるものとして式を立てる．

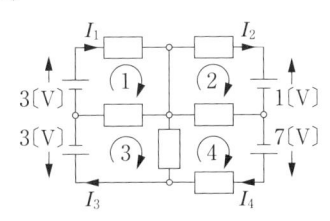

例えば2のループでは，

$$\boxed{(1)} \times I_1 + \boxed{(2)} \times I_2 + \boxed{(3)} \times I_3 - I_4 = \boxed{(4)}$$

の式になる．各ループについてこの式を立て，行列式で I_1 を求めるには，次式を計算する．

$$I_1 = \frac{\begin{vmatrix} 3 & 0 & -1 & 0 \\ \boxed{(4)} & \boxed{(2)} & \boxed{(3)} & -1 \\ -3 & 0 & 2 & -1 \\ 7 & -1 & -1 & 3 \end{vmatrix}}{\begin{vmatrix} 2 & 0 & -1 & 0 \\ \boxed{(1)} & \boxed{(2)} & \boxed{(3)} & -1 \\ -1 & 0 & 2 & -1 \\ 0 & -1 & -1 & 3 \end{vmatrix}}$$

これを計算すると，答は $I_1 = \boxed{(5)}$ 〔A〕である．

〔解答群〕(イ) -4　(ロ) -3　(ハ) -2.5　(ニ) -2　(ホ) -1.5
(ヘ) -1　(ト) -0.5　(チ) 0　(リ) 0.5　(ヌ) 1　(ル) 1.5
(ヲ) 2　(ワ) 2.5　(カ) 3　(ヨ) 4

問2 ＋－の値（電力系統の周波数変動）

電力 P，周波数 f の増分を ΔP，Δf などと表すが，P や f が減少（低下）するときは増分の値が－であるとする．

系統の発電機および負荷の周波数特性定数（周波数変化に対する電力変化の

割合)が K_G, K_L〔MW/Hz〕の,一つの電力系統がある.

この系統で,突然に,発電力が ΔP_G,負荷が ΔP_L〔MW〕変化し,そのため周波数が Δf〔Hz〕変化したのち安定した.発電力・負荷の突然変化直前の時点から,Δf の変化があって再び発電機出力と負荷が平衡した時点までの間では,(発電機出力の変化量)=(負荷電力の変化量)が成り立つ.これを前の記号で表すと次式になる.(注.f が上昇すると P_G は減少し,P_L は増加する)

$$\boxed{(1)} = \Delta P_L + K_L \Delta f \qquad \therefore \quad \Delta f = \frac{\boxed{(2)}}{\boxed{(3)}}$$

$K_G = 750$,$K_L = 250$〔MW/Hz〕の系統で,系統の一部が切離されたことによって,P_G が 400〔MW〕,P_L が 300〔MW〕減少したとすると,周波数は $\boxed{(4)}$〔Hz〕 $\boxed{(5)}$ する.

〔解答群〕 (イ) $\Delta P_G + K_G \Delta f$ (ロ) $K_G + K_L$ (ハ) $\Delta P_G + \Delta P_L$
(ニ) -0.1 (ホ) 低下 (ヘ) 0.7 (ト) $\Delta P_G - K_G \Delta f$
(チ) -0.7 (リ) $\Delta P_G - \Delta P_L$ (ヌ) $\Delta P_L - \Delta P_G$ (ル) $K_G - K_L$
(ヲ) 0.1 (ワ) 0.2 (カ) $K_L - K_G$ (ヨ) 上昇

問3 無限等比級数の和(球形グローブ)

内面の反射率 ρ,透過率 τ の完全拡散性球形グローブの中心に,全方向に均等な光度の光束 F_0〔lm〕の光源がある.グローブ内面の入射光束 F_i は,光源からの F_0,第1回の反射による ρF_0,第2回の $\rho^2 F_0$ ……の和である.

$$F_i = F_0 + \rho F_0 + \rho^2 F_0 + \rho^3 F_3 + \cdots \cdots ①$$

この等比級数の和を求めるには,$\boxed{(1)} - \boxed{(2)}$ の計算をして,①式右辺の第1項以下を消去し,これによって F_i は次のように求まる.

$$F_i = \frac{\boxed{(3)}}{\boxed{(4)}}$$

したがって,このグローブから放射する光束 F_G は次式になる.

$$F_G = \frac{\boxed{(5)}}{\boxed{(4)}}$$

〔解答群〕 (イ) $1-\tau$ (ロ) ρF_0 (ハ) τF_i (ニ) $1-\rho$ (ホ) $4\pi\tau F_0$
(ヘ) F_i (ト) $1+\rho$ (チ) ρF_i (リ) $1+\tau$ (ヌ) $0.5 F_i$ (ル) $(1-\rho)F_i$

(ヲ) F_0　　(ワ) $4\pi F_0$　　(カ) τF_0　　(ヨ) $0.5\rho F_i$

問4　恒等式の応用（無関係一定条件，部分分数分解）

恒等式とは，例えば $a(x+b) = ax + ab$ のように，x の値がいくらであっても成り立つ式である．次の(a)(b)は恒等式の応用である．

(a) $\dfrac{(R_1+j\omega L_1)R_3}{R_2+j\omega L_2}$ の値が ω に無関係に一定の条件を求める．

上式 = $\dot{K}$（一定値）として変形すると，

$(R_1+j\omega L_1)R_3 = (R_2+j\omega L_2)\dot{K}$

$(R_1 R_3 - R_2\dot{K}) + j\omega(L_1 R_3 - L_2\dot{K}) = 0$　　　　　　　　①

ω を変数として①式が恒等的に成り立てばよい．そのためには，①式の括弧の中がそれぞれ (1) であればよい．これから，求める条件は (2) となる．

(b) 部分分数分解とは，例えば，

$$\dfrac{1}{(x+1)^2(x+2)} = \dfrac{a}{(x+1)^2} + \dfrac{b}{x+1} + \dfrac{c}{x+2} \qquad ①$$

として，この式が恒等的に（x がいくらであっても）成り立つような a, b, c を求めることである．

①式の両辺に $(x+1)^2$ を掛け，x を (3) であるとすれば，$a=1$ が求まる．両辺に $(x+2)$ を掛け，x を (4) であるとすれば，$c=1$ が求まる．この a, c を①式に入れ（x がいくらであっても①式が成り立たねばならないので），例えば $x = -3$ とすれば，$b = $ (5) が求まる．

〔解答群〕　(イ) $\dfrac{R_3}{R_2} = \dfrac{L_1}{L_2}$　　(ロ) $\dfrac{R_2}{R_1} = \dfrac{L_1}{L_2}$　　(ハ) $\dfrac{R_1}{R_2} = \dfrac{L_1}{L_2}$　　(ニ) $R_1 R_2 = L_1 L_2$

(ホ) $R_1 L_1 = R_2 L_2$　　(ヘ) -3　　(ト) -2　　(チ) -1　　(リ) $-\dfrac{1}{2}$

(ヌ) 0　　(ル) $1/3$　　(ヲ) $1/2$　　(ワ) 1　　(カ) 2　　(ヨ) 3

問5　複素数計算（電流，電力）

(a) インピーダンス $\dot{Z} = r + jx$ に，電圧 $\dot{E} = E_1 + jE_2$ を加えたときの電流は次

式で表される.

$$|\dot{I}| = \left|\frac{E_1+jE_2}{r+jx}\right| = \frac{\sqrt{E_1^2+E_2^2}}{\boxed{(1)}} \qquad ①$$

無効電力 Q が + のとき遅れ電力とし，①式の第2項の $\dot{I}$ を使って電力を計算すると，次のようになる．

$$P+jQ = \dot{E}\overline{\dot{I}} = (E_1+jE_2)\cdot\frac{E_1-jE_2}{\boxed{(2)}} = \frac{E_1^2+E_2^2}{r^2+x^2}\boxed{(3)}$$

この式から $Q = \dfrac{(E_1^2+E_2^2)x}{r^2+x^2}$ が得られる．

(b) $\dot{Z} = Z\varepsilon^{j\phi} = r+jx$ に，$\dot{E} = E\varepsilon^{j\delta}$ を加えたときの電流・電力は次のようになる．

$$\dot{I} = \frac{\dot{E}}{\dot{Z}} = \frac{E}{Z}\varepsilon^{j(\delta-\phi)}$$

$$P+jQ = \dot{E}\overline{\dot{I}} = \frac{E^2}{Z}\varepsilon^{j\alpha} \text{ として，} \alpha = \boxed{(4)}.$$

$$Q = \frac{E^2}{Z}\sin\phi = \frac{E^2}{Z^2}\boxed{(5)}$$

〔解答群〕 (イ) r^2+x^2　(ロ) $x+jr$　(ハ) δ　(ニ) $r+jx$　(ホ) $\sqrt{r+x}$
(ヘ) r　(ト) $\sqrt{r^2+x^2}$　(チ) $r-jx$　(リ) $\delta-\phi$　(ヌ) $\sqrt{r^2-x^2}$　(ル) ϕ
(ヲ) x　(ワ) $r+x$　(カ) $x-jr$　(ヨ) $\phi-\delta$

問6 最大・最小（微分不使用）（電力・電圧変動率）

(a) 内部インピーダンス $\dot{Z} = r+jx$ の電源につながる負荷抵抗 R を調整して，R の消費電力 P_R が最大になる条件を求める．

$$P_R = I^2R = \frac{V^2R}{(r+R)^2+x^2} = \frac{V^2}{\dfrac{r^2+x^2}{R}+R+2r}$$

上式で $\dfrac{r^2+x^2}{R}\times R = r^2+x^2$ （一定）．したがって，$\dfrac{r^2+x^2}{R} = \boxed{(1)}$ のとき P_R

が最大になり，求める条件は，$R = \boxed{(2)}$ である．

(b) 変圧器の%Zがおよそ4%以下なら，次式で電圧変動率εを計算できる．

$$\varepsilon = \%R \cdot \cos\theta + \%X \cdot \sin\theta \quad (\cos\theta : 負荷力率)$$

この式で，ε最大時の$\cos\theta$と最大のεを求める．ここで，変圧器インピーダンスの力率$\cos\phi$に着目する．

$$\cos\phi = \frac{R}{Z} = \frac{\%R}{\%Z}, \quad 同様に \quad \sin\phi = \frac{\%X}{\%Z}$$

これを上式に入れると次のようになる．

$$\varepsilon = \%Z(\cos\phi \cdot \cos\theta + \sin\phi \cdot \sin\theta) = \%Z \cdot \boxed{(3)}$$

したがって，εの値は$\cos\theta = \boxed{(4)}$ のとき，最大値 $\boxed{(5)}$ 〔%〕となる．

〔解答群〕 (イ) x　(ロ) r　(ハ) $r^2 + x^2$　(ニ) %Z
(ホ) R　(ヘ) $\tan\phi$　(ト) %R　(チ) Z　(リ) $\cos(\theta - \phi)$
(ヌ) $\sin\phi$　(ル) %X　(ヲ) $\dot{Z}$　(ワ) $\sin(\theta - \phi)$　(カ) $\cos\phi$
(ヨ) $\cos(\theta + \phi)$

問7 ベクトル軌跡（電流の軌跡）

R〔Ω〕とL〔H〕とが直列の回路に，角周波数ω〔rad/s〕が$0 \to \infty$の変化をする起電力Eが加わったときの，電流$\dot{i}$の軌跡を求めようとする．軌跡は複素平面上に描かれるので，座標をx, yで表すと，

$$\frac{E}{R + j\omega L} = \boxed{(1)} \qquad ①$$

と置いて，xy座標の図形の方程式を求めればよい．

上式の分母を払い，両辺の実部・虚部がそれぞれ等しいとすると，次式が得られる．

$$Rx - \omega Ly = E \qquad ②$$
$$\omega Lx + Ry = 0 \qquad ③$$

$\dot{i}$の軌跡を求めるために②③式のωを $\boxed{(2)}$ すると，円の方程式が得られる．

さらに，①式の$\dot{i}$の式から$\dot{i}$の範囲を調べると，軌跡は，中心 ($\boxed{(3)}$

〔A〕，半径 (4) 〔A〕の円の第 (5) 象限の部分である．

〔解答群〕 (イ) 変化 (ロ) $x-jy$ (ハ) 2 (ニ) 4 (ホ) (x, y)
(ヘ) 消去 (ト) $x+jy$ (チ) 無視 (リ) $\dfrac{E}{2R}$ (ヌ) $\dfrac{E}{R}$
(ル) $\dfrac{E}{R}, 0$ (ヲ) $0, \dfrac{E}{2R}$ (ワ) $0, \dfrac{E}{R}$ (カ) $\dfrac{E}{2R}, 0$ (ヨ) 1

〔注〕 ベクトル図による解法なら，もっと簡単である．

問8 微分（静電力，加速トルク）

(a) 平行板コンデンサに一定の電荷を与えたときの極板間の静電力の式を求める．極板間距離を t〔m〕，コンデンサのエネルギーを W〔J〕とする．静電力により極板が dt〔m〕動いたと仮想したときのエネルギー変化が dW〔J〕だとする．静電力 F〔N〕による Fdt〔J〕の仕事は，コンデンサのエネルギーを消費してなされる．したがって，F，W 間には Fd$t=$ (1) の関係があるので，静電力は $F=$ (2) で計算できる．

(b) 電動機と負荷の合成慣性モーメントを J〔kg・m^2〕，時間を t〔s〕，t とともに変化する回転角速度を ω〔rad/s〕として，加速トルクは $T_a=$ (3) 〔N・m〕で計算する．ω が直線的に増加すれば，T_a は (4) である．一定の加速トルク T〔N・m〕を加えて，ω を 0 から ω_f まで加速するに要する時間は (5) 〔s〕である．

〔解答群〕 (イ) Wdt (ロ) W (ハ) 直線的変化 (ニ) $J\omega_f T$ (ホ) $-$dW
(ヘ) $J\dfrac{\mathrm{d}\omega_f}{\mathrm{d}T}$ (ト) $J\dfrac{\mathrm{d}\omega}{\mathrm{d}t}$ (チ) $\dfrac{\mathrm{d}W}{\mathrm{d}t}$ (リ) $J\dfrac{\omega_f}{T}$ (ヌ) $J\dfrac{\mathrm{d}^2\omega}{\mathrm{d}t^2}$
(ル) $-\dfrac{\mathrm{d}W}{\mathrm{d}t}$ (ヲ) $J\dfrac{\omega}{t}$ (ワ) 一定 (カ) dW (ヨ) 零

問9 極大・極小（電界，電圧変動率）

(a) 外球，内球からなる同心導体球を作る．外球の内半径 R_a を一定とし，内外球間に一定電圧 V を加えたとき内球表面の電界 E_b が最小になるように内

球の外半径 r_b を選ぼうとする．計算すると $E_b = \dfrac{R_a V}{(R_a - r_b) r_b}$ となる．この式の分母が [(1)] になれば，E_b は極小になる．分母を r_b で微分し 0 とおいて r_b を求めると [(2)] となり，分母について第 2 次導関数を求めると [(3)] となるので，E_b が極小になることが確かめられる．

(b) 変圧器の電圧変動率 $\varepsilon = p\cos\theta + q\sin\theta$ を最大にする力率 $\cos\theta$ を求める．上式を微分が容易な [(4)] で微分し 0 とおくと，$\tan\theta =$ [(5)] となり，これから求める力率は $p/\sqrt{p^2 + q^2}$ となる．なお，ε の第 2 次導関数を求めると，負になることが確かめられる．

〔解答群〕 (イ) R_a　(ロ) 最大　(ハ) 正　(ニ) θ　(ホ) $\cos\theta$
(ヘ) p/q　(ト) 極小　(チ) $R_a/2$　(リ) 負　(ヌ) 極大
(ル) $R_a/3$　(ヲ) q/p　(ワ) 零　(カ) $\sin\theta$　(ヨ) pq

問 10 (a) 単相純ブリッジ整流回路出力電圧が図 1 のようであるとき直流平均電圧は，
$$E_d = \boxed{(1)} \sqrt{2}\, V\cos\theta\, d\theta$$
で計算して [(2)] となる．

(b) 図 2 のような内外半径 r_1, r_2 〔m〕，長さ l 〔m〕，質量 G 〔kg〕（均質）の回転体の回転軸に対する慣性モーメント J を求めようとする．半径 r 〔m〕，厚さ dr 〔m〕，長さ l 〔m〕の円筒の体積は，
$$dv = 2\pi r l\, dr\ [\text{m}^3]$$
これの質量は，密度を ρ 〔kg/m³〕として，
$$dm = \boxed{(3)} = \frac{2rG}{r_2^2 - r_1^2}\, dr\ [\text{kg}]$$

質点 m 〔kg〕の慣性モーメントは，mr^2 〔kg·m²〕だから，J は次のようになる．
$$J = \int_{r=r_1}^{r=r_2} \boxed{(4)} = \boxed{(5)}\ [\text{kg}\cdot\text{m}^2]$$

図 1

図 2

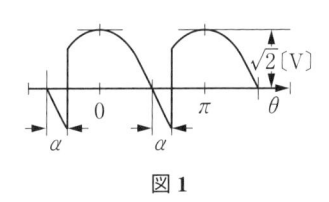

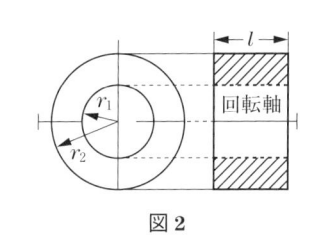

〔解答群〕 (イ) $\dfrac{1}{\pi}\int_{\alpha}^{180°+\alpha}$ (ロ) $\dfrac{1}{\pi}\int_{-90°}^{90°+\alpha}$ (ハ) $\dfrac{1}{\pi}\int_{0}^{180°}$

(ニ) $-0.900\ V\cos\alpha$ (ホ) $0.900\ V$ (ヘ) $0.900\ V\cos\alpha$ (ト) $d\rho v$

(チ) $r^2 dm$ (リ) $dm\cdot r^2$ (ヌ) $G(r_1^2+r_2^2)/2$ (ル) ρv

(ヲ) Gr^2 (ワ) ρdv (カ) $mr^2 dr$ (ヨ) $2G(r_1^2+r_2^2)$

問11 定積分（静電界の電位差・静電容量）

図1のように点電荷$+q$からx〔m〕のp点の電界がE〔V/m〕であるとする．p点からp′点までにおける電位の増分dvは $\boxed{(1)}$ 〔V〕である．したがって，b点に対するa点の電位（＝電位差V_{ab}）は$V_{ab}=\boxed{(2)}\ dx$〔V〕で計算できる．

図2の単心ケーブルの線心に1〔m〕当たりq〔C〕の電荷を与えたとき，中心からr〔m〕の電界Eは，$E=\boxed{(3)}$〔V/m〕であり，外部導体から線心までの電位差は$V_{r_1 r_2}=\boxed{(4)}\ qdr$〔V〕である．これを計算して，ケーブルの静電容量は，$C=\boxed{(5)}$〔F〕であることが分かる．

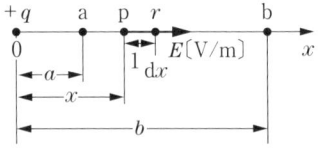

図1（長さ単位〔m〕）

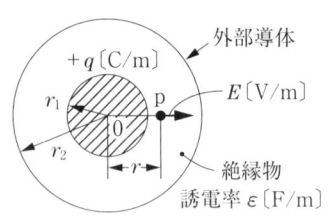

図2（長さ単位〔m〕）

〔解答群〕 (イ) $\dfrac{q}{2\pi r}$ (ロ) $-\int_a^b E$ (ハ) $\dfrac{2\pi\varepsilon}{\log_e(r_1/r_2)}$

(ニ) $-\int_b^a E$ (ホ) Edx (ヘ) $\dfrac{q}{2\pi\varepsilon r}$ (ト) $-\int_{r_1}^{r_2}\dfrac{1}{2\pi\varepsilon r}$

(チ) $\dfrac{2\pi\varepsilon}{\log_e(r_2/r_1)}$ (リ) $-Edx$ (ヌ) $-\int_{r_2}^{r_1}\dfrac{1}{2\pi\varepsilon r}$ (ル) $-\int_{r_2}^{r_1}\dfrac{1}{4\pi\varepsilon r}$

(ヲ) $\dfrac{4\pi\varepsilon}{\log_e(r_2/r_1)}$ (ワ) $-\int_{r_2}^{r_1}\dfrac{1}{2\pi r}$ (カ) $\dfrac{2\pi}{\log_e(r_2/r_1)}$ (ヨ) $\dfrac{q}{4\pi\varepsilon r}$

問 12 定積分（ビオ・サバールの法則）

図の ab 間の電流によって p 点に生じる磁界 H_p を求める．p 点は O 点から ab に垂直に R 〔m〕の点である．ビオ・サバールの法則によると，

$$dH = \frac{I \sin\theta}{4\pi r^2} dl \qquad ①$$

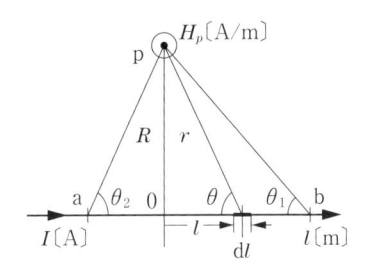

を積分して H_p が求まるが，θ, r, l はともに関連した変数なので，これらの変数を 1 個の θ だけで表すと，$r = \dfrac{R}{\sin\theta}$，$l = \dfrac{R}{\tan\theta}$ から $\dfrac{dl}{d\theta}$ によって，$dl = \dfrac{\boxed{(1)}}{\sin^2\theta}$ となる．

これらを①式に代入して $dH = \dfrac{\boxed{(2)}}{4\pi R} d\theta$，$H_p$ は図と dH によって，$H_p = \boxed{(3)} dH$ で計算でき，

$$H_p = \frac{1}{4\pi R}(\boxed{(4)}) \text{〔A/m〕}$$

となる．この式を使って，辺の長さ L 〔m〕の正三角形の導線に I 〔A〕を流したときの，重心の点の磁界を求めると，$\boxed{(5)}$ 〔A/m〕となる．

〔解答群〕　(イ) $I \sin\theta$　(ロ) $\sin\theta_1 + \sin\theta_2$　(ハ) $Rd\theta$
(ニ) $\cos\theta_1 - \cos\theta_2$　(ホ) $-Rd\theta$　(ヘ) $-I\cos\theta$　(ト) $\cos\theta_1 + \cos\theta_2$
(チ) $-R\cos cd\theta$　(リ) $-I\sin\theta$　(ヌ) $\int_{\theta_2}^{\theta_1}$　(ル) $\dfrac{9I}{4\pi L}$
(ヲ) $\dfrac{9I}{2\pi L}$　(ワ) $\int_{\theta_1}^{180°-\theta_2}$　(カ) $\dfrac{3I}{2\pi L}$　(ヨ) $\int_{180°-\theta_2}^{\theta}$

問 13 定積分（分布負荷の電圧降下）

L 〔m〕の単相 2 線式配電線の 1 〔m〕当たりの負荷電流（負荷密度）i 〔A/m〕が A のように末端から電源に向かって直線的に増加しており，電源からの供給電流が I_0 〔A〕である．線路長 1 〔m〕当たりの往復電線等価抵抗を R_e

(注. $R_e = r\cos\theta + x\sin\theta$〔Ω/m〕としたとき，全線における電圧降下を求める.

負荷密度 i〔A/m〕を $x=0$ から L まで積分したもの（i のグラフの面積）が I_0 であることを考慮し，I_0，L，x で表した i の式は，

$$i = \frac{\boxed{(1)}}{L^2} \text{〔A/m〕である．}$$

電源から x〔m〕の点の線路電流 I_x の式を計算すると次のようになる．

$$I_x = \int \boxed{(2)}\, dx = \frac{I_0(\boxed{(3)})}{L^2} \text{〔A〕}$$

この I_x の式を使って計算し，全線での電圧降下 v は次のように求まる．

$$v = \int \boxed{(2)}\, dx = \boxed{(5)} \text{〔V〕}$$

〔解答群〕　(イ) $I_0(L-x)$　　(ロ) $2Lx - x^2 - L^2$　　(ハ) $2I_0(L-x)$

(ニ) $\dfrac{x^2}{2} - Lx + \dfrac{L^2}{2}$　(ホ) $I_0(2L-x)$　(ヘ) $x^2 - 2Lx + L^2$　(ト) $\displaystyle\int_L^x i$

(チ) $\displaystyle\int_0^L 2R_e I_x$　(リ) $\dfrac{1}{3} I_0 R_e L$　(ヌ) $\displaystyle\int_x^L i$　(ル) $\displaystyle\int_L^0 I_x R_e$

(ヲ) $\dfrac{1}{3} I_0^2 R_e L$　(ワ) $\displaystyle\int_0^L I_x R_e$　(カ) $\displaystyle\int_0^x i$　(ヨ) $\dfrac{1}{3} I_0 R_e$

問14　微分方程式（過渡現象）

sw を a 側に入れ A 側の静電容量 C〔F〕を E〔V〕に充電したのち，sw を b 側に倒した瞬時を $t=0$〔s〕とする．図で q，q' は時間の関数の電荷であり，これから電流 i を求める．

$t=0$ の A 側の電荷は $q = CE$〔C〕である．$t=0$ 以降の B 側の C〔F〕の電荷 q' を q で表すと $q' = \boxed{(1)}$〔C〕である．また，A 側の C から流出する電荷による電流は $i = \boxed{(2)}$〔A〕である．

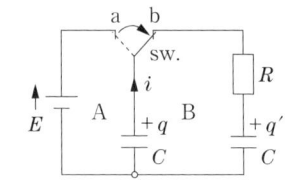

ここで，A，B 両側の電位差が等しいことを式で表すと，

$$\frac{q}{C} = R(\boxed{(2)}) + \frac{\boxed{(1)}}{C} \text{〔V〕}$$

この式から q を（定常項）＋（過渡項）の形で表すと，

$$q = \boxed{(3)} + A\varepsilon^{pt} \quad (\text{ただし，} p = \boxed{(4)})$$

初期条件により任意定数 A を決めると，

$$q = \boxed{(3)}(1 + \varepsilon^{pt}) \text{〔C〕}$$

したがって，i は次のようになる．

$$i = \boxed{(2)} = \boxed{(5)} \text{〔A〕}$$

〔解答群〕 (イ) $CE + q$ (ロ) CE (ハ) $CE - q$ (ニ) $2CE$
(ホ) $\dfrac{dq}{dt}$ (ヘ) $\dfrac{2}{CR}$ (ト) $\dfrac{E}{R}\varepsilon^{pt}$ (チ) $-\dfrac{dq}{dt}$ (リ) $-\dfrac{E}{R}\varepsilon^{pt}$
(ヌ) $-\dfrac{1}{CR}$ (ル) $-\dfrac{dq'}{dt}$ (ヲ) $-\dfrac{2}{CR}$ (ワ) $\dfrac{CE}{2} - q$ (カ) $\dfrac{E}{2R}\varepsilon^{pt}$ (ヨ) $\dfrac{CE}{2}$

問15 フーリエ級数（ひずみ波交流）

図の方形波のフーリエ級数を求めようとする．ここでは，基本波の $2\pi ft = \omega t$ を θ で表す．

$f(\theta)$ は対称波だから奇数次の項のみであり，奇関数波だから $\boxed{(1)}$ の項のみである．さらに $\pi/2$ の軸対称だから $\boxed{(2)}$ の間の積分でフーリエ係数が求まる．したがって，フーリエ係数 A_n と $f(\theta)$ は次のように計算できる．

$$A_n = \boxed{(3)}\, d\theta$$

$$f(\theta) = \frac{4A}{\pi}\left(\boxed{(4)} \sin\theta + \boxed{(5)} \sin 3\theta + \cdots\cdots\right)$$

〔解答群〕 (イ) $\cos n\theta$ (ロ) $0 \sim \pi$ (ハ) $\cos\alpha$ (ニ) $-\pi/2 \sim \pi/2$
(ホ) $\sin n\theta$ (ヘ) 1 (ト) $0 \sim \pi/2$ (チ) $\sin\theta$ (リ) $\dfrac{4}{\pi}\int_\alpha^{\pi/2} A\sin n\theta$
(ヌ) $\dfrac{2}{\pi}\int_\alpha^{\pi/2} A\sin n\theta$ (ル) $\dfrac{\cos 3\alpha}{3}$ (ヲ) $\dfrac{1}{9}$ (ワ) $\dfrac{\cos\alpha}{2}$

(カ) $\dfrac{\cos 3\alpha}{6}$ (ヨ) $\dfrac{4}{\pi}\displaystyle\int_0^{\pi/2} A\sin n\theta$

問16 ラプラス変換（ε^{-at}を含む公式）

(a) $\mathcal{L}[\varepsilon^{-at}f(t)] = F(s+a)\cdots①$ という公式がある．例えば，$f(t)=1(=u(t))$ のときは，$F(s)=1/s$ だから，$\mathcal{L}[\varepsilon^{-at}\cdot 1] = \dfrac{1}{s+a}$ となる．①式の逆変換は，次のように書くと，分かりやすい公式になる．

$$\mathcal{L}^{-1}[F(s+a)] = \varepsilon^{-at}\,\mathcal{L}^{-1}[\boxed{(1)}]\cdots②$$

(b) 自動制御系の応答（出力）として，しばしば出てくる形の $y(t)=\varepsilon^{-at}\cos\omega t$ のラプラス変換 $Y(s)$ の公式を求める．ラプラス変換の基本式 $\displaystyle\int_0^\infty \varepsilon^{-st}f(t)dt$ に $y(t)$ を入れると，$Y(s)=\displaystyle\int_0^\infty \varepsilon^{-xt}\cos\omega t\,dt$．ここで，$x$ は $x=\boxed{(2)}$ $\cdots③$ である．$x=s'\cdots④$ と置き換えて，s' をラプラス変換の変数 s とみなせば，$Y(s')=\dfrac{s'}{\boxed{(3)}}$ となる．この式の s' を③④式によって s に戻せば，次の $Y(s)$ の公式が得られる．

$$Y(s)=\mathcal{L}[\varepsilon^{-at}\cos\omega t]=\boxed{(4)}$$

また，この式から，次の公式が類推できる．

$$\mathcal{L}^{-1}\left[\dfrac{\omega}{(s+a)^2+\omega^2}\right]=\boxed{(5)}$$

なお，この式は(a)の②式によっても容易に得られる．

〔解答群〕 (イ) $s'^2-\omega^2$ (ロ) $s-a$ (ハ) $\varepsilon^{-at}\cos\omega t$ (ニ) $F(s)$
(ホ) s (ヘ) $s'^2+\omega^2$ (ト) $s^2+\omega^2$ (チ) $F(s+a)$ (リ) $s+a$
(ヌ) $\varepsilon^{at}\sin\omega t$ (ル) $f(s)$ (ヲ) $\varepsilon^{-at}\sin\omega t$ (ワ) $\dfrac{s-a}{(s-a)^2+\omega^2}$
(カ) $\dfrac{s+a}{(s-a)^2+\omega^2}$ (ヨ) $\dfrac{s}{(s-a)^2+\omega^2}$

問17 ラプラス変換（自動制御の伝達関数）

(a) 図1のように底面積 A [m^2] のタンクに水を流量 $g(t)$ [m^3/s] で注入し，下方から水位 h に比例して kh [m^3/s] の水を排出するときの伝達関数 $G(s) = \dfrac{dH(s)}{dQ(s)}$ を求める．

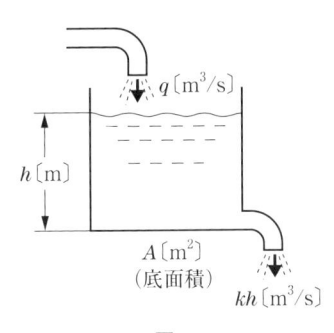

dt [s] 間に dh [m] 水位が上昇するとすれば，

(注水量が排水量より上向る量) = (貯水量の増加分)

となるので，次式が成り立つ．

$(\boxed{(1)})dt = \boxed{(2)}$

この式を h についての微分方程式に整理し，その微分方程式のラプラス変換から次の伝達関数が得られる．

$$\dfrac{H(s)}{Q(s)} = \dfrac{1}{\boxed{(3)}}$$

またここで，$\dfrac{A}{k} = T$，$\dfrac{1}{k} = K_G$ とすれば，$\dfrac{H(s)}{Q(s)} = \dfrac{K_G}{\boxed{(4)}}$ となって，一次遅れ要素であることが分かる．

図1

(b) 図2の回路の伝達関数 $G(s) = \dfrac{V_o(s)}{V_i(s)}$ を求める．

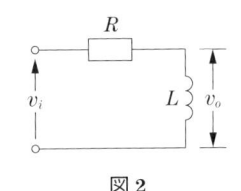

ラプラスの補助回路を用いて伝達関数を求め $\dfrac{L}{R} = T$ と置くと，$G(s) = \boxed{(5)}$ となる．

図2

〔解答群〕　(イ) $k+qs$　(ロ) Adh　(ハ) $qt-kh$　(ニ) Adt　(ホ) $q-kh$
(ヘ) $k+As$　(ト) $(T+s)/T$　(チ) $qt+kh$　(リ) $A+ks$　(ヌ) K_G+Ts
(ル) $1+Ts$　(ヲ) qdh　(ワ) $\dfrac{T}{1+Ts}$　(カ) $\dfrac{Ts}{1+Ts}$　(ヨ) $\dfrac{s}{T+s}$

問 18　ラプラス変換（微分方程式を解く）

電気機器に W〔W〕の損失があると，W の一部は機器温度を上昇させ，残りは機器の外に放熱する．（機器温度）−（空気など冷却媒体温度）を温度上昇 θ〔K〕という．機器の熱容量を C〔J/K〕，放熱係数を H〔W/K〕とし，W が一定のとき，dt〔s〕間に $d\theta$〔K〕の温度上昇があるとすると次式が成り立つ．

$$Wdt = \boxed{(1)} + \boxed{(2)} dt$$

整理して，$C\dfrac{d\theta}{dt} + H\theta = W$

$t = 0$ のとき $\theta = \theta_0$ として，上式をラプラス変換すると次式になる．

$$C(\boxed{(3)}) + H\Theta(s) = \boxed{(4)}$$

この式から $\Theta(s) = \dfrac{W + C\theta_0 s}{s(H + sC)}$ が得られ，これを逆変換すると次式になる．

$$\theta = \dfrac{W}{H}(\boxed{(5)}) + \theta_0 \varepsilon^{-\frac{H}{C}t}$$

〔解答群〕　(イ)　Ws　　(ロ)　$1 - \varepsilon^{\frac{C}{H}t}$　　(ハ)　$Hd\theta$　　(ニ)　$s\Theta(s) - \theta_0$　　(ホ)　W
(ヘ)　$C\theta$　　(ト)　$1 - \varepsilon^{-\frac{H}{C}t}$　　(チ)　$s\Theta(s)$　　(リ)　W/s　　(ヌ)　$Cd\theta$
(ル)　θ/H　　(ヲ)　$s\Theta(s) + \theta_0$　　(ワ)　$H\theta$　　(カ)　$d\theta/C$　　(ヨ)　$1 + \varepsilon^{-\frac{H}{C}t}$

チャレンジ問題　解答

問1 (1)-(チ), (2)-(ヲ), (3)-(チ), (4)-(ヘ), (5)-(ヲ)

1のループでは次の式が成り立つ.
$$1^{(\Omega)} \times I_1 + 1^{(\Omega)} \times (I_1 - I_3) = 3 \text{ (V)} \cdots\cdots ①$$

つまり,
$$2I_1 + 0 \cdot I_2 - 1 \cdot I_3 + 0 \cdot I_4 = 3 \text{ (V)} \cdots\cdots ②$$

②式の第1項 $2I_1$ 〔V〕は，1のループの I_1 による電圧の合計で，①式を書かなくても②式が得られる．2のループでは，ループの矢印の向きと起電力 1〔V〕の向き（正方向）とが逆なことに注意して，次式が得られる.

$$\boxed{0} \times I_1 + \boxed{2} \times I_2 + \boxed{0} \times I_3 - 1 \times I_4 = \boxed{-1} \text{ (V)} \cdots\cdots ③$$

同様に 3, 4 のループで式を立て，各左辺の係数で行列式を作ると，次式になる.

$$\triangle = \begin{vmatrix} 2 & 0 & -1 & 0 \\ \boxed{0} & \boxed{2} & \boxed{0} & -1 \\ -1 & 0 & 2 & -1 \\ 0 & -1 & -1 & 3 \end{vmatrix} \cdots\cdots ④$$

・この行列式の値を求めるが，4次以上の行列式はサラスの方法では求められない(p.87).

・余因子による展開 (p.88) を行う．上式のまま展開してもよいが，次の方法がよい.
「一つの列（行）の何倍かを他の列（行）に加・減しても行列式の値は変わらない(p.89)」ので，上式の第3列に 2 を掛けて第1列に加え式を簡単にして，余因子による展開をする.

$$\triangle = \begin{vmatrix} 0 & 0 & -1 & 0 \\ 0 & 2 & 0 & -1 \\ 3 & 0 & 2 & -1 \\ -2 & -1 & -1 & 3 \end{vmatrix} = (-1) \times \begin{vmatrix} 0 & 2 & -1 \\ 3 & 0 & -1 \\ -2 & -1 & 3 \end{vmatrix} = 11$$

I_1 は連立方程式を解くため，クラメルの公式 (p.90) を用いる.

$$I_1 = \frac{1}{\triangle} \begin{vmatrix} 3 & 0 & -1 & 0 \\ \boxed{-1} & \boxed{2} & \boxed{0} & -1 \\ -1 & 0 & 2 & -1 \\ 0 & -1 & -1 & 3 \end{vmatrix} = \frac{22}{11} = \boxed{2}$$

問2 (1)−(ト), (2)−(リ), (3)−(ロ), (4)−(ヲ), (5)−(ホ)

K_G, K_L は常に＋の値だが, ΔP_G, ΔP_L, Δf は＋と−の値をとる．しかし，式を立てるときは，ΔP_G, ΔP_L, Δf は「＋の値である」と思って式を立てる．これがキーポイントである．

発電力・負荷の突然変化から，Δf の変化後に平衡をとり戻す間の負荷の変化量は，

$$\text{負荷の変化量} = \Delta P_L + K_L \Delta f \text{ [MW]} \cdots \text{①}$$

である．負荷が突然 ΔP_L 増加した後に，平衡状態になるまでにはさらに $K_L \Delta f$ [MW] 増加するからである．一方，発電力の変化量は，Δf が＋のとき，つまり周波数が上昇したときは，発電機出力は速度調定率に従って低下するから，

$$\text{発電機出力の変化量} = \Delta P_G - K_G \Delta f \text{ [MW]} \cdots \text{②}$$

②式①式の値は等しいから，

$$\boxed{\Delta P_G - K_G \Delta f} = \Delta P_L + K_L \Delta f \cdots \text{③}$$

③式によって，

$$\Delta f = \boxed{\frac{\Delta P_G - \Delta P_L}{K_G + K_L}}$$

$$\therefore \Delta f = \frac{(-400) - (-300)}{750 + 250} = -0.1 \text{ [Hz]}$$

すなわち，周波数は $\boxed{0.1}$ [Hz] $\boxed{低下}$ する．

問3 (1)−(ヘ), (2)−(チ), (3)−(ヲ), (4)−(ニ), (5)−(カ)

グローブ内面の入射光束 F_i は，

$$F_i = F_0 + \rho F_0 + \rho^2 F_0 + \cdots$$

右辺の等比級数の和を求める．

$\boxed{F_i} - \boxed{\rho F_i}$ の計算をすると，

$$F_i - \rho F_i = F_0 + \rho F_0 + \rho^2 F_0 + \rho^3 F_0 + \cdots - (\rho F_0 + \rho^2 F_0 + \rho^3 F_0 + \cdots)$$

$$F_i - \rho F_i = F_0$$

$$\therefore F_i = \boxed{\frac{F_0}{1-\rho}}$$

この内面入射光束 F_i に，透過率 τ を乗じた τF_i が，グローブから放射する光束 F_G になる．

$$\therefore F_G = \tau F_i = \boxed{\frac{\tau F_0}{1-\rho}}$$

問4 (a) (1)−(ヌ), (2)−(ハ)

チャレンジ問題　解答

問題の①式
$$(R_1R_3 - R_2\dot{K}) + j\omega(L_1R_3 - L_2\dot{K}) = 0 \cdots\cdots①$$

①式が ω を変数として恒等的に成り立つには，①式の括弧の中がそれぞれ $\boxed{0}$ でなければならない．すなわち，
$$R_1R_3 - R_2\dot{K} = 0, \quad L_1R_3 - L_2\dot{K} = 0$$

上式から，
$$\dot{K} = \frac{R_1R_3}{R_2} = \frac{L_1R_3}{L_2}$$

求める条件は，$\dot{K}$ は条件と関係がなく，また，R_3 で約せるので，$\boxed{\dfrac{R_1}{R_2} = \dfrac{L_1}{L_2}}$

(b)　(3)−(チ)，(4)−(ト)，(5)−(チ)

次の①式が x がいくらであっても成り立つような a, b, c を求める．
$$\frac{1}{(x+1)^2(x+2)} = \frac{a}{(x+1)^2} + \frac{b}{x+1} + \frac{c}{x+2} \cdots\cdots①$$

両辺に $(x+1)^2$ を掛け，$x+1=0$ すなわち，$x = \boxed{-1}$ とすれば，次のように a が求まる．

$$\frac{1}{x+2} = a + b(x+1) + \frac{c(x+1)^2}{x+2}$$

$x = -1$ とすれば，$\dfrac{1}{-1+2} = a$，$a = 1$．

c も同様に①式の両辺に $(x+2)$ を掛け，$x+2=0$，$x = \boxed{-2}$ とすれば，$c=1$ となる．
①式に，求めた a, c を入れると，
$$\frac{1}{(x+1)^2(x+2)} = \frac{1}{(x+1)^2} + \frac{b}{x+1} + \frac{1}{x+2} \cdots\cdots②$$

x がいくらであっても上式が成り立つような b を求めるのだから，式が簡単になるように，$x=-3$ とすると，
$$\frac{1}{(-2)^2 \times (-1)} = \frac{1}{(-2)^2} + \frac{b}{-2} + \frac{1}{-1}$$

上式から，$b = \boxed{-1}$

問5　(a)　(1)−(ト)，(2)−(チ)，(3)−(ニ)

$|\dot{I}| = \left|\dfrac{E_1 + jE_2}{r + jx}\right|$ において，$\left|\dfrac{\dot{A}}{\dot{B}}\right| = \dfrac{|\dot{A}|}{|\dot{B}|}$ の公式を使うと，

$$|\dot{I}| = \left|\frac{E_1+jE_2}{r+jx}\right| = \frac{\sqrt{E_1^2+E_2^2}}{\boxed{\sqrt{r^2+x^2}}}$$

遅れ無効電力を＋とした電力は，

$$P+jQ = \dot{E}\bar{\dot{I}} = (E_1+jE_2) \cdot \overline{\left(\frac{E_1+jE_2}{r+jx}\right)} = (E_1+jE_2) \cdot \frac{\overline{(E_1+jE_2)}}{(r+jx)}$$

$$= (E_1+jE_2) \cdot \frac{E_1-jE_2}{\boxed{r-jx}} = \frac{(E_1^2+E_2^2)(r+jx)}{(r-jx)(r+jx)}$$

$$= \frac{E_1^2+E_2^2}{r^2+x^2} \cdot \boxed{r+jx}$$

(b) (4)−(ル)，(5)−(ヲ)

$$\dot{I} = \frac{E}{Z}\varepsilon^{j(\delta-\phi)}$$

$$P+jQ = \dot{E}\bar{\dot{I}} = E\varepsilon^{j\delta} \cdot \overline{\left(\frac{E}{Z}\varepsilon^{j(\delta-\phi)}\right)} = E\varepsilon^{j\delta} \cdot \frac{E}{Z}\varepsilon^{j(\phi-\delta)} = \frac{E^2}{Z}\varepsilon^{j\phi} \cdots\cdots ①$$

したがって，$\alpha = \boxed{\phi}$

①式は $P+jQ = \dfrac{E^2}{Z}(\cos\phi + j\sin\phi) \cdots\cdots ②$

問題の $\dot{Z}$ の式から，

$$Z\varepsilon^{j\phi} = r+jx, \quad \therefore \quad \varepsilon^{j\phi} = \cos\phi + j\sin\phi = \frac{r}{Z} + j\frac{x}{Z} \cdots\cdots ③$$

②③式から，

$$Q = \frac{E^2}{Z}\sin\phi = \frac{E^2}{Z^2}\boxed{x}$$

問 6 (a) (1)−(ホ)，(2)−(チ)

一般に，次の定理がある．

(ⅰ) $A \times B = $ 一定のとき，$A+B$ は $A=B$ のとき最小になる．
(ⅱ) $A+B = $ 一定のとき，$A \times B$ は $A=B$ のとき最大になる．

$$P_R = I^2R \frac{V^2}{\left(\dfrac{r^2+x^2}{R}+R\right)+2r} \quad (R: 可変) \cdots\cdots ①$$

上式で $\dfrac{r^2+x^2}{R} \times R = r^2+x^2$ （一定）だから，(ⅰ)により $\dfrac{r^2+x^2}{R} = \boxed{R} \cdots\cdots ②$のとき①式の分母は最小になり，$P_R$ は最大になる．

チャレンジ問題　解答

したがって，P_R の最大条件は②式により，
$$R = \sqrt{r^2 + x^2} = |\dot{Z}| = \boxed{Z}$$

(b)　(3)−(リ)，(4)−(カ)，(5)−(ニ)
$$\varepsilon = \%Z(\cos\phi \cdot \cos\theta + \sin\phi \cdot \sin\theta) = \%Z \cdot \boxed{\cos(\theta - \phi)}$$

ε の値は，$\theta - \phi = 0$，$\theta = \phi$ のとき，$\cos(\theta - \phi) = 1$ で最大になる．つまり，$\cos\theta = \boxed{\cos\phi}$ のとき，最大値 $\boxed{\%Z}$ 〔％〕となる．

問7　(1)−(ト)，(2)−(ヘ)，(3)−(カ)，(4)−(リ)，(5)−(ニ)

電流の式を次のように置く．
$$\frac{E}{R + j\omega L} = \boxed{x + jy} \cdots\cdots ①$$

分母を払う．
$$E = Rx - \omega Ly + j(\omega Lx + Ry)$$
$$\therefore \begin{cases} Rx - \omega Ly = E \cdots\cdots ② \\ \omega Lx + Ry = 0 \cdots\cdots ③ \end{cases}$$

上式から ω を $\boxed{消去}$ する．
（②式$\times x$）＋（③式$\times y$）により，
$$x^2 + y^2 - \frac{E}{R}x = 0$$

これから次の円の方程式を得る．
$$\left(x - \frac{E}{2R}\right)^2 + y^2 = \left(\frac{E}{2R}\right)^2 \cdots\cdots ④$$

①式で左辺から考えると，y は常に − である．したがって，④式により軌跡は，中心が $\boxed{\left(\dfrac{E}{2R},\ 0\right)}$〔A〕，半径が $\boxed{\dfrac{E}{2R}}$〔A〕の円の第 $\boxed{4}$ 象限の部分（半円）である．

問8　(a)　(1)−(ホ)，(2)−(ル)

$F dt$〔J〕の仕事はコンデンサのエネルギー W の消費によってなされる．つまり，エネルギーの減少分 $-dW$ が仕事 Fdt になる．式で書けば，$Fdt = \boxed{-dW}$ である．ゆえに，静電力は，$F = \boxed{-\dfrac{dW}{dt}}$ で計算できる．ただし，これは Q 一定の場合であり，コンデンサに電源をつなぎ，電圧 V を一定にした場合は − が付かない．

(b)　(3)−(ト)，(4)−(ワ)，(5)−(リ)

直線的な加速力は，

$$F_a = m^{[\mathrm{kg}]} a^{[\mathrm{m/s^2}]} = m\frac{\mathrm{d}v}{\mathrm{d}t} \ [\mathrm{N}]$$

で計算する．回転運動の加速トルクは，

$$T_a = \boxed{J\frac{\mathrm{d}\omega}{\mathrm{d}t}} \ [\mathrm{N \cdot m}] \cdots\cdots ①$$

で計算する．ω が直線的に増加するときは，$\omega = Kt$ であって，$T_a = J\frac{\mathrm{d}Kt}{\mathrm{d}t} = JK$ となり，T_a は $\boxed{一定}$ である．加える加速トルクが $T_a = T$（一定）ならば，①式の $\frac{\mathrm{d}\omega}{\mathrm{d}t}$ は一定で，ω の時間的変化率が一定であり，ω を 0 から ω_f まで加速に要する時間を t_s とすれば，①式は $T = J\frac{\omega_f - 0}{t_s}$ と書ける．したがって，$t_s = \boxed{J\frac{\omega_f}{T}} \ [\mathrm{A}]$ である．

問9 (a) (1)—(ヌ), (2)—(チ), (3)—(リ)

$E_b = \frac{R_a V}{(R_a - r_b) r_b}$ で分子が定数だから，分母が $\boxed{極大}$ になれば，E_b は極小になる．

$$\frac{\mathrm{d}}{\mathrm{d}r_b}(R_a r_b - r_b^2) = R_a - 2r_b = 0$$

$$\therefore \ r_b = \boxed{R_a/2}$$

$$\frac{\mathrm{d}^2}{\mathrm{d}r_b^2}(R_a r_b - r_b^2) = 0 - 2 = -2 \ \boxed{負}$$

だから，$r_a = R_a/2$ で，E_b の分母が極大，E_b が極小になる．

(b) (4)—(ニ), (5)—(ヲ)

ε の式を $\boxed{\theta}$ で微分し，0と置くと，

$$\frac{\mathrm{d}}{\mathrm{d}\theta}(p\cos\theta + q\sin\theta) = -p\sin\theta + q\cos\theta = 0$$

この式から，$\tan\theta = \boxed{q/p}$ となる．

問10 (a) (1)—(ロ), (2)—(ヘ)

図1は $\theta = 0 \sim \pi$ の間を半サイクルとした $\sqrt{2}\,V\cos\theta$ の整流波であり，左端は $\theta = -90°$ である．平均値はそれから制御角 α 後の $\theta = -90° + \alpha$ から，$\theta = 90° + \alpha$ までの平均であり，

$$E_d = \boxed{\frac{1}{\pi}\int_{-90°+\alpha}^{90°+\alpha}} \sqrt{2}\,V\cos\theta\,\mathrm{d}\theta$$

で計算する．計算は次のとおりである．

$$E_d = \frac{\sqrt{2}\,V}{\pi} \int_{-90°+\alpha}^{90°+\alpha} \cos\theta\,d\theta = \frac{\sqrt{2}\,V}{\pi} \left[\sin\theta\right]_{-90°+\alpha}^{90°+\alpha}$$

$$= \frac{\sqrt{2}\,V}{\pi} |\sin(90°+\alpha) - \sin(-90°+\alpha)|$$

$$= \frac{\sqrt{2}\,V}{\pi} \cdot 2\cos\alpha = \boxed{0.900\,V\cos\alpha}$$

(b) (3)−(ワ), (4)−(チ), (5)−(ヌ)

半径 r, 厚さ dr, 長さ l の微小厚さの円筒の微小体積は,

$$dv = 2\pi r l dr \ [m]$$

密度を ρ [kg/m³] とすれば, この dv の質量は,

$$dm = \boxed{\rho dv} = \frac{G}{\pi(r_2{}^2 - r_1{}^2)l} \cdot 2\pi r l dr = \frac{2rG}{r_2{}^2 - r_1{}^2} dr$$

$J = mr^2$ の式の m を dm とすると, $dJ = r^2 dm$ であり, これを積分する．

$$J = \int_{r=r_1}^{r=r_2} \boxed{r^2 dm} = \int_{r_1}^{r_2} \frac{2r^3 G}{r_2{}^2 - r_1{}^2} dr = \boxed{G(r_1{}^2 + r_2{}^2)/2}$$

問 11 (1)−(リ), (2)−(ニ), (3)−(ヘ), (4)−(ヌ), (5)−(チ)

電界は直線方向だから, 電位, 電位差は直線 x についての積分で計算できる．

図 1 の長さ dx での電位 v の増分は, p→p′ の間で電位が低下するから $dv = \boxed{-Edx}$ [V] である．したがって, $x = b$ [m] の b 点に対する, $x = a$ [m] の a 点の電位（電位差 V_{ab}) は,

$$V_{ab} = \int_{x=b}^{a} dv = -\boxed{\int_b^a E}\,dx \ [V] \quad \cdots\cdots ①$$

である．

図 2 の単心ケーブルの中心から r [m] の電界 E は, ガウスの定理を使って,

$$E = \frac{q}{\varepsilon \times (q\text{を囲む閉曲面})} = \frac{q}{\varepsilon \times (2\pi r^{(m)} \times 1^{(m)})}$$

$$= \boxed{\frac{q}{2\pi\varepsilon r}} \ [V/m]$$

外部導体 ($r = r_2$) から線心 ($r = r_1$) までの電位差は, ①式により,

$$V_{r_1 r_2} = -\int_{r_2}^{r_1} E dr = \boxed{-\int_{r_2}^{r_1} \frac{1}{2\pi\varepsilon r}} \cdot q dr \ [V]$$

これを計算すると,

$$V_{r_1r_2} = -\frac{q}{2\pi\varepsilon}\int_{r_2}^{r_1}\frac{1}{r}dr = -\frac{q}{2\pi\varepsilon}\left[\log_e r\right]_{r_2}^{r_1}$$

$$= \frac{q}{2\pi\varepsilon}\log_e\frac{r_2}{r_1} \text{ 〔V〕}$$

この式から静電容量は,

$$C = \frac{q}{V_{r_1r_2}} = \boxed{\frac{2\pi\varepsilon}{\log_e(r_2/r_1)}} \text{ 〔F〕}$$

問 12 (1)−(ホ), (2)−(リ), (3)−(ヨ), (4)−(ト), (5)−(ヲ)

$l = \dfrac{R}{\tan\theta}$ から dl を求める.

$$\frac{dl}{d\theta} = R\cdot\frac{d}{d\theta}\cdot\frac{\cos\theta}{\sin\theta} = -\frac{R}{\sin^2\theta}$$

から,

$$dl = \boxed{\frac{-Rd\theta}{\sin^2\theta}}$$

となる. これと問題の式 $r = \dfrac{R}{\sin\theta}$ とを, 問題の①式に代入する.

$$dH = \frac{I\sin\theta}{4\pi r^2}dl \cdots\cdots ①$$

$$= \frac{I\sin\theta}{4\pi}\cdot\frac{\sin^2\theta}{R}\cdot\frac{-Rd\theta}{\sin^2\theta}$$

$$= \boxed{\frac{-I\sin\theta}{4\pi R}}d\theta \cdots\cdots ②$$

H_p はこの dH を積分する. この積分は本来①式で, l を図の a 点→0 点→b 点の長さに移動させて積分する. ②式で積分するには, この長さの移動に対応させて a 点の θ→b 点の $\theta = \theta_1$ の積分をする. この場合, a 点の θ は, θ_2 ではない. 問題の図の θ は, l のマイナス方向の直線から時計方向に測った角度である. したがって, a 点の θ は $180° - \theta_2$ である. ②式の dH の積分は次のようにする.

$$H_p = \boxed{\int_{180°-\theta_2}^{\theta_1}}dH = \frac{-I}{4\pi R}\int_{180°-\theta_2}^{\theta_1}\sin\theta d\theta$$

$$= \frac{-I}{4\pi R}\left[-\cos\theta\right]_{180°-\theta_2}^{\theta_1}$$

$$\therefore \quad H_p = \frac{I}{4\pi R} (\boxed{\cos\theta_1 + \cos\theta_2}) \cdots\cdots ③$$

辺長 L [m] の正三角形の重心と1辺とで作る三角形と問題の三角形 pab にあてはめると，$R = L/2\sqrt{3}$，$\theta_1 = \theta_2 = 30°$ になる．求める磁界は，1辺の電流によるものの3倍だから，③式により，

$$H = 3 \times \frac{I}{4\pi} \times \frac{2\sqrt{3}}{L} (\cos 30° + \cos 30°) = \boxed{\frac{9I}{2\pi L}}$$

問 13 (1)-(ハ)，(2)-(ヌ)，(3)-(ヘ)，(4)-(ワ)，(5)-(リ)

電源供給電流 I_0 は i [A/m] のグラフの面積である．$x=0$ での負荷電流 i_0 により，$I_0 = i_0 L/2$．ゆえに，$i_0 = 2I_0/L$ [A/m] である．負荷密度 i の式は，

$$i = mx + b = -\frac{i_0}{L}x + i_0 = \frac{i_0}{L}(L-x) = \frac{2I_0}{L^2}(L-x) = \boxed{\frac{2I_0(L-x)}{L^2}}$$

線路電流 I_x は x [m] から末端までの負荷電流の合計だから，i を x から L まで（$L \to x$ ではない）積分する．

$$I_x = \boxed{\int_x^L i}\, dx = \frac{2I_0}{L^2} \int_x^L (L-x)\, dx$$

$$= \frac{I_0(\boxed{x^2 - 2Lx + L^2})}{L^2}$$

全線での電圧降下は次のようになる．

$$v = \boxed{\int_0^L I_x R_e}\, dx = \frac{I_0 R_e}{L^2} \int_0^L (x^2 - 2Lx + L^2)\, dx$$

$$= \boxed{\frac{1}{3} I_0 R_e L} \text{ [V]}$$

問 14 (1)-(ハ)，(2)-(チ)，(3)-(ヨ)，(4)-(ヲ)，(5)-(ト)

$t=0$ では，$q = CE$ [C]．時間とともに，この CE が q と q' とに分かれる．したがって，

$$q + q' = CE, \quad \therefore \quad q' = \boxed{CE - q}$$

A 側の C からの流出電荷による電流 i は，q の減少の時間的割合だから，$i = \boxed{-\dfrac{dq}{dt}}$．

A，B 両側の電位差が等しいから，

$$\frac{q}{C} = Ri + \frac{q'}{C} = R\left(\boxed{-\frac{dq}{dt}}\right) + \frac{CE-q}{C}$$

整理すると，

$$R\frac{dq}{dt} + \frac{2q}{C} = E \cdots\cdots ①$$

定常項は上式で $q = q_s$（定義）として，

$q_s = CE/2$

過渡項は①式の右辺を0とし，$q_t = A\varepsilon^{pt}$ とおいて p を求めると，$p = -2/CR$

$$\therefore \quad q = q_s + q_t = \boxed{\frac{CE}{2}} + A\varepsilon^{pt} \quad \left(p = \boxed{-\frac{2}{CR}}\right)$$

上式で，$t = 0$，$q(0) = CE$ を入れて，

$$q(0) = \frac{CE}{2} + A = CE, \quad A = \frac{CE}{2}$$

$$\therefore \quad q = \boxed{\frac{CE}{2}}(1 + \varepsilon^{-\frac{2}{CR}t})$$

$$\therefore \quad i = \boxed{-\frac{dq}{dt}} = \frac{E}{R}\varepsilon^{-\frac{2}{CR}t} = \boxed{\frac{E}{R}}\varepsilon^{pt}$$

問 15 (1)−(ホ)，(2)−(ト)，(3)−(リ)，(4)−(ハ)，(5)−(ル)

$f(\theta)$ は対称波だから奇数次の項のみであり，奇関数波だから $\boxed{\sin n\theta}$ 項のみ（$\cos n\theta$ はない）である．$\pi/2$ の軸対称だから $\boxed{0 \sim \pi/2}$ の間の積分でよい．したがって，

$$A_n = \boxed{\frac{4}{\pi}\int_\alpha^{\pi/2}} A\sin n\theta \, d\theta = \frac{4A}{\pi} \cdot \frac{\cos n\alpha}{n} \quad (n：奇数)$$

$$f(\theta) = \sum_{n=1}^\infty A_n \sin n\theta$$

$$= \frac{4A}{\pi}\left(\boxed{\cos\alpha}\sin\theta + \frac{\boxed{\cos 3\alpha}}{3}\sin 3\theta + \cdots\cdots\right)$$

問 16 (1)−(ニ)，(2)−(リ)，(3)−(ヘ)，(4)−(カ)，(5)−(ヲ)

(a) $\mathcal{L}[\varepsilon^{-at}f(t)] = F(s+a) \cdots\cdots ①$ の逆変換は，$\mathcal{L}^{-1}[F(s+a)] = \varepsilon^{-at}f(t)$ だが，これを

$$\mathcal{L}^{-1}[F(s+a)] = \varepsilon^{-at}\mathcal{L}^{-1}[\boxed{F(s)}] \cdots\cdots ②$$

と書けば分かりやすいであろう．

(b) $Y(s) = \int_0^\infty \varepsilon^{-st}\varepsilon^{-at}\cos\omega t \, dt = \int_0^\infty \varepsilon^{-(s+a)t}\cos\omega t \, dt$

$$= \int_0^\infty \varepsilon^{-xt}\cos\omega t \, dt$$

チャレンジ問題　解答

これは，$x=\boxed{s+a}$ ……③と置き換えたものである．$x=s'$ ……④とすれば，

$$Y(s') = \int_0^\infty \varepsilon^{-s't} \cos\omega t\,dt = \boxed{\dfrac{s'}{s'^2+\omega^2}}$$

③④式によって，

$$Y(s) = \mathcal{L}[\varepsilon^{-at}\cos\omega t] = \boxed{\dfrac{s+a}{(s+a)^2+\omega^2}}$$

この式から類推すると，

$$\mathcal{L}^{-1}\left[\dfrac{\omega}{(s+a)^2+\omega^2}\right] = \boxed{\varepsilon^{-at}\sin\omega t}$$

問17　(1)−(ホ)，(2)−(ロ)，(3)−(ヘ)，(4)−(ル)，(5)−(カ)

(a) dt〔s〕間の注水量 $q\,dt$〔m³〕が排水量 $kh\,dt$〔m³〕より上回る量は，$q\,dt - kh\,dt = (q-kh)\,dt$〔m³〕．貯水量の増加分は，$dt$〔s〕間に水位が dh〔m〕増加するから，$A\,dh$〔m³〕であり，次式が成り立つ．

$$(\boxed{q-kh})\,dt = \boxed{A\,dh}$$

これから，

$$A\dfrac{dh}{dt} = q-kh, \qquad A\dfrac{dh}{dt}+kh = q$$

ラプラス変換して，

$$AsH(s) + kH(s) = Q(s) \quad (自動制御では初期値を無視する)$$

この式から，

$$\dfrac{H(s)}{Q(s)} = \dfrac{1}{\boxed{k+As}} = \dfrac{1/k}{1+(A/k)s}$$

題意によって，

$$\dfrac{H(s)}{Q(s)} = \dfrac{K_G}{\boxed{1+Ts}}$$

(b) 図2で，v_i, v_o, L を $V_i(s), V_o(s), sL$ と置き換えて，V_o を分圧計算で求めると，

$$V_o(s) = \dfrac{sL}{R+sL}V_i(s)$$

この式から，$G(s)$ を求め $L/R = T$ とすると，

$$G(s) = \dfrac{V_o(s)}{V_i(s)} = \dfrac{sL}{R+sL} = \boxed{\dfrac{Ts}{1+Ts}}$$

問18　(1)−(ヌ)，(2)−(ワ)，(3)−(ニ)，(4)−(リ)，(5)−(ト)

（損失熱）＝（温度上昇の熱）＋（放熱）

∴ $W\mathrm{d}t = \boxed{C\mathrm{d}\theta} + \boxed{H\theta}\,\mathrm{d}t$

$$C\frac{\mathrm{d}\theta}{\mathrm{d}t} + H\theta = W$$

ラプラス変換すると，

$$C(\boxed{s\Theta(s) - \theta_0}) + H\Theta(s) = \boxed{W/s}$$

$\Theta(s)$ を求め，部分分数分解する．

$$\Theta(s) = \frac{W + C\theta_0 s}{s(H + sC)}$$

$$= \frac{W}{sH} + \frac{W - H\theta_0}{(H+sC)(-H/C)}$$

$$= \frac{W}{H}\left\{\frac{1}{s} - \frac{1}{(H/C)+s}\right\} + \frac{\theta_0}{(H/C)+s}$$

これを逆変換すると，

$$\theta = \frac{W}{H}\left(\boxed{1 - \varepsilon^{-\frac{H}{C}t}}\right) + \theta_0 \varepsilon^{-\frac{H}{C}t}$$

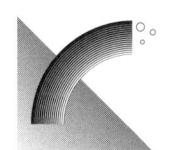

索 引

記号
Σ ... 154

英字
atled ... 290
curl ... 292
determinant ... 85
divergence ... 291
gradient ... 290
Hamiltonの演算子 ... 290
hyperbolic cosine ... 259
integral ... 154, 159
ln ... 39
matrix ... 85
Newton―Raphson法 ... 27
rotation ... 292
summation ... 154

あ
アポロニウスの円 ... 72
アンペアの周回積分の法則 ... 188

い
異常積分 ... 175
1階微分方程式 ... 234
一般解 ... 192, 193
一般角 ... 40
陰関数 ... 32, 133, 152
因数定理 ... 22
因数分解 ... 22
インディシャル応答 ... 243

う
裏回路 ... 239

え
円関数 ... 39
円の方程式 ... 70, 71

お
オイラーの式 ... 55

か
解 ... 17, 191, 193
開区間 ... 125
階乗 ... 15
外心 ... 297
階数 ... 200
外積 ... 285
解析幾何 ... 65
回転 ... 292
外分 ... 67
ガウスの定理 ... 190
過渡応答 ... 243
過渡特性 ... 243
加法定理 ... 45, 298, 303
関数 ... 31
慣性モーメント ... 179, 180

き
奇関数 ... 33
奇関数波 ... 249, 256
記号法 ... 57
基本波 ... 251

基本ベクトル ……………………………… 284
逆関数 ……………………… 33, 34, 131, 132
逆行列 ……………………………………… 94
逆行列の求め方 …………………………… 96
逆三角関数 ………………………………… 47
逆図形 ……………………………………… 77
逆相インピーダンス …………………… 106
逆双曲線関数 …………………………… 262
逆双曲線関数の公式 …………………… 263
逆相電圧 ………………………………… 103
逆相電流 ………………………………… 104
逆変換 …………………………………… 230
級数 ………………………………………… 13
級数展開 …………………………………… 15
級数の和 …………………………………… 13
行 …………………………………………… 86
共役複素数 …………………………… 51, 62
行列 …………………………………… 85, 90
行列式 ……………………………………… 85
行列式の性質 ……………………………… 88
行列の積 ………………………………… 92, 93
極 …………………………………………… 52
極形式 ……………………………………… 53
極限値 …………………………………… 121
極座標 ……………………………………… 52
極座標表示 …………………………… 49, 53
極小値 …………………………… 137, 138
曲線の長さ ……………………………… 177
極大・極小の判別 ……………………… 140
極大値 …………………………… 137, 138
極値 ……………………………… 137, 138
虚数 ………………………………………… 50
虚数単位 …………………………………… 50
虚部 ………………………………………… 50
距離 ……………………………………… 178
ギリシャ文字 ……………………………… 2
近似値の計算 …………………………… 143

く

偶関数 ……………………………………… 33
偶関数波 ………………………… 249, 256
グラフの平行移動 ………………………… 32
クラメルの公式 …………………………… 90

け

結合法則 …………………………………… 7
元 …………………………………………… 86
原始関数 ………………………………… 158

こ

項 …………………………………………… 11
交換法則 …………………………………… 7
広義積分 ………………………………… 175
公差 ………………………………………… 11
高次導関数 ……………………… 136, 137
高次方程式 ………………………………… 22
合除比の理 ……………………………… 296
合成関数 ………………………………… 129
高調波 …………………………………… 251
恒等式 ……………………………………… 8
恒等式の定理 ………………………… 8, 9
勾配 ……………………………………… 290
公比 ………………………………………… 11
合比の理 ………………………………… 295
公理 ………………………………………… 2
弧度法 …………………………………… 39, 40
根 …………………………………………… 17

さ

サージインピーダンス …………… 279, 280
サージインピーダンスの概数 ……… 279
最終値定理 …………………………… 228, 229
最小値 …………………………………… 138
最大値 …………………………………… 138
錯角 ……………………………………… 296
サラスの方法 …………………………… 87

索　引

三角関数 ……………………… 39, 166
三角関数の関係 ………………………… 44
三角関数の性質 ………………………… 43
三角関数の定義 ………………………… 41
三角関数の定理 ………………………… 45
三角関数表示 …………………… 49, 53
三角形 ……………………………………… 296
三角形の面積 …………………………… 299
三重積分 ……………………… 185, 186
3倍角の公式 …………………………… 298

し

時間的相似 …………………… 226, 229
式の種類 ………………………………………… 7
次元 …………………………………………… 5, 6
自己サージインピーダンス ……… 279
指数 ……………………………………………… 8
次数 …………………………………………… 200
指数関数 ………………………………………… 36
指数関数表示 …………………………… 49
指数法則 ……………………………… 8, 36
始線 …………………………………………… 52
自然数列の和 …………………………… 11
自然対数 ………………………………………… 39
自然対数の底 ………………… 15, 127
4端子回路 ……………………………………… 97
4端子定数 ……………………………………… 97
実効値 ………………………… 180, 181
実部 ……………………………………………… 50
周期関数 ………………………………………… 43
重根 ……………………………………………… 22
重心 …………………………………………… 297
重積分 ………………………………………… 185
収束 ……………………………………………… 13
縦続接続 ………………………………………… 99
従属変数 ………………………………………… 31
十分条件 ………………………………………… 14
主値 ……………………………………………… 47
瞬間変化率 …………………… 113, 114

純虚数 …………………………………………… 50
象限 ……………………………………………… 40
条件付き不等式 ………………………… 26
常微分方程式 …………………………… 275
常用対数 ………………………………………… 39
初期条件 ……………………………………… 192
初期値定理 …………………… 228, 229
除比の理 ……………………………………… 296
進行波 ………………………………………… 271
進行波計算 …………………………… 280
真数 ……………………………………………… 37
振動 ……………………………………………… 13

す

数 ………………………………………………… 3
数値計算 ………………………………………… 26
数列 ……………………………………………… 10
スカラ積 ……………………………………… 284
スカラ積の定義 ……………………… 289
スカラ点関数 …………………………… 288
スカラ場 ……………………………………… 288
スカラ倍 ………………………………………… 92
スカラ量 ……………………………………… 283

せ

正割関数 ………………………………………… 41
正弦関数 ………………………………………… 41
正弦定理 ……………………… 46, 299
正接関数 ………………………………………… 41
正相インピーダンス ……………… 106
正相電圧 ……………………………………… 103
正相電流 ……………………………………… 104
正比例 ………………………………………… 296
成分 ……………………………………………… 86
正方向 ………………………………… 5, 60
積から和を求める式 ……………… 304
積分 …………………………………………… 304
積分記号 ……………………… 154, 159
積分定数 ……………………… 155, 159

積分の公式 ……………………………… 156
積分法則 …………………………… 227, 229
積分を含む方程式 ……………………… 236
積を和にする公式 ……………………… 45
積を和に直す式 ………………………… 298
絶対値 …………………………………… 50
絶対不等式 ……………………………… 26
零行列 …………………………………… 91
線形 …………………………………… 200
線形演算 ……………………………… 226
線積分 ……………………………… 187, 288
全微分 ………………………………… 150

そ

双曲線 ……………………………… 35, 73
逆双曲線関数 ………………………… 305
双曲線関数 ……………………… 259, 303
双曲線関数の公式 …………………… 261
双曲線正弦関数 ……………………… 260
双曲線正接関数 ……………………… 260
双曲線余弦関数 ……………………… 259
相互サージインピーダンス ………… 279

た

対称座標法 …………………………… 101, 107
対称波 …………………………… 249, 255, 256
対称分 ………………………………… 105
対称分インピーダンス ……………… 106
対称分回路 …………………………… 107
対数 …………………………………… 37
対数関数 ……………………………… 37, 38
対数関数の性質 ……………………… 39
対数の性質 …………………………… 38
対数微分法 ……………………… 135, 136
体積 ………………………………… 177
第2次偏導関数 ……………………… 147
だ円 …………………………………… 73
多重積分 …………………………… 184
ダランベールの解 …………………… 275

単位インパルス関数 ………………… 225
単位関数 ……………………………… 224
単位行列 ……………………………… 93
単位ステップ関数 …………………… 224
単位ベクトル ………………………… 284
単位ランプ関数 ……………………… 224

ち

値域 …………………………………… 31
置換積分法 ……………………… 161, 162, 174
逐次計算法 …………………………… 27
超越方程式 …………………………… 19
直線の方程式 ……………………… 68, 69
直流分 ……………………………… 251
直角双曲線 …………………………… 73
直交 …………………………………… 70
直交座標表示 ………………………… 49

て

底 ……………………………………… 8
定義 …………………………………… 2
定義域 ………………………………… 31
定常特性 ……………………………… 244
定常偏差 …………………………… 244, 246
定数係数線形微分方程式 ……… 200, 210
定積分 ……………………………… 153, 169
定積分の性質 ………………………… 173
ディメンション ……………………… 5, 6
テイラー展開 ………………………… 142
テイラーの定理 ……………………… 141
デルタ関数 …………………………… 225
展開公式 …………………………… 8, 295
伝達関数 ……………………………… 241
転置行列 ……………………………… 96
伝搬定数 …………………………… 268, 269

と

同位角 ………………………………… 296
透過波 ………………………………… 280

索　引

・401・

導関数	111, 115, 299
動径	52
等差数列	11
等差数列の和	11
同次形	200
等式変形	18
同値	14
等比数列	11
等比数列の和	12
特殊解	192, 193
特性インピーダンス	268, 269
特性方程式	204
独立変数	31
ド・モアブルの定理	55

な

内心	297
内積	284
内分	66, 67
ナブラ	290

に

2階微分方程式	235
2次関数	34
2次曲線	74
2次方程式の解の公式	21
二重解	22
二重積分	184, 185
2点間の距離	66
2倍角の公式	45
2倍の変数	304
2変数関数	145
2変数関数の極大・極小	147, 149
任意定数	155, 159

は

媒介変数	132, 133
倍角の公式	298
発散	13, 291

発電機の基本式	108
波動方程式	275
波動方程式の一般解	275
速さ	178
半角の公式	45, 298
反射波	273, 280
半数変数	304
反転の理	295
反比例	296
判別式	21

ひ

非線形	200
非対称波	249
必要十分条件	14
必要条件	14
非同次形	210
微分	134, 304
微分係数	111, 113, 114
微分の公式	116, 119
微分法	111
微分法則	227, 229
微分方程式	191, 193
比例	295
比例関係	296
比例式	295
比例配分	296

ふ

フーリエ級数	251
フーリエ係数	251
フーリエ展開	253
フェザー	58
複素数	3, 50
複素数の三角関数	56
複素数の指数関数	55
複素数の四則	50
複素数の乗除算	51, 53
複素電力	62, 63

複素平面 ……………………………………… 50
複素変数の双曲線関数 ……………………… 266
不定 …………………………………………… 20
不定形 ………………………………………… 122
不定積分 ………………… 154, 158, 159, 300
不定積分の基本公式 ………………… 159, 160
不等式 ………………………………………… 25
不能 …………………………………………… 20
部分積分法 …………………………… 162, 174
部分分数 ………………………………… 28, 164
部分分数分解 ………………………………… 231
分数関数 ……………………………………… 35
分数方程式 ……………………………… 19, 23
分配法則 ……………………………………… 7
分布定数回路 ………………………………… 267
分母の有理化 ………………………………… 10

へ

平均値 ………………………………… 180, 181
平均値の定理 ………………………………… 141
閉区間 ………………………………………… 125
平行 …………………………………………… 70
平行四辺形 …………………………………… 297
平方根 ………………………………………… 10
巾関数 ………………………………………… 33
ベクトルオペレータ ………………………… 101
ベクトル解析 ………………………………… 283
ベクトル関数 ………………………………… 286
ベクトル軌跡 …………………………… 65, 74
ベクトル積 …………………………………… 285
ベクトル点関数 ……………………………… 288
ベクトルの積分 ……………………………… 287
ベクトルの微分 ……………………………… 286
ベクトル場 …………………………………… 288
ベクトル量 …………………………………… 283
ヘビサイドの展開定理 ……………………… 231
ヘロンの公式 ………………………………… 299
変域 …………………………………………… 31
偏角 …………………………………………… 52

変曲点 ………………………………………… 138
変数分離形 …………………………………… 200
変数分離形微分方程式 ……………………… 217
偏導関数 ……………………………… 145, 146
偏微分 ………………………………………… 146
偏微分法 ……………………………………… 144
偏微分方程式 ………………………………… 275

ほ

方程式 ………………………………………… 17
放物線 …………………………………… 35, 73
補助回路 ……………………………………… 239
補助方程式 …………………………………… 210
保存的な場 …………………………………… 293

ま

マクローリン展開 …………………… 142, 261
マトリクス …………………………………… 90

み

未知数 ………………………………………… 17
未定係数法 ……………………………… 28, 164

む

無縁解 ………………………………………… 24
無限級数 ……………………………………… 13
無限数列 ……………………………………… 12
無限等比級数 ………………………………… 14
無損失分布定数線路 ………………………… 272
むだ時間がある関数 ………………………… 229
無理関数 ……………………………………… 167
無理方程式 ……………………………… 19, 23

め

面積の計算 …………………………………… 176
面積分 ………………………………… 189, 289
面ベクトル …………………………………… 289

ゆ

有効数字 6

よ

余因子 87
余因子による展開式 87
余因数 87
陽関数 32
余割関数 41
余弦関数 41
余弦定理 46, 299
余接関数 41

ら

ラプラス逆変換 222
ラプラス変換 221, 222, 226, 302
ラプラス変換の定理 229

り

立体角 182, 183

れ

零相インピーダンス 106
零相電圧 103
零相電流 104
列 86
連続 124
連比例式 296
連立方程式 19, 20

ろ

ロピタルの定理 124

わ

和から積を求める式 304
和を積にする公式 45
和を積に直す式 298

―― 著 者 略 歴 ――

紙田　公（かみた　いさお）

昭和 16 年　　東京電灯　社員養成所卒業
昭和 19 年　　電験第 2 種合格
昭和 23 年　　関東配電中央社員養成所講師兼務
昭和 34 年　　渋沢賞受賞
昭和 44 年　　東京電力千葉支店制御装置運用専門職
昭和 47 年　　東京電力東電学園大学部教授
昭和 57 年　　電気書院通信電気学校教授
平成 18 年　　永眠

©Isao Kamita 2013

第3種から第2種へ
電験2種電気数学

1985年　6月25日　　第1版第1刷発行
1999年　8月20日　　改訂1版第1刷発行
2013年10月31日　　改訂2版第1刷発行
2023年10月　5日　　改訂2版第3刷発行

著　者　　紙　　田　　公
発行者　　田　　中　　聡

発　行　所
株式会社　電　気　書　院
ホームページ　https://www.denkishoin.co.jp
（振替口座　00190-5-18837）
〒101-0051　東京都千代田区神田神保町1-3 ミヤタビル2F
電話(03)5259-9160／FAX(03)5259-9162

印刷　株式会社シナノ パブリッシング プレス
Printed in Japan／ISBN978-4-485-12203-7

・落丁・乱丁の際は，送料弊社負担にてお取り替えいたします．
・正誤のお問合せにつきましては，書名・版刷を明記の上，編集部宛に郵送・FAX（03-5259-9162）いただくか，当社ホームページの「お問い合わせ」をご利用ください．電話での質問はお受けできません．また，正誤以外の詳細な解説・受験指導は行っておりません．

JCOPY　〈出版者著作権管理機構　委託出版物〉

本書の無断複写（電子化含む）は著作権法上での例外を除き禁じられています．複写される場合は，そのつど事前に，出版者著作権管理機構（電話：03-5244-5088，FAX：03-5244-5089，e-mail：info@jcopy.or.jp）の許諾を得てください．また本書を代行業者等の第三者に依頼してスキャンやデジタル化することは，たとえ個人や家庭内での利用であっても一切認められません．

書籍の正誤について

万一，内容に誤りと思われる箇所がございましたら，以下の方法でご確認いただきますようお願いいたします．

なお，正誤のお問合せ以外の書籍の内容に関する解説や受験指導などは**行っておりません**．このようなお問合せにつきましては，お答えいたしかねますので，予めご了承ください．

正誤表の確認方法

最新の正誤表は，弊社Webページに掲載しております．書籍検索で「正誤表あり」や「キーワード検索」などを用いて，書籍詳細ページをご覧ください．

正誤表があるものに関しましては，書影の下の方に正誤表をダウンロードできるリンクが表示されます．表示されないものに関しましては，正誤表がございません．

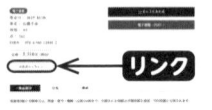

弊社Webページアドレス
https://www.denkishoin.co.jp/

正誤のお問合せ方法

正誤表がない場合，あるいは当該箇所が掲載されていない場合は，書名，版刷，発行年月日，お客様のお名前，ご連絡先を明記の上，具体的な記載場所とお問合せの内容を添えて，下記のいずれかの方法でお問合せください．

回答まで，時間がかかる場合もございますので，予めご了承ください．

郵便で問い合わせる
郵送先
〒101-0051
東京都千代田区神田神保町1-3
ミヤタビル2F
㈱電気書院　編集部　正誤問合せ係

FAXで問い合わせる
ファクス番号　03-5259-9162

ネットで問い合わせる
弊社Webページ右上の「**お問い合わせ**」から
https://www.denkishoin.co.jp/

お電話でのお問合せは，承れません

（2022年5月現在）